"十四五"职业教育国家规划教材
"十三五"职业教育国家规划教材
"十五五"高等职业教育能源类专业系列教材

光伏发电系统规划与设计

GUANGFU FADIAN XITONG GUIHUA YU SHEJI（第二版）

主编◎黄建华　张要锋　李　丹　段文杰

新形态一体化教材

中国铁道出版社有限公司
CHINA RAILWAY PUBLISHING HOUSE CO., LTD.

内容简介

本书从光伏发电系统规划与设计岗位所需的知识、能力、素养要求出发，详细介绍了离网与并网光伏发电系统的分类、结构与组成，以及太阳辐射基本常识与光资源计算方法，系统阐述了光伏发电单元、储能系统、电力转换设备、控制系统等关键设备的工作原理、类型选择与性能参数，并从安全等角度着重讲解了防雷、接地、电缆等内容，为光伏电站的防雷、接地、电缆等设计提供了全面指导。书中以光伏发电系统选址、项目开发、典型光伏发电系统设计案例贯穿全书，将各知识点融会贯通。

本书每章后附有“拓展阅读”和“思考与练习”，帮助读者拓宽视野，加深对相关知识的理解与应用。

本书适合作为高等职业院校新能源发电工程类、机电设备类、自动化类等相关专业的教材，也可作为光伏发电系统设计、施工、运维等工程技术人员的参考书。

图书在版编目（CIP）数据

光伏发电系统规划与设计 / 黄建华等主编. -- 2版.
北京 : 中国铁道出版社有限公司，2025. 8. --（“十四五”职业教育国家规划教材）（“十五五”高等职业教育能源类专业系列教材）. -- ISBN 978-7-113-32387-5

Ⅰ. TM615

中国国家版本馆 CIP 数据核字第 2025N3H456 号

书　　名：光伏发电系统规划与设计
作　　者：黄建华　张要锋　李　丹　段文杰

策　　划：何红艳　　　　**编辑部电话：**(010)63560043
责任编辑：何红艳
封面制作：刘　颖
责任校对：安海燕
责任印制：赵星辰

出版发行：中国铁道出版社有限公司(100054,北京市西城区右安门西街8号)
网　　址：https://www.tdpress.com/51eds
印　　刷：河北京平诚乾印刷有限公司
版　　次：2019年10月第1版　2025年8月第2版　2025年8月第1次印刷
开　　本：787 mm×1 092 mm 1/16　**印张：**17.5　**字数：**405千
书　　号：ISBN 978-7-113-32387-5
定　　价：59.00元

前言

随着全球能源转型进程的加快，光伏发电作为清洁能源的重要组成部分，正在全球范围内蓬勃发展。中国作为世界光伏产业的领军者，不仅在装机容量、技术创新方面位居全球前列，在人才培养与教育方面也需要与产业发展同步推进。为适应光伏产业的快速发展对专业技术人才培养的需求，我们于 2019 年编写出版了《光伏发电系统规划与设计》第一版的教材，为高校相关专业的教学与实践提供了重要支撑。

第一版教材自出版以来，得到广大师生和行业从业人员的广泛认可与好评。该教材以系统化、实用性强的特点，围绕光伏发电系统的基本原理、主要设备、系统设计等核心内容进行全面阐述，并通过具体案例将理论与实践紧密结合，有效满足了教学与工程应用的需求。在实际使用过程中，众多师生反馈其内容架构清晰、案例丰富，对学习和实践具有很强的指导意义。同时，我们也收到了宝贵的反馈意见，主要集中在对光伏发电系统的防雷与接地设计、电缆选型、最新技术发展等方面内容的补充需求。

近年来，随着光伏产业的迅猛发展，技术更新迭代加速，新型光伏组件、逆变器、储能设备不断涌现；同时，大型光伏电站的安全运行问题日益突出，防雷、接地、电缆选择等安全设计环节的重要性愈发凸显。加之国家能源局、住建部等部门陆续出台了一系列光伏发电系统设计、施工、验收等相关标准规范，这些都为本书的修订提供了充分的理由和依据。

在修订过程中，我们坚持保留了第一版教材的特色，同时在以下几方面进行了重点优化与扩充：

一是对原有内容进行了重新梳理与整合，使章节结构更加合理、知识体系更加完善；将光伏发电单元与存储单元、电力转换与控制系统等内容单独成章，使核心装备的介绍更加系统、全面。二是增补了光伏电站安全性设计相关内容，丰富了“防雷技术”与“接地系统”相关内容并单独成章，系统阐述了光伏电站防雷与接地的理论基础、设计方法与工程实践，弥补了上一版教材的不足；新增的“电缆”专章，详细介绍了电力电缆选型与敷设的技术要点，为光伏电站的安全稳定运行提供了重要保障。三是更新了光伏组件、储能系统、逆变器等设备的最新技术与产品信息，增加了典型产品的参数与应用案例，使教材内容与行业最新发展保持同步。四是新增了“拓展阅读”栏目，介绍了光伏技术的前沿发展、创新应用与未来展望，拓宽了学习者的视野；同时在每章末增设“思考与练习”环节，加强了教材的教学实用性。

本书由新余学院、湖南理工职业技术学院黄建华，湖南理工职业技术学院张要锋，湖南铁道职业技术学院李丹，湖南理工职业技术学院段文杰主编，湖南理工职业技术学院冯玉洁、朔州职业技术学院常艳霞、湖南铁路科技职业技术学院张翼参与编写，全书由黄建华拟定提纲并统稿。具体编写分工如下：黄建华编写第 1 章与第 3 章的 3.1～3.3，冯玉洁编写第 3 章的 3.4～3.5，常艳霞编写第 2 章，李丹编写第 4 章与第 5 章，张翼编写第 6 章，段文杰编写第 7 章，张要锋编写第 8 章。

本书在编写过程中参阅了电气工程、光伏电站工程、光伏建筑一体化等方面专家学者的论文、专著、工程实践资料等，在此向相关编者致以谢意。本书在编写过程中得到了江西新余矿业有限责任公司、浙江瑞亚能源科技有限公司的大力支持和帮助，在此表示衷心感谢。

由于编者水平有限，编写时间仓促，书中难免存在疏漏和不足之处，恳请读者批评指正。

编　者

2025 年 4 月

目录

第1章 光伏发电系统概述

光伏发电系统是一种利用光伏组件将太阳光能直接转换为电能的发电系统，根据是否与公共电网相连分为离网与并网光伏发电系统。光伏发电系统各组成部件、光资源、地理位置等因素均影响光伏发电系统的收益情况，在光伏发电系统规划与设计过程中，系统掌握光伏发电系统的分类与组成，熟悉太阳辐射的基本知识及光资源的测算，掌握太阳高度角、方位角等天文参数的计算尤为重要。

学习目标

（1）掌握光伏发电系统的分类及组成。

（2）熟悉太阳基本常识，熟悉光谱的定义与分类。

（3）熟悉太阳辐射资源的计算方法。

（4）熟悉赤纬角、太阳时角的概念与计算方法。

（5）掌握太阳高度角、方位角、日照时间的计算方法。

学习重点

（1）光伏发电系统的分类及组成。

（2）太阳辐射资源的计算方法。

（3）太阳高度角、方位角、日照时间的计算方法。

视频

光伏发电系统分类及组成

学习难点

（1）太阳辐射资源的计算方法。

（2）太阳高度角、方位角、日照时间的计算方法。

1.1 光伏发电系统分类

光伏发电系统是一种利用光伏组件将太阳光能直接转换为电能的系统。它主要由光伏组件、控制器、蓄电池和逆变器等部分组成。光伏发电系统的分类有以下几种：

（1）光伏发电系统按是否接入公共电网可分为并网光伏发电系统和独立光伏发电系统。

（2）并网光伏发电系统按接入并网点的不同可分为用户侧光伏发电系统和电网侧光伏发电系统。

（3）光伏发电系统按本期建设的额定容量可分为小型光伏发电系统（容量≤6 MWp）、中型光伏发电系统（6 MWp<容量<50 MWp）、大型光伏发电系统（50 MWp≤容量）。

（4）光伏发电系统按是否与建筑结合可分为与建筑结合的光伏发电系统和地面光伏发电系统。

（5）光伏发电系统按光伏组件的安装方式，分为固定式光伏发电系统和跟踪式光伏发电系统。固定式光伏发电系统是固定光伏组件的倾斜角，跟踪式光伏发电系统则是通过机械装置使光伏组件跟随太阳运动，以提高发电效率。

本节主要讲解离网光伏发电系统与并网光伏发电系统的类型。

1.1.1 离网光伏发电系统的类型

离网光伏发电系统是指没有与公共电网相连的系统，可分为直流光伏发电系统和交流光伏发电系统以及交、直流混合光伏发电系统。而在直流光伏发电系统中又可分为无蓄电池的系统和有蓄电池的系统。

1. 无蓄电池的直流光伏发电系统

无蓄电池的直流光伏发电系统如图1-1所示。该系统的特点是用电负载是直流负载，对负载使用时间没有要求，负载主要在白天使用。光伏组件与用电负载直接连接，有阳光时就由光伏组件发电供负载工作，无阳光时就停止工作。系统不需要使用控制器，也没有蓄电池等储能装置。该系统的优点是省去了光伏组件发出的电能存储到蓄电池、蓄电池向负载放电造成的损失，提高了光伏发电的利用效率，这种系统最典型的应用是光伏水泵。

2. 有蓄电池的直流光伏发电系统

有蓄电池的直流光伏发电系统如图1-2所示。该系统由光伏组件、充放电控制器、蓄电池以及直流负载等组成。有阳光时，光伏组件将光能转换成电能供负载使用，并同时向蓄电池存储电能。夜间或阴雨天时，则由蓄电池向负载供电。这种系统应用广泛，小到草坪灯、庭院灯，大到远离电网的通信基站、边防、哨岗等。

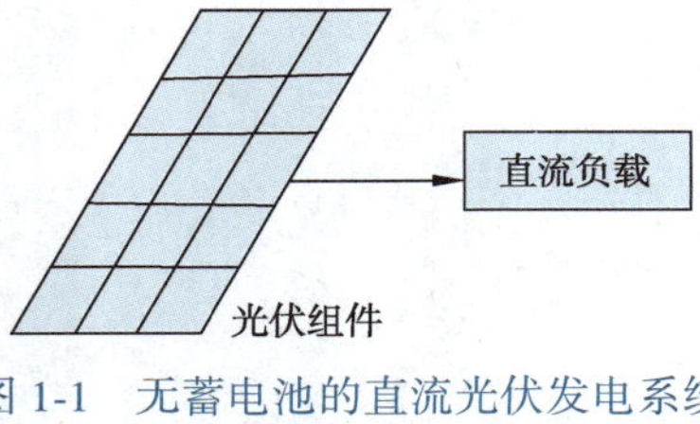

图1-1 无蓄电池的直流光伏发电系统

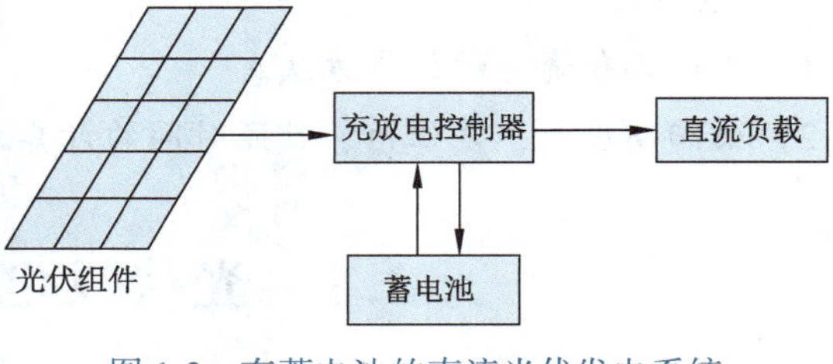

图1-2 有蓄电池的直流光伏发电系统

3. 交流及交、直流混合光伏发电系统

交流及交、直流混合光伏发电系统如图1-3所示。与直流光伏发电系统相比，交流光伏发电系统多了逆变器，逆变器把直流电转换成交流电，并为交流负载提供电能。交、直流混合系统则既能为直流负载供电，也能为交流负载供电。

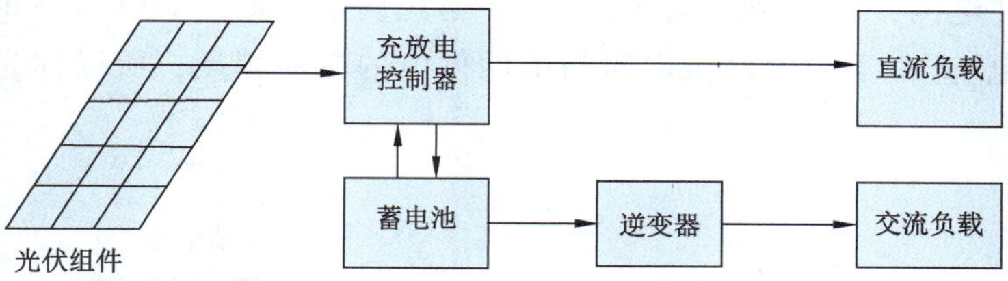

图 1-3　交流及交、直流混合光伏发电系统

4. 市电互补型光伏发电系统

所谓市电互补光伏发电系统，就是在独立光伏发电系统中以光伏发电为主，以普通 220/380 V 交流电补充电能为辅，如图 1-4 所示。市电互补型光伏发电系统的光伏组件和蓄电池的容量都可以设计得小一些，基本上是当天有阳光则用光伏发电，遇到阴雨天时就用市电能量进行补充。这种形式既减小了光伏发电系统的一次性投资，又有显著的节能减排效果，是光伏发电在现阶段推广和普及过程中的一个过渡性的好办法。

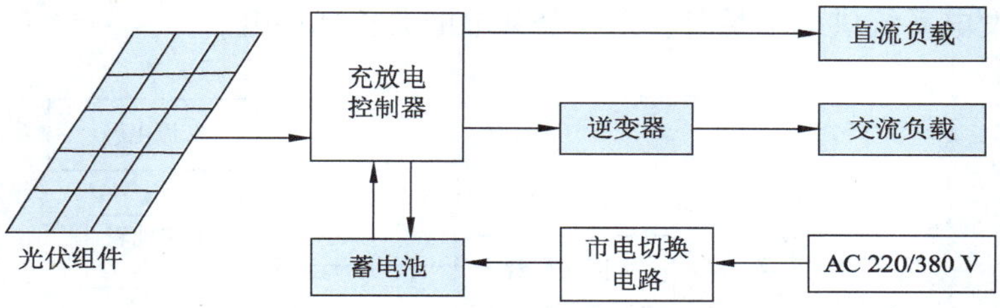

图 1-4　市电互补型光伏发电系统

市电互补型光伏发电系统在城市路灯改造项目中应用较多，如果将普通路灯全部换成光伏路灯，一次性投资很大，无法实现。而如果将普通路灯加以改造，保持原市电供电线路和灯杆不动，更换节能型光源灯具，采用市电互补光伏发电的形式，配置小容量的光伏组件和蓄电池（仅够当天使用，也不考虑连续阴雨天数），就构成了市电互补型光伏路灯，投资减少一半以上，节能效果显著。

1.1.2　并网光伏发电系统的类型

所谓并网光伏发电系统就是光伏组件产生的直流电经过并网逆变器转换成符合公共电网要求的交流电之后直接接入公共电网。并网光伏发电系统有集中式大型并网光伏系统，也有分布式小型并网光伏发电系统。集中式大型并网光伏电站一般都是国家级电站，主要特点是将所发电能直接输送到电网，由电网统一调配向用户供电。但这种电站投资大、建设周期长、占地面积大。而分布式小型并网光伏发电系统，特别是光伏建筑一体化发电系统，由于投资小、建设快、占地面积小、政策支持力度大等优点，是目前分布式并网光伏发电的主流。常见并网光伏发电系统一般有下列几种形式。

1. 有逆流并网光伏发电系统

有逆流并网光伏发电系统如图 1-5 所示。当光伏发电系统发出的电能充裕时，可将剩余电能馈入公共电网，向电网供电（卖电）；当光伏系统提供的电力不足时，由电网向负载供电（买电）。由于向电网供电时与电网供电的方向相反，所以称为有逆流光伏发电系统。

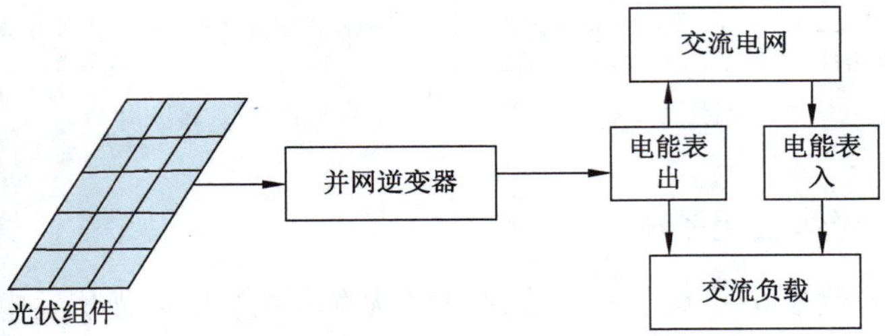

图 1-5　有逆流并网光伏发电系统

2. 无逆流并网光伏发电系统

无逆流并网光伏发电系统如图 1-6 所示。光伏发电系统即使发电充裕也不向公共电网供电，但当光伏发电系统供电不足时，则由公共电网向负载供电。

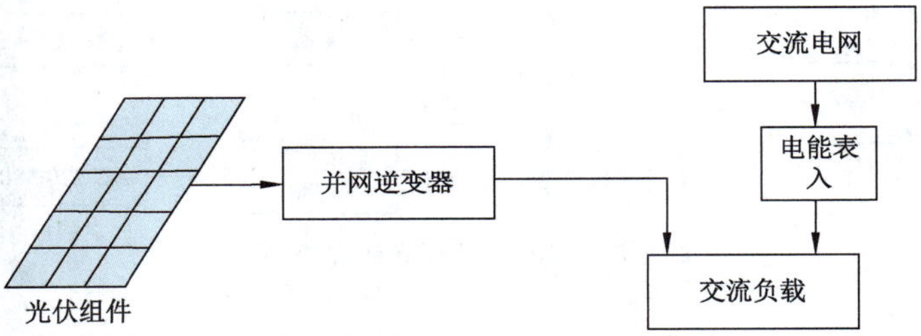

图 1-6　无逆流并网光伏发电系统

3. 切换型并网光伏发电系统

切换型并网光伏发电系统如图 1-7 所示。所谓切换型并网光伏发电系统，实际上是具有自动运行双向切换的功能。一是当光伏发电系统因多云、阴雨天及自身故障等导致发电量不足时，切换器自动切换到电网供电一侧，由电网向负载供电；二是当电网因某种原因突然停电时，光伏发电系统可自动切换使其与电网分离，成为独立光伏发电系统工作状态。一般切换型并网光伏发电系统都带有储能装置。

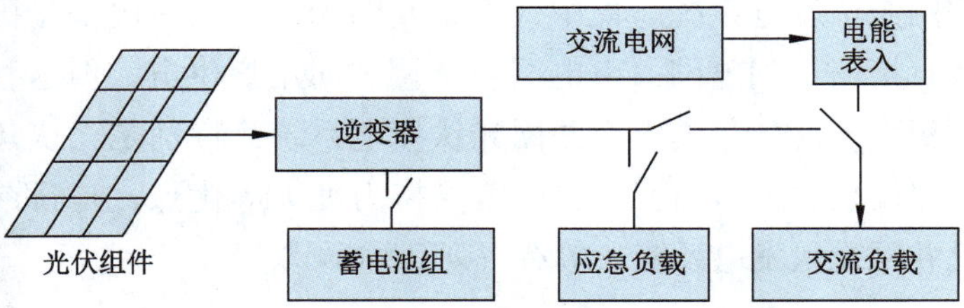

图 1-7　切换型并网光伏发电系统

1.2 光伏发电系统基本组成

光伏发电系统的核心部件是光伏组件，负责将太阳光能转换为电能；其次是逆变器，用于将光伏组件产生的直流电转换为交流电，以供家庭或电网使用；部分光伏发电系统还包含充放电控制器、蓄电池、配电柜、监控系统等设备。本节主要以离网与并网光伏发电系统为例，系统讲解光伏发电系统的基本组成。

1.2.1 离网光伏发电系统组成

离网光伏发电系统如图 1-8 所示，主要包括光伏组件（光伏阵列）、充放电控制器、蓄电池、逆变器和负载。光伏发电的核心部件是光伏组件，它将太阳光直接转换成电能，并通过充放电控制器把光伏组件产生的电能存储于蓄电池中；当负载用电时，蓄电池中的电能通过充放电控制器与负载相连。光伏组件所产生的电流为直流电，可以直接以直流电的形式应用，也可以用逆变器将其转换成交流电，供交流负载使用。光伏发电系统所发的电能可以即发即用，也可以用蓄电池等储能装置将电能存储起来。离网光伏发电系统各部件功能如下：

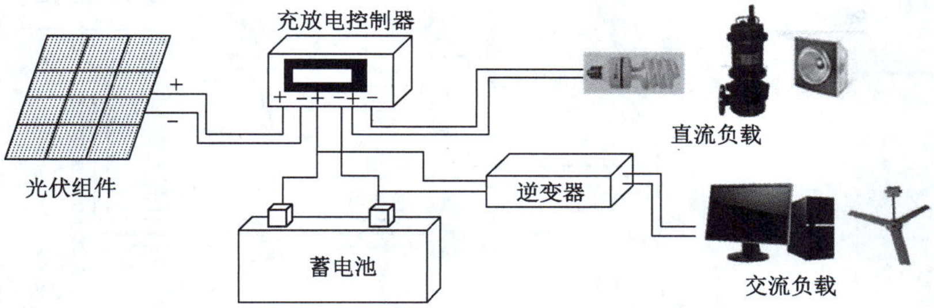

图 1-8　离网光伏发电系统

1. 光伏组件（光伏阵列）

光伏组件是光伏发电系统的核心部件。其作用是将太阳光的辐射能量转换为电能，并送往蓄电池中存储起来，也可以直接用于推动负载工作。当发电容量较大时，就需要用多块光伏组件串、并联后构成光伏阵列。目前应用较多的光伏组件主要是晶硅组件，晶硅组件分为单晶硅光伏组件、多晶硅光伏组件和非晶硅光伏组件等几种。

2. 蓄电池

蓄电池的作用主要是存储光伏组件发出的电能，并随时向负载供电。光伏发电系统对蓄电池的基本要求是：自放电率低、使用寿命长、充电效率高、深放电能力强、工作温度范围宽、少维护或免维护以及价格低廉。光伏发电系统目前应用较多的是锂离子电池。

3. 充放电控制器

充放电控制器的作用是控制整个系统的工作状态，其功能主要有：防止蓄电池过充电、防止蓄电池过放电、系统短路、系统极性反接、夜间防反充等。在温差较大的地方，控制器还具有温度补偿的功能。另外，控制器还有光控开关、时控开关等工作模式，以及充电状态、蓄电池电量等各种工作状态的显示功能。控制器一般分为小功率、中功率、大功率和风光互补控制器等。

4. 逆变器

逆变器是把光伏组件或蓄电池输出的直流电转换成交流电供给公共电网或者交流负载。逆变器按运行方式可分为独立运行逆变器和并网逆变器。独立运行逆变器用于独立运行的光伏发电系统，为独立负载供电；并网逆变器用于并网运行的光伏发电系统。

1.2.2 并网光伏发电系统组成

并网光伏发电系统如图 1-9 所示，并网光伏发电系统主要包括光伏组件（光伏阵列）、交直流汇流箱、配电柜、逆变器、升压系统等。光伏阵列将太阳光能转化为直流电能；通过直流汇流箱将多个光伏阵列所发的直流电进行汇流，用交流逆变器将其转换成为交流电，供交流负载使用。并网光伏发电系统各部件功能如下：

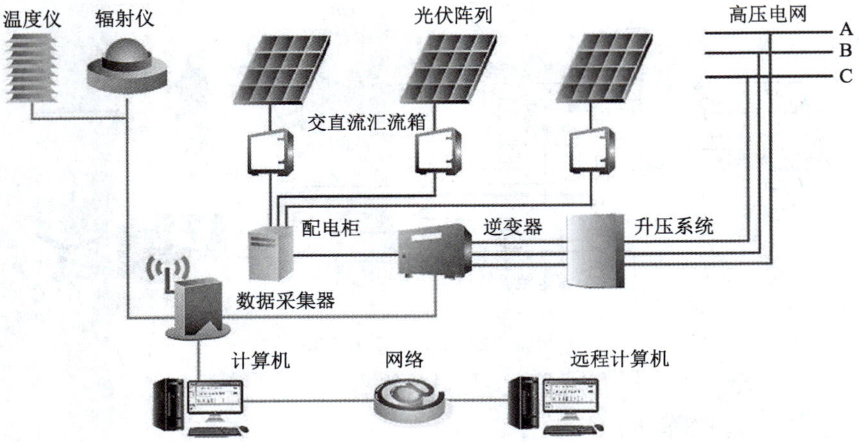

图 1-9　并网光伏发电系统

1. 光伏组件

光伏组件为光伏发电系统提供能量，功能同离网光伏系统的光伏组件的作用一样，一般而言，并网光伏发电系统的光伏组件较多，由众多的光伏组件组成光伏阵列。

2. 交直流汇流箱

汇流箱的主要作用是将多组串光伏阵列进行汇流或将组串式逆变器的交流电进行汇流。由于光伏阵列或逆变器电流较大，因此不能用导线直接连接，需要配置专用的汇流箱汇流。汇流箱还具有防雷接地、数据采集等功能，并可通过 RS-485 串口输出状态数据，监测光伏阵列、汇流箱的运行状态。

3. 交直流配电柜

交直流配电柜的主要功能是将交直流汇流箱送过来的交直流电再进行汇流、配电与监测，交直流配电柜还具备防雷、短路保护等功能。交直流配电柜内部安装了断路器、漏电保护器、防反二极管、交直流电压表、光伏防雷器等器件，在保证系统不受漏电、短路、过载与雷电冲击等损坏的同时，方便客户操作和维护。

4. 逆变器

逆变器的主要功能是通过逆变将直流电转换为交流电。除此之外，逆变器还具有自动运行和停机、最大功率跟踪控制、防孤岛效应等功能。

5. 升压系统

电网接入设备需要根据并入电网电压的等级配置，当用户侧并入 380 V 市电时，一般配置低压配电柜即可；而对于并入 380 V 以上，如 10 kV、35 kV 及更高电压的光伏发电站，需要配置低压开关柜、箱式变压器等设备。

6. 光伏发电监控系统

光伏发电监控系统能实现发电设备运行控制、电站故障保护和数据采集维护等功能，并与电网调度协调配合，提高电站自动化水平和安全可靠性，有利于减小光伏发电系统对电网影响。监控系统一般用 RS-485 网络或无线技术实现数据通信。通过监测交直流汇流箱、交直流配电柜、逆变器等状态数据，对各个光伏阵列的运行状况、发电量进行实时监控。数据监控主机也可建成网络服务器实现数据在网上共享及远程监控。

1.3 太阳辐射及光资源计算

光伏发电的基本条件是光照，如何获取光伏发电系统的最大发电量，选择合适的地理位置（经纬度）、优化光伏组件的朝向（方位角）与安装角度（倾斜角）、计算冬至日的太阳高度角从而避免光伏组件出现阴影遮挡等尤为重要。在进行光伏发电系统规划与设计过程中，如何计算光伏发电系统所在地区的光照时间、光资源呢？本节主要讲解太阳辐射基本知识，影响光伏发电系统设计的天文参数、光谱及光资源计算。

1.3.1 太阳辐射基本常识

太阳辐射是指太阳向宇宙空间发射的电磁波和粒子流，它包括可见光、紫外线、红外线以及其他波段的辐射。太阳辐射是地球上光和热的主要来源，对地球上的气候系统和生物活动有着至关重要的影响。太阳辐射的能量主要集中在可见光和近红外波段，这些辐射到达地球表面后，被大气层吸收、散射和反射，最终形成我们所感受到的阳光和热量。

太阳辐射由直接辐射和漫射辐射两部分组成。直接辐射是指被地球表面接收到、方向不变的太阳辐射；而漫射辐射是指经大气吸收、散射或经地面反射已改变方向的辐射。漫射辐射包括由太阳辐射经大气吸收、散射后间接到达的天空辐射，以及由地面物体吸收或反射的地面辐射。到达地球水平面上的太阳直接辐射和漫射辐射的总和称为太阳总辐射。为了计算太阳辐射的能量，太阳辐射能的相关概念定义如下：

（1）直接辐射

从日面及周围一小立体角内发出的辐射，一般而言，直接辐射是由视场角约为5°的仪器测定的，而日面本身的视场角约为0.5°，它包括日面周围的部分散射辐射，即环日辐射。

（2）法向直接辐射

与太阳光线垂直的平面上接收到的直接辐射，与法向直接辐射的数值是相同的，两者区别在于直接辐射是从太阳出射的角度来定义，法向直接辐射则是从地面入射的角度来定义。

（3）水平面直接辐射

水平面上接收到的直接辐射即为水平面直接辐射。

（4）散射辐射

太阳辐射被空气分子、云和空气中的各种微粒分散成无方向性的，但不改变其单色组成的辐射。

（5）水平面总辐射

水平面从上方2π立体角（半球）范围内接收到的直接辐射和散射辐射之和。

（6）地外太阳辐射

地球大气层外的太阳辐射即为地外太阳辐射。

（7）辐照度

物体在单位时间、单位面积上接收到的辐射能即为辐照度。

（8）辐照量（曝辐量）

在给定时间段内辐照度的积分总量即为辐照量，单位为 MJ/m^2 或 $kW \cdot h/m^2$。

（9）法向直接辐照度

与太阳光线垂直的平面上的单位时间、单位面积上接收到的直接辐射能即为法向直接辐照度，单位为 W/m^2。

（10）法向直接辐照量

在给定时间段内法向直接辐照度的积分总量即为法向直接辐照量，单位为 MJ/m^2 或 $kW \cdot h/m^2$。

（11）水平面直接辐照度

水平面上单位时间、单位面积上接收到的直接辐射能，单位为 W/m^2。

（12）水平面直接辐照量

在给定时间段内水平面直接辐照度的积分总量，单位为 MJ/m^2 或 $kW \cdot h/m^2$。

（13）水平面散射辐照度

水平面从上方2π立体角（半球）范围内单位时间、单位面积上接收到的散射辐射能，单位为 W/m^2。

(14) 水平面散射辐照量

在给定时间段内水平面散射辐照度的积分总量，单位为 MJ/m^2 或 $kW \cdot h/m^2$。

(15) 水平面总辐照度

水平面从上方 2π 立体角（半球）范围内单位时间、单位面积上接收到的总辐射能，单位为 W/m^2。

(16) 水平面总辐照量

在给定时间段内水平面总辐照度的积分总量，单位为 MJ/m^2 或 $kW \cdot h/m^2$。

(17) 地外法向太阳辐照度

地球大气层外与太阳光线垂直的平面上单位时间、单位面积上接收到的太阳辐射能，单位为 W/m^2。

(18) 地外法向太阳辐照量

在给定时间段内地外法向太阳辐照度的积分总量，单位为 MJ/m^2 或 $kW \cdot h/m^2$。

(19) 地外水平面太阳辐照度

地球大气层外水平面从上方 2π 立体角（半球）范围内单位时间、单位面积上接收到的太阳辐射能，单位为 W/m^2。

(20) 地外水平面太阳辐照量

在给定时间段内地外水平面太阳辐照度的积分总量，单位为 MJ/m^2 或 $kW \cdot h/m^2$。

(21) 日照时数 H

在一给定时间，太阳直接辐照度达到或超过 120 W/m^2 的各段时间总和。

(22) 可照时数 H_0

在无任何遮蔽条件下，太阳中心从某地东方地平线到进入西方地平线，其光线照射到地面所经历的时间。可照时数取决于当地的纬度和日期，可照时数的基本计量时间段为日、月和年的可照时数以日值进行累计，单位为 h。

(23) 日照百分率

日照时数占可照时数的百分比，以百分号（%）表示。

(24) 太阳能资源稳定度

太阳能资源年内变化的状态和幅度。用全年中各月平均日辐照量的最小值与最大值的比表示，在实际大气中，其数值在（0，1）区间变化，越接近于 1 越稳定。

(25) 直射比

水平面直接辐照量在水平面总辐照量中所占的比例。用百分比或小数表示，在实际大气中，其数值在 [0,1) 区间变化，越接近于 1，水平面直接辐射所占的比例越高。

(26) 太阳常数 E_0

由于太阳和地球距离的变化，在地球大气层上垂直于太阳辐射方向的单位面积上接收到的功率在 1 328~1 418 W/m^2 之间。这种辐射的波长从 0.1 μm 至几百微米。为了统一标准，定义在平均日地距离处，地球大气层外垂直于太阳辐射方向的单位面积上接收到的太阳总辐照度为太阳常数，其数值为 $(1\ 367 \pm 7)\ W/m^2$；对于非垂直照射的情况下，太阳总辐照度为 $E_0 \sin h$（h 为太阳高度角）。

(27) 大气质量 AM (air mass)

大气质量指的是太阳光线通过大气的实际距离与大气的垂直厚度之比。在一个标准大气压和温度 0 ℃ 时，海平面上太阳光线垂直入射时大气质量 $m=1$，记为 AM1.0。在地球大气层外接收到的太阳辐射，称为大气质量为零，以 AM0 表示。大气质量越大，说明光线经过大气层的路程越长，受到的衰减也越多，达到地面的能量也就越少。大气质量示意图如图 1-10 所示，地面上的大气质量计算公式如式（1-1）所示。

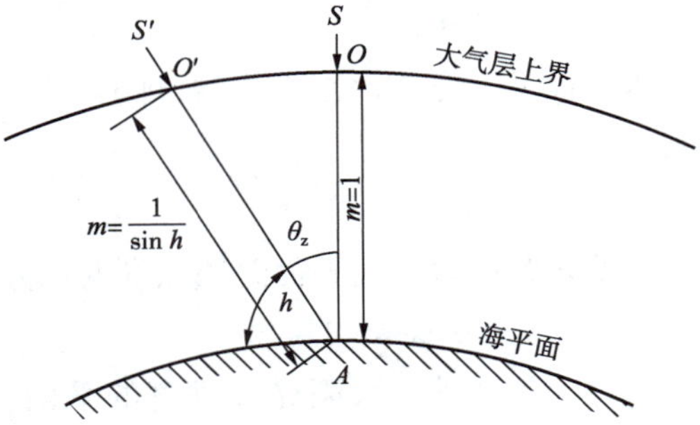

图 1-10　大气质量示意图

$$m = \sec\theta_z = \frac{1}{\sin h} \tag{1-1}$$

式中，θ_z 为太阳天顶角；h 为太阳高度角。

1.3.2　影响光伏发电系统设计的天文参数

光伏发电量受多种因素影响，其中包括光伏组件安装的地理位置、季节以及时间等因素。地理位置决定了太阳辐射的强度和角度，不同经纬度的地区接收到的太阳能量不同，因此影响发电量。季节变化导致太阳高度角和日照时长的变化，进而影响发电效率。时间因素则涉及一天中不同时间段太阳辐射强度的变化，例如，中午时分通常太阳辐射最强，发电量也相对较高。因此，为了提升光伏发电系统发电量，需要综合考虑这些因素。

1. 赤纬角

太阳是太阳系的中心，地球是太阳系中一颗行星，月亮是地球的一颗天然卫星。地球围绕太阳转一周是阳历 1 年，月亮围绕地球转一周是阴历一个月。地球围绕太阳进行公转，转一周为 365 天（1 年），产生了四季的差别，地球每天围绕通过自身南北极的“地轴”不停地自西向东转动而产生昼夜差别，转一周为 24 h（1 天）。

赤纬角又称太阳赤纬，是地球绕太阳运行造成的现象，是太阳中心和地心连线与赤道平面的夹角，用符号 δ 表示。赤纬角以年为周期随时间变化而变化，赤纬角随季节在南纬 23°27′（−23.45°）与北纬（23.45°）之间来回变动，在地理纬度上将南北纬 23°27′的两条纬线称为南北回归线，并规定以北纬为正值。在北半球，每年的 6 月 22 日前后赤纬角达到最大值 23.45°，称为夏至，该日正午太阳位于地球北回归线正上空，北半球日照时间最长、南半球日照时间最短；在北极圈出现极昼现象、南极圈出现极夜现象。随后赤纬角逐渐减小，至 9 月 22 日前后等于零时，全球昼夜时间均相等为秋分。至 12 月 22 日前后，赤纬角减至最小−23.45°为冬至，该日阳光斜射北半球，北半球昼短夜长。至 3 月 22 日前后，赤纬角回到零时为春分。周而复始，形成四季，如图 1-11、图 1-12 所示。

对于一年中的任何日期而言，赤纬角 δ 变化缓慢，可近似认定为一定值，某一日期的赤纬角可由式（1-2）计算得出。其中 n 为日期序号，例如当日期为 1 月 1 日，$n=1$；2 月 1

日，$n=32$；3 月 22 日（春分日），$n=81$。

$$\delta = 23.45° \times \sin\left(360 \times \frac{284 + n}{365}\right) \tag{1-2}$$

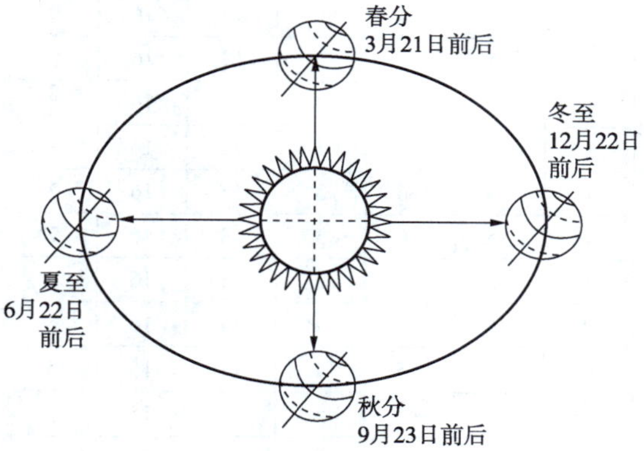

图 1-11　地球绕太阳运行

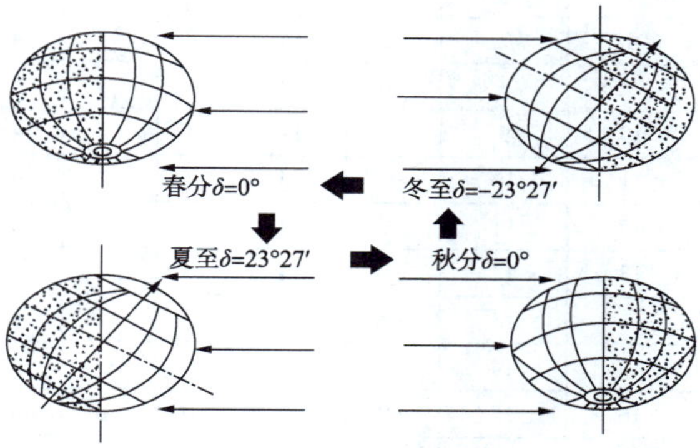

图 1-12　地球四季受太阳照射

2. 太阳时角

太阳时角是指日面中心的时角，即从观测点天球子午圈沿天赤道量至太阳所在时圈的角距离。在地球上，对同一经度不同纬度的人而言，同一时刻太阳对应的时角是相同的。单位时间地球自转的角度定义为时角 ω，规定正午时角为 0，上午时角为负值，下午时角为正值。地球自转一周 360°，对应的时间为 24 h，即每小时相应的时角为 15°。某一时间的太阳时角可由式（1-3）得出：

$$\omega = (T_T - 12) \times 15° \tag{1-3}$$

式中　T_T——真太阳时，单位为小时（h），计算式如式（1-4）所示。

$$T_T = C_T + L_C + E_Q \tag{1-4}$$

式中　C_T——地方标准时，单位为小时（h），在我国区域即北京时；

E_Q——时差值，在我国区域可通过查表 1-1 求得（需将表中的分钟数值转换为小时）；

L_C——经度订正值，单位为小时（h），在我国区域，计算式如式（1-5）所示。

$$L_C = 4(L_g - 120)/60 \tag{1-5}$$

式中　L_g——经度，单位为度（°）。

表 1-1　时差 E_Q 表（经度为 120°E，1992 年，12 时 0 分）　　（单位：min）

日期		1 月	2 月	3 月	4 月	5 月	6 月	7 月	8 月	9 月	10 月	11 月	12 月
平年	闰年												
1		−2	−13	−13	−5	3	3	−3	−7	−1	10	16	11
2	1	−3	−13	−13	−4	3	2	−4	−7	−0	10	16	11
3	2	−3	−13	−13	−4	3	2	−4	−7	−0	11	16	10
4	3	−4	−13	−12	−4	3	2	−4	−6	0	10	16	10
5	4	−4	−14	−12	−3	3	2	−4	−6	1	10	16	10
6	5	−5	−14	−12	−3	3	2	−4	−6	1	12	16	9

续上表

日期		1月	2月	3月	4月	5月	6月	7月	8月	9月	10月	11月	12月
平年	闰年												
7	6	−5	−14	−12	−3	4	2	−4	−6	1	12	16	9
8	7	−5	−14	−12	−3	4	1	−5	−6	2	12	16	8
9	8	−6	−14	−11	−2	4	1	−5	−6	2	13	16	8
10	9	−6	−14	−11	−2	4	1	−5	−6	2	13	16	8
11	10	−7	−14	−11	−2	4	1	−5	−6	3	13	16	7
12	11	−7	−14	−11	−1	4	1	−5	−6	3	13	16	7
13	12	−7	−14	−10	−1	4	1	−5	−6	3	14	16	6
14	13	−8	−14	−10	−1	4	0	−6	−5	4	14	16	6
15	14	−8	−14	−10	−1	4	0	−6	−5	4	14	15	5
16	15	−9	−14	−10	−0	4	−0	−6	−5	5	14	15	5
17	16	−9	−14	−9	−0	4	−0	−6	−5	5	15	15	5
18	17	−9	−14	−9	0	4	−1	−6	−5	5	15	15	4
19	18	−10	−14	−9	0	4	−1	−6	−4	6	15	15	4
20	19	−10	−14	−8	1	4	−1	−6	−4	6	15	14	3
21	20	−10	−14	−8	1	4	−1	−6	−4	6	15	14	3
22	21	−11	−14	−8	1	4	−1	−6	−4	7	15	14	2
23	22	−11	−14	−8	1	4	−2	−6	−3	7	16	14	2
24	23	−11	−14	−7	2	4	−2	−7	−3	8	16	13	1
25	24	−11	−14	−7	2	3	−2	−7	−3	8	16	13	1
26	25	−12	−13	−7	2	3	−2	−7	−3	8	16	13	0
27	26	−12	−13	−6	2	3	−2	−7	−2	9	16	12	−0
28	27	−12	−13	−6	2	3	−3	−7	−2	9	16	12	−1
29	28	−12	−13	−6	3	3	−3	−7	−2	10	16	12	−1
30	29	−13		−5	3	3	−3	−7	−1	10	16	11	−1
31	30	−13		−5	3	3	−3	−7	−1	10	16	11	−2
	31			−5		3		−7	−1		16		−2

注：①用月份、日期查表，闰年1月、2月与平年同，从3月1日开始查闰年一行。
②一般情况，不符合1992年、12时、120°E的条件，查此表时，最大误差不大于1 min。

3. 太阳高度角

太阳高度角（h），是从观测者所在地和太阳中心的连线与地平面所夹的角度（见图1-13），太阳高度角随地理位置、日期、时间变化而变化，计算式如式（1-6），式中ϕ为观测点地理纬度、δ为当日观测时刻的太阳赤纬角、ω为观测时刻的太阳时角，太阳高度角在一年的冬至日最小。天顶角是太阳高度角的余角，当太阳高度角为90°时，太阳位于天顶，此时太阳的天顶角为0°。

$$\sin h = \sin\phi\sin\delta + \cos\phi\cos\delta\cos\omega \tag{1-6}$$

正午时，太阳时角$\omega=0°$，$\cos\omega=1$，式（1-6）简化为式（1-7）；如果太阳在天顶以南，即$\phi>\delta$，$h=90°-\phi+\delta$；若太阳在天顶以北，即$\phi<\delta$、$h=90°+\phi-\delta$；太阳在南北回归线，冬至与夏至时，太阳在天顶，则$\phi=\delta$、$h=90°$。在光伏电站设计中，需要特别关注光伏电

站所在地区冬至日 9:00 与 15:00 的太阳高度角，以确保光伏电站在全年能被太阳光照射。

$$\sin h = \sin\phi\sin\delta + \cos\phi\cos\delta = \cos(\phi - \delta) = \sin[90 \pm (\phi - \delta)] \tag{1-7}$$

4. 太阳方位角

太阳方位角（α）是太阳光线在水平面上的投影和当地子午线正南方的夹角（见图 1-13），其中正南方位时 α 等于 0，正南以西时 a 大于 0，正南以东时 a 小于 0，变化范围为±180°，根据几何关系可得出太阳方位角计算公式如式（1-8）所示。

$$\cos\alpha = \frac{\sin h\sin\phi - \sin\delta}{\cos h\cos\phi} \tag{1-8}$$

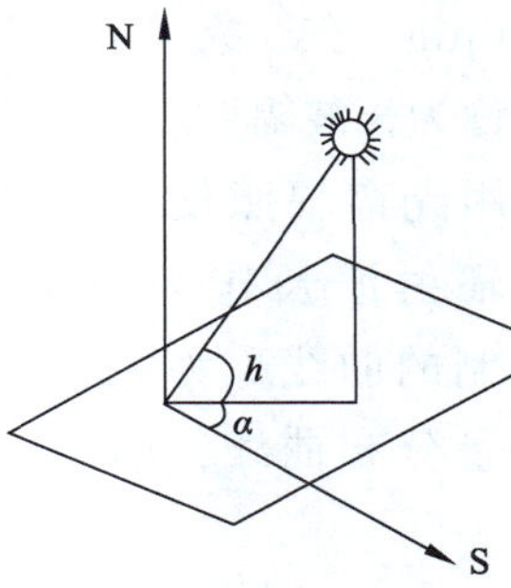

图 1-13　太阳高度角和方位角

5. 日照时间

太阳在地平面日出、日落瞬间，太阳高度角为 0，在不考虑地表曲率和大气折射影响下，可得出日出日落时角表达式为 $\cos\omega_{1,2} = -\tan\phi \cdot \tan\delta$，式中 $\omega_1(<0)$ 为日出时的太阳时角、$\omega_2(>0)$ 为日落时的太阳时角，其中 $-\omega_1 = \omega_2$。

在北半球，当 $|-\tan\phi \cdot \tan\delta| \leqslant 1$ 时，可得出 $\omega_2 = \arccos(-\tan\phi \cdot \tan\delta) \cdot 180/\pi$。

将日出与日落时角转换为小时，可计算出一天可能的日照时间 T，计算如式（1-9）所示。

$$T = \frac{2}{15^\circ}\arccos(-\tan\phi \cdot \tan\delta) \tag{1-9}$$

1.3.3　光谱及光资源计算

通常所说的光学区域（或光学频谱）包括红外线、可见光和紫外线。光波的基本参数见表 1-2。

表 1-2　光波基本参数

波谱区名称	波长范围	波数/cm^{-1}	频率/MHz
远紫外光	10~200 nm	10^6~5×10^4	3×10^{10}~1.5×10^9
近紫外光	200~380 nm	5×10^4~2.5×10^4	1.5×10^9~7.5×10^8
可见光	380~780 nm	2.5×10^4~1.3×10^4	7.5×10^8~4.0×10^8
近红外光	0.75~2.5 μm	1.3×10^4~4×10^3	4.0×10^8~1.2×10^8
中红外光	2.5~50 μm	4 000~200	1.2×10^8~6.0×10^6
远红外光	50~1 000 μm	200~10	6.0×10^6~10^5

能作用于人的眼睛并引起视觉的称为可见光，如红、橙、黄、绿、蓝、靛、紫各色光，波长在 780~380 nm 之间对应的频率范围是 4.0×10^8~7.5×10^8 MHz。

相比于可见光，波长较长不能引起视觉的叫红外线，它的波长范围是 750 nm~10^6 nm。所有的物体都辐射红外线，主要作用是热作用。物体温度越高，辐射的红外线越强，辐射的红外线波长越短。

紫外线的波长在 10~380 nm 之间，紫外线具有较高能量，能够杀灭多种细菌，可以用紫外线进行消毒。

1. 太阳光谱能量分布

太阳光谱是指太阳辐射按波长（频率）分布的特征。太阳辐射是电磁辐射的一种，它是物质的一种形式，具有波粒二象性，在本质上与无线电波没有差异，只是波长和频率不同而已。太阳辐射光谱的主要波长范围为0.15~4 μm，而地面和大气辐射的主要波长范围为3~20 μm。在气象学中，根据波长的不同，常把太阳辐射称为短波辐射，而把地面和大气辐射称为长波辐射。

用光谱辐照度作为纵坐标，辐射波长作为横坐标，所绘制的曲线称为太阳光谱的能量分布曲线，如图1-14所示。

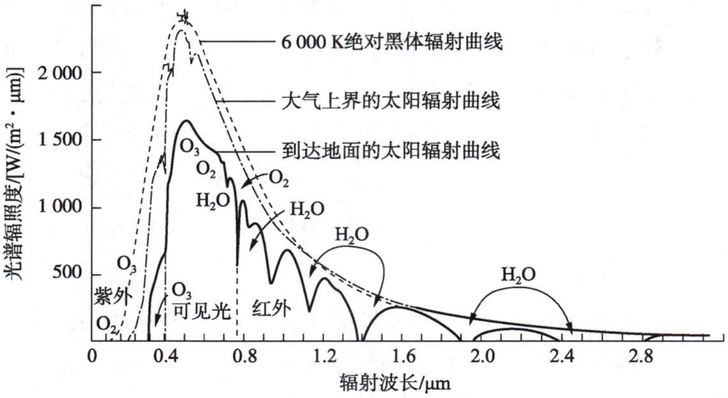

图1-14　太阳光谱的能量分布曲线

从图1-14可以看出，虽然太阳辐射的波长范围较宽，但绝大部分的能量却集中在0.15~4 μm之间，占总能量的99%以上。其中可见光部分（0.38~0.78 μm）约占太阳辐射总能量的50%，红外线（>0.78 μm）约占43%，紫外线（<0.38 μm）占太阳辐射总能量很少，约占7%，光谱辐照度最大值所对应的波长是0.475 μm，属于蓝色光。

2. 太阳辐射计算

（1）地外法向太阳辐射

①地外法向太阳辐射度。当地球与太阳的距离为日地平均距离时，地外法向太阳辐照度即太阳常数；其他时间，地外法向太阳辐照度需要将太阳常数经日地距离订正后计算得出，计算如式（1-10）所示。

$$EDNI = E_0(1 + 0.033\cos 360n/365) \tag{1-10}$$

式中　EDNI——地外法向太阳辐照度，单位为 W/m^2；

E_0——太阳常数，单位为 W/m^2，按照《太阳常数和零大气质量下太阳光谱辐照度》（QX/T 368—2016）取1 366.1 W/m^2；

n——积日，日期在一年的序号。

②地外法向太阳辐照量。一段时间的地外法向太阳辐照量（EDNR）是将地外法向太阳辐射度（EDNI）乘以时间，如果时间单位为小时（h），则EDNR的单位为瓦时每平方米（$W\cdot h/m^2$），如果时间单位为秒（s），则EDNR的单位为焦每平方米（J/m^2）。

（2）地外水平面太阳辐射

①瞬时地外水平面太阳辐射度。瞬时地外水平面太阳辐射度计算公式如式（1-11）所示。

$$EHI = EDNI \times \sin h = EDNI \times (\sin\phi\sin\delta + \cos\phi\cos\delta\cos\omega) \tag{1-11}$$

②小时地外水平面太阳辐照量。小时地外水平面太阳辐照量计算公式如式（1-12）所示。

$$EHR_h = \frac{12 \times 3\,600}{\pi} \times EDNI \times \left[\cos\phi\cos\delta(\sin\omega_2 - \sin\omega_1) + \frac{\pi \times (\omega_2 - \omega_1)}{180}\sin\phi\sin\delta\right] \times 10^{-6} \tag{1-12}$$

式中　EHR_h——小时地外水平面太阳辐照量，单位为兆焦每平方米（MJ/m^2）；

ω_1, ω_2——所计算时间段的起、止时角，$\omega_1 < \omega_2$，单位为度（°）。

③日地外水平面太阳辐照量。日地外水平面太阳辐照量计算公式如式（1-13）所示。

$$EHR_d = \frac{24 \times 3\,600}{\pi} \times EDNI \times \left[\cos\phi\cos\delta\sin\omega_s + \frac{\pi\omega_s}{180}\sin\phi\sin\delta\right] \times 10^{-6} \tag{1-13}$$

式中　EHR_d——日地外水平面太阳辐照量，单位为兆焦每平方米（MJ/m^2）；

ω_s——日落时刻的时角，单位为度（°），计算公式如式（1-14）所示。

$$\cos\omega_s = -\frac{\sin\phi\sin\delta}{\cos\phi\cos\delta} = -\tan\varphi\tan\delta \tag{1-14}$$

④月地外水平面太阳辐照量。月地外水平面太阳辐照量可将当月逐日辐照量累计求和得到，亦可以近似采用当月代表日的日辐照量乘以当月日数，月水平面总辐射量还可以采取经验公式系数 a、b 的计算方法，选择计算点最近的太阳辐射观测站作为计算参考点，根据参考点历年观测的月水平面总辐射和月日照百分率，计算系数 a、b，分别如式（1-15）、式（1-16）所示。

$$a = \bar{y} - b\overline{S'_1} \tag{1-15}$$

$$b = \frac{\sum_{i=1}^{n}(S'_{1i} - \overline{S'_1})(y_i - \bar{y})}{\sum_{i=1}^{n}(S'_{1i} - \overline{S'_1})^2} \tag{1-16}$$

式中　S'_{1i}——参考点逐年月日照百分率，以百分号（%）表示；

$\overline{S'_1}$——参考点月日照百分率的平均值，以百分号（%）表示；

y_i——参考点逐年水平面总辐射月辐照量与地外太阳辐射月辐照量的比值，无量纲数；

$\bar{y}$——参考站点历年水平面总辐射月辐照量与地外太阳辐射月辐照量比值的平均值，无量纲数；

n——观测资料的样本数，无量纲数。

（3）太阳直接辐射日总量

①从日面及其周围一小立体角内发出的太阳辐射，如式（1-17）所示。

$$Q = \int_{\omega_1}^{\omega_2} a^m E_0 \sin h \, d\omega \tag{1-17}$$

式中　ω_1——太阳日出的时角；

ω_2——太阳日落的时角；

a——大气透明系数，a 等于透过一个大气质量数（AM = 1）后的太阳辐射强度（E_1）与透过前的太阳辐射强度（E_0）之比，$a = E_1/E_0$。

对大气上界，太阳辐射计算如式（1-18）所示，将 $dt = \frac{T}{2\pi}d\omega$ 代入式（1-18），可得 Q，如式（1-19）所示。

$$Q = E_0\int_{\omega_1}^{\omega_2}(\sin\phi\sin\delta + \cos\phi\cos\delta\cos\omega)\,d\omega \tag{1-18}$$

$$Q=E_0\frac{T}{\pi}(\omega_0\sin\phi\sin\delta+\cos\phi\cos\delta\cos\omega_0) \tag{1-19}$$

式中，T 为一天的周期，等于 86 400 s。

②根据观测站资料计算太阳能总辐射量，日天文总辐射量如式（1-20）所示。

$$Q_n=\frac{TI_0}{\pi\rho^2}(\omega_0\sin\phi\sin\delta+\cos\phi\cos\delta\sin\omega_0) \tag{1-20}$$

式中　Q_n——日天文总辐射量，MJ/m^2d；

T——时间周期，$24\times60\ min\cdot d^{-1}$；

I_0——太阳常数为 0.082 0 $MJ/m^2\cdot min$；

ρ——日地距离系数；

ϕ——地理纬度，rad；

δ——太阳赤纬角，rad；

ω_0——日出、日落时角，rad。

(4) 光伏组件上的太阳总辐射

光伏组件上的总辐射为地面上的直接辐射、散射辐射以及地面反射辐射三者之和，如式（1-21）~式（1-25）所示。在计算时，地面反射率 ρ 与地面状态有关，不同地面状态的反射率见表 1-3。

表 1-3　不同地面状态的反射率

地面状态	反射率	地面状态	反射率	地面状态	反射率
沙漠	0.24~0.28	干湿土	0.14	湿草地	0.14~0.26
干燥地带	0.1~0.2	湿黑土	0.08	新雪	0.81
湿裸地	0.08~0.09	干草地	0.15~0.25	冰面	0.69

$$H_t=H_{bt}(s)+H_{dt}(s)+H_{rt}(s) \tag{1-21}$$

$$H_{bt}=H_bR_b \tag{1-22}$$

$$H_{dt}=H_d\times\left[\frac{H_b}{H_0}\times R_b+0.5\times\left(1-\frac{H_b}{H_0}\right)(1+\cos s)\right] \tag{1-23}$$

$$H_{rt}=0.45\rho H(1-\cos s) \tag{1-24}$$

$$R_b=\frac{\cos(\phi-s)\cos\delta\sin h'_s+(\pi/180)h'_s\sin(\phi-s)\sin\delta}{\cos\phi\cos\delta\sin h_s+(\pi/180)h_s\sin\phi\sin\delta} \tag{1-25}$$

式中　H_{bt}——倾斜面上的太阳直接辐射量；

H_{dt}——倾斜面上的太阳散射辐射量；

H_{rt}——倾斜面上的地面反射辐射量；

R_b——倾斜面与水平面上直接辐射量的比值；

h_s——水平面上的日落时角；

h'_s——倾斜面上的日落时角；

H_b——气象站数据，水平面上的直接辐射量；

H_d——气象站数据，水平面上的散射辐射量；

H_0——大气层外水平面上的太阳辐射量；

ρ——地面反射率；

ϕ——电站地理纬度；

s——光伏组件安装倾角；

δ——赤纬角。

3. 太阳能资源分布区域划分

太阳能资源总量及丰富程度等级采用代表年数据，计算评估目标的年水平面总辐照量，按表 1-4 所示评价太阳能资源的丰富程度。

表 1-4　年水平面总辐照量（GHR）等级

等级名称	分级阈值/(MJ/m^2)	分级阈值/($kW\cdot h/m^2$)	等级符号
最丰富	GHR≥6 300	GHR≥1 750	A
很丰富	5 040≤GHR<6 300	1 400≤GHR<1 750	B
丰富	3 780≤GHR<5 040	1 050≤GHR<1 400	C
一般	GHR<3 780	GHR<1 050	D

4. 辐射量单位及换算

太阳能辐射量单位有卡（cal）、焦耳（J）、瓦（W）等。其关系如下：

1卡(cal)= 4. 186 8焦(J) = 1. 162 78毫瓦时(mW・h)；

1千瓦时(kW・h) = 3. 6兆焦(MJ)；

1千瓦时/米^2($kW\cdot h/m^2$)= 3. 6兆焦/米^2(MJ/m^2) = 0. 36千焦/厘米^2(kJ/cm^2)；

100毫瓦时/厘米^2($mW\cdot h/cm^2$)= 85. 98卡/厘米^2(cal/cm^2)；

1兆焦/米^2(MJ/m^2) = 23. 889卡/厘米^2(cal/cm^2) = 27. 8毫瓦时/厘米^2($mW\cdot h/cm^2$)。

拓展阅读　光伏发电——全球能源转型的清洁动力

在全球能源转型的大背景下，光伏发电以其清洁、可再生的特点，正在重塑世界能源格局。随着技术进步和成本持续下降，光伏发电已成为最具竞争力的可再生能源之一。

1. 新型光伏技术的突破

近年来，光伏技术创新不断涌现。钙钛矿太阳能电池因其优异的光电转换性能和简便的制备工艺，成为研究热点。实验室单层钙钛矿电池效率已突破 25%，叠层电池效率更是达到 31. 25%。其独特的缺陷容忍性和带隙可调性，为高效率太阳能电池的实现提供了新途径。

在商业化技术方面，异质结（HJT）电池凭借其优异的双面发电特性和较低的温度系数，量产效率已突破 26%。TOPCon 技术通过在电池背面构建超薄氧化层和多晶硅薄层，有效降低了表面复合，使得电池效率显著提升。此外，多结叠层电池、钝化接触技术等新型技术也展现出巨大潜力。

2. 光伏建筑一体化（BIPV）的创新应用

光伏建筑一体化（BIPV）正在引领建筑能源革命。通过将太阳能组件与建筑设计深度融合，BIPV 不仅实现了发电功能，还能提供隔热、防水等建筑性能。新型彩色光伏组件采用纳米结构光学薄膜技术，既保证了美观性，又维持了较高的发电效率。透明光伏玻璃的研发突破，使得玻璃幕墙、窗户等建筑表面都能实现发电功能，大大扩展了光伏应用场景。

3. “光伏+”多元化发展模式

“光伏+”正成为产业创新的重要方向。在光伏农业领域，通过优化组件布局和光透过率设计，既能保障作物光照需求，又能实现发电增收。研究表明，某些农作物在适度遮光条件下，产量和品质反而得到提升。光伏渔业通过“上光下渔”的立体开发模式，不仅提高了土地利用效率，还能调节水温，改善养殖环境。

光伏制氢作为储能的新方向备受关注。通过将光伏发电与水电解制氢技术结合，可以将过剩的太阳能转化为清洁氢能，实现能源的长期存储。这一技术路线有望解决光伏发电的间歇性问题，为构建清洁能源体系提供新思路。

4. 智能运维与数字化转型

数字技术正在重塑光伏电站运维模式。基于5G技术的无人机巡检系统，能够快速获取组件热斑、破损等故障信息；AI图像识别技术可自动分析组件表面缺陷；智能机器人清洗系统则根据污染程度自动调整清洗策略，既提高清洗效率，又延长组件使用寿命。

大数据分析平台通过整合气象数据、发电数据和设备状态，实现了发电量的精准预测和故障的提前预警。数字孪生技术的应用，使得运维人员可以在虚拟环境中模拟和优化运维方案，大大提升了决策效率。

5. 光伏产业链的协同发展

在“双碳”目标引领下，光伏产业链正加速向绿色智能方向转型。硅料制造环节通过工艺改进和能源结构优化，显著降低了能耗和碳排放；电池片和组件生产线的智能化改造，不仅提高了生产效率，还实现了品质的全程可追溯；系统集成环节则通过标准化设计和模块化施工，大大缩短了建设周期。

6. 光伏发电的未来展望

展望未来，光伏发电将在全球能源转型中扮演更加关键的角色。技术创新将持续推动发电效率提升和成本下降；智能化、数字化手段将使光伏系统运行更加高效可靠；与储能、氢能等技术的深度融合，将为能源革命提供强大动力。在碳中和愿景指引下，光伏产业的创新发展必将为人类可持续发展作出更大贡献。

思考与练习

1. 请从不同角度描述光伏发电系统的分类？
2. 请描述离网光伏发电系统与并网光伏发电系统的异同点？
3. 请计算自己家庭所在位置的赤纬角、冬至日上午9:00的太阳高度角？
4. 请计算自己家庭所在位置冬至日的日照时间？
5. 请计算自己家庭所在位置冬至日水平面的地外法向太阳辐照度、地外水平面太阳辐照度以及拟安装的光伏组件上的太阳总辐照度？

第2章 光伏发电单元与存储单元

光伏发电单元与存储单元是光伏发电系统中的两个关键部分，在系统中发挥着重要作用。光伏发电单元为光伏组件，又称为太阳能电池板，是将太阳能转化为电能的装置。它由多个太阳能电池组成，这些电池通常由硅材料制成。当阳光照射到光伏组件上时，光子与电池中的电子相互作用，产生电流，这个过程称为光伏效应。

众所周知，太阳辐射存在昼夜、季节性和天气变化，因而光伏发电的输出功率和能量随时都在变动，使得用户无法获得连续而稳定的电能供应，还会带来剩余电能的大量出现以及出力变动等难题，目前多采用蓄电池等解决上述问题。蓄电池作为太阳能光伏发电系统中的存储装置，主要从剩余能量的存储及应用、保证系统稳定的功率输出、提高电能质量和可靠性三个方面提高光伏系统的供电质量。

学习目标

（1）了解光伏组件的类型和制作工艺。

（2）掌握光伏组件性能参数。

（3）了解储能系统作用及储能分类。

（4）掌握光伏发电系统蓄电池组容量设计方法。

视频

光伏组件的性能参数和典型产品

学习重点

（1）光伏组件的类型。

（2）光伏组件性能参数。

（3）蓄电池组容量设计方法。

视频

蓄电池组容量设计

学习难点

（1）光伏组件的制作工艺。

（2）光伏发电系统蓄电池组的容量设计方法。

2.1 光伏组件

2.1.1 光伏组件的类型

光伏组件（solar module）是把多个单体的光伏电池片，根据需要串并联起来，并通过专用材料和专门生产工艺进行封装后的产品。目前，光伏组件按电池技术可以分为四代，如图 2-1 所示，各类电池性能指标见表 2-1。

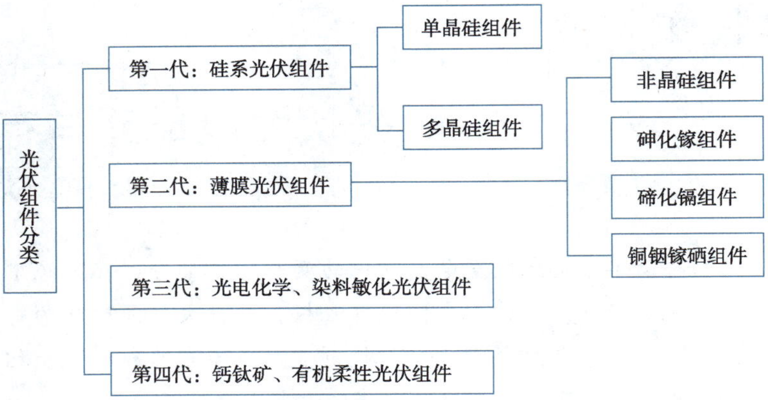

图 2-1　光伏组件技术分类

表 2-1　光伏电池性能指标

技术类型	晶硅电池		薄膜电池			
	单晶硅	多晶硅	非晶硅	碲化镉	铜铟镓硒	钙钛矿
光伏组件效率	22%～25%	17%～19%	8%～12%	16%～19%	18%～23%	18%～25%
受光面积/(m^2/kWp)	7	8	15	11	10	4
制造能耗	较高	较高	低	低	低	高
制造成本	较高	较高	低	中	中	很高
资源丰富度	中	中	丰富	较贫乏	较贫乏	贫乏
运行可靠程度	高	中	中	较高	较高	高
污染程度	中	小	小	中	中	高

第一代为硅系光伏组件。相应产品为单晶硅、多晶硅和准晶硅光伏组件。目前，硅系光伏组件光电转换率最高，其中产业化单晶硅光伏组件已达 24% 左右，多晶硅光伏组件也有 18% 左右，其他技术指标见表 2-1。

目前，硅系光伏组件已成为光伏组件市场的主流，2024 年 n 型电池的市场占比由 2023 年的接近 25% 提升到 50%，成为电池技术的主流。伴随着电池转换效率的逐步提升、矩形片技术的采用及其他先进封装技术，最高量产组件功率将超过 700 W。同时，不同 n 型电池技术竞相发展。TOPCon 技术可以通过钝化接触技术来降低电池的复合损失。TOPCon 太阳能电池成为企业争先布局的路线，将占到 n 型电池总产量的 84%；IBC 电池受益于隆基和爱旭的大力推动，其现有及规划产能将超过 55 GW。MWT 太阳能电池能够将电池正面收集的电子通过孔洞中填充的金属转移至电池背面，电池表面有更大的面积来收集光子并将其转化为电能，从而提高电池的转换效率。2024 年，我国量产先进晶体硅光伏电池转换效率已超过 25%。

第二代为薄膜光伏组件。其为多元化合物薄膜电池技术，相应产品为硅基薄膜太阳能电池、碲化镉（CdTe）太阳能电池、铜铟镓硒（CIGS）太阳能电池、钙钛矿太阳能电池等，该类电池具有柔性、轻量化和弱光性能优异等特点。近年来，以非晶硅为代表的硅基薄膜太阳能电池技术进展缓慢，转换效率维持在 10% 左右，与晶体硅光伏产品相比，竞争力较弱，只能错位竞争。碲化镉太阳能电池价格低廉，转换效率比非晶硅太阳能电池高，性能也比较稳定，但以前因为镉元素有毒性，其大量应用受到限制。铜铟镓硒太阳能电池在薄膜太阳能电池中转换效率最高，性能稳定，可制成柔性太阳能电池，在建筑一体化、移动电源等市场具有发展前景。2024 年，我国量产的 CIGS 薄膜光伏组件最高转效率达 18%~19%（实验室效率超 23%）。

第三代为光电化学、染料敏化光伏组件。其以光电化学和敏化技术为代表，主要产品包括聚合物多层修饰电极型电池、光电化学电池、聚合物、染料敏化太阳能电池。该技术的特点是不依赖于传统的 PN 结合分离光电产生电荷，但相比第二代技术，其普及程度更低，有待商业化。

第四代为钙钛矿、有机柔性光伏组件。有机半导体太阳能电池是具有半导体性质的有机材料等进行掺杂后制成 PN 结，实现太阳能发电的效果，其转换效率不高。钙钛矿太阳能电池作为新一代的薄膜太阳能电池，发展迅速，自 2009 年面世以来，仅经过 14 年的时间，其转换效率就从 3. 8% 提升至 26%。钙钛矿电池是利用钙钛矿型的有机金属卤化物半导体作为吸光材料的太阳能电池，也称作新概念太阳能电池。钙钛矿电池相对于晶硅电池效率上限更高，单结钙钛矿电池效率上限超 30%，双结叠层效率上限更有望接近 45%，而晶硅电池效率难以突破 30%。此外，钙钛矿电池相对于晶硅电池成本更低，可实现全口径平价上网，而晶硅电池成本较高。同时，钙钛矿电池相对晶硅电池具备高弱光效应，钙钛矿材料在阴雨天气和日出日落等弱光环境均能工作。然而，钙钛矿材料的稳定性差，其结构中包含有机成分，容易受到水、氧、光、热等因素的影响而分解，导致电池的性能衰减较快，使用寿命相对较短。目前，钙钛矿电池的最高寿命约为 3 000 h，而晶硅电池的寿命可达 25 年。

当前，在 PERC、TOPCon、双面（含双玻和透明背板技术）、半片、叠焊、多主栅、大尺寸等电池及组件工艺技术的升级优化下，晶体硅太阳能电池光电能量转换效率已经超过 25%，工作寿命在 25 年以上。此外，以钙钛矿、有机光伏组件为代表的第四代太阳能薄膜光伏组件也在不断发展，具有轻、薄以及可以制备成柔性器件等突出优点，在柔性太阳能电池方面与晶硅太阳能组件应用领域互补，在光伏建筑一体化、可穿戴和便携式能源以及室内光伏等方面具有重要的应用前景。这些技术创新不仅提高了光伏组件的转换效率，还降低了生产成本，使得光伏发电更加经济可行。

2. 1. 2 光伏组件制作工艺

光伏组件是由多个光伏电池片串联和并联而成，光伏电池片是光伏组件发电的最小单元，厚度为 130~180 μm，常见的规格有 156 mm×156 mm、166 mm×166 mm、182 mm×182 mm 以及 210 mm×210 mm 四种。2023 年，182 mm 和 210 mm 尺寸的硅片已成为市场主流，合计占比高达 98%，而 166 mm 及以下尺寸的硅片则逐渐退出主流市场，仅占 2%。单晶硅光伏电池外形如图 2-2 所示。

1. 光伏组件最小发电单元

图 2-2　光伏电池片外形图

光伏单体电池又称电池片，是光伏组件最小发电单元。单片电池片的开路电压为 0.5~0.7 V，与面积无关，温度每升高 1 ℃，开路电压下降 2~3 mV；1 cm² 的光伏单体电池短路电流为 16~30 mA，温度每升高 1 ℃，短路电流约上升 78 μA。

光伏电池工作时共有四股电流：光生电流 I_L，在光生电压 U 作用下的 PN 结正向电流 I_d，R_{sh} 为 PN 结边缘的漏电阻，产生漏电流 I_{sh}，流经外电路的电流 I_0、I_L 和 I_F 都流经 PN 结内部，但方向相反。

如果将负载 R_L 短路，此时输出电流最大 I_{sc}，称为短路电流，将负载开路，此时输出电压最大 U_{oc}，称为开路电压，调节 R_L，得到图 2-3 所示的伏安特性。

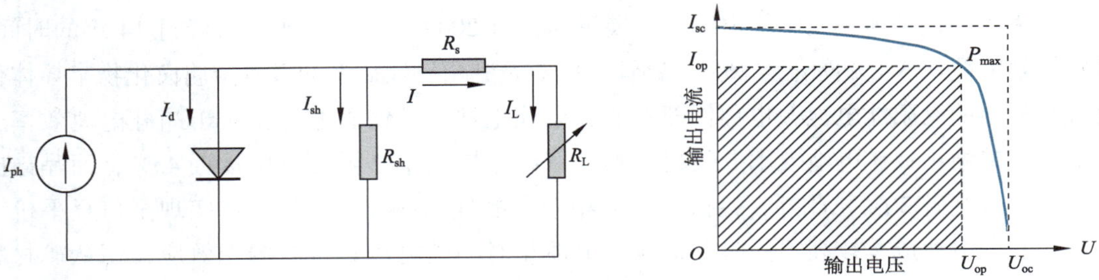

图 2-3　光伏电池伏安特性

2. 光伏组件制作工艺

光伏组件制作工艺流程为：电池检测—单片焊接—检验—背面串接—检验—敷设（玻璃清洗、材料切割、玻璃预处理、敷设）—层压—修边（去边、清洗）—装框（涂胶、装角键、冲孔、装框、擦洗余胶）—焊接接线盒—高压测试—组件测试—外观检验—包装入库等生产过程，最终将一片片输出电压低、轻薄易碎的电池片封装成输出电压高、不易损坏、防水防污的光伏组件，图 2-4 和图 2-5 所示分别为半片化光伏组件的串、并联图。

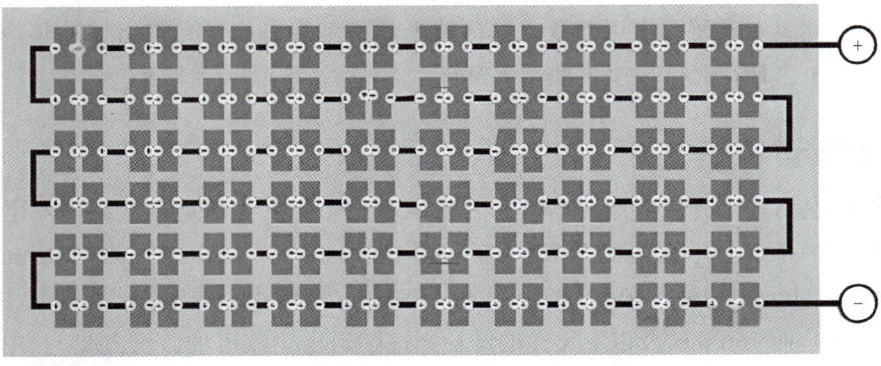

图 2-4　半片化光伏组件串联

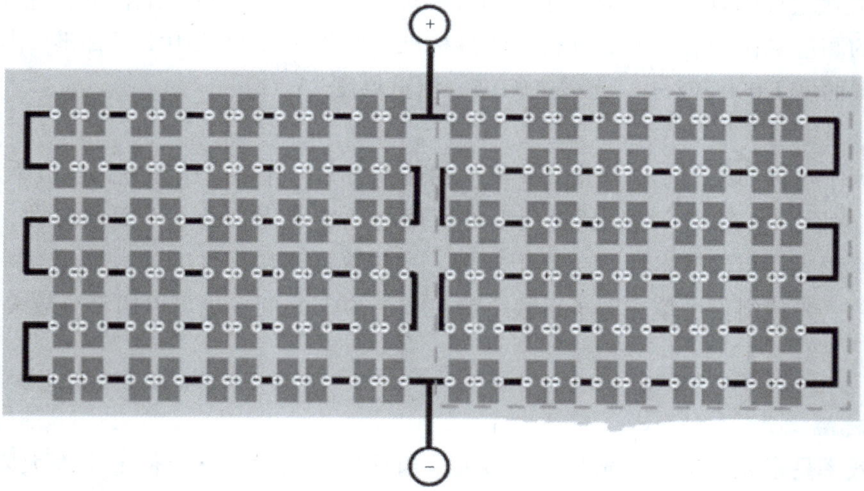

图 2-5　半片化光伏组件并联

2.1.3　光伏组件的性能参数和典型产品

1. 光伏组件性能参数

与晶硅光伏电池的主要性能参数类似，光伏组件的性能参数主要有：短路电流、开路电压、峰值电流、峰值电压、峰值功率、填充因子和转换效率等。这些性能参数的概念与晶硅光伏电池的主要性能参数相同，只是在具体数值上有所区别。

（1）短路电流 I_{sc}

光伏组件在端电压为零时的输出电流就是电池组件的短路电流，短路电流的单位是安培（A），短路电流随着光强的变化而变化。

（2）开路电压 U_{oc}

当光伏组件在空载（开路）情况下时，组件正负极间的电压就是开路电压，开路电压的单位是伏特（V）。光伏组件的开路电压随电池片串联数量的增减而变化，144 片 210 mm×210 mm 的电池片串联的组件开路电压约为 53.4 V。

（3）峰值电流 I_m

峰值电流也称最大工作电流或最佳工作电流。峰值电流是指光伏组件输出最大功率时的工作电流，峰值电流的单位是安培（A）。

（4）峰值电压 U_m

峰值电压也称最大工作电压或最佳工作电压。峰值电压是指光伏电池片输出最大功率时的工作电压，峰值电压的单位是伏特（V）。光伏组件的峰值电压随电池片串联数量的增减而变化，144 片 210 mm×210 mm 的电池片串联的组件峰值电压约为 41.48 V。

（5）峰值功率 P_m

峰值功率也称最大输出功率或最佳输出功率。峰值功率是指光伏组件在正常工作或测试条件下的最大输出功率，也就是峰值电流与峰值电压的乘积：$P_m = I_m \times U_m$。峰值功率的单位是 W。光伏组件的峰值功率取决于太阳辐照度、太阳光谱分布和组件的工作温度，因此光伏组件的测量要在标准条件下进行，测量标准为欧洲委员会的 101 号标准，其标准测试条件为：辐照度 1 000 W/m^2、光谱 AM1.5、测试温度 25 ℃。

(6) 填充因子

填充因子也称曲线因子，是指光伏组件的最大功率与开路电压和短路电流乘积的比值，通常用 FF 表示。填充因子是表征光伏组件所用电池性能优劣的一个重要参数，它的值越高，表明所用光伏组件输出特性越趋于矩形，意味着该光伏组件的最大输出功率越接近极限输出功率。光伏组件的填充因子系数一般在 0.5~0.8 之间，也可以用百分数表示。

$$FF = \frac{P_m}{I_{sc}U_{oc}}$$

(7) 转换效率

转换效率是指光伏组件受光照时的最大输出功率与入射到该组件上全部太阳辐射功率的百分比，即

$$\eta = \frac{P_m}{P_{in}} \times 100\% = \frac{I_m U_m}{A(\text{电池组件有效面积}) \times P_{in}(\text{单位面积的入射光功率})} \times 100\%$$

其中，U_m 和 I_m 分别为最大输出功率点的电压和电流，A 为包括栅线面积在内的太阳组件总面积；P_{in} 为单位面积入射光的功率。

2. 典型光伏组件参数型号

(1) 典型 N 型 HTC 技术晶硅光伏组件参数（见表 2-2）。

表 2-2 典型 N 型 HTC 技术晶硅光伏组件参数（单晶硅 144 片组件）

电池类型	N 型 HTC	最大功率	600 W
组件尺寸	2 278 mm×1 134 mm×30 mm	最佳工作电压	53.40 V
接线盒	IP68	最佳工作电流	13.47 A
输出导线	1 200 mm	开路电压	44.55 V
前置玻璃	2 mm	短路电流	14.2 A
组件效率	23.2%	工作温度	-40~+85 ℃
最大系统电压	1 500 V DC	最大额定熔丝电流	30 A
质量	31.5 kg	—	—

(2) 典型 N 型 TOPCon 技术单面双玻组件参数（见表 2-3）。

表 2-3 典型 N 型 TOPCon 技术单面双玻组件参数（单晶硅 132 片组件）

电池类型	N 型 TOPCon 单晶硅	最大功率	630 W
组件尺寸	2 382 mm×1 134 mm×30 mm	最佳工作电压	42 V
接线盒	IP68	最佳工作电流	15.01 A
输出导线	1 200 mm	开路电压	50.3 V
前置玻璃	3.2 mm	短路电流	15.94 A
组件效率	23.3%	工作温度	-40~+85 ℃
最大系统电压	1 500 V DC（IEC）	最大额定熔丝电流	30 A
质量	27.9 kg	电压温度系数	-0.24%/℃

(3) 典型 P 型 PERC 双面双玻多主栅组件参数（见表 2-4）。

表 2-4　典型 P 型 PERC 双面双玻多主栅组件参数（单晶硅 150 片组件）

电池类型	单晶硅 210 mm×210 mm	最大功率	515 W
组件尺寸	2 187 mm×1 102 mm×35 mm	最佳工作电压	43. 4 V
接线盒	IP68	最佳工作电流	11. 87 A
输出导线	1 200 mm	开路电压	52. 3 V
前置玻璃	3. 2 mm	短路电流	12. 49 A
组件效率	21. 4%	工作温度	-40~+85 ℃
最大系统电压	1 500 V DC（IEC）	最大额定熔丝电流	20 A
质量	26. 3 kg	电压温度系数	-0. 25%/℃

(4) 典型 BC 技术光伏组件参数（见表 2-5）。

表 2-5　典型 BC 技术光伏组件参数（单晶硅 144 片组件）

电池类型	单晶硅 HPBC	最大功率	670 W_p
组件尺寸	2 382 mm×1 134 mm×30 mm	最佳工作电压	44. 96 V
接线盒	IP68	最佳工作电流	14. 91 A
输出导线	1 400 mm	开路电压	54. 3 V
前置玻璃	3. 2 mm	短路电流	15. 6 A
组件效率	24. 8%	工作温度	-40~+85 ℃
最大系统电压	1 000 V/1 500 V DC（IEC）	最大额定熔丝电流	25 A
质量	28. 5 kg	电压温度系数	-0. 2%/℃

3. 电池组件的热斑效应

当电池组件或某一部分被鸟粪、树叶、阴影覆盖的时候，被覆盖部分不仅不能发电，还会被当作负载消耗其他有光照的光伏组件的能量，引起局部发热，这就是热斑效应，如图 2-6 所示。这种效应能严重地破坏光伏组件，严重的可能会使焊点熔化、封装材料破坏，甚至会使整个光伏组件失效。产生热斑效应的原因除了以上情况外，还有个别质量不好的电池片混入电池组件，电极焊片虚焊、电池片隐裂或破损、电池片性能变坏等因素，需要引起注意。

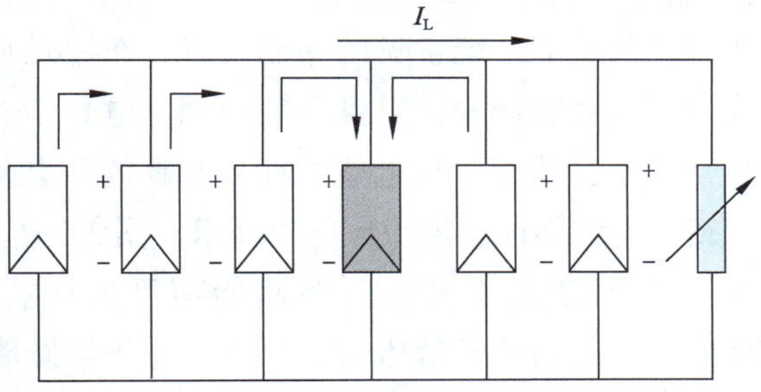

图 2-6　电池组件的热斑效应

2.2 储能系统

2.2.1 储能的必要性和定义

对光伏发电和风力发电等间歇性电源，通常发电功率与负载用电规律不相符合。因此，对独立光伏发电系统和离网型风机而言，必须配备储能装置。储能能够显著改善负荷的可用性，而且对电力系统的能量管理、安全稳定运行、电能质量控制等均有重要意义。

近年来，随着光伏发电、风力发电设备制造成本大幅度降低，将其大规模接入电网成为一种发展潮流，使得电力系统原本在“电力存取”这一薄弱环节带来更大挑战。长远来看，光伏发电和风力发电在能源消费结构中所占的份额将逐渐扩大，到2050年，将在能源供应中占据重要地位。光伏发电和风力发电如何解决发电间歇性问题，成为可靠、稳定的主体电源，就必须解决在系统中大规模应用储能设备的问题。另外，储能在孤立电网或离网、电动汽车、轨道交通、UPS电源、电动工具以及电子产品等都有应用。

2.2.2 常见储能的类型与性能

从广义上讲，储能即能量储存，是指通过一种介质或者设备，把一种能量形式用同一种或者转换成另一种能量形式存储起来，基于未来应用需要以特定能量形式释放出来的循环过程。从狭义上讲，针对电能的存储，储能是指利用化学或者物理的方法将产生的能量存储起来并在需要时释放的一系列技术和措施。

按照储能的狭义定义，燃料电池与金属空气电池虽然不具备“充电”的特性，不等同于狭义上的储能，但就其特点和应用领域又与储能产品相近。储能技术分类见表2-6。

表 2-6 储能技术分类

分类	名称	特点
物理储能	超导储能、抽水储能、压缩空气储能、飞轮储能	采用水、空气等作为储能介质；储能介质不发生化学变化
化学储能	铅酸电池、锂离子电池、液流电池熔融盐电池、镍氢电池电化学电容器	利用化学元素做储能介质；充放电过程伴随储能介质的化学反应或者变价
其他储能	燃料电池、金属空气电池	—

其中，蓄电池组是离网光伏发电系统常见的储能装置，作用是将光伏阵列从太阳辐射能转换来的直流电转换为化学能储存起来，以供负载使用。电化学储能通过电化学反应完成电能和化学能之间的相互转换，从而实现电能的存储和释放。电化学储能目前被提及较多的是锂离子电池储能、铅酸电池储能、液流储能等技术。图2-7所示为常用蓄电池的外观效果图。截至2024年底，全国已建成投运新型储能项目累计装机规模达73.76 GW/168 GW·h，其中，2024年全年新增装机量达42.3 GW，电化学储能占比超九成。2024年消费型、储能型和动力型锂电池产量分别为84 GW·h、260 GW·h、826 GW·h。锂电池

装机量（含新能源汽车、新型储能）超过 645 GW · h，同比增长 48%。除此之外，光伏发电的蓄能还包括超级电容、蓄水储能等其他形式。

（a）铅酸蓄电池外形图

（b）全钒液流电池外形图

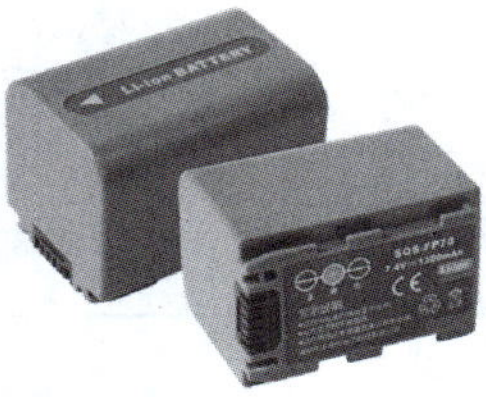

（c）锂离子蓄电池外形图

（d）磷酸铁锂电池外形图

图 2-7　常用蓄电池的外观效果图

1. 锂离子电池

锂离子蓄电池（又称锂离子电池，也称锂电池）是目前全球发展最为迅速的二次电池，广泛应用于电动车、便携电子设备、电动工具和储能等领域。2024 年，以磷酸铁锂为代表的锂离子电池储能累计装机占整体新型储能的 96%，占整体储能的 55%，已经超越抽水蓄能成为第一大储能技术。锂离子电池是把锂离子嵌入碳（石油焦炭和石墨）中形成负极，正极材料常用 Li_xCoO_2，也用 Li_xNiO_2 和 Li_xMnO_4，电解液用 $LiPF_6$ + 二乙烯碳酸酯（EC）+二甲基碳酸酯（DMC）。

（1）锂离子电池的结构

锂离子电池的结构如图 2-8 所示，主要由正极、负极、隔膜外壳等组成。

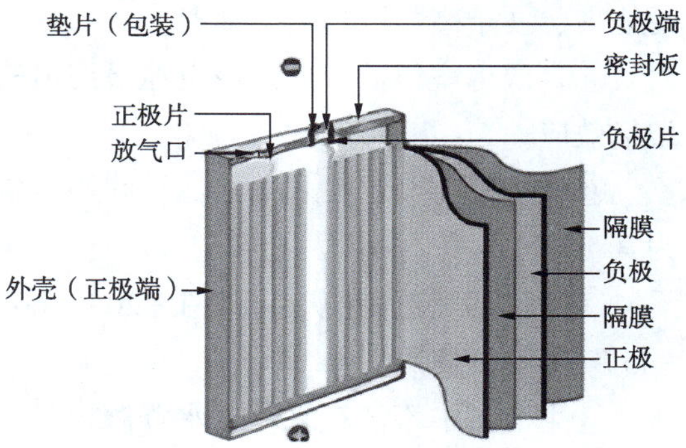

图 2-8　锂离子电池结构

（2）锂离子电池的工作原理

锂离子电池通过锂离子在正负极之间迁移实现电能存储与释放。锂离子二次电池充、放电时的反应式为：

$$LiCoO_2 + C \underset{放电}{\overset{充电}{\rightleftharpoons}} Li_{1-x}CoO_2 + Li_xC$$

当对电池进行充电时，电池的正极上有锂离子生成，生成的锂离子经过电解液运动到负极。而作为负极的碳呈层状结构，它有很多微孔，达到负极的锂离子就嵌入到碳层的微孔中，嵌入的锂离子越多，充电容量越高。同样，当对电池进行放电时（即使用电池的过程），嵌在负极碳层中的锂离子脱出，又运动回正极。回正极的锂离子越多，放电容量越高。人们将这种独特机理的锂离子电池形象地称为“摇椅式电池”，俗称“锂电”。

(3) 锂离子电池分类

根据正极材料的不同，锂离子电池可分为钴酸锂、锰酸锂、磷酸铁锂和三元电池等，各类锂离子电池对比见表 2-7。

表 2-7 各类锂离子电池对比

参　数	钴酸锂	锰酸锂	磷酸铁锂	三元
电芯能量密度/(W·h/kg)	108~240	100~150	100~180	180~300
循环寿命/次	500~1 000	500~2 000	>2 000	800~2 000
充放电性能	好	较好	一般	好
安 全 性	差	好	好	较好
低温性能	好	好	差	好
使用寿命/年	1~3	2~6	8~12	8~10
正极材料价格/（万元/t）	32	4.2	5.6	19.8

(4) 锂离子电池的优点

①能量比高。具有高储存能量密度，目前已达到 720 W·h/kg。

②循环寿命长。使用寿命可达 6 年以上，磷酸亚铁锂 1 C 循环寿命普遍达 2 000 次，甚至达到 3 500 次。

③额定电压高（单体工作电压为 3.7 V 或 3.2 V）。额定电压约等于 2~4 只镍镉或镍氢充电电池的串联电压，便于组成电池电源组。

④具备高功率承受力。电动汽车用的磷酸亚铁锂锂离子电池可以达到 15~30 C 充放电的能力，便于高强度的启动加速。

⑤自放电率很低。这是该电池最突出的优越性之一，目前一般可做到 1%/月以下且无记忆效应。

⑥质量轻。与铅酸电池相比，同等容量的锂离子电池体积仅为铅酸电池的 1/3，质量仅为其 1/3。

⑦工作温度范围宽。可以在−20~+60 ℃的环境下使用，经过工艺上的处理，可以在−45 ℃环境下使用。

⑧生产基本不消耗水。对水资源相对不充足的我国来说，十分有利。

(5) 锂离子电池的缺点

①锂离子电池内部存在热失控问题，会导致严重的安全问题。

②锂离子电池均需保护线路，防止电池被过充过放电。

③在不使用的状态下存储一段时间后，其部分容量会永久丧失。

④回收体系尚不完善，造成了资源浪费。

⑤不能大电流放电，一般放电电流在 0.5 C 以下。

(6) 锂离子电池的工作特性

①电池容量：电池容量通常用安培时（A·h）或者毫安时（mA·h）表示，它是衡量电池性能的重要参数。例如 1 A·h 的电池能以 1 A 的电流放电 1 h，相当于所含电荷量大约为 3 600 库伦（C）。

②标称电压：电池正负极之间的电势差称为电池的标称电压。标称电压由极板材料的电极电位和内部电解液的浓度决定。锂离子电池的标称电压为 3.7 V 或 3.8 V。

③充放电倍率：电池充放电倍率是衡量电池充放电速度的指标，表示电池能以多快的速度进行充放电。例如，一个额定容量为 20 A·h、倍率为 0.5 C 的电池可以以 10 A 电流持续放电。更高或更低的 C 倍率定义了电池的最大充放电电流，在电动汽车等应用中尤其重要，因为需要在不同温度下设定持续和脉冲 C 倍率，以保证安全和最佳性能。

④电池内阻：电池的内阻会影响效率，在充放电过程中产生热量。较小的内阻可以延长电池寿命并提升倍率性能，而较高的内阻则会导致发热，加速老化，并限制电池的放电倍率。一般来讲，单元锂离子电池的内阻为 65 mΩ，磷酸铁锂电池<1.1 mΩ。

⑤自放电率：自放电是指电池在未使用状态下也会自然损失电量的现象。自放电率通常以月百分比表示，放置时间过长会导致深度放电，从而永久性影响电池性能。一般在常温下，锂离子电池自放电率为每月只有 0.5%~3%。

⑥循环使用寿命：电池的循环使用寿命以充放电次数来衡量，是指在规定的条件下，电池组的放电容量连续 3 次放电容量衰减到 80% 之前所能完成充放电循环次数。电池的循环使用寿命受环境温度、充放电倍率和放电深度的影响很大。

2. 铅酸蓄电池

铅酸蓄电池是一种电极主要由铅及其氧化物制成，电解液是硫酸溶液的二次电池，自 1859 年普兰特（Plante）发明以来，至今已有 160 多年历史。铅酸蓄电池的储能成本低，可靠性好，效率高，在化学电源中一直占有绝对优势。但是铅酸蓄电池的循环寿命短（500~1 000 周期），能量密度低（30~50 W·h/kg），使用温度范围窄，充电速度慢，过充电容易放出气体，加之铅为重金属，对环境影响大，使其后期的应用和发展受到了很大的限制。

（1）铅酸蓄电池的结构

铅酸蓄电池的结构如图 2-9 所示，主要由正极板、负极板、接线柱、隔板、安全阀、电解液、电池盖及附件等部分组成。

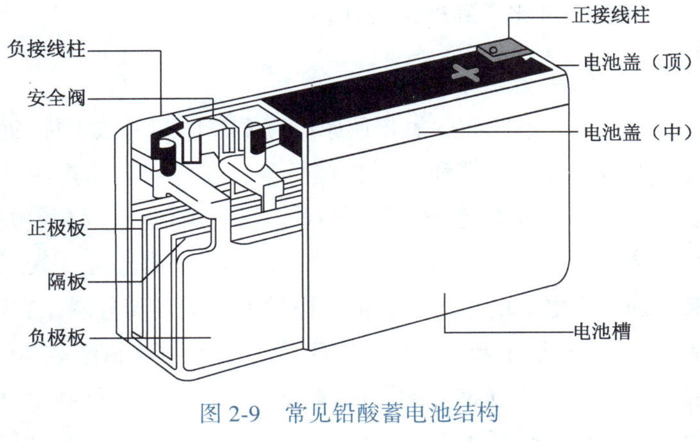

图 2-9 常见铅酸蓄电池结构

（2）铅酸蓄电池的分类

①固定型铅酸蓄电池。固定型铅酸蓄电池的优点是容量大、单位容量价格便宜、使用

寿命长和轻度硫酸化可恢复。启动蓄电池是指专门用于车辆、船舶和飞机的起动、照明、点火（缩写为SLI）和供电（20世纪80年代以后多缩写为SLIG）的锂离子蓄电池/铅酸蓄电池/镍氢、镍镉蓄电池。与启动蓄电池相比，固定型铅酸蓄电池的性能更贴近光伏系统的要求。目前在功率较大的光伏电站多数采用固定型（开口式）铅酸蓄电池。开口式铅酸蓄电池的主要缺点是需要维护，在干燥气候地区需要经常添加蒸馏水，检查和调整电解液的相对密度。此外，开口式蓄电池带液运输时，电解液有溢出的危险，运输时作好防护措施。

②密封型铅酸蓄电池。密封型铅酸蓄电池具有密封和免维修技术，不向空气中排放氢气和酸雾，安全性能好；其缺点是对过充电敏感，因此对过充电保护器件性能要求高，当长时间反复过充电后，电极板易变形，且价格较普通开口式铅酸蓄电池高。近年来，国内小功率光伏发电系统已选用密封型铅酸蓄电池。

(3) 铅酸蓄电池的工作原理

铅酸蓄电池是以铅及其氧化物为电极、硫酸溶液为电解液的一种二次电池，充电时将电能转化为化学能，放电时将化学能转化为电能。铅酸蓄电池充放电反应原理化学反应式为：

$$PbO_2 + 2H_2SO_4 + Pb = 2PbSO_4 + 2H_2O$$

当铅酸蓄电池接通外电路负载放电时，正极板上的 PbO_2 和负极板的 Pb 都变成了 $PbSO_4$，电解液的硫酸变成了水；充电时，正负极板上的 $PbSO_4$ 分别恢复原来的 PbO_2 和 Pb，电解液中的水变成了硫酸。

近年来，全球很多企业都致力于开发性能更加优良、能满足各种要求的改性铅酸蓄电池。各企业对铅酸蓄电池的改性研究主要集中在提升其能量密度、循环寿命、充电接受能力和低温性能等方面。最新研发的铅碳超级电池（lead-carbon super battery）是一种结合传统铅酸蓄电池与超级电容器技术的混合型储能装置，通过引入碳材料（如活性炭、碳纳米管等）对铅酸蓄电池进行深度改性，显著提升了循环寿命、充放电效率和功率密度，被视为铅酸蓄电池领域的重要技术突破。铅炭蓄电池相比铅酸蓄电池提升8倍充电速度，3倍放电功率，6倍循环寿命。相对于铅酸蓄电池20~40 W·h/kg的能量密度，铅炭蓄电池可以提升到40~60 W·h/kg，性价比得到极大提升。

3. 液流电池

液流电池是一种通过液态电解质的氧化还原反应来存储和释放电能的大规模储能技术。液流电池凭借其超长寿命、高安全性和灵活扩展性等，在大规模储能领域展现出不可替代性，尤其适用于电网调峰、可再生能源配套等场景。液流电池技术路径包括全钒液流电池、铁铬液流电池、锌溴液流电池等。目前应用较多的是全钒液流电池，其工作原理是将不同价态的钒离子溶液分别作为电池的正极和负极，通过离子交换膜分隔，实现电化学储能。

全钒液流电池（VRFB）最早于20世纪80年代由澳大利亚新南威尔士大学 Maria 教授等首次提出并组装出原型机，经过40多年的技术更新迭代，至今已在全球特别是中国形成了成熟的技术和产品，并且占据了大部分液流电池市场。全钒液流电池利用了电流流动时正负极钒离子价数（离子电荷数）会分别出现变化的原理。为调整正负极电子数，质子通过分隔两极的隔膜移动，由此形成电流。目前磷酸铁锂电池的体积能量密度能达到100~

150 W·h/L，而全钒液流电池的体积能量密度通常在 15~30 W·h/L 之间。未来，随着混合电对技术、固态化设计和智能化管理的突破，全钒液流电池有望成为实现“双碳”目标的核心储能技术之一，尤其在长时储能（4~12 h）场景中不可替代。

(1) 液流电池的优点

①长循环寿命：液流电池不存在普通电池的自放电问题，具有长久的存储寿命。

②安全性高：具有较高的安全性，能够应对各种极端条件。

③资源自主可控：中国钒资源产储量全球第一，有助于降低依赖进口的风险。

(2) 液流电池的缺点

①能量密度低：相比其他电池技术，全钒液流电池的能量密度较低，导致其储能容量有限。

②成本较高：尽管全生命周期成本较低，但初始投资仍然较高，限制了其广泛应用。

③体积大、质量较大：全钒液流电池的体积和质量较大，增加了运输和安装的难度。

④耐腐蚀性较差：在恶劣环境下，电池的耐腐蚀性有待提高。

⑤能量损耗较大：由于电池的工作原理，能量损耗相对较大，影响了其整体效率。

(3) 液流电池的技术参数

①电池电压：常见液流电池的电压范围在 1.0~2.2 V 之间。

②能量密度：液流电池的能量密度是由电池电压和电解质容量同时决定的。

③电流密度：电流密度是指单位电极面积上通过的电流，它影响着电池的效率和性能。液流电池工作电流密度由原来的 60~80 mA/cm^2 提高到 200~300 mA/cm^2。

④电压效率：电压效率是指充放电过程中，实际输出电压与理论输出电压之比。

⑤能量效率：液流电池能量效率是指储存和释放能量的效率，与液流电池的设计、材料和运行条件有关。液流电池的能量效率通常在 70%~85%之间。

⑥循环寿命：液流电池的循环寿命是指在充放电截止条件下，电池瓦时容量衰减到额定瓦时容量的 60%时所经历的充放电循环数。液流电池的循环寿命可达 1.5 万~2 万次。

4. 超级电容器

超级电容器又名化学电容器或双电层电容器，如图 2-10 所示，是一种介于传统电容器与电化学电池之间的新型储能元件。它可以被视为悬浮在电解质中的两个无反应活性的多孔电极板，在极板上加电，正极板吸引电解质中的负离子，负极板吸引正离子，实际上形成两个容性存储层，被分离开的正离子在负极板附近，负离子在正极板附近，故又称双层电容器。

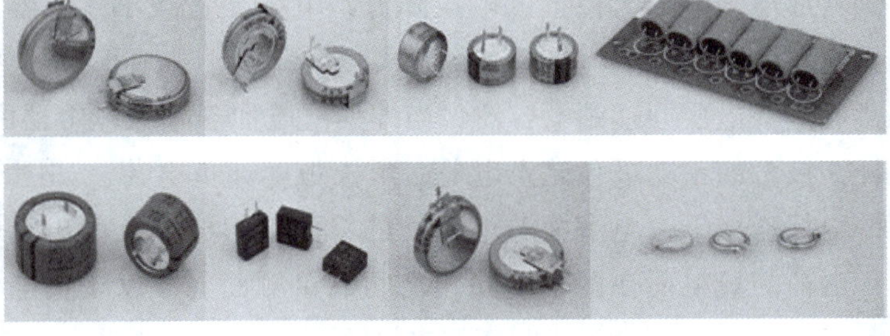

图 2-10　各种超级电容器外形图

超级电容器是一种新型储能装置，具备充电时间短、温度特性好、节约能源和绿色环保等特点；其储能过程不发生化学反应，并且是可逆的，也正因为此超级电容器循环充放电次数可达数十万次，使用寿命能超过十年。

（1）超级电容器的结构

超级电容器的结构如图 2-11 所示，主要由电解液、隔膜、电极和多孔化电极组成。超级电容器的电极材料是整个器件的主体，往往决定着超级电容器整体性能的优劣。常见的电极材料主要有碳基材料、导电聚合物、金属氧化物等。电解液主要可以分为有机电解液和水系电解液，是超级电容器很重要的组成部分，在一定程度上可以影响超级电容器的性能，常用有机系电解液有碳酸丙烯酯（PC）或高氯酸四乙氨。隔膜位于超级电容器的正负极之间，其主要作用是将超级电容器的正负极完全隔离，以防超级电容器因正负极接触而短路。同时，隔膜还可以为电解液中的离子移动提供通道。超级电容器的电极通常由高比表面积的多孔电极材料制成，具有极大的电容量并可以存储很大的静电能量。

（2）超级电容器的原理

电容器是由两个彼此绝缘的平板形金属电容板组成，在两块电容板之间用绝缘材料隔开。电容器在工作中不发生化学反应，充电后的电容器负极材料表面携带过量的电子，这些电子对应数量的正电荷储存在正极材料表面。当电容器放电时，负极过量的电子通过用电器到达正极，中和掉正极携带的正电荷，同时负极材料回归电中性。

电容器的电容：

$$C = \varepsilon S/d$$

式中 ε——电介质的介电常数，F/m；

S——电极表面积，m^2；

d——平板之间的距离，m。

电容器的容量只取决于电容板的面积，与面积的大小成正比，而与电容板的厚度无关。另外，电容器的电容量还与电容板之间的间隙大小成反比。当电容元件进行充电，电容元件上的电压增高，电场能量增大，电容器从电源上获得电能，电容器中储存的电量 E 为

$$E = CU^2/2$$

式中 U——外加电压，V。

当电容元件进行放电，电容元件上的电压降低，电场能量减小，电容器从电源上释放能量，释放的最大电量为 E。

超级电容器是利用双电层原理的电容器，当外加电压加到超级电容器的两个极板上时，与普通电容器一样，极板的正电极存储正电荷，负极板存储负电荷，如图 2-12 所示，在两极板上电荷产生的电场作用下，电解液与电极间的界面上形成相反的电荷，以平衡电解液的内电场，这种正电荷与负电荷在两个不同相之间的接触面上，以正负电荷之间极短间隙排列在相反的位置上，这个电荷分布层叫作双电层，因此电容量非常大。

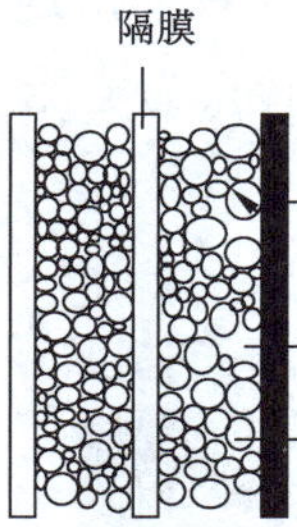

图 2-11　超级电容器结构

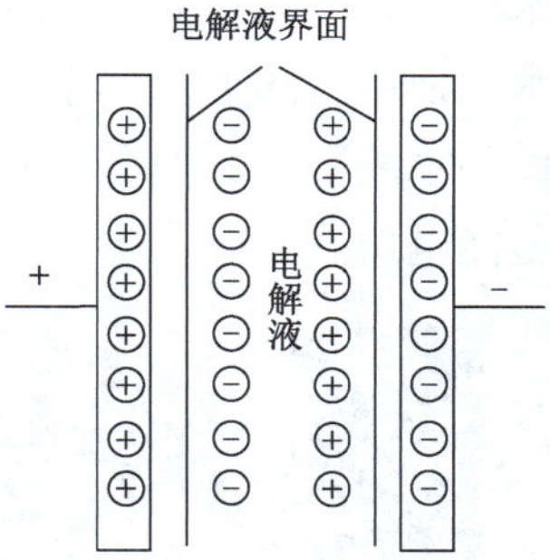

图 2-12　超级电容器工作原理

(3) 超级电容器的技术指标

超级电容器的主要性能指标有：容量、内阻、漏电流、能量密度、功率密度、循环寿命等。

①容量：电容器存储电荷能力的重要参数，单位为 F。

②内阻：分为直流内阻和交流内阻，单位为 mΩ。

③漏电流：在规定条件下，电容器的电荷自然流失的电流，单位为 mA。

④能量密度：单位质量或单位体积的电容器所给出的能量，单位为 W · h/kg 或 W · h/L。

⑤功率密度：单位质量或单位体积的超级电容器所给出的功率，表征超级电容器所承受电流的大小，单位为 W/kg 或 W/L。

⑥循环寿命：超级电容器经历一次充电和放电，称为一次循环，可超过一百万次。

(4) 超级电容器的特点

①使用寿命长，充放电次数可达 50~100 万次。

②充放电速度快，超级电容器充放电过程采用大电流，充电时间较短，基本可在数分钟内完成。

③绿色环保，超级电容器材料无毒无害，安全可靠，是理想的绿色环保电源。

④在很小的体积下达到法拉级的电容量，无须特别的充电电路和控制放电电路，和电池相比过充、过放都不对其寿命构成负面影响。

⑤工作温度范围广，工作温度范围为-40~+70 ℃，性能先进。

超级电容器的面积是基于多孔炭材料，该材料的多孔结构允许其面积达到 2 000 m^2/g，通过一些措施可实现更大的表面积。超级电容器电荷分离开的距离是由被吸引到带电电极的电解质离子尺寸决定的。该距离比传统电容器薄膜材料所能实现的距离更小。这种庞大的表面积再加上非常小的电荷分离距离使得超级电容器较传统电容器而言有大得惊人的静电容量，这也是其所谓“超级”的原因。

作为一种新兴储能技术，超级电容器在电力领域，主要作为馈线终端设备 FTU 后备电源，或在微电网及公用电网内提供电压、频率和功率稳定化服务，以及在风光发电领域用于为变桨系统提供动力、平抑短期功率波动等服务。

5. 蓄水储能

抽水蓄能电站是一种特殊形式的水力发电系统。该系统集抽水与发电两类设施于一体，上、下游均设置水库，在电力负荷低谷或丰水时期，利用其他电站提供的剩余能量，从地势低的下水库抽水到地势高的上水库中，将电能转换为位能；在日间出现高峰负荷或枯水季节，再将上水库的水放下，驱动水轮发电机组发电，将位能转换为电能。图 2-13 所示为山西西龙池抽水蓄能电站。

图 2-13　山西西龙池抽水蓄能电站

截至 2024 年底，我国抽水蓄能电站投产总规模达 5 869 万 kW；全国核准在建总规模约 2 亿 kW。预计 2025 年抽水蓄能新增投产规模约 800 万 kW；到“十四五”末，抽水蓄能总装机规模达到 6 600 万 kW 左右。到 2030 年，抽水蓄能投产总规模较“十四五”再翻一番，达到 1. 2 亿 kW 左右。目前，世界装机容量最大的抽水蓄能电站——国网新源河北丰宁抽水蓄能电站第 2 台变速机组正式投入商业运行，该电站总装机容量 360 万 kW，共安装 12 台单机容量 30 万 kW 的抽水蓄能机组，其中，10 台是定速机组，2 台为国内首次引进的大型变速抽水蓄能机组，储能电量近 4 000 万 kW · h，总装机规模、储能能力、地下厂房洞室群规模、单体地下厂房规模均为世界第一。

抽水蓄能的优点是容量大、寿命长（经济寿命约 50 年）、运行费用低，可为电网提供调峰、填谷、调频、事故备用等服务，其良好的调节性能和快速负荷变化响应能力，对于有效减少新能源发电输入电网时引起的不稳定具有重大意义。其缺点是在站址的选择上需要有水平距离小、上下水库高度差大的地形条件，岩石强度高、防渗性能高的地质条件，以及充足的水源保证发电用水的需求。另外，还有上下水库的库区淹没问题、水质变化以及库区土壤盐碱化等一系列环保问题需要考虑。

6. 压缩空气储能

压缩空气储能是一种利用电能将空气压缩存储的技术。压缩空气储能的工作原理是基于空气的物理特性，通过对空气进行压缩和膨胀来实现电能的储存与释放。电网负荷低谷时，利用剩余电力通过压缩空气并将其储存在高压密封设施中；用电高峰时，释放压缩空气驱动燃气轮机发电。图 2-14 所示为江苏金坛盐穴压缩空气储能电站。江苏金坛盐穴压缩空气储能电站是中国压缩空气储能领域唯一国家示范项目，也是世界首个非补燃压缩空气储能电站，系统主设备均为国产首台套。

作为一种极具发展潜力的长时储能技术，压缩空气储能的商业化进程在近年来也取得

图 2-14　江苏金坛盐穴压缩空气储能电站

了显著进展。德国、美国、日本等国家都建设了压缩空气储能示范电站。在国内随着技术的不断进步和成本的逐步降低，压缩空气储能的应用场景也在不断拓展。据 CESA 储能应用分会产业数据库不完全统计，截至 2024 年 12 月底全国备案压缩空气储能相关项目 52 个，总投资 186.013 1 亿元，规模合计 7.581 GW/25.982 GW · h。

压缩空气储能和抽水蓄能都属于机械能，两者在规模、寿命、成本、效率上相当。压缩空气储能系统可以持续工作数小时乃至数天；通过维护可以达到 40~50 年寿命，接近抽水蓄能的 50 年；安全性上，压缩空气储能使用的原料是空气，安全无毒。相较抽水蓄能，压缩空气储能优势主要体现在项目建设选址限制少以及建设周期短。虽然将压缩空气储存在合适的地下矿井或岩穴中是较为经济的方式，但随着技术的进步，目前也可以用地面高压储气罐取代地下洞穴。此外，压缩空气储能建设周期为 2 年左右，远低于抽水蓄能 6~8 年的建设周期。

压缩空气储能的最大缺点是系统效率低。2022 年以前，压缩空气储能的效率为 40%～60%，远低于电池的 90% 以上。近年来，压缩空气储能的系统效率提升至 75%，未来压缩空气储能要实现大规模储能应用，系统效率需要进一步提升。

7. 飞轮储能

飞轮储能是将能量以动能的形式储存在高速旋转的飞轮中。这种储能的核心原理在于利用高速旋转的飞轮来储存能量。当需要储能时，通过电动机将电能转化为飞轮的旋转动能；当需要释放能量时，飞轮带动发电机运转，将旋转动能再次转化为电能，实现能量的快速存储和释放。

飞轮储能系统主要由转子系统、轴承系统和转换能量系统三大部分组成，如图 2-15 所示。转子系统是储能的核心，其高速旋转的飞轮具有极高的转动惯量，能够储存大量的旋转动能；轴承系统则支撑着飞轮的高速旋转，保证其稳定性和耐久性；转换能量系统则负责将电能和机械能之间相互转换，实现能量的高效利用。此外，飞轮储能系统还包括一些辅助支持系统，如真空系统、深冷系统、外壳和控制系统等。这些系统为飞轮储能提供了必要的工作环境和安全保障，确保其在各种复杂环境下都能稳定可靠地运行。

飞轮储能技术的应用范围非常广泛，可以应用于UPS不间断电源、电力调峰、频率控制等多个领域。在未来能源领域中，飞轮储能技术将继续发挥其独特的优势，为推动能源革命和可持续发展做出更大的贡献。飞轮储能作为一种纯机电的储能系统，优点有：充放电效率高，可达90%以上；充电快捷，能够在短时间内完成大量电能的存储；充放电次数多，循环使用寿命长；储能量大，最大容量可达5 kW·h，储能功率密度超过5 kW/kg，能量密度高于20 W·h/kg。此外，飞轮储能系统的建设周期短，维护简单，且对环境友好无污染。

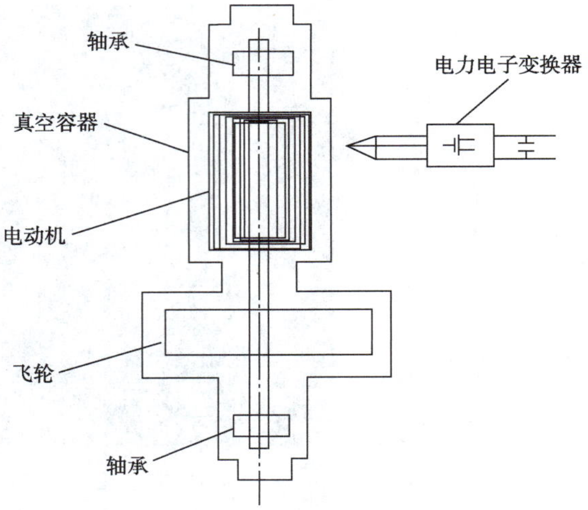

图2-15　飞轮储能的结构

飞轮储能技术的缺点：存在自放电现象，如果停止充电，能量会在数小时内自行放完，因此不适用于长期储能。此外，由于飞轮储能的成本相对较高，尚未能大规模应用。

2.2.3　蓄电池组容量设计

1. 确定蓄电池容量的主要因素

（1）蓄电池单独工作的天数

在特殊气候条件下，蓄电池允许放电达到蓄电池所剩容量占正常额定容量的20%（放电深度80%）。

（2）蓄电池每天放电容量

对于日负载稳定且要求不高的场合，日放电周期深度可限制在蓄电池所剩容量占额定容量的80%（放电深度20%）。

（3）蓄电池的容量

蓄电池要有足够的容量来保证不会由于过充电所造成的失水。一般在选择蓄电池容量时，只要蓄电池容量大于光伏阵列峰值电流的25倍，则蓄电池在充电时不会造成失水。

（4）蓄电池的自放电

随着蓄电池使用时间的增长及蓄电池温度的升高，自放电率会增加。对于新的自放电率通常小于容量的5%；但对于旧的、质量不好的蓄电池，自放电率可增至10%～15%。

在水情遥测光伏系统中，连续阴雨天的长短决定蓄电池的容量。由遥测设备在连续阴雨天中所消耗能量的安时数加上20%的因素，再加上10%蓄电池自放电安时数，便可计算出蓄电池所需额定容量。

2. 光伏电站锂离子电池容量的计算方法

在确定蓄电池容量时，并不是容量越大越好，一般以20%为限。由于单体电池的电压和容量有限，在实际使用中都需要进行串并联组合，以获得更高的电压和容量，才能满足设备的实际供电需求。

①锂离子电池串联：电压相加，容量不变，内阻增大。

②锂离子电池并联：电压不变，容量相加，内阻减小，可供电时间延长。

③锂离子电池串并联：电池组中间既有并联组合又有串联组合，使电压增高，容量加大。

④串联电压：3.7 V 单体电池可以根据需要组装成电压为3.7×(N) V 的电池组（N：单体电池数），如 7.4 V、12 V、24 V、36 V、48 V、60 V、72 V 等。

⑤并联容量：2 000 mA·h 单体电池可以根据需要组装成容量为2×(N) A·h 的电池组(N：单体电池数)，如 4 000 mA·h、6 000 mA·h、8 000 mA·h、5 A·h、10 A·h、20 A·h、30 A·h、50 A·h、100 A·h 等。

锂离子电池串并联的注意事项如下：

①不要将不同品牌的电池一起使用。

②不要将不同电压的电池一起使用。

③不要将不同容量或新旧锂离子电池混在一起使用。

④不同化学材料的电池不能混合使用，如镍氢和锂离子电池混用。

⑤当电池的电量不足时，更换所有的电池。

⑥使用对应参数的锂离子电池保护板。

⑦选择性能一致的电池，一般锂离子电池串并联使用需要进行锂离子电池芯配对。配对的标准：电压差≤10 mV，内阻差≤5 mΩ，容量差≤20 mA。

每天的放电深度也不相同，南美的秘鲁用于“阳光计划”的蓄电池要求每天 40%～50%的中等深度放电，而我国“光明工程”项目有的户用系统使用的电池只进行 20%～30%的放电深度，日本用于航标灯的蓄电池则为小电流长时间放电。蓄电池又可分为浅循环和深循环两种类型。因此，选择蓄电池应既要经济又要可靠，不仅要防止在长期阴雨天气时导致电池的储存容量不够，达不到使用目的，又要防止电池容量选择过小，不利于正常供电，并影响其循环使用寿命，从而也限制了光伏发电系统的使用寿命，还要避免容量过大，增加成本，造成浪费。确定蓄电池容量的公式为

$$C = \frac{D \times F \times P_0}{L \times U \times K_\alpha}$$

式中 C——蓄电池容量，kW·h（A·h）；

D——最长无日期间用电时数，h；

F——蓄电池放电效率的修正系数，(通常取 1.05)；

P_0——平均负荷容量，kW；

L——蓄电池的维修保养率（通常取 0.8）；

U——蓄电池的放电深度（通常取 0.5）；

K_α——包括逆变器等交流回路的损耗率（通常取 0.7~0.8）。

上式可简化为

$$C = 3.75 \times D \times P_0$$

这是根据平均负荷容量和最长连续无日照时的用电时数算出的蓄电池容量的简便公式。由于蓄电池容量一般以安时数表示，故蓄电池容量应该为

$$C'(\mathrm{A\cdot h}) = 1\ 000 \times \frac{C(\mathrm{W\cdot h})}{U}$$

$$C'(\mathrm{A\cdot h}) = I \times H$$

式中　C'——蓄电池容量，A·h；

U——光伏系统的电压等级（系统电压），通常为 12 V、24 V、48 V、110 V 或 220 V。

3. 锂离子电池案例分析

【例 2.1】 对某公司的锂离子电芯进行选型。基本要求为：可为 24 V，600 W 的负载连续 5 天阴雨天的情况下供电；蓄电池能放电到其额定容量的 75%～80%，性能正常，并保证具有 5 年使用寿命。宁德时代储能电芯基本参数见表 2-8。

表 2-8　储能电芯的基本参数

电芯类型	放电容量/A·h	充/放电倍率	循环寿命/次	尺　寸/mm
280 A·h LFP	280	0.5	7 000	174.26×207.01×71.65
306 A·h LFP	306	1	10 000	174.26×207.3×71.55
314 A·h LFP	314	0.5	7 000	174.26×207.3×71.55

【解】 电压 24 V，功率 600 W 光伏电池方阵用锂离子电池，选型容量计算如下：

逆变器的转换效率为 0.75，负载为 600 W，故实际所需功率为 600/0.75＝800（W）；

电压为 24 V，则电流 I＝800/24＝33.33（A）；

如果连续使用 5 天，即 120 h，则放电容量为 33.33×120＝4 000（A·h）；

（1）方案 1：用 280 A·h LFP 型号电芯

①锂离子电池的串联数目：24/3.2＝7.5（个），取 8；

②锂离子电池的并联数目：4 000/280＝14.28（个），取 15；

③整组电池就是 8 串×15 只电芯＝120 只电芯。

（2）方案 2：用 306 A·h LFP 型号电芯

①锂离子电池的串联数目：24/3.2＝7.5（个），取 8；

②锂离子电池的并联数目：4 000/306＝13.07（个），取 14；

③整组电池就是 8 串×14 只电芯＝112 只电芯。

（3）方案 3：选用 314 A·h LFP 型号电芯

①锂离子电池的串联数目：24/3.2＝7.5（个），取 8；

②锂离子电池的并联数目：4 000/314＝12.7（个），取 13；

③整组电池就是 8 串×13 只电芯＝104 只电芯。

对比 3 种方案，方案 2 所用电芯数目适中，维护相应较少，且电池组循环使用寿命较长。

4. 超级电容器容量设计案例分析

在超级电容的应用中，怎样计算一定容量的超级电容在以一定电流放电时的放电时间，

或者根据放电电流及放电时间，怎么选择超级电容的容量，可根据下面给出的公式计算。根据这个公式，可以简单地进行电容容量、放电电流、放电时间的推算，十分方便。

(1) 各计算单位及含义

①C(F)：超级电容的标称容量；

②U_1(V)：超级电容正常工作电压；

③U_0(V)：超级电容截止工作电压；

④T(s)：在电路中的持续工作时间；

⑤I(A)：负载电流。

(2) 超级电容容量的近似计算公式

①保持所需能量=超级电容减少的能量；

②保持期间所需能量$=0.5I(U_1+U_0)T$；

③超级电容减小能量$=0.5C(U_1^2-U_0^2)$。

因而，可得其容量（忽略由内阻引起的压降）

$$C=\frac{(U_1+U_0)I\times T}{U_1^2-U_0^2}$$

【例 2.2】 一只太阳能草坪灯电路，采用超级电容作为储能蓄电元件，草坪灯工作电流为 15 mA，工作时间为每天 3 h，草坪灯正常工作电压为 1.8 V，截止工作电压为 0.6 V，求需要多大容量的超级电容能够保证草坪灯正常工作？

【解】 由以上公式可知：

正常工作电压 $U_1=1.8$ V；

截止工作电压 $U_0=0.6$ V；

工作时间 $T=10\,800$ s；

工作电流 $I=0.015$ A；

那么所需的电容容量为

$$C=\frac{(U_1+U_0)I\times T}{U_1{}^2-U_0{}^2}=\frac{(1.8+0.6)\times 0.015\times 10\,800}{1.8^2-0.6^2}\text{F}=135\text{ F}$$

根据计算结果，选择耐压 2.5 V、130~150 F 超级电容就可以满足工作需要。

拓展阅读 锂的发现、应用与未来发展

化学元素锂于 1817 年由约翰·奥古斯特·阿韦德松（Johan August Arfwedson）在化学家永斯·贝吉里斯（Jöns Jacob Berzelius）的实验室中通过对透锂长石矿物进行分析时被发现，他把它称作 lithium（锂）。来源于希腊文 lithos，意为“石头”。这个元素组成的化合物跟钠和钾的化合物相似，但其碳酸盐和氢氧化物在水中的溶解性较小，碱性也较低，因此，他意识到这是一种新的碱金属元素。

1821 年，英国化学家威廉·托马斯·布兰德（William Thomas Brande）和汉弗里·戴维（Humphry Davy）用电解氧化锂的方法分离出金属锂，但这不足以做实验用。到了 1855 年，德国化学家 Robert Bunsen 和英国化学家 Augustus Matthiessen 电解氯化锂才获得了大块的锂。1913 年，科学家通过锂/汞金属间化合物开始研究锂金属的电化学性质，发现锂金属

的电位为 3.3044 V（相对于甘汞），被描述为“迄今为止测得的最高电极电位”。这一说法至今仍然成立，并为所有现代基于锂金属或锂衍生物的电池研究奠定了基础。

对高能锂基电池的追求始于 20 世纪 50 年代。1958 年，由于使用锂时必须避免水和空气（因其具有反应性），科学家 William S. Harris 研究了盐在各种非水电解质中的溶解度和导电性。他观察到形成了一种钝化层，能够防止锂与电解质之间的直接化学反应，同时仍允许离子传输，这导致了对锂离子电池稳定性的研究。这些研究也增加了对一次性锂离子电池商业化的兴趣。

自然界中主要的锂矿物为锂辉石、锂云母、透锂长石和磷铝石等；含锂的液态矿主要有盐湖卤水、地下卤水、热泉等。在人和动物机体、土壤和矿泉水、可可粉、烟叶、海藻中也都能找到锂。我国锂矿种类丰富，有盐湖卤水锂矿、锂辉石矿和锂云母矿，但总体品位较低，优质锂资源较少，主要分布在江西、青海、四川和西藏等省区，河南和新疆也有少量分布。

锂的提取技术主要集中在吸附法、膜分离法、萃取法等技术方向，另外沉淀法、电化学法、渗析法、结晶法、离子交换法也在研究探索。

锂离子电池是一种非常重要的能源储存设备，其广泛的应用领域和出色的性能使其在许多行业中占据了重要的地位。动力电池是锂离子电池的最大应用领域，尤其在新能源汽车领域，其需求增长迅猛。新能源汽车已成为动力电池市场的主要驱动力，而动力电池的成本也占据了整车成本的大头，达到 30%~40%。

消费电池是锂离子电池的另一大应用领域，主要服务于笔记本计算机、平板计算机、智能手机等电子产品。尽管该领域已趋于成熟，整体需求相对稳定，但近年来也受到了一些挑战。

在储能电池领域，锂离子电池也展现出了巨大的发展潜力。随着国家对新能源和可再生能源的重视度不断提高，以及《“十四五”新型储能发展实施方案》的印发，新型储能技术正逐步进入规模化发展阶段。我国储能型锂电池的产量突破 100 GW·h，储能锂电的累计装机增速更是超过了 130%。同时，风光储能、通信储能以及家用储能等各个储能领域均呈现出快速兴起和增长的态势。展望未来，预计我国储能装机量将在未来数年内持续保持高速增长，为储能锂电池市场带来巨大的需求空间。

锂电池也应用于航空航天、舰艇船舶、卫星导航、高能物理等特殊环境和要求的领域，提高设备的可靠性和安全性。锂电池在特种领域的主要技术路线有超低温锂电池、高温锂电池、钛酸锂电池、防爆锂电池等。

锂离子电池也在医疗设备中得到了广泛应用，如心脏起搏器、血糖监测器等。这些设备需要小型、轻便的电源，而锂离子电池的高效能和长寿命使其成为了理想的选择。

此外，金属锂由于具备热容大、液相温度范围宽、热导率高、黏度低和密度小等性质，还可以应用在核聚变或核裂变反应堆中用作冷却剂。锂还能制造“锂盐肥料”，防治西红柿腐烂和小麦锈穗病。铝电解槽中添加锂盐能够提高融盐流动性，降低电解度，节约电能效果显著。正丁基锂还用作合成苯乙烯、丁二烯醇的引发剂，广泛应用于耐高温和低温的橡胶密封材料和橡胶轮胎，其中橡胶轮胎加入丁基锂可使其寿命提高四倍以上。

随着全球对环境保护的重视，锂电池的环保效益将成为其进一步推广的重要因素。未来，随着技术的不断进步和应用的不断拓展，锂离子电池将在环保领域发挥更加重要的作用。例如，通过提高电池的回收利用率和降低生产过程中的能耗等方式，可以进一步减少锂离子电池对环境的影响。同时，还可以利用锂离子电池储能系统为家庭、企业等用户提供电力储备和应急供电服务，实现能源的合理利用和节约。

随着人工智能的发展，新能源锂离子电池将在互联网行业中发挥更加重要的作用。一方面，锂离子电池储能系统将成为互联网基础设施的重要组成部分；另一方面，新能源锂离子电池与互联网技术的深度融合将推动绿色计算、智能管理等新兴领域的发展。

思考与练习

1. 光伏组件的性能参数有哪些？

2. 光伏组件有哪些类型？

3. 概述蓄电池的性能参数，描述蓄电池组的容量设计方法。

4. 为一个太阳能楼宇楼牌发电系统设计超级电容，已知工作电流为 20 A，每天工作时间 9 h，工作电压 2.0 V，截至工作电压为 1.2 V，求超级电容需要的容量。

5. 结合自己家庭用电情况与气象条件，设计 5 kW 离网光伏发电系统所需蓄电池的容量。

第3章

光伏电站电力转换与控制系统

光伏电站的电力转换与控制系统主要由充放电控制器（在带有储能系统的光伏电站中）、逆变器、配电设备、监控与控制系统等关键器件组成，这些器件协同工作，确保了光伏电站能够将太阳能高效地转换为电能，并稳定地供给电网或负载使用。

充放电控制器主要用于控制光伏阵列对蓄电池的充电过程，以及蓄电池向逆变器或负载的供电过程。逆变器主要用于将光伏阵列产生的直流电转换为交流电。由于大多数电力系统都使用交流电，因此逆变器是实现并网发电的关键设备。配电设备包括变压器、断路器、保护装置等，这些设备负责在光伏电站和电网之间进行电能转换、分配和保护；它们确保电能稳定传输，并在发生故障时及时切断电路，防止设备损坏或发生安全事故。监控与控制系统是确保光伏电站正常运行的重要部分，监控系统可以实时监测光伏阵列的工作状态、电力输出情况等数据，而控制系统则集成了故障诊断和自动调整功能。通过远程监控和控制，运维人员可以及时发现并解决问题，确保光伏电站的高效运行。

学习目标

（1）掌握充放电控制器的工作原理、分类及选型方法。

（2）理解逆变器的工作原理，区分离网逆变器和并网逆变器的特点。

（3）熟悉直流汇流箱、配电柜和变压器的功能及配置要求。

（4）了解光伏电站监控系统的结构和设备选型。

（5）掌握光伏电站继电保护的基本概念和应用。

视频

离网逆变器的选型

学习重点

（1）充放电控制器的PWM控制和MPPT控制技术。

（2）离网逆变器与并网逆变器的技术差异和应用场合。

（3）直流汇流箱和配电柜的保护功能配置。

（4）光伏电站监控系统的分层架构和通信方式。

（5）继电保护的基本原理和保护配置。

学习难点

（1）逆变器中MPPT算法的控制策略和实现方法。

（2）并网逆变器的电网同步技术和功率控制。

（3）设备容量匹配和参数协调配置。

（4）继电保护定值整定的计算和判据选择。

3.1 充放电控制器

充放电控制器是离网光伏发电系统的核心部件之一，在小型离网光伏发电系统中，充放电控制器主要用来控制充放电、保护蓄电池。在大中型系统中，充放电控制器担负着平衡光伏系统能量，保护蓄电池及整个系统正常工作和显示系统工作状态等重要作用，充放电控制器可以单独使用，也可以和逆变器等合为一体。充放电控制器外形如图 3-1 所示。

（a）小功率控制器　（b）中功率控制器　（c）大功率控制器

图 3-1　充放电控制器

3.1.1　充放电控制器的工作原理及功能

充放电控制器主要涉及其对蓄电池充电和放电过程的精确管理与控制，以确保系统的稳定、高效和安全运行。

1. 充放电控制器工作原理

充放电控制器主要是通过 MCU 主控制器来对整个充放电进行控制。它可以实时监测光伏组件电压和蓄电池电压，以及工作环境的温度。并能发出 MOSFET 功率开关管 PWM 驱动信号，对开关管的通断实施控制。它可以实现防止过充、过放、短路过载保护、反接保护、雷电保护以及温度补偿功能。

2. 充放电控制器功能

充放电控制器功能如下：

①防止蓄电池过充电和过放电，延长蓄电池寿命；

②防止光伏组件或电池方阵、蓄电池极性接反；

③防止负载、控制器、逆变器和其他设备内部短路；

④具有防雷击引起的击穿保护；

⑤具有温度补偿功能；

⑥显示光伏发电系统的各种工作状态，包括：蓄电池（组）电压、负载状态、电池方阵工作状态、辅助电源状态、环境温度状态、故障报警等；

⑦具有耐冲击电压和冲击电流保护。在充放电控制器光伏组件输入端施加 1.25 倍的标

称电压持续 1 h，充放电控制器不应该损坏。将充放电控制器充电回路电流达到标称电流的 1.25 倍并持续 1 h，充放电控制器也不应该损坏。

3.1.2 充放电控制器的分类及特点

用于光伏发电系统的充放电控制器按照电池组件输入功率和负载功率不同可分为小功率、中功率、大功率等；按照控制电路方式不同分为并联型、串联型、脉宽调制型、多路控制型、两阶段双电压控制型和最大功率跟踪型；按照放电过程控制方式的不同，可分为常规过放电控制型和剩余电量（SOC）放电全过程控制型。对于应用了微处理器的电路，实现了软件编程和智能控制，并附带有自动数据采集、数据显示和远程通信功能的控制器，称之为智能控制器。

1. 按照功率大小分类

光伏充放电控制器按照功率大小，可以分为小功率、中功率、大功率充放电控制器，其性能特点如下：

（1）小功率充放电控制器

①目前大部分小功率充放电控制器都采用低损耗、长寿命的 MOSFET 场效应管等电子开关元件作为控制器的主要开关器件。

②运用脉冲宽度调制（PWM）控制技术对蓄电池进行快速充电和浮充充电，使光伏发电能量得以充分利用。

③具有单路、双路负载输出和多种工作模式。其主要工作模式有：普通开/关工作模式（即不受光控和时控的工作模式）、光控开/光控关工作模式、光控开/时控关工作模式。双路负载控制器控制关闭的时间长短可分别设置。

④具有多种保护功能，包括蓄电池和光伏组件接反、蓄电池开路、蓄电池过充电和过放电、负载过电压、夜间防反充电、控制器温度过高等多种保护。

⑤用 LED 指示灯对工作状态、充电状况、蓄电池电量等进行显示，并通过 LED 指示灯颜色的变化显示系统工作状况和蓄电池的剩余电量等的变化。

⑥具有温度补偿功能。其作用是在不同的工作环境温度下，能够对蓄电池设置更为合理的充电电压，防止过充电和欠充电状态而造成电池充放电容量过早下降甚至过早报废。

（2）中功率光伏充放电控制器

一般把额定负载电流大于 15 A 的充放电控制器划分为中功率充放电控制器。其主要性能特点如下：

①采用 LCD 液晶屏显示工作状态和充放电等各种重要信息，如蓄电池电压、充放电电流、工作模式、系统参数、系统状态等。

②具有自动/手动/夜间功能，可编制程序设定负载的控制方式为自动或手动方式。手动方式时，负载可手动开启或关闭。当选择夜间功能时，控制器在白天关闭负载；检测到夜晚时，延迟一段时间后自动开启负载，定时时间到，又自动地关闭负载，延迟时间和定时时间可编程设定。

③具有蓄电池过充电、过放电，输出过载、过电压、温度过高等多种保护功能。

④具有浮充电压的温度补偿功能。

⑤具有快速充电功能，当电池电压低于一定值时，快速充电功能自动开始，充放电控制器将提高电池的充电电压，当电池电压达到理想值时，开始快速充电倒计时程序，定时时间到后，退出快速充电状态，以达到充分利用太阳能的目的。

⑥中功率充放电控制器同样具有普通充放电工作模式（即不受光控和时控的工作模式）、光控开/光控关工作模式、光控开/时控关工作模式等。

(3) 大功率充放电控制器

大功率充放电控制器采用微电脑芯片控制系统，具有下列性能特点。

①具有 LCD 液晶点阵模块显示，可根据不同的场合通过编程任意设定、调整充放电参数及温度补偿系数，具有中文操作菜单，方便用户调整。

②可适应不同场合的特殊要求，可避免各路充电开关同时开启和关断时引起的振荡。

③可通过 LED 指示灯显示各路光伏充电状况和负载通断状况。

④具有多路光伏组件输入控制电路，控制电路与主电路完全隔离，具有极高的抗干扰能力。

⑤具有电量累计功能，可实时显示蓄电池电压、负载电流、充电电流、光伏电流、蓄电池温度、累计光伏发电量（单位：A·h 或 W·h）、累计负载用电量（单位：W·h）等参数。

⑥具有历史数据统计显示功能，如过充电次数、过放电次数、过载次数、短路次数等。

⑦用户可分别设置蓄电池过充电保护和过放电保护时负载的通断状态。

⑧各路充电电压检测具有“回差”控制功能，可防止开关器件进入振荡状态。

⑨具有蓄电池过充电、过放电、输出过载、短路、浪涌、光伏组件接反或短路、蓄电池接反、夜间防反充等一系列报警和保护功能。

⑩配接有 RS-232/485 接口，便于远程遥信、遥控；PC 监控软件可测实时数据、报警信息显示、修改控制参数，读取 30 天的每天蓄电池最高电压、蓄电池最低电压、每天光伏发电量累计和每天负载用电量累计等历史数据。

另外，参数设置具有密码保护功能且用户可修改密码；具有过电压、欠电压、过载、短路等保护报警功能。具有多路无源输出的报警或控制接点，包括蓄电池过充电、蓄电池过放电、其他发电设备启动控制、负载断开、控制器故障、水淹报警等；工作模式可分为普通充放电工作模式（阶梯形逐级限流模式）和一点式充放电模式（PWM 工作模式）选择设定。其中一点式充放电模式分 4 个充电阶段，控制更精确，更好地保护蓄电池不被过充电，对光伏发电予以充分利用；具有不掉电实时时钟功能，能显示和设置时钟；具有雷电防护功能和温度补偿功能。

2. 按照控制电路方式分类

虽然充放电控制器的控制电路根据光伏系统装机容量不同其复杂程度有所差异，但其基本原理一样。

图3-2所示是最基本的光伏控制电路的工作原理框图。该电路由光伏组件、控制器、蓄电池和负载组成。开关1和开关2分别为充电控制开关和放电控制开关。开关1闭合时，由光伏组件通过控制器给蓄电池充电，当蓄电池出现过充电时，开关1能及时切断充电回路，使光伏组件停止向蓄电池供电，开关1还能按预先设定的保护模式自动恢复对蓄电池的充电。当开关2闭合时，由蓄电池给负载供电，当蓄电池出现过放电时，开关2能及时切断放电回路，蓄电池停止向负载供电，当蓄电池再次充电并达到预先设定的恢复充电点时，开关2又能自动恢复供电，开关1和开关2可以由各种开关元件构成，如各种晶体管、可控硅、功率开关器件等电子式开关和普通继电器等机械式开关。下面根据控制电路的方式对常用控制器的电路原理和特点进行介绍。

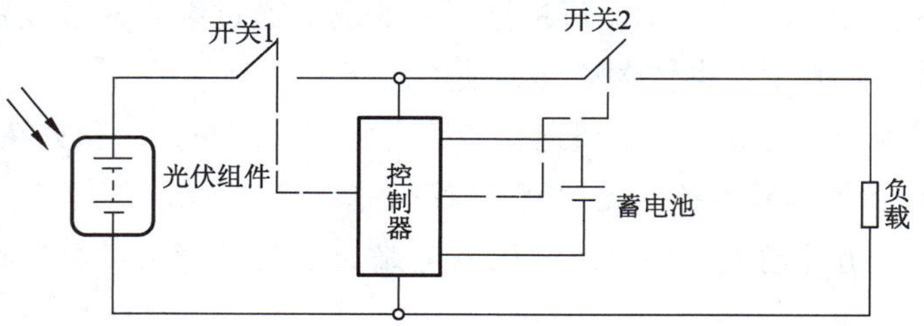

图3-2　光伏控制器基本电路图

（1）并联型控制器

并联型控制器也称旁路型控制器，它是利用并联在光伏组件两端的机械或电子开关器件控制充电过程。当蓄电池充满电时，把光伏组件输出分流到旁路电阻器或功率模块上去，然后以热能的形式消耗掉；当蓄电池电压回落到一定值时，再断开旁路恢复充电。由于这种方式消耗热能，一般只用于小型、小功率系统。

并联型控制器的电路原理图如图3-3所示。并联型控制器电路中充电回路的开关器件S_1并联在光伏组件的输出端，控制器检测电路监控蓄电池的端电压，当充电电压超过蓄电池设定的充满断开电压值时，开关器件S_1导通，同时防反充二极管VD_1截止，使光伏组件输出电流直接通过S_1旁路泄放，不再对蓄电池充电，从而保证蓄电池不被过充电，起到防止蓄电池过充电的保护作用。

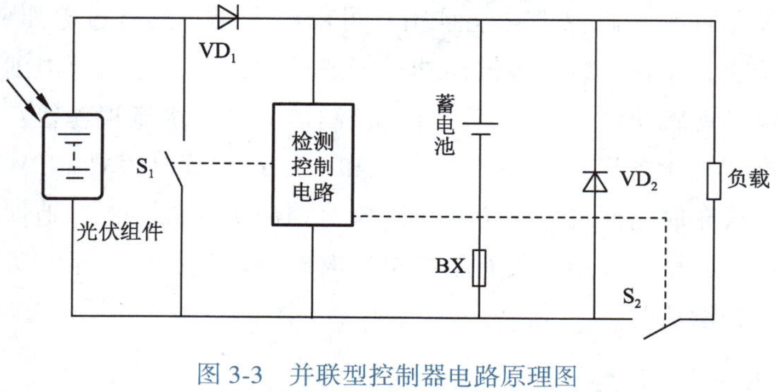

图3-3　并联型控制器电路原理图

开关器件S_2为蓄电池放电控制开关，当蓄电池的供电电压低于蓄电池的过放电保护电压值时，S_2关断，对蓄电池进行过放电保护。当负载因过载或短路使电流大于额定工作电流时，控制开关 S_2 也会关断，起到过载或短路保护的作用。

检测控制电路随时对蓄电池的电压进行检测，当电压大于充满保护电压时，S_1 导通，电路实行过充电保护；当电压小于过放电电压时，S_2 关断，电路实行过放电保护。

电路中的 VD_2 为蓄电池接反保护二极管，当蓄电池极性接反时，VD_2 导通，蓄电池将通过 VD_2 短路放电，短路电流将熔丝（俗称保险丝）熔断，电路起到蓄电池防接反保护作用。

开关器件、VD_1、VD_2 及保险丝 BX 等器件和检测控制电路共同组成控制器电路。该电路具有线路简单，价格便宜，充电回路损耗小，控制器效率高的特点，当防过充电保护电路动作时，开关器件要承受光伏组件或光伏阵列输出的最大电流，因此要选用功率较大的开关器件。

(2) 串联型控制器

串联型控制器是利用串联在充电回路中的机械或电子开关器件控制充电过程。当蓄电池充满电时，开关器件断开充电回路，停止为蓄电池充电；当蓄电池电压回落到一定值时，充电电路再次接通，继续为蓄电池充电。串联在回路中的开关器件还可以在夜间切断光伏组件供电，取代防反充二极管。串联型控制器同样具有结构简单、价格便宜等特点，但由于控制开关是串联在充电回路中，电路的电压损失较大，使充电效率有所降低。

串联型控制器的电路原理图如图 3-4 所示。它的电路结构与并联型控制器的电路结构相似，区别仅仅是将开关器件 S_1 由并联在光伏组件输出端改为串联在蓄电池充电回路中。控制器检测电路监控蓄电池的端电压，当充电电压超过蓄电池设定的充满断开电压值时，S_1 关断，使光伏组件不再对蓄电池进行充电，从而保证蓄电池不被过充电，起到防止蓄电池过充电的保护作用，其他元件的作用和并联型控制器相同。

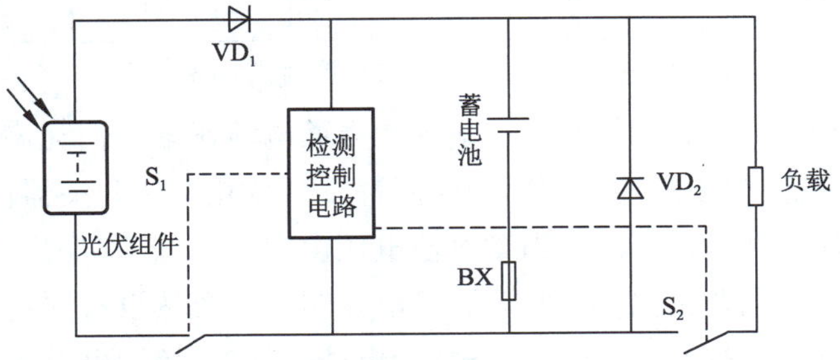

图 3-4　串联型控制器的电路原理图

串、并联控制器的检测控制电路实际上就是蓄电池过电压、欠电压的检测控制电路，主要是随时对蓄电池的电压进行取样检测，并根据检测结果向过充电、过放电开关器件发出接通或关断的控制信号。控制器检测控制电路原理图如图 3-5 所示。

该电路包括过电压检测控制和欠电压检测控制两部分电路，由带回差控制的运算放大器组成。其中 IC_1 等为过电压检测控制电路，IC_1 的同相输入端输入基准电压，反相输入端接被测蓄电池，当蓄电池电压大于过充电电压值时，IC_1 输出端 G_1 输出为低电平，使开关器件 S_1 接通（并联型控制器）或关断（串联型控制器），起到过电压保护的作用。当蓄电池电压下降到小于过充电电压值时，IC_1 的反相输入电位小于同相输入电位，则其输出端

G_1又从低电平变为高电平，蓄电池恢复正常充电状态。过充电保护与恢复的门限基准电压由RP_1和R_1配合调整确定。IC_2等构成欠电压检测控制电路，其工作原理与过电压检测控制电路相同。

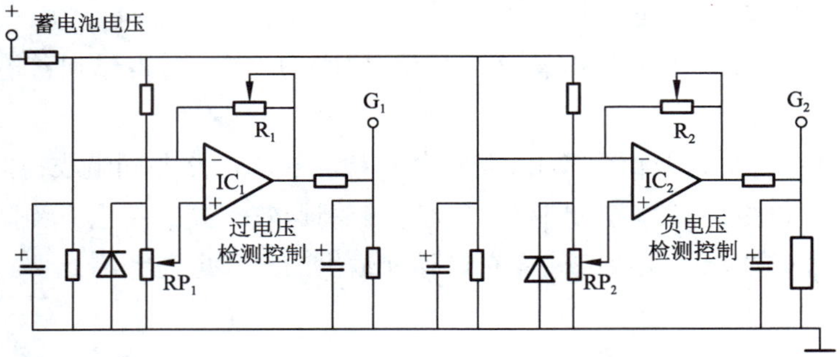

图 3-5　控制器检测控制电路原理图

（3）脉宽调制型控制器

脉宽调制型（PWM）控制器电路原理图如图 3-6 所示。

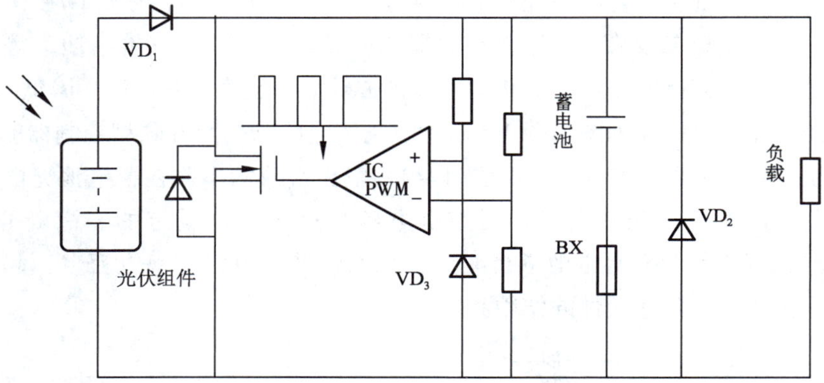

图 3-6　脉宽调制型（PWM）控制器电路原理图

该控制器以脉冲方式开关光伏组件的输入，当蓄电池逐渐趋向充满时，随着其端电压的逐渐升高，PWM 电路输出脉冲的频率和时间都发生变化，使开关器件的导通时间缩短、间隔延长，充电电流逐渐趋近于零。当蓄电池电压由充满电向下降时，充电电流又会逐渐增大。与前两种控制器电路相比，脉宽调制充电控制方式虽然没有固定的过充电电压断开点和恢复点，但在蓄电池端电压达到过充电控制点附近时，控制电路将调节以使充电电流接近零。这种充电过程能形成较完整的充电状态，其平均充电电流的瞬时变化更符合蓄电池当前的充电状况，能够增加光伏系统的充电效率并延长蓄电池的总循环寿命。另外，脉宽调制型控制器还可以实现光伏系统的最大功率跟踪功能，因此常作为大功率控制器用于大型光伏发电系统中。脉宽调制型控制器的缺点是控制器的自身工作有 4%～8% 的功率损耗。

（4）多路控制器

多路控制器一般用于几千瓦以上的大功率光伏发电系统，将光伏阵列分成多个支路接入控制器。当蓄电池充满时，控制器将光伏阵列各支路逐路断开；当蓄电池电压回落到一定值时，控制器再将光伏阵列逐路接通，实现对蓄电池组充电电压和电流的调节。这种控制方式属于增量控制法，可以近似达到脉宽调制控制器的效果，路数越多，增幅越小，越接近线性调节。但路数越多，成本也越高，因此，确定光伏阵列路数时，要综合考虑控制效果和控制器的成本。

多路控制器的电路原理图如图 3-7 所示。当蓄电池充满电时，控制电路将控制机械或电子开关从 S_1 至 S_n 顺序断开光伏阵列各支路 Z_1 至 Z_n。当第一路 Z_1 断开后，如果蓄电池电压已低于设定值，则控制电路等待；直到蓄电池电压再次上升到设定值后，再断开第 2 路，再等待；如果蓄电池电压不再上升到设定值，则其他支路保持接通充电状态。当蓄电池电压低于恢复点电压时，被断开的光伏阵列支路依次顺序接通，直至全部接通。图中 VD_1 至 VD_n 是各个支路的防反充二极管，A_1 和 A_2 分别是充电电流表和放电电流表，V 为蓄电池电压表。

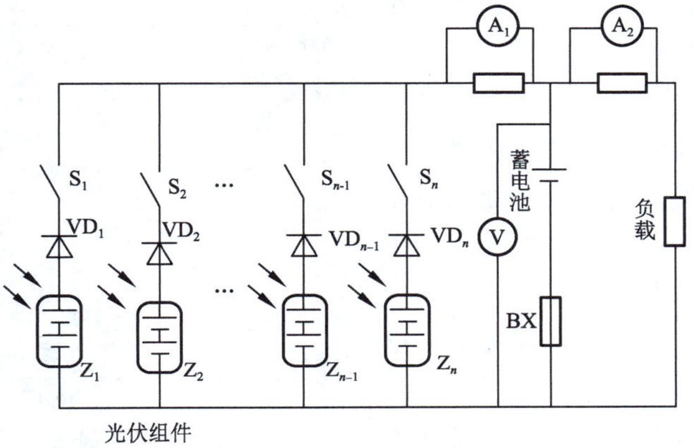

图 3-7　多路控制器的电路原理图

（5）智能型控制器

智能型控制器采用 CPU 或 MCU 等微处理器对光伏发电系统运行参数进行高速实时采集，并按照一定的控制规律由单片机程序对单路或多路光伏组件进行切断与接通的智能控制。中、大功率的智能控制器还可通过单片机的 RS-232/485 接口通过计算机控制和传输数据，并进行远距离通信和控制。

智能控制器的电路原理图如图 3-8 所示。智能控制器除了具有过充电、过放电、短路、过载、防反接等保护功能外，还利用蓄电池放电率高准确性地进行放电控制。智能控制器还具有高精度的温度补偿功能。

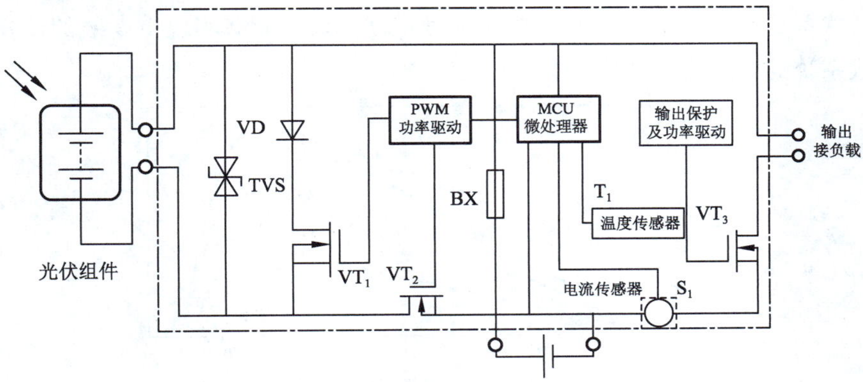

图 3-8　智能型控制器电路原理图

(6) 最大功率点跟踪型控制器

最大功率点跟踪型控制器的原理是将光伏阵列的电压和电流检测后相乘得到的功率，判断光伏阵列此时的输出功率是否达到最大，若不在最大功率点运行，则调整脉冲宽度、调制输出占空比、改变充电电流，再次进行实时采样，并做出是否改变占空比的判断。通过这样的寻优跟踪过程，可以保证光伏阵列始终处在最大功率点运行。最大功率点跟踪型控制器可以使光伏阵列始终保持在最大功率点状态，以充分利用光伏阵列的输出能量。同时，采用 PWM 调制方式，使充电电流成为脉冲电流，以减少蓄电池的极化，提高充电效率。

图 3-9 所示为光伏阵列的输出功率特性 *P-U* 曲线，由图可知当光伏阵列的工作电压小于最大功率点电压 U_{max} 时，光伏阵列的输出功率随光伏阵列端电压上升而增加；当阵列的工作电压大于最大功率点电压 U_{max} 时，光伏阵列的输出功率随端电压上升而减小。MPPT 的实现实质上是一个自寻优过程，即通过控制端电压，使光伏阵列在各种不同的日照和温度环境下输出最大功率。

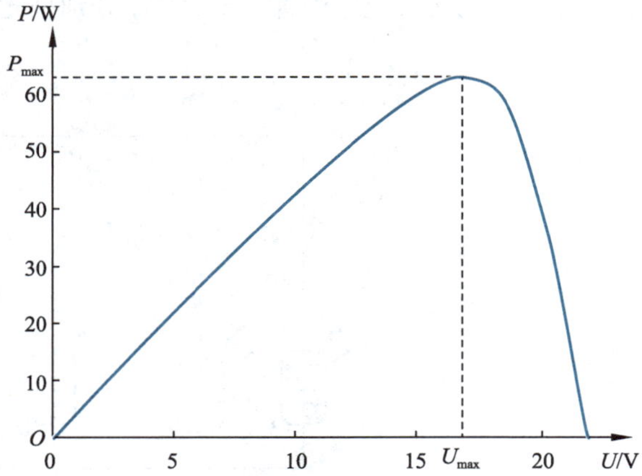

图 3-9　光伏阵列输出功率特性 *P-U* 曲线

光伏阵列的开路电压和短路电流在很大程度上受日照强度和温度的影响，系统工作点也会因此飘忽不定，这必然导致系统效率的降低。为此，光伏阵列必须实现最大功率点跟踪控制，以便光伏阵列在任何日照条件下均能够获得最大功率输出。常用的最大功率点跟踪方法有定电压跟踪法、功率反馈法、扰动观测法、导纳增量法等。

①定电压跟踪。从图 3-10 可以发现，在一定的温度下，当日照强度较高时，诸曲线的最大功率点几乎都分布在一条垂直线的两侧，这说明光伏阵列的最大功率输出点大致对应于某一恒定电压，这就大大简化了 MPPT 的控制设计，人们仅需从生产厂商处获得数据 U_{max}，并使阵列的输出电压钳位于 U_{max} 值即可，实际上是把 MPPT 控制简化为稳压控制，这就构成了 CVT 式的 MPPT 控制。采用连续可变传输（CVT）技术相较于传统的直接耦合方式，在光伏系统中具有显著优势。通过使用 CVT，系统能够实现更高效的能量转换，有望提升光伏系统的电能输出高达 20%。

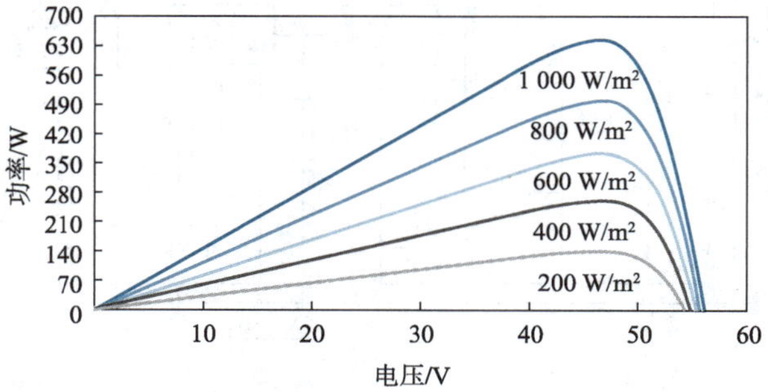

图 3-10　78HL4-BDV 640 W 光伏阵列在同一温度、不同辐照强度下的输出功率特性 *P-U* 曲线

基于恒定电压法的跟踪器制造比较简单，而且控制比较简单，初期投入也比较少。但这种控制方式忽略了温度对开路电压的影响，以常规的单晶硅光伏组件为例，当环境温度每升高 1 ℃时，其开路电压下降 0.35%~0.45%，具体较准确的值可以用实验测得，也可以按照光伏组件的数学模型计算得到。以某一位于新疆的光伏电站为例，在环境温度为 25 ℃时，光伏阵列的开路电压为 363.4 V，当环境温度为 60 ℃时，开路电压下降至 299 V（均在日照强度相同情况下），其下降幅度达到 17.5%，这是一个不容忽视的影响。

CVT（constant voltage tracking）控制技术具有多个优点：操作简便，易于实现，可靠性高；系统稳定，不会产生振荡；可以通过硬件方便地实现。然而，CVT 控制也存在一些缺点，如控制精度较低，尤其在温度变化剧烈的地区；此外，它需要人工干预才能保证良好的运行状态，且难以预测风沙等环境因素的影响。

为了克服这些缺点，可以在 CVT 的基础上采用一些改进措施。例如，手工调节方式，可以根据实际温度情况手动设置不同条件下的最大电压 U_{max}，但这种方法较为烦琐且不够精细。另一种改进方法是使用微处理器查询数据表格方式，通过预先将不同温度下测得的 U_{max} 值存储在 EPROM 中，微处理器可以利用光伏阵列上的温度传感器获取实时温度，并通过查询数据表来确定当前的 U_{max} 值。

CVT 控制因其出色的可靠性和稳定性在光伏系统中得到了广泛应用，特别是在光伏水泵系统中，但随着光伏系统控制技术的计算机化和微处理器化，传统的 CVT 方法正逐渐被更先进的技术所取代。

②功率反馈（power feedback）法。功率反馈法的基本原理是通过采集光伏阵列的电压和电流，采用硬件或者软件计算出当前的输出功率，由当前的输出功率 P 和上次记忆的输出功率 p' 来控制调整输出电压值。功率反馈法的控制原理框图如图 3-11 所示。

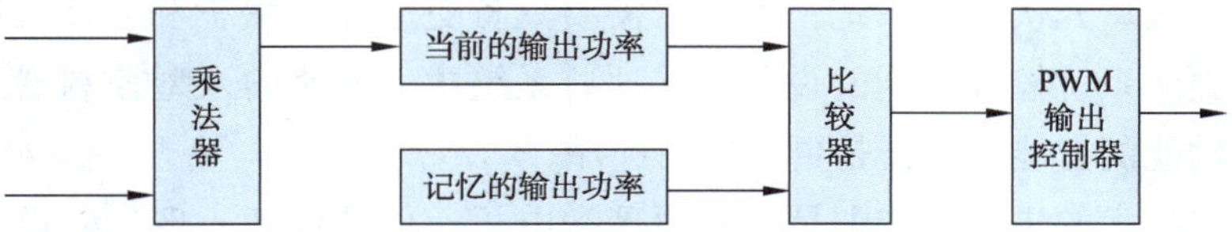

图 3-11 功率反馈法的控制原理框图

③扰动观测（perturbation and observation，P&O）法。扰动观测法是目前 MPPT 最常用的方法之一。原理是先让光伏组件按照某一电压值输出，测得它的输出功率，然后再在这个电压的基础上给一个电压扰动，再测量输出功率，比较测得的两个功率值，如果功率值增加了，则继续给相同方向的扰动，如果功率值减少了，则给反方向的扰动。

此法最大的优点在于其结构简单，被测参数少，能比较普遍地适用于光伏发电系统的最大功率跟踪。但是，在光伏发电系统已经跟踪到最大功率点附近时，扰动仍然没有停止，这样系统在最大功率点附近振荡，会损失一部分功率，而且初始值和步长的选取对跟踪的速度和精度都有较大的影响。

扰动观测法具有控制回路简单、跟踪算法简明、容易实现等优点；但也存在一些缺点，一是在阵列最大功率点附近振荡，导致部分功率损失；二是初始值及跟踪步长的给定对跟踪精度和速度有较大影响；三是有时会发生程序在运行中的“误判”现象。

扰动观测法可能产生“误判”的原因分析如图 3-12 所示。

由于在一天中日照是时刻变化的，特别是早晚和有云的天气。所以对于光伏阵列而言，其 P-U 曲线是不停变化的。当光伏系统用扰动观测法进行 MPPT 时，假设系统已经工作在 MPPT 附近，如图 3-12 所示，当前工作点电压记为 U_a，阵列输出功率记为 P_a。当电压扰动方向往右移至 U_b，如果日照没有变化，阵列输出功率为 $P_b > P_a$，控制系统工作正确。但如果日照强度下降，则对应 U_b 的输出功率可能为 $P_c < P_a$，系统会误判电压扰动方向错误，从而控制工作电压往左移回 U_a 点。如果日照持续下降，则有可能出现控制系统不断误判，使工作点电压在 U_a 和 U_b 之间来回移动振荡，从而无法跟踪到阵列的最大功率点。对于这种由于日照强度影响造成的系统误判，可以通过加大扰动频率和减小扰动的步长来尽可能地消除。

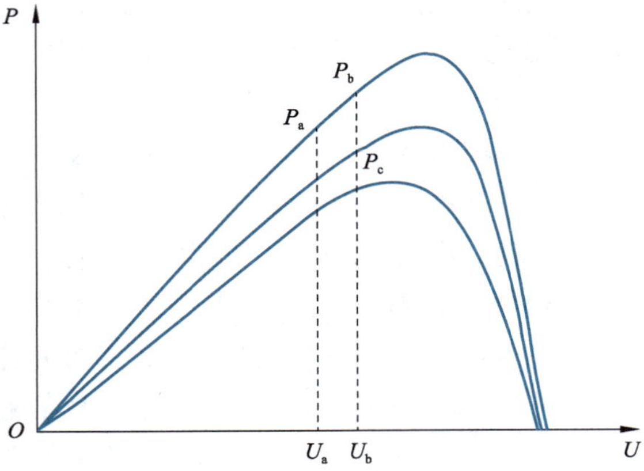

图 3-12　扰动观测法可能的误判示意图

3.1.3　充放电控制器的选型

在选择光伏发电系统中的充放电控制器时，需要综合考虑系统功率、直流工作电压、电池方阵输入路数、蓄电池组数、负载情况以及用户特定需求等因素。对于小型光伏发电系统，控制器主要承担保护蓄电池的任务，通常采用单路脉冲宽度调制（PWM）型控制器。而对于中、大型光伏发电系统，控制器需要具备更全面的保护和监测功能，因此，发展成为集成了更多系统控制功能的设备。在这些系统中，多路输入型控制器或具备通信及远程监测控制功能的智能控制器是更合适的选择。

随着控制器技术的进步，特别是控制原理和电子元件的创新，现代先进的系统控制器已经集成了微处理器，支持软件编程，从而可以根据实际应用需求选择和启用最适用的功能，同时摒弃那些不必要的功能，以提高系统的效率和可靠性。

控制器的选配需考虑多种因素，包括控制电路和控制方式的差异。从设计和应用的角度出发，根据光伏阵列的输入功率与负载功率的不同，我们可以选择小功率、中功率、大功率控制器，或者特定用途的控制器。在选择控制器时，以下主要技术参数是关键考量点。

（1）系统工作电压

系统工作电压指的是光伏发电系统中蓄电池或蓄电池组的正常工作电压。这一电压值通常根据直流负载的电压需求或逆变器的配置来确定，常见的工作电压有 12 V、24 V，而对于中、大功率控制器，工作电压可能为 48 V、110 V、200 V 等。

（2）额定输入电流

额定输入电流是指控制器能够承受的来自光伏组件或方阵的最大电流。在选择控制器时，其额定输入电流应至少与光伏组件或方阵的输出电流相等，或更高。

(3) 最大充电电流

最大充电电流指的是光伏组件或方阵能够提供的最大电流。这一参数根据光伏系统的功率大小，有多种规格，如 5 A、6 A、8 A、10 A、12 A、15 A、20 A、30 A、40 A、50 A、70 A、100 A、150 A、200 A、250 A、300 A 等。某些制造商可能会用光伏组件的最大功率来表示最大充电电流，从而间接反映这一技术指标。

(4) 控制器的额定负载电流

控制器的额定负载电流是指控制器能够向直流负载或逆变器提供的最大直流输出电流。这一数值必须满足负载或逆变器的输入电流要求。

(5) 光伏阵列输入路数

光伏阵列的输入路数应与控制器的输入路数相匹配或更多。对于小功率光伏系统，控制器通常设计为单路输入；而对于大功率系统，控制器则可能具备多路输入功能，每一路的最大输入电流应不超过控制器额定输入电流除以输入路数。因此，确保每一路光伏阵列的输出电流不超过控制器允许的最大电流至关重要。大功率光伏控制器一般支持 6 路输入，但也有支持高达 12 路或 18 路的产品。

(6) 电路自身损耗

在考虑光伏控制器的技术参数时，电路自身的损耗，也称为空载损耗或静态电流，是不可忽视的因素。为了提升光伏系统的整体转换效率，控制器的电路损耗应尽可能低。控制器的最大自身损耗不应超过其额定充电电流的 1% 或 0.4 W。通常情况下，电路自身损耗介于 5~20 mA 之间。

(7) 蓄电池过充电保护电压（HVD）

蓄电池的过充电保护电压，也称为充满断开或过压关断电压，其设定范围依需求及蓄电池类型而异，通常在 14.1~14.5 V（12 V 系统）、28.2~29 V（24 V 系统）和 56.4~58 V（48 V 系统）之间，典型值分别为 14.4 V、28.8 V 和 57.6 V。蓄电池充电保护的关断恢复电压一般设定在 13.1~13.4 V（12 V 系统）、26.2~26.8 V（24 V 系统）和 53.2~53.6 V（48V 系统）之间，典型值分别为 13.2 V、26.4 V 和 53.8 V。

(8) 蓄电池的过放电保护电压（LVD）

蓄电池的过放电保护电压，也称为欠压断开或欠压关断电压，其设定范围同样根据需求及蓄电池类型而定，一般在 10.8~11.4 V（12 V 系统）、21.6~23.8 V（24 V 系统）和 43.2~45.6 V（48 V 系统）之间，典型值分别为 11.1 V、23.2 V 和 44.4 V。蓄电池过放电保护的关断恢复电压一般设定在 13.1~13.6 V（12 V 系统）、24.2~25.2 V（24 V 系统）和 48.4~50.4 V（48 V 系统）之间，典型值分别为 13.4 V、24.8 V 和 49.6 V。

(9) 蓄电池充电浮充电压

蓄电池的充电浮充电压一般为 13.7 V（12 V 系统）、27.4 V（24 V 系统）和 54.8 V（48 V 系统）。

(10) 温度补偿

控制器一般都具有温度补偿功能，以适应不同的环境工作温度，为蓄电池设置更为合理的充电电压。控制器的温度补偿系数应满足蓄电池的技术要求，其温度补偿值一般为-20~-40 mV/℃。

(11) 工作环境温度

控制器的使用或工作环境温度范围一般在-20~+50 ℃之间，具体范围可能因不同厂家而有所差异。

(12) 其他保护特性

①输入输出短路保护：控制器的输入和输出电路应配备短路保护机制，以确保在发生短路时提供必要的保护。

②防反充保护：控制器应具备防止蓄电池向光伏组件反向充电的保护措施。

③极性反接保护：当光伏组件或蓄电池的极性反接时，控制器应具备相应的保护电路以防止损害。

④防雷击保护：控制器的输入端应设计有防雷击保护功能，避雷器的规格和额定值应足以吸收预期的冲击能量。

⑤耐冲击电压和电流保护：在控制器的光伏阵列输入端施加 1.25 倍的标称电压并持续 1 h，控制器应保持完好无损。同样，充电回路电流达到标称电流的 1.25 倍并持续 1 h，控制器亦应无损。

除了上述主要技术参数需满足设计要求外，控制器配置选型时还应考虑使用环境温度、海拔、防护等级、外形尺寸等参数，以及生产厂家和品牌等因素。

典型的 SDCC 型充放电控制器外观如图 3-13 所示，该充放电控制器有光电池（光伏组件）、蓄电池、输出端的连接端口。在控制器模板上用 3 个 LED 发光二极管分别表示光电池（光伏组件）、蓄电池、负载状态。典型的 SDCC 型充放电控制器技术指标见表 3-1。

图 3-13 典型的 SDCC 充放电控制器外观

表 3-1 典型的 SDCC 型充放电伏控制器技术指标

型　号	SDCC-5	SDCC-10	SDCC-15
额定充电电流	5 A	10 A	15 A
额定负载电流	5 A	10 A	15 A
系统电压	12 V、24 V		
过载、短路保护	1.25 倍额定电流 60 s。1.5 倍额定电流 5 s 时过载保护动作，≥3 倍额定电流短路保护动作		
空载损耗	≤6 mA		
充电回路压降	≤0.26 V		
放电回路压降	≤0.15 V		

续上表

超压保护	17 V；×2/24 V
工作温度	工业级：−35～+55 ℃（后缀Ⅰ）；商用级−5～+50 ℃
提升充电电压	14.6 V；×2/24 V；（维持时间：10 min）（只当出现过方时调用）
直充充电电压	14.4 V；×2/24 V；（维持时间：10 min）
浮　　充	13.4 V；×2/24 V；（维持时间：直至充电返回电压动作）
充电返回电压	13.2 V；×2/24 V；
温度补偿	−5 mV/℃/2 V；（提升、直充、浮充、充电返回电压补偿）
欠压电压	13.0 V；×2/24 V；
过放电压	11.1 V，放电率补偿修正的初始过放电压（空载电压）；×2/24 V
过放返回电压	13.1 V；×2/24 V；
过放可强制返回电压	13.3 V；×2/24 V；（按键强制返回）
控制方式	充电为 PWM 脉宽调制，控制点电压为不同放电率智能补偿修正

典型的 SDCC 型充放电控制器安装流程如下：

①导线的准备：推荐使用多股铜芯绝缘导线。首先确定所需导线长度，确保安装位置适宜的同时，尽量缩短连线长度以降低电能损耗。根据不超过 4 A/mm^2 的电流密度选择合适的铜导线截面积，并剥去控制器一侧接线头 5 mm 的绝缘层。

②连接控制器与蓄电池：首先将控制器一侧的接线端子与蓄电池连接，然后将剩余端头连接至蓄电池。务必注意正负极性，避免反接。若连接正确，蓄电池指示灯应亮起，此时可按动按键进行检查。若指示灯未亮，需重新检查连接是否正确。即使发生反接，也不会导致保险丝烧断或控制器部件损坏。保险丝仅作为控制器内部电路损坏短路时的最终保护措施。

③连接光伏阵列导线：先将控制器上的光电池（光伏组件）接线端子与光伏阵列连接，再将另一端连接至光伏阵列，同样注意正负极性，避免反接。若在阳光照射下充电指示灯亮起，则表示连接正确。若指示灯未亮，应检查连接是否正确。

④负载连接：将负载的连线接入控制器上的负载输出端，注意正负极性，确保不要反接，以防止烧坏电器。

典型的 SDCC 型充放电控制器在使用过程中，需注意以下事项：

①充电与超压指示：系统连接正常且阳光照射光伏阵列时，充电指示灯（1）为绿色长亮表示充电电路正常；若指示灯快速闪烁绿色，则表示系统过电压，需参照故障处理指南。充电采用 PWM 方式，若发生过放电压，先提升充电电压并维持 10 min，再降至直充电压并保持 10 min 以激活蓄电池（该处为铅酸蓄电池），避免硫化结晶，最后降至浮充电压并持续。若未发生过放电压，将跳过提升充电阶段，以防止蓄电池失水。这些自动控制过程确保蓄电池最佳充电效果并延长其使用寿命。

②蓄电池状态指示：蓄电池电压正常时，状态指示灯（2）为绿色长亮；充满电后慢闪绿色；若电压降至欠电压，指示灯变为橙黄色；若继续降至过放电压，指示灯变为红色并自动关闭输出，提示用户及时充电。电压恢复至正常范围后，输出自动恢复，指示灯变回绿色。

③负载指示：负载开通时，负载指示灯（4）亮。若负载电流超过控制器额定电流的 1.25 倍持续 60 s 或 1.5 倍持续 5 s，故障指示灯（3）为红色慢闪，表示过载，控制器将关闭输出。当负载或负载侧短路时，控制器立即关闭输出，故障指示灯（3）快速闪烁。用户应检查负载连接，排除故障后，按一次按键，30 s 后或次日恢复正常工作。

④负载开关操作：控制器上电后负载默认关闭。正常情况下，每次按键负载输出状态切换。负载开启时，负载指示灯（4）常亮；关闭时，负载指示灯（4）熄灭；过载时，故障指示灯（3）慢闪；短路时，故障指示灯（3）快闪。过载或短路均会导致输出关闭。复位过载或短路保护，按键一次，30 s 后输出恢复正常，以保护输出功率电子器件免受连续短时间大功率冲击。

⑤过放电压强制返回控制：过放电压后，蓄电池电压升至 13.1 V（12 V 系统）时，负载自动恢复供电。若电压超过 13.3 V（12 V 系统），此时按下按键开关可强制恢复负载供电以应急使用，但此操作仅在电压超过 13.3 V 时有效。

典型的 SDCC 型充放电控制器在使用过程中，偶尔会出现故障，常见故障现象及处理方法见表 3-2。

表 3-2　典型的 SDCC 型充放电控制器常见故障现象及处理方法

现　　象	处 理 方 法
当有阳光直射光伏阵列时，绿色充电指示灯（1）不亮	请检查光伏阵列两端接线是否正确，接触是否可靠
充电指示灯（1）快闪	系统电压超压。蓄电池开路，检查蓄电池是否连接可靠或充电电路损坏
负载指示灯（4）亮，但无输出	请检查用电器具是否连接正确、可靠
故障指示灯（3）快闪，且无输出	输出有短路，请检查输出线路，移除所有负载后，按一下开关按钮，30 s 后控制器恢复正常输出
故障指示灯（3）慢闪，且无输出	负载功率超过额定功率，请减少用电设备，按一下按钮，30 s 后控制器恢复输出
状态指示灯（2）为红色，且无输出	蓄电池过放电压，充足电后自动恢复使用

3.2　逆　变　器

逆变器是一种电力电子设备，它能够将直流电（DC）转换为交流电（AC）。逆变器广泛应用于光伏发电系统、不间断电源（UPS）以及电动汽车等领域。在光伏发电系统中，逆变器将光伏组件产生的直流电转换为交流电，以便与电网兼容并供家庭或商业使用。这种转换过程对于将光伏组件产生的直流电能转换为家庭或商业电网所需的交流电至关重要。

3.2.1　逆变器的工作原理

逆变器的核心功能是将直流电转换为交流电，这一过程依赖于功率半导体开关器件的周期性开通与关断。根据输出波形、用途等不同，逆变器有多种分类方式，见表 3-3。

表 3-3　逆变器分类

分类方式	名　称
输出电压波形	方波逆变器、正弦波逆变器、阶梯波（准正弦波）逆变器
输出电能去向	有源逆变器、无源逆变器
输出交流电的相数	单相逆变器、三相逆变器、多相逆变器
输出交流电的频率	工频逆变器、中频逆变器、高频逆变器
主回路拓扑结构	推挽逆变器、半桥逆变器、全桥逆变器
线路原理	自激振荡型逆变器、脉宽调制型逆变器、谐振型逆变器
输入直流电源性质	电压源型逆变器、电流源型逆变器

逆变器输出交流电的相数是在实际应用中的一个重要方面，逆变器可以设计为单相、两相或三相输出，具体取决于应用需求。例如，家用电器通常使用单相逆变器，而工业应用和大型电力系统则可能需要三相逆变器来提供更稳定和高效的电力。因此，逆变器的相数选择是根据负载的类型和功率需求来决定的。

1. 单相逆变电路

在单相逆变器领域，推挽式、半桥式和全桥式是三种常见的基本电路结构，它们虽然在设计上有所差异，但遵循相似的工作原理。在这些电路中，功率半导体器件被赋予了开关功能，通过控制电路周期性地发出精确的开关脉冲信号，实现对功率器件的有序控制，使其交替进行导通和关断。随后，通过变压器的耦合作用，可以实现电压的升压或降压调整，最终通过整形和滤波处理，输出满足特定要求的高质量交流电。

(1) 单相推挽逆变电路

单相推挽逆变电路及逆变电路输出电压波形如图 3-14、图 3-15 所示。该电路由两个共负极功率开关和一个带有中心抽头的升压变压器组成。若输出端接阻性负载时，当 $t_1 \leqslant t \leqslant t_2$ 时，VT_1 功率管加上栅极驱动信号 U_1，VT_1 导通，VT_2 截止，变压器输出端输出正电压；当 $t_3 \leqslant t \leqslant t_4$ 时，VT_2 功率管加上栅极驱动信号 U_2 时，VT_2 导通，VT_1 截止，变压器输出端输出负电压。因此，变压输出电压 U_o 为方波，如图 3-14 所示；若输出端接感性负载，则变压器内的电流波形连续，输出电压、电流波形如图 3-15 所示，读者可自行分析此波形的形成原理。

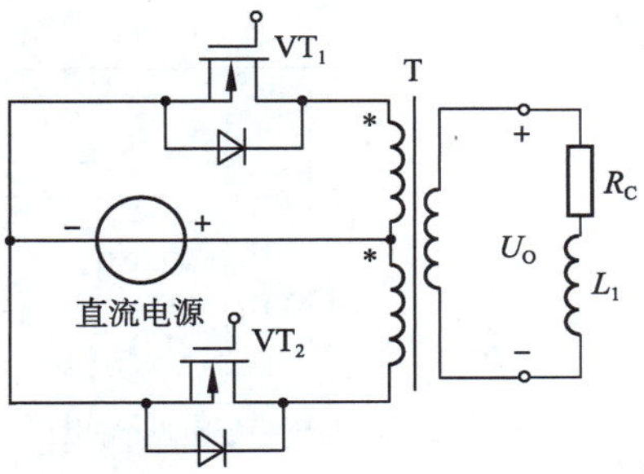

图 3-14　单相推挽逆变电路

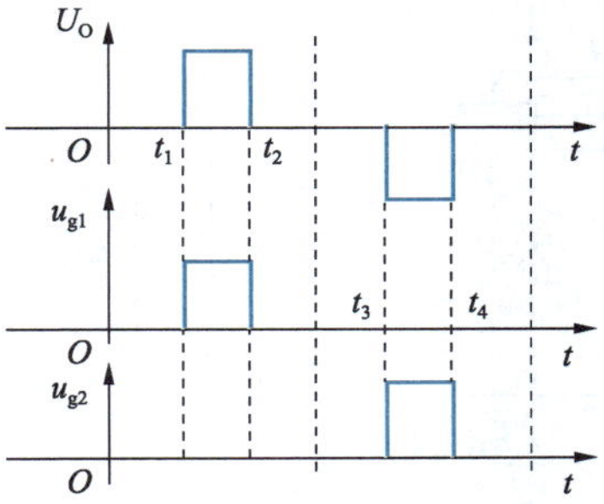

图 3-15　单相推挽逆变电路输出电压波形

(2) 单相半桥式逆变电路

单相半桥式逆变电路及逆变电路输出电压波形如图 3-16、图 3-17 所示。该电路由两个功率开关管、两个储能电容器等组成。当功率开关管 VT_1 导通时，电容 C_1 上的能量释放到负载 R 和 L 上；当 VT_2 导通时，电容 C_2 的能量释放到负载 R 和 L 上；VT_1、VT_2 轮流导通时，在负载两端获得了交流电源。

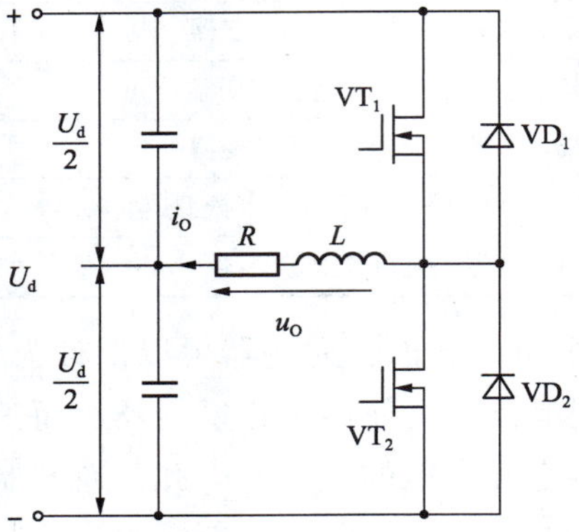

图 3-16　单相半桥式逆变电路

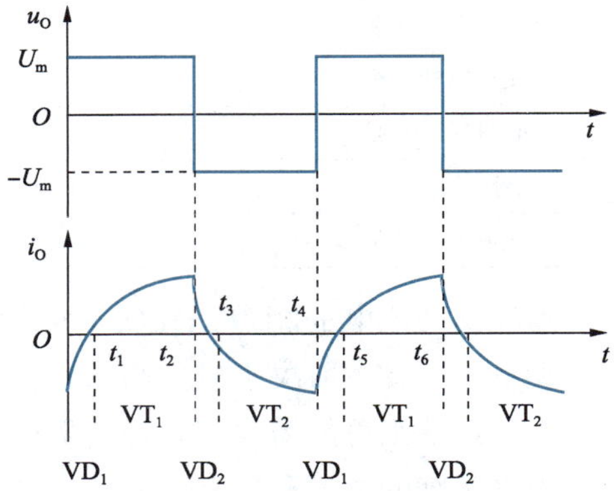

图 3-17　单相半桥式逆变电路输出电压波形

(3) 单相全桥式逆变电路

单相全桥式逆变电路如图 3-18 所示。该电路由两个半桥电路构成，其中开关功率管 VT_1 与 VT_2 以及 VT_3 与 VT_4 分别互补导通。当 VT_1 与 VT_3 同时导通时，负载电压 U_0 等于直流电源电压 U_d；而当 VT_2 与 VT_4 同时导通时，负载电压 U_0 同样等于 U_d。VT_1、VT_3 和 VT_2、VT_4 轮流导通，使得负载两端获得交流电能。

由于负载具有一定的电感性，负载电流会滞后于电压一个相位角 ϕ。在 VT_1 和 VT_3 功率管接收到驱动信号时，由于电流的滞后效应，VT_1 和 VT_3 仍然处于导通状态，进行续流。即使经过了 ϕ 角度，电流依然过零，此时电源继续向负载输送有功功率。同理，在 VT_2 和 VT_4 接收到栅极驱动信号时，尽管它们仍处于续流状态，能量此时会从负载回馈至直流侧。经过 ϕ 角度后，VT_2 和 VT_4 才开始真正流过电流。VT_1、VT_3 和 VT_2、VT_4 分别在半个周期内交替工作，如图 3-19 所示。

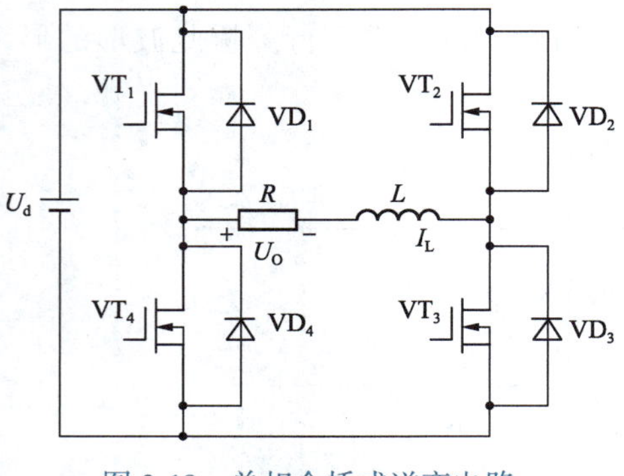

图 3-18　单相全桥式逆变电路

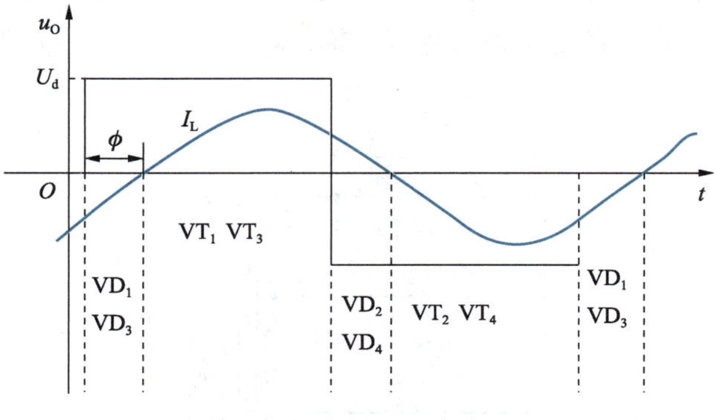

图 3-19　单相全桥式逆变电路输出电压波形

2. 三相逆变电路

三个单相逆变电路可组合成一个三相逆变电路，如图 3-20 所示。应用最广的是三相桥式逆变电路，可看成由三个半桥逆变电路组成。每桥臂导电 180°，同一相上下两臂交替导电，各相开始导电的角度差 120°，任一瞬间有三个桥臂同时导通，每次换流都是在同一相上下两臂之间进行，也称为纵向换流。其工作波形如图 3-21 所示。

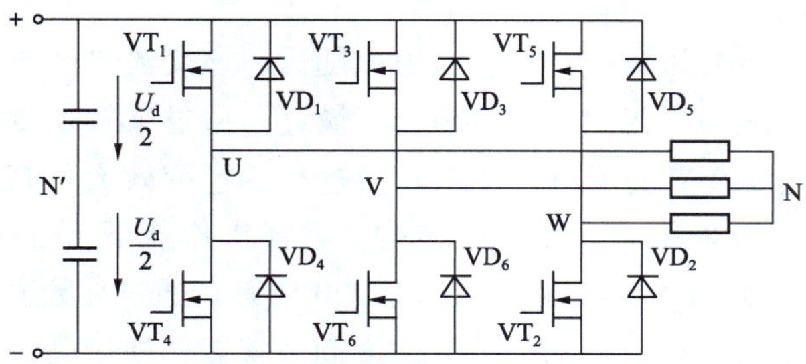

图 3-20 三相桥式逆变电路

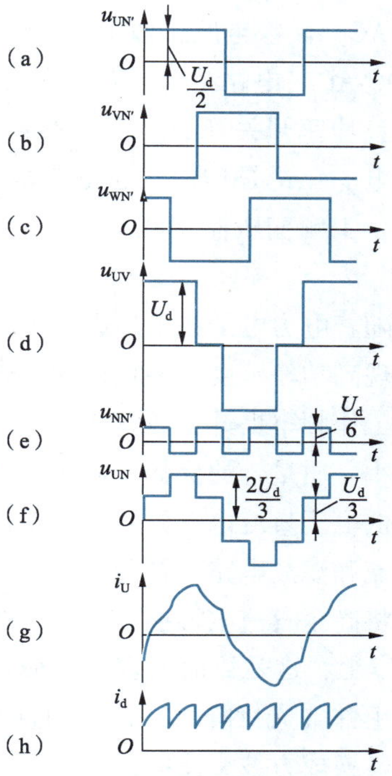

图 3-21 电压型三相桥式逆变电路的工作波形

负载各相到电源中点 N′的电压：U 相，1 通，$u_{UN'}=U_d/2$，4 通，$u_{UN'}=-U_d/2$。

负载线电压满足：

$$\begin{cases} U_{UV}=U_{UN}-U_{VN} \\ U_{UW}=U_{VN}-U_{WN} \\ U_{WU}=U_{WN}-U_{UN} \end{cases}$$

负载相电压满足：

$$\begin{cases} u_{UN}=u_{UN'}-u_{VN'} \\ u_{VN}=u_{VN'}-u_{NN'} \\ u_{WN}=u_{WN'}-u_{NN'} \end{cases}$$

负载中点和电源中点间电压满足：

$$u_{NN'}=\frac{1}{3}(u_{UN'}+u_{VN'}+u_{WN'})-\frac{1}{3}(u_{UN}+u_{VN}+u_{WN})$$

负载三相对称时有：

$$u_{UN}+u_{VN}+u_{WN}=0$$

可得：

$$u_{NN'}=\frac{1}{3}(u_{UN'}+u_{VN'}+u_{WN'})$$

3. 逆变结构

在实际应用中，逆变器的主电路结构通常取决于功率需求。小型逆变器通常采用单级（DC-AC）转换电路，而中、大功率逆变器则倾向于使用两级（DC-DC-AC）或三级（DC-AC-DC-AC）电路结构。对于中、小功率光伏系统，由于光伏组件输出的直流电压相对较低，且功率开关管的耐压值不高，逆变电压也较低。因此，为了获得 220 V 或 380 V 的交流电，无论是推挽式还是全桥式逆变电路，通常需要通过工频升压变压器来提升电压。然而，工频变压器存在体积大、效率低、质量重等缺点，限制了它们在大功率场合的应用。

随着电力电子技术的进步，新型光伏逆变器电路开始采用高频开关技术和软开关技术，以实现高功率密度的多级逆变。这些逆变电路的前级升压部分通常采用推挽逆变电路结构，但其工作频率提升至 20 kHz 以上。通过使用高频磁性材料作为铁芯，升压变压器得以实现体积小、质量轻的优势，从而满足中、大功率逆变器的应用需求。

低电压直流电首先通过高频逆变过程转换为高频高压交流电。随后，该交流电经过高频整流和滤波电路，转化为高压直流电，其电压通常超过 300 V。最终，通过工频逆变电路，将高压直流电转换为标准的 220 V 或 380 V 交流电。整个转换过程的逆变效率可高达 90% 以上，这是目前大多数正弦波逆变器所采用的三级电路结构。具体操作如下：首先，光伏组件（光伏阵列）产生的直流电（例如 24 V、48 V、110 V、220 V 等）通过高频逆变电路转换成方波交流电，逆变频率通常在几千赫兹至几十千赫兹之间。接着，使用高频升压变压器进行整流和滤波，将交流电转换为高压直流电。最后，通过第三级 DC-AC 逆变，得到所需的 220 V 或 380 V 工频交流电。

图 3-22 所示为逆变器三级电路结构示意图，图 3-23 所示为逆变器将直流电转换成交流电的波形转换过程示意图。从图中可看出，半导体功率开关器件在控制电路的作用下以 1/100 s 的速度开关，将直流切断，并将其中一半的波形反向而得到矩形的交流波形，然后通过电路使矩形的交流波形平滑，得到正弦交流波形。

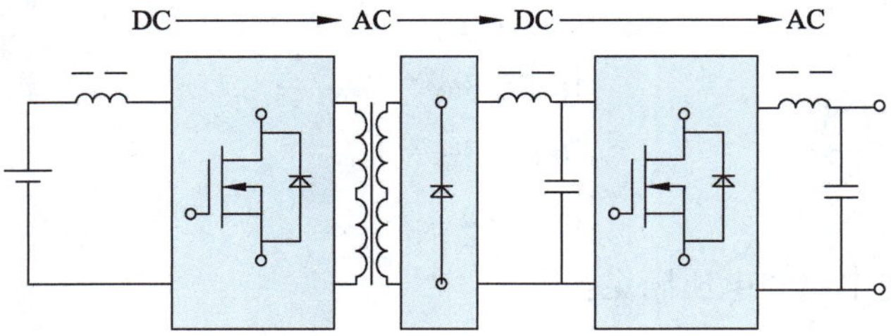

图 3-22　逆变器三级电路结构示意图

4. 不同波形逆变器的优缺点

逆变器按照输出电压波形的不同，可分为方波逆变器、阶梯波逆变器和正弦波逆变器，其输出波形如图 3-24 所示。

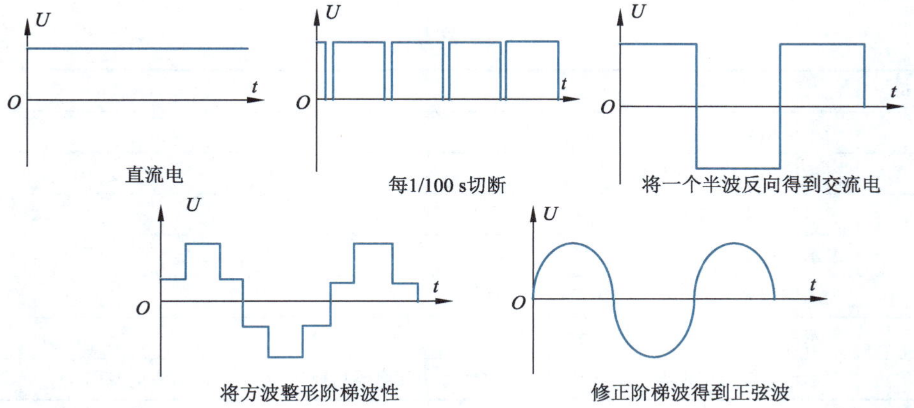

图 3-23　逆变器波形转换过程示意图

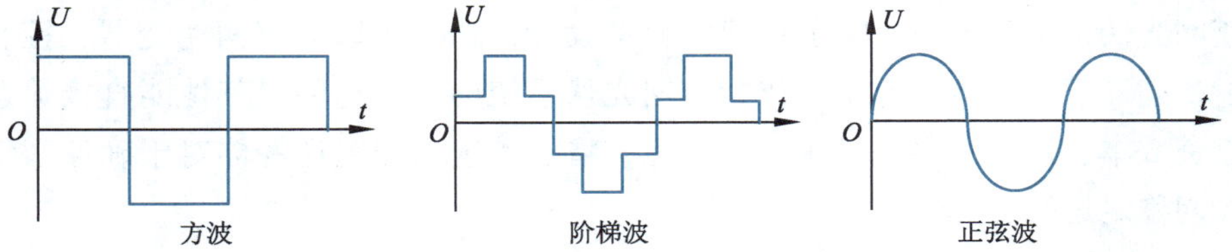

图 3-24　逆变器输出波形示意图

(1) 方波逆变器

方波逆变器输出的波形为方波，也称矩形波。尽管电路设计各异，这类逆变器的共同优点在于结构简单（使用最少的功率开关管）、成本低廉以及便于维护。它们通常适用于数百瓦至几千瓦的功率范围。然而，方波逆变器的缺点包括调压范围有限、噪声较大，以及输出电压中含有大量高次谐波。这些谐波在感性负载（如电动机）中会导致额外损耗，从而降低效率并增加电磁干扰。因此，方波逆变器不适合并网发电应用。

(2) 阶梯波逆变器

阶梯波逆变器也称修正波逆变器，其输出波形较方波有显著改善，接近正弦波形，且高次谐波含量较低，因此能够驱动包括感性负载在内的各种负载。无变压器设计时，整机效率较高。但其缺点在于电路相对复杂，需要多个复杂的电路来将方波修正为阶梯波，这导致使用了更多的功率开关管，并可能带来较严重的电磁干扰。阶梯波逆变器同样不适用于并网发电场合。

(3) 正弦波逆变器

正弦波逆变器输出的波形与交流市电的波形相同。这种逆变器的优势是输出波形好、失真度低，干扰小、噪声低，保护功能齐全，整机性能好，技术含量高。其缺点是线路复杂、维修困难、价格较贵。

5. 正弦波系列逆变器的命名

正弦波系列逆变器的命名由正弦波系列逆变器代号、输出容量额定值、区分代号等几部分组成，区分代号见表 3-4，例如型号为 SN22010K3CSD1 的逆变器表示为 220 V 输出，容量 10 kW，三相光伏专用正弦波逆变器。

表 3-4　区分代号

字　母	含　义
省略	表示单相输出
C	表示单相输出带市电旁路
3	表示三相输出
3C	表示三相输出带市电旁路
S	表示单相输出，光伏、风力发电专用
3S	表示三相输出，光伏、风力发电专用
CS	表示单相输出带市电旁路（功率大于 10 kW 为接触器切换），光伏、风力发电专用

3.2.2　离网逆变器

在离网光伏发电系统中，除了精确的容量设计，选择合适的离网逆变器、控制器等关键硬件设备同样至关重要。逆变器作为离网光伏系统的核心组件，其性能直接关系到系统的整体投资成本、运行效率和可靠性。因此，精心挑选和配置逆变器对于确保系统的高效运作和长期稳定运行至关重要。

1. 离网逆变器选配方法

在离网光伏发电系统中，若需支持交流负载，必须配备逆变器。在选择离网光伏逆变器时，首先应根据系统设计确定的直流电压来匹配逆变器的直流输入电压。接着，根据负载的总功率和特性来确定逆变器的额定容量和相数。同时，考虑到负载可能存在的瞬时冲击，应为逆变器预留一定的功率余量，确保其持续输出功率大于负载需求，并且最大峰值功率能够覆盖负载启动时的峰值功率。此外，在逆变器选型过程中，还应考虑到未来光伏发电系统的潜在扩容需求，以便为系统升级留出适当的扩展空间。

选择离网逆变器时应综合考虑其效率、安全性、适应性、耐受性、输出质量和性价比，以确保离网光伏发电系统的高效和稳定运行，具体要求如下：

①高效率：逆变器应在整个运行范围内保持高逆变效率，以确保能量转换的最大化。

②安全可靠：逆变器应具备运行安全性和可靠性，以保障系统的长期稳定运行。

③宽电压适应性：逆变器应能适应光伏发电系统蓄电池直流电压的宽幅变化，确保在不同电压条件下均能正常工作。

④耐瞬时大电流冲击：逆变器应能耐受瞬时大电流冲击，并支持长时间连续逆变使用，以应对负载波动。

⑤低谐波输出：对于带感性负载的逆变器，应具备低高次谐波分量的交流输出，以保证电能质量。

⑥性价比：逆变器应具有良好的性能价格比，确保用户在成本和性能之间取得最佳平衡。

2. 离网逆变器技术参数

离网逆变器的技术参数包含输出电压、输出功率、过载能力、直流输入电压及范围、保护功能（如短路保护、过载保护、过热保护等）、安全性要求、工作温度范围、尺寸和质量等，具体如下。

(1) 输出电压

光伏逆变器在规定输入直流电压允许的波动范围内，应能输出恒电压值。对中、小型离网光伏电站，一般输电半径小于 2 km，选用逆变器输出电压为单相 220 V 和三相 380 V，不再升压输送至用户，此时电压波动范围有如下规定：

①在稳定状态运行时，电压波动范围不超过额定值的±5%；

②在有冲击负载时，电压波动范围不超过额定值的±10%；

③在正常运行时，逆变器输出的三相电压不平衡度不超过 8%；

④输出电压正弦波失真度要求一般小于 3%~5%；

⑤输出交流电压的频率波动应在 1% 以内，GB/T 19064—2003 规定的输出电压频率应在 49~51 Hz 之间。

(2) 输出功率

输出功率是指在负载功率因数为 1 时，逆变器额定输出电压与额定输出电流的乘积，单位为 kV·A。

(3) 过载能力

过载能力是要求逆变器在额定输出功率的条件下能持续工作的时间，其标准规定如下：

①输入电压和输出功率为额定值时，逆变器应能连续工作 4 h 以上；

②输入电压和输出功率为额定值的 125% 时，逆变器应能连续工作 1 min 以上；

③输入电压和输出功率为额定值的 150% 时，逆变器应能连续工作 10 s 以上。

(4) 直流输入电压及范围

直流输入电压是指光伏发电系统中输入逆变器的直流电压值。小功率逆变器输入电压一般为 12 V、24 V、48 V，中、大功率的逆变器输入电压通常有 110 V、220 V、500 V 等。

由于离网光伏发电系统的储能蓄电池组电压是变化的，这就要求逆变器应能满足输入电压可在一定范围内变化而不影响输出电压的变化，通常这个值是 90%~120%。

(5) 保护功能

逆变器应具有过电压保护、欠电压保护、过电流保护、短路保护、防雷接地保护等功能，以确保光伏发电系统安全可靠运行。

(6) 安全性要求

①绝缘电阻：逆变器直流输入与机壳间的绝缘电阻、交流输出与机壳间的绝缘电阻均应≥50 MΩ。

②绝缘强度：逆变器的直流输入与机壳间应能承受频率为 50 Hz、正弦波交流电压为 500 V、历时 1 min 的绝缘强度试验，无击穿或电弧现象。逆变器交流输出与机壳间应能承受频率为 50 Hz、正弦波交流电压为 1 500 V，历时 1 min 的绝缘强度试验，无击穿或电弧现象。

（7）其他要求

光伏系统用的逆变器正常使用条件为：环境工作温度-20～+50 ℃，相对湿度≤93%，无凝露以及海拔限定的高度等。当工作环境超过上述条件范围时，要考虑降低逆变器的使用容量或重新设计。

3.2.3 并网逆变器

并网光伏电站与离网光伏电站的相应占比因地区、政策、技术发展和市场需求等因素而异，没有统一的数据。通常，由于并网光伏电站可以将多余的电力输送回电网，因此，在很多国家和地区，它们的占比要高于离网光伏电站。

并网逆变器在光伏行业中扮演着至关重要的角色。其主要作用是将光伏组件产生的直流电转换为交流电，以便与电网兼容并供家庭或商业用途使用。此外，它还负责优化电力输出，确保与电网同步。并网逆变器的高效性能和可靠性直接影响整个光伏系统的效率和稳定性。

1. 并网逆变器结构及特性

目前，国内外并网型逆变器结构的设计主要集中于采用 DC/DC 和 DC/AC 两级能量变换的两级式逆变器和采用一级能量变换的单级式逆变器。对于中小型并网逆变器，主要采用两级式结构，对于大型逆变器，一般采用单级式结构。

（1）两级式逆变器的结构

两级式逆变器的系统框图如图 3-25 所示。在该系统中，DC/DC 转换环节负责调整光伏阵列的工作点，确保其始终追踪最大功率点。而 DC/AC 转换环节则确保输出电流与电网电压保持同步和同相位。这两个环节各自拥有独立的控制目标和手段，使得整个系统的控制设计和实现过程更为简便。

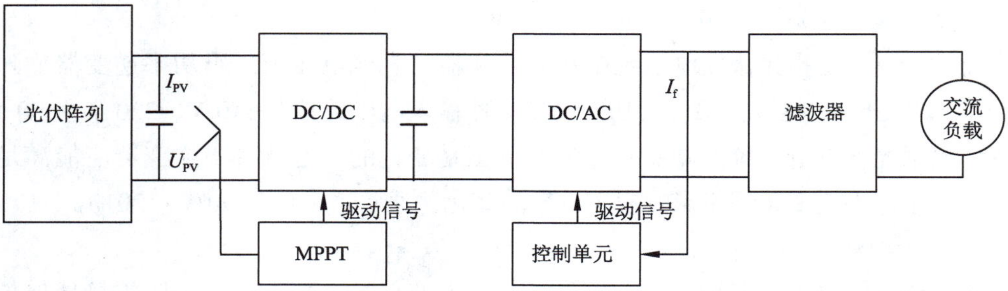

图 3-25　两级式逆变框图

由于系统中设置了专门的最大功率跟踪环节，相当于引入了一个电压预调整单元，这使得系统能够适应较宽的输入电压范围。此外，最大功率跟踪环节的存在确保了逆变环节的输入电压相对稳定，并且通常较高，有利于提升逆变环节的转换效率。

（2）单级式逆变器的结构

对于大功率并网逆变器，采用两个独立的能量变换环节会导致效率降低和体积增大。因此，现代大型逆变器普遍采用单级式结构，如图 3-26 所示。这种设计通过单一能量变换环节同时实现最大功率点跟踪（MPPT）和并网逆变功能，从而提升系统效率、减小体积和质量，并降低整体成本。

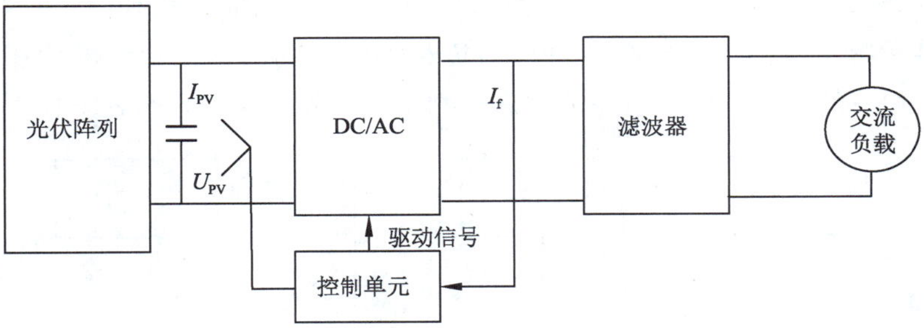

图 3-26 单级逆变框图

单级式并网光伏逆变器的主要控制目标是确保逆变电路输出的交流电为稳定且高质量的正弦波，与电网电压保持同步和同相位。此外，通过调节电流幅值，确保光伏阵列始终在最大功率点附近运行。

2. 并网逆变器单独运行检测与孤岛效应

在光伏并网发电的过程中，当光伏发电系统与电网同步运行时，若电网因故障而停电，光伏发电系统若未能及时停止运行或与电网断开，可能会继续向电网供电，这种情况被称为“孤岛效应”。尤其是当光伏发电系统的发电量与负载用电量相匹配时，即便电网断电，光伏发电系统的输出电压和频率等关键参数也不会立即发生变化，导致系统难以准确判断电网是否出现故障或中断，从而极易引发“孤岛效应”。

“孤岛效应”的出现可能导致一系列严重后果。在电力系统电网发生故障或中断供电的情况下，如果光伏发电系统继续向电网供电，可能会对电力线路的修复工作以及维修人员和设备的安全构成威胁，从而引发触电事故。这不仅会妨碍故障检修和电力系统的快速恢复，还可能对配电系统和负载设备造成损害。因此，为了保障维修人员的安全和电力供应的及时恢复，当电力系统发生停电时，必须确保光伏系统停止运行或与电网自动断开连接。

在逆变电路中，检测光伏系统是否处于独立运行状态的过程被称为孤岛效应检测。一旦检测到孤岛效应，系统将自动触发停止功能或与电网断开连接，以防止孤岛效应的发生，这一过程称为孤岛效应防护。

单独运行检测方法分为被动式和主动式两种。

①被动式检测方法依赖于对电网系统电压、频率和相位的实时监控，通过识别在电网电力系统停电过渡到单独运行期间出现的电压波动、相位跳动和频率变化等关键参数的变动，从而确定系统是否已进入单独运行状态。常见的被动式检测技术包括电压相位跳变检测法、频率变化率检测法、电压谐波检测法和输出功率变化率检测法，其中电压相位跳变检测法因其简便性而被广泛采用。

电压相位跳跃检测法的检测原理如图 3-27 所示，其检测过程涉及周期性地测量逆变器输出的交流电压周期。当检测到周期性偏移超过预设阈值时，系统可判断逆变器处于独立运行模式。在这种模式下，逆变器会停止运行或从电网中脱离。通常情况下，与电力系统并网运行的逆变器会保持功率因数为1，即电力系统电压与逆变器输出电压保持同相位，逆变器不向负载提供无功功率，而是由电力系统负责供给。然而，在独立运行状态下，电力系统无法提供无功功率，逆变器必须自行向负载提供无功功率，导致电压相位发生突变。通过检测电压相位的变化，检测电路能够准确判定光伏发电系统是否处于独立运行状态。

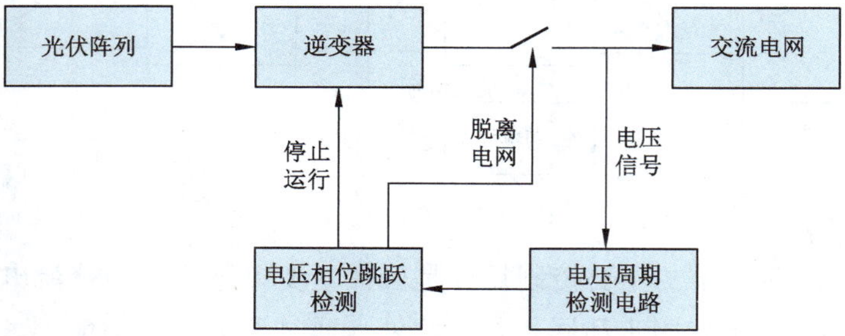

图 3-27　电压相位跳跃检测法

②主动式检测方法涉及逆变器主动向系统施加电压、频率或输出功率等扰动信号，并监测电网的响应，以判断系统是否处于独立运行状态。常见的主动式检测技术包括频率偏移、有功功率调整、无功功率调整和负载变化等方式。其中，频率偏移方式较为常用。

频率偏移方式的工作原理如图3-28所示，在允许的频率变化范围内，根据独立运行时的负载情况，光伏发电系统会调整其交流电输出频率。通过观察系统是否响应这些频率变化，可以判断光伏发电系统是否处于独立运行状态。例如，逆变器输出频率相对于系统频率进行±0.1 Hz的波动。在并网运行时，这种频率波动会被电网吸收，因此系统的频率保持不变。

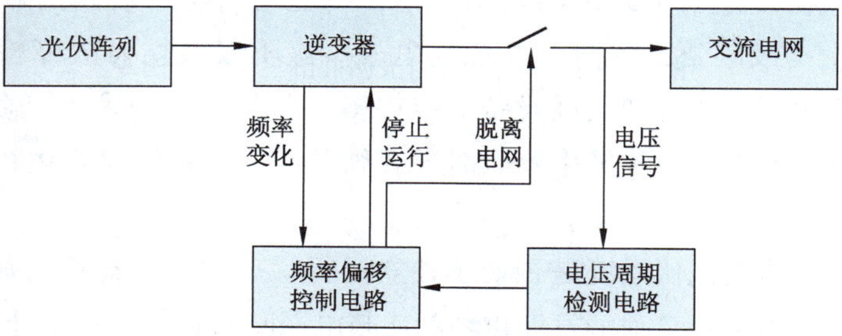

图 3-28　频率偏移方式工作原理图

在系统独立运行模式下，频率的波动会导致系统频率相应变化。通过监测频率，可以判断系统是否处于独立运行状态。通常情况下，若频率波动持续超过0.5 s，逆变器将自动停止工作或与电网断开连接。

3. 并网逆变器低电压穿越

（1）低电压穿越

低电压穿越（LVRT）是指在电网发生故障，如瞬时接地短路或相间短路时，短路点与并网点的距离不同，导致并网点的电压骤降，某相电压可能低于额定电压的20%。在这种情况下，大型风力发电或光伏电站必须保持与电网的连接，不能解列或脱网。这些电站需要能够提供无功电流支持电网，帮助维持电网的稳定。同时，它们必须能够自动跟踪电力系统的电压、频率和相位变化，以确保与电网的同步。在电网进行自动重合闸操作时，这些电站应避免产生有害的冲击电流，以免对电网设备造成损害。低电压穿越功能的目的是确保在电网电压跌落期间，电站能够快速恢复并网，从而快速恢复供电，减少对电网和用户的影响。

在电力系统中，许多故障具有瞬时性质，例如，雷击导致的绝缘子表面放电、大风引起的短暂接触、鸟类触电以及风筝线或树枝意外落在导线上的短路等。这类故障在继电保护迅速切除后，电弧会迅速熄灭，故障点的绝缘性能得以恢复，从而故障得以自行消除。在这种情况下，如果重新闭合断路器，通常能够迅速恢复供电，显著减少用户停电时间，提升供电的可靠性。因此，电力系统广泛采用自动重合闸装置。特别是在输电和配电线路，尤其是在高压输电线路上，自动重合闸装置显著提高了供电的可靠性，并且已经得到了广泛的应用。

因此，大型新能源发电站，包括风力发电站和光伏电站，都应具备承受自动重合闸的能力。然而，这些发电站通常采用大功率电力电子装置进行并网，与传统的大型交流同步发电机和变压器系统相比，其器件在短路和瞬时过电流的耐受能力上显得较为脆弱。早期新能源系统的设计为了保护发电站本身，在遇到接地或相间短路故障时，继电保护通常采用全部脱网切除的工作模式。这种保护方式的结果是大幅度降低了电力系统运行的稳定性，尤其在新能源比重较大的情况下，可能会导致电力系统振荡甚至电网解列的严重后果。因此，世界各国在大型新能源发电站的并网技术条件中，都规定了低电压穿越的条款。

（2）光伏电站接入电网技术规定

大、中型并网光伏电站应具备一定的耐受电压异常的能力，以避免在电网电压异常时脱离，导致电网电源的损失。依据《光伏电路接入电力系统技术规定》（GB/T 19964—2024），当并网点电压位于电压轮廓线及以上区域时，光伏电站必须确保持续并网运行；而当并网点电压位于电压轮廓线以下时，则允许光伏电站停止向电网线路供电。在图 3-29 中，U_{L0} 代表正常运行的最低电压限值，通常设定为额定电压的 0.9 倍。U_{L1} 表示需要耐受的电压下限，T_1 为电压跌落到 U_{L1} 时应保持并网的时间，T_2 为电压跌落到 U_{L0} 时应保持并网的时间。U_{L1}、T_1、T_2 的数值确定需综合考虑保护和重合闸动作时间等实际因素。建议 U_{L1} 设定为额定电压的 0.2 倍，T_1 设定为 1 s，T_2 设定为 3 s。

（3）并网逆变器低电压穿越能力评估

并网逆变器的低电压穿越能力是评估光伏电站并网性能的关键指标之一。在 110 kV 及以下电网中，逆变器必须能够应对瞬时对称低电压，这要求逆变器在三相对称系统中迅速降低输出电压并提供保护。在电压恢复阶段，逆变器应控制适当的升压速率，以防止在电压波动期间触发过电流保护。

对于 220 kV 及以上的光伏并网系统，逆变器必须具备在电力系统非全相运行模式下的持续运行能力。在这种模式下，系统通常会切换到两相供电状态，导致并网逆变器工作在非对称条件下。因此，逆变器必须能够稳定运行于非全相和非对称状态，确保在各种电网条件下可靠并网。

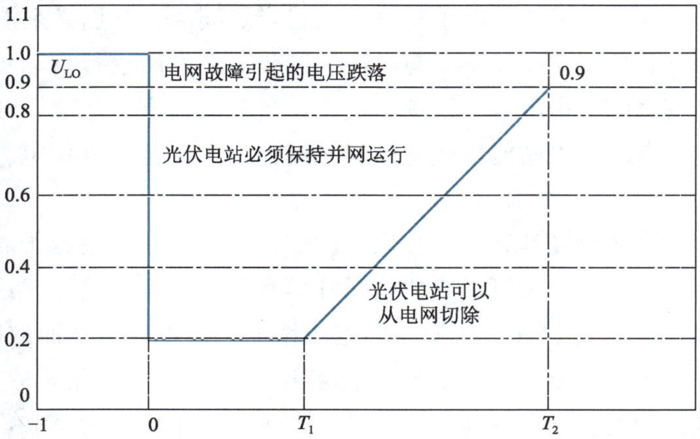

图 3-29　光伏逆变器低电压穿越曲线

4. 并网逆变器分类

随着应用场合的不同，光伏并网逆变器的拓扑结构也呈现出多样化的特点，从小功率的单相并网逆变器到大功率的三相多电平并网逆变器技术，其选用的半导体器件及控制算法的要求也趋于严格。从能量等级上，主要分为微型/组件逆变器（micro-inverters）、组串式光伏并网逆变器（string inverters）、集中式光伏并网逆变器（central inverters）、多组串式光伏并网逆变器（multi-string inverters），逆变器拓扑结构如图 3-30 所示，逆变器外形如图 3-31 所示。

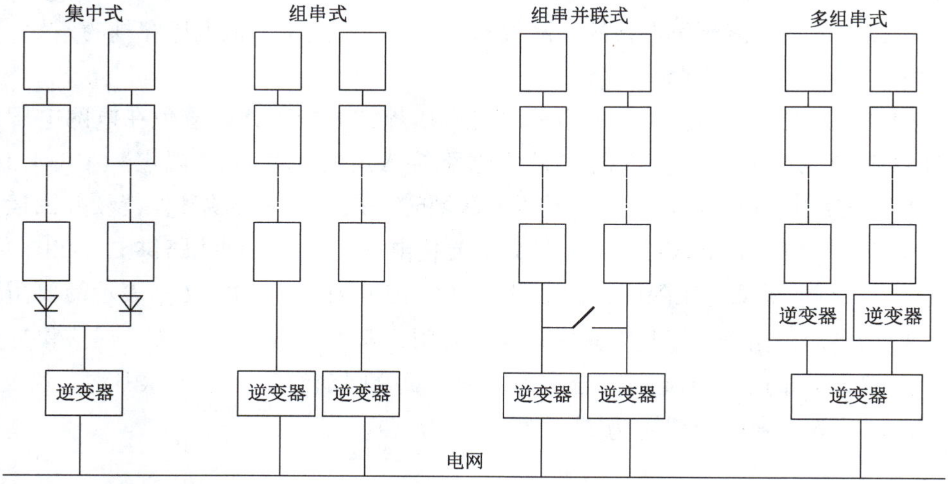

图 3-30　并网逆变器拓扑结构

（a）微型/组件逆变器　（b）集中式光伏并网逆变器　（c）组串式逆变器

图 3-31　并网逆变器

(1) 微型/组件逆变器

微型/组件逆变器以其高效率、模块化设计、独立的最大功率点跟踪（MPPT）功能、增强的系统可靠性和灵活性而著称。它们允许每个光伏组件在不同条件下产生最大功率，同时单个组件的故障不会影响整个系统的运行。这种逆变器的灵活性和扩展性使得用户可以轻松地添加或更换组件，而不会干扰系统的整体性能。在部分遮阴或组件性能不一致的情况下，微型逆变器能够优化整个系统的性能，并且每个组件都可以单独监控，方便用户了解性能状态。此外，它们减少了阴影效应的影响，并且由于轻便和模块化设计，安装成本相对较低。微型逆变器适用于多种安装环境，包括住宅和商业应用，特别适合组件数量较少或建筑一体化光伏（BIPV）系统。尽管成本较高，但它们极大地提高了系统的安全性，因为每个组件都独立工作在自己的最大功率点，且组件之间互不影响。

(2) 组串式光伏并网逆变器

组串式光伏并网逆变器因其高效率、灵活性、易于维护、扩展性好和成本效益等优点，在光伏电站中得到了广泛应用。它们能够最大化地将太阳能转换为电能，即使在部分遮阴或不同朝向的条件下也能保持较好的性能。此外，每个组串可以独立监控和维护，使得问题定位和解决更加迅速。系统可以根据需要逐步增加光伏组串，实现灵活扩展，且在初期投资上可能更具成本效益。然而，随着系统规模的扩大，组串式逆变器的总体成本可能高于集中式逆变器，监控和管理的复杂性也会增加，需要更多的安装空间，并且在电能质量控制和热管理方面可能面临挑战。

为了解决这些问题，新型的交叉结构拓扑被提出，它能够在弱光条件下通过并联多个光伏组件来提升单个逆变器的输入工作电压，从而提高弱光下的工作质量。在阳光强烈时，全部逆变器正常工作，交叉结构还原为串联结构。这种设计即使在部分逆变器出现故障时，也能确保电站获得最大功率。例如，在 21 W/m^2 的辐照度下，一个 500 kW 的光伏电站使用组串式光伏并网逆变器的转换效率可以达到 92%～98%，显著提升了日照时间内的功率产出。

(3) 集中式光伏并网逆变器

集中式光伏并网逆变器是大型光伏电站中不可或缺的关键设备，它负责将光伏阵列产生的直流电高效转换为交流电，并确保电力能够稳定地传输至低压侧或中压电网。这种逆变器通常采用模块化设计，以满足不同规模电站的需求。

集中式光伏并网逆变器的主要优点在于其高效率的功率转换，这得益于其先进的电力电子技术和优化的控制策略，从而减少了能量损耗。此外，其结构设计便于维护和检修，有助于降低运维成本。

然而，集中式光伏并网逆变器也存在一些缺点：

①MPPT 策略的挑战：在光伏组件不匹配或部分阴影遮挡的情况下，光伏阵列可能会出现多峰值功率点，这使得最大功率点跟踪（MPPT）策略难以精确地定位到真正的最大功率点，从而影响整体发电效率。

②高电压和大电流的风险：由于光伏组件的串并联配置，系统可能会产生高电压和大电流，这不仅增加了线路损耗，还可能带来安全隐患，如绝缘老化和短路风险。

③系统柔性不足：当光伏电站需要扩容或改造时，现有的集中式逆变器可能无法适应新的配置要求，这要求重新设计或更换逆变器，从而增加了投资成本和改造难度。

④弱光条件下的性能：在光照条件较弱的情况下，集中式光伏并网逆变器的发电效率可能会显著下降，这限制了其在某些地区的应用潜力。

为了优化集中式光伏并网逆变器的性能，可以采取以下措施：

①改进 MPPT 算法：开发更先进的 MPPT 算法，以提高在复杂光照条件下的追踪精度和响应速度，确保系统始终运行在最佳状态。

②优化系统设计：通过优化光伏组件的串并联配置和逆变器的电气设计，降低系统损耗，提高安全性和可靠性。

③模块化和可扩展性：设计具有更高模块化和可扩展性的逆变器系统，以便在需要时可以轻松地进行扩容或改造，而无须更换整个系统。

④智能监控和诊断：集成智能监控和诊断系统，实时监测光伏电站的运行状态，及时发现并解决潜在问题，提高系统的稳定性和寿命。

通过这些改进措施，集中式光伏并网逆变器将能够更好地适应各种环境条件，提高发电效率，降低运维成本，并为光伏电站的长期稳定运行提供保障。

研究表明，集中式的性价比很高，同样功率规模下成本可达到组串式并网逆变器的60%，但效率比组串式逆变器要低 1.5%。

(4) 多组串式光伏并网逆变器

多组串式光伏并网逆变器是一种创新的光伏系统架构，如图 3-32 所示，它将光伏组件或组件串与逆变器之间的传统连接方式进行了优化。这种设计允许每个光伏组件或组件串配备一个独立的 DC/DC 变换器，从而实现对每个组件的最大功率点跟踪（MPPT）功能。这种分布式 MPPT 策略显著提高了系统对不同光照条件的适应性，尤其是在组件之间存在不匹配的情况下。

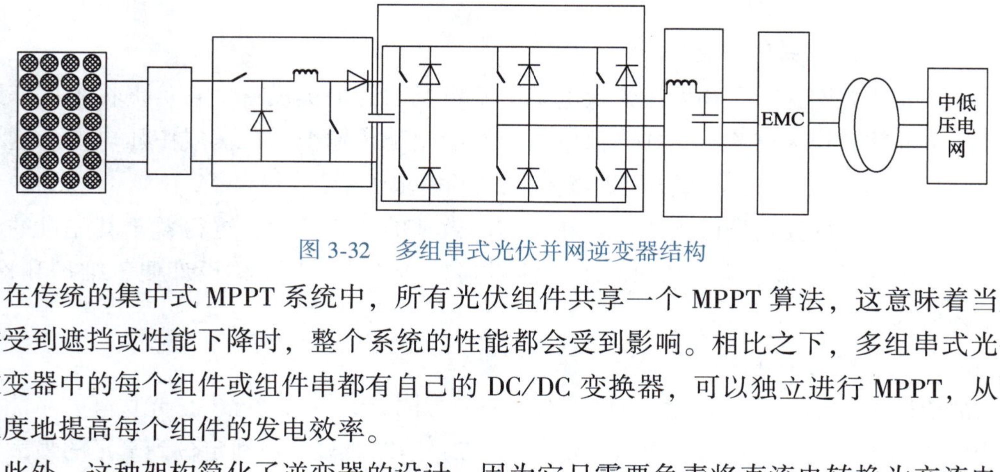

图 3-32 多组串式光伏并网逆变器结构

在传统的集中式 MPPT 系统中，所有光伏组件共享一个 MPPT 算法，这意味着当某些组件受到遮挡或性能下降时，整个系统的性能都会受到影响。相比之下，多组串式光伏并网逆变器中的每个组件或组件串都有自己的 DC/DC 变换器，可以独立进行 MPPT，从而最大限度地提高每个组件的发电效率。

此外，这种架构简化了逆变器的设计，因为它只需要负责将直流电转换为交流电，而不需要处理 MPPT。这不仅降低了逆变器的复杂性，还有助于减少成本和提高系统的可靠性。由于 DC/DC 变换器已经将光伏组件的电压提升到适合逆变器处理的水平，因此，逆变器可以设计得更加通用和标准化。

然而，多组串式光伏并网逆变器也存在一些挑战。在弱光条件下，由于逆变器本身仍然是大功率设备，它可能无法有效地处理小功率输入，这可能会限制在低光照条件下的性能。此外，多个 DC/DC 变换器并联工作可能会引入额外的谐波，这需要通过适当的滤波和控制策略来管理，以确保系统的电能质量。

为了克服这些挑战，可以采取一些措施。例如，可以设计更先进的 DC/DC 变换器，使其在低光照条件下也能高效工作，或者开发智能控制算法来优化逆变器在不同光照条件下的性能。此外，通过使用先进的滤波技术和优化的布线设计，可以减少谐波的产生和影响。

总的来说，多组串式光伏并网逆变器提供了一种灵活、高效的解决方案，用于优化光伏系统的性能和可靠性。尽管存在一些挑战，但通过技术创新和优化设计，可以最大限度地发挥其优势，为光伏产业的发展作出贡献。

5. 并网逆变器选配

(1) 并网逆变器技术指标

并网逆变器是光伏并网发电系统的关键部件，由它将直流电能逆变成交流电能。目前，市售的并网逆变器的产品主要是 DC-DC 和 DC-AC 两级能量变换的结构。DC-DC 变换环节调整光伏阵列的工作点使其跟踪最大工作点，DC-AC 逆变环节主要使输出电流、电压与公共电网同相位，同时获得功率因数。

对于大型、超大型光伏电站一般都选用组串式逆变器或集中式逆变器。逆变器的配置选用，除了要根据整个光伏电站的各项技术指标并参阅生产厂商提供的产品手册来确定之外，还要重点关注如下几点技术指标。

①额定输出功率。在设计并网逆变器与光伏组件（光伏阵列）连接时，应确保逆变器的额定输入功率大于光伏组件的峰值功率；并考虑温度、光照等环境因素对光伏组件功率的影响，确保逆变器有足够的过载能力；确保逆变器具备良好的散热设计，避免因温度升高导致的功率降额。

②输出电压的调整性能。考虑并网逆变器的输出电压调整性能时，需关注逆变器在负载变化、输入电压波动等条件下的输出电压稳定性，逆变器输出电压的可调整范围，逆变器对输出电压调整的响应速度，逆变器输出电压调整的精确度，逆变器输出电压的谐波含量，逆变器在输出电压异常时的过电压保护、欠电压保护等保护措施，确保逆变器能够快速响应电网需求、适应电网电压的变化，避免影响电能质量。

③整机效率。逆变器的整机效率表征了其电能转换效率的性能，整机效率的选择值通常为 95%、96%、97%、98%、99%。在选择整机效率时，须考虑系统的综合成本、逆变器的发热量、系统的稳定性和长期运行效率。高效率的逆变器通常成本较高，但能减少能量损耗，提高系统整体性能。

④启动性能。并网逆变器须具备低电压启动能力，能够适应电网电压波动，并具备一

定的过载能力，以应对启动时的瞬时负载增加。并网逆变器在电网电压稳定、并网逆变器检测到电网存在以及逆变器内部保护系统正常工作等情况下，将正常启动工作。

并网逆变器在额定电压和频率范围内快速启动，启动过程中电压和频率波动应控制在允许范围内，启动过程中具备故障检测和保护功能，启动时对电网的冲击小，不会引起电网不稳定，确保系统安全。

（2）逆变器的选择

低压并网逆变器适合小型系统，具有较低成本；中压并网逆变器适用于中型系统，提供较高效率和可靠性；而高压并网逆变器则适合大型系统，具备更高效率和可靠性。在逆变器的选型过程中，须考虑光伏发电系统的规模、成本、效率和可靠性等因素，须综合项目需求和技术指标进行评估，以确保选择的逆变器符合具体项目特点和需求。

①系统容量：根据光伏发电系统的装机容量选择合适的逆变器，逆变器的额定容量要和系统容量匹配，光伏发电系统组件最大容量不得超过逆变器额定容量的 10%。

②输入电压与电流范围：逆变器应能适应光伏组件的输出电压变化，选择输入电压范围与光伏组件输出电压匹配的逆变器。光伏发电系统组件串并联输出电压要在逆变器 MPPT 电压范围之内，逆变器允许的最大开路电压要大于光伏阵列最大开路电压。逆变器允许的最大电路电流要大于光伏阵列最大电路电流。光伏组件串的串联数与逆变器输入电压之间的计算公式如下：

$$\frac{U_{\mathrm{mpptmin}}}{U_{\mathrm{pm}}\times[1+(t'-25)\times K_{\mathrm{v}}']}\leqslant N\leqslant\frac{U_{\mathrm{dcmax}}}{U_{\mathrm{oc}}\times[1+(t-25)\times K_{\mathrm{v}}]}$$

式中 K_{v}——光伏组件的开路电压温度系数；

K_{v}'——光伏组件的工作电压温度系数；

N——光伏组件的串联数（N 取整）；

t——昼夜环境下光伏组件的极限低温（℃）；

t'——工作状态下光伏组件的电池极限高温（℃）；

U_{dcmx}——逆变器和光伏组件允许的最大系统电压，取两者小值（V）；

U_{mpptmin}——逆变器 MPPT 电压最小值（V）；

U_{oc}——光伏组件的开路电压（V）；

U_{pm}——光伏组件的最佳工作电压（V）。

③输出电压和频率：逆变器输出电压和频率应符合电网要求，确保并网稳定。

④效率：选择高效率的逆变器，降低发电成本，提高发电收益。

⑤保护功能：逆变器应具备过电压、欠电压、过电流、过温等保护功能，确保系统安全稳定运行。

⑥环境适应性：逆变器应适应不同的气候条件，如高温、低温、高海拔等。

⑦成本和预算：综合考虑成本和预算，选择性价比高的逆变器。

以某一 500 kW 光伏电站采用单台逆变器输出，拟选择 SG500KTL 型逆变器，逆变器参数见表 3-5。

表 3-5　SG500KTL 并网逆变器参数

额定功率		500 kW
直流输入	最大直流输入功率/kW	550
	最大阵列开路电压/V	900
	最大直流输入电流/A	1 200
	MPPT 电压范围/V	450~820
交流输出	额定交流输出功率/kW	500
	最大交流输出功率/kW	500
	最大交流输出电流/A	1 176
	工作电压范围/V	250~362
	工作频率范围/Hz	47~51.5/57~61.5
	最大逆变效率	98.5%（无变压器、欧洲效率）
	功率因数	0.95（超前）~0.95（滞后）
	并网电流总谐波畸变率	<3%（额定功率时）
	夜间自耗电/W	<100
保护功能	过/欠压保护（有/无）	有
	防孤岛保护（有/无）	有
	过流保护（有/无）	有
	防反放电保护（有/无）	有
	极性反接保护（有/无）	有
	过载保护（有/无）	有
电气绝缘性能	直流输入对地/MΩ	18.2
	直流与交流之间（限于带工频隔离变压器产品）/MΩ	77.9
	交流输出对地/MΩ	55
其他	自动投运条件	直流输入及电网符合要求，逆变器自动投入运行
	断电后自动重启时间/min	5（可调）
	保护功能	极性反接保护、短路保护、过载保护、孤岛效应保护、电网过欠压、电网过欠频保护、过热保护、接地故障保护等
	通信接口	RS-485（标配），以太网（选配）
	使用环境温度/℃	−25~+55
	使用环境湿度	0%~95%，无冷凝
	适用海拔/m	6 000（超过 3 000 m 需降额使用）
	冷却方式	风冷
	防护等级	IP20（室内）
	尺寸（宽×高×深）/mm	2 800×2 180×850
	质量/kg	2 288
	平均无故障间隔时间（MTBF）/h	>50 000
	“平均故障修复时间”（MTTR）/h	<12

3.3 直流汇流箱与配电柜

在大型光伏电站中，每个光伏阵列都有若干个光伏组件串，这些光伏组件串通过直流汇流箱和直流配电柜连接到逆变器。光伏组件串是由多个光伏组件按照一定的串并联方式组合而成，以达到所需的电压和电流输出。

直流汇流箱的作用是将多个光伏组件串的直流电能汇集起来，减少线路损耗，并提供过载保护和监控功能，如图 3-33 所示。配电柜分为直流配电柜与交流配电柜。直流配电柜则进一步整合来自不同汇流箱的电能，并进行分配和控制，确保电能以适当的电压和电流水平输送到逆变器。交流配电柜用于分配和转换交流电源，保障电力系统正常运行，同时进行电力保护和控制。

图 3-33　汇流箱

3.3.1 直流汇流箱

直流汇流箱（见图 3-34）作为中、大型光伏发电系统的重要组成部分，其主要功能是汇集和分配光伏阵列产生的直流电能。它能将多路光伏输出电缆集中输入，并进行分组连接，确保连线整洁有序，便于日常的分组检查与维护工作。此外，当光伏阵列出现局部故障时，直流汇流箱允许进行局部分离检修，从而避免影响整个发电系统的正常运行，提高系统的可靠性和稳定性。通过优化直流汇流箱的设计，可以进一步提升光伏发电系统的管理效率和维护便捷性。

现行的汇流箱多采用模块化布局，主要由接线端子、熔断器、断路器、浪涌保护器以及电流检测模块等部分构成。其中，故障诊断系统与电流检测传感器数据接口相连，实时监测汇流箱的每路输入电流，实现对异常电流的实时监测与报警，为判断每路光伏阵列是否正常运行提供直接的数据支持；远程通信模块，实现汇流箱运行数据的远程传输，配合用户端 App 或网页平台，便于用户实时监控汇流箱的运行状态并进行数据分析；汇流箱的外壳和内部模块采取加固设计，提高防护等级，确保其在高温、潮湿、灰尘等恶劣环境下的正常运行。

1. 汇流箱选配要点

在选配汇流箱时，首先应考虑光伏阵列的输出路数，这决定了汇流箱内部需要容纳的接线端子数量，确保汇流箱能够支持所有光伏模块的输出路数，以便于实现系统的高效连接。

其次，最大工作电流是选择汇流箱时的另一个关键参数。汇流箱必须能够承受光伏系统在最大功率点时产生的电流，以避免过热或损坏。因此，选择时应确保接线箱的额定电流高于系统最大工作电流。

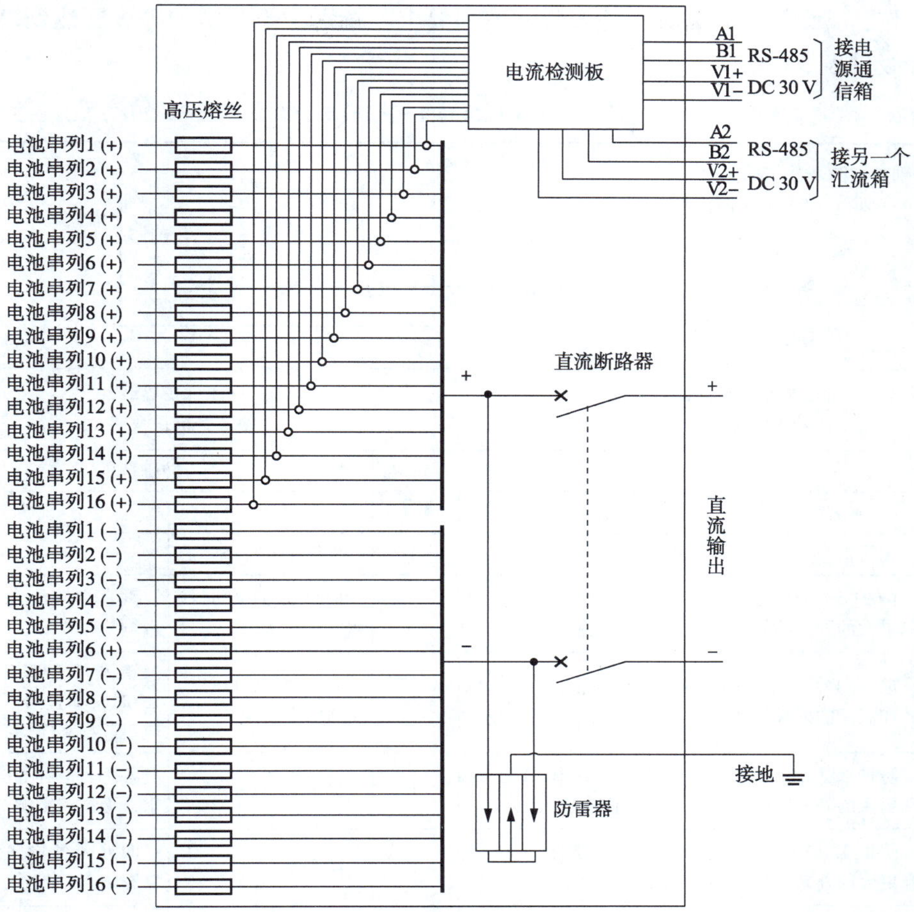

图 3-34　16 进 1 出的汇流箱内部电路

汇流箱的最大工作电压应根据光伏系统的组件电压和系统设计要求来确定，一般选择与光伏组件的标称电压相匹配的电压等级即可。

最大输出功率也是决定汇流箱规格的重要因素。汇流箱应有足够的容量来处理整个光伏阵列的最大输出功率，以确保系统的稳定运行和安全。

除了上述参数，还应考虑接线箱的物理尺寸、安装方式、防护等级（如 IP 等级）、耐温性能以及是否具备必要的保护功能，例如过电流保护、短路保护和防雷保护等。

如果市场上没有现成的汇流箱满足特定项目的需求，或者成品汇流箱的规格不符合系统要求，可以考虑定制汇流箱，确保汇流箱的设计符合相关的安全标准和规范。

总之，选择或设计汇流箱时，应综合考虑系统的具体需求和工作环境，确保汇流箱的安全性、可靠性和适用性。

2. 汇流箱参数

汇流箱参数包括：防护等级、额定电压、额定电流、箱体尺寸、温度范围、散热性能、电气连接方式等。

汇流箱是光伏发电系统重要的器件之一，为了确保汇流箱在各种环境条件下都能稳定可靠地工作，其设计必须满足室外安装的使用要求，特别是绝缘防护等级要达到 IP65，外壳防护等级见表 3-6。

表 3-6 《外壳防护等级（IP 代码）》国家标准第 1 号修改单（GB/T 4208—2017/XG1—2024）

IP 防护类别是用两个数字标记的：

例如一个防护类别 IP 4 4

标记字母 —— IP

第1个标记数字 —— 4

第2个标记数字 —— 4

接触保护和外来物保护等级 第 1 个标记数字			防水保护等级 第 2 个标记数字		
第 1 个数字	防护范围		第 2 个数字	防护范围	
	名称	说明		名称	说明
0	无防护	—	0	无防护	—
1	防护 50 mm 直径和更大的外来物体	探测器，球体直径为 50 mm，不应完全进入	1	防止垂直方向滴水	垂直方向滴水应无有害影响
2	防护 13.3 mm 直径和更大的外来物体	探测器，球体直径为 13.3 mm，不应完全进入	2	箱体倾斜 15° 时，垂直方向滴水	箱体向任何一侧至倾斜 15°时，垂直落下的水滴不应引起损害
3	防护 3.3 mm 直径和更大的外来物体	探测器，球体直径为 3.3 mm，不应完全进入	3	防淋水	各垂直面在 60° 范围内淋水，无有害影响
4	防护 1.0 mm 直径和更大的外来物体	探测器，球体直径为 1.0 mm，不应完全进入	4	防溅水	向外壳各方向溅水无有害影响
5	防护灰尘	不可能完全阻止灰尘进入，但是灰尘的进入量不应超过这样的数量，即对装置或安全造成损害	5	防护喷水	向外壳各方向喷水无有害影响
6	灰尘封闭	箱体内在 20 mbar（1 bar = 10^5 Pa）的低压时不应浸入灰尘	6	防强烈喷水	从每个方向对准箱体的强喷水无有害影响
—	—	—	7	防护短时间浸入水中	箱体在标准压力下短时间浸入水中时，不应有能引起有害作用的水量浸入
—	—	—	8	防护长期浸入水中	箱体必须在由制造厂和用户协商定好的条件下长期浸入水中，不应有能引起有害作用的水量浸入。但这些条件必须比标记数字 7 所规定的复杂

（1）防尘性能：IP65 的第一个数字“6”代表完全防尘，即汇流箱内部不会因为灰尘、沙粒等固体颗粒的侵入而影响其正常工作。

（2）防水性能：IP65 的第二个数字“5”表示汇流箱能够承受来自任何方向的低压喷

水影响而不受损害。这意味着即使在雨天或潮湿环境中，汇流箱也能保持良好的绝缘性能，防止水进入箱体内部造成短路或电气故障。

3. 汇流箱的选配

以图 3-35 所示光伏电站系统图为例，完成图中汇流箱的选配。

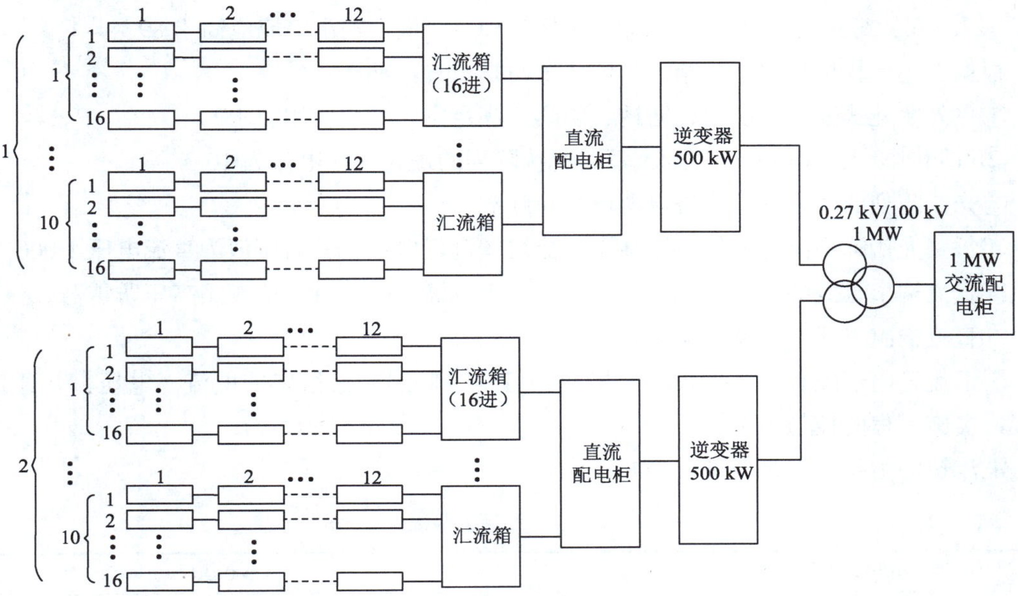

图 3-35　1 MW 光伏电站系统图

光伏电站由两个部分组成，每个部分均由 10 台汇流箱组成。每台汇流箱中有 16 串组件，每串由 12 块光伏板组成。

每个部分的总组件数量为：

$$16\ 串/汇流箱 \times 12\ 块/串 \times 10\ 台汇流箱 = 1\ 920\ 块光伏板$$

整个光伏电站的组件数量为：

$$1\ 920\ 块/部分 \times 2\ 部分 = 3\ 840\ 块光伏组件$$

在本例中，汇流箱设计为 16 路输入，意味着它可以连接 16 组光伏组件。为了确保系统的安全运行，每路输入的最大允许电压必须高于光伏组件串联时可能出现的最大电压。

假设我们使用的是标准的 60 单元的光伏组件，其开路电压（U_{oc}）大约为 60.6 V。如果将 12 块这样的组件串联起来，那么每路的最大开路电压之和为：

$$12 \times 60.6\ V = 727.2\ V$$

因此，汇流箱每路输入的最大允许电压应高于 727.2 V，以确保即使在极端条件下，如低温导致的电压升高，汇流箱也能安全运行。

汇流箱每路允许输入的电流应高于每路的短路电流。短路电流是指在电路发生短路时流过电路的电流。在本例中，每路的短路电流为 5.59 A，因此汇流箱每路允许输入的电流应大于 5.59 A，以确保在短路情况下汇流箱不会因过载而损坏。

汇流箱的最大输出电流应高于所有输入路数电流之和的最大值。在本例中，每路的最大电流为 5. 59 A，共有 16 路输入，因此最大电流之和为：

$$16 \times 5.59\ \text{A} = 89.44\ \text{A}$$

这意味着汇流箱的最大输出电流应高于 89. 44 A，以确保在所有光伏组件同时工作在最大功率点时，汇流箱能够承受并传输这些电流。

综上所述，一个设计合理的防雷汇流箱应具备以下特性：每路输入的最大允许电压应高于 727. 2 V，每路允许输入的电流应高于 5. 59 A，最大输出电流应高于 89. 44 A。

根据上述计算可得出汇流箱的具体要求与技术参数如下：

①户外壁挂式安装，防水、防锈、防晒，满足室外安装使用要求。

②可同时接入 16 路光伏阵列，每路光伏阵列的最大允许电流为 10 A。

③光伏阵列的最大开路直流电压值为 900 V。

④每路光伏阵列配有光伏专用高压直流熔丝进行保护，其耐压值为直流电压 1 000 V。

⑤直流输出母线的正极对地、负极对地、正负极之间配有光伏专用高压防雷器。

⑥直流输出母线端配有直流断路器。

⑦汇流箱内部配有光伏组串监控单元，可实时监测光伏组串的电流、电压，并通过通信接口实施远程监控与报警。

汇流箱的主要技术参数见表 3-7。

表 3-7　汇流箱参数

最大光伏阵列电压/V	1 000 DC
最大光伏阵列并联输入路数	16
每路熔丝额定电流（可更换）/A	10/12/16
输出端子大小	PG21
防护等级	IP65
环境温度/℃	-25 ~ +60
环境湿度	0% ~ 99%
宽×高×深/mm	600×500×180
质量/kg	27
直流总输出空开	是
光伏专用防雷模块	是
串列电流监测	是
防雷器失效监测	是
通信接口	RS-485

3. 3. 2　直流配电柜

直流配电柜在光伏发电系统中是不可或缺的组成部分，配电柜的设计和功能对于确保整个系统的稳定运行和安全至关重要。

①直流配电柜具备汇流功能。它将多个光伏阵列或汇流箱输出的直流电缆接入，通过内部的正极母排和负极母排进行集中汇流。这种设计不仅简化了电缆的布置，还提高了系

统的整体效率和可靠性。

②直流配电柜集成了直流专用断路器。这些断路器可以对每一路输入进行独立的过载和短路保护，确保在异常情况下能够迅速切断电源，保护系统不受损害。同时，它们也方便了日常的操作和维护工作。

③直流配电柜还配备了防反二极管。这种二极管可以防止电流反向流动，从而保护光伏阵列不受损害，确保系统在夜间或阴天等无光照条件件下不会出现能量倒流现象。

④直流配电柜内置了光伏防雷器，进一步增强了系统的安全性能。这些防雷器能够吸收和泄放由于雷击或开关操作产生的瞬态过电压，从而保护电气设备免受损害。

⑤直流配电柜通常设计有方便的操作和维护接口。直流配电柜包括可视化的电流和电压显示，以及易于操作的开关和调节装置。这些设计使得技术人员能够轻松监控系统状态，并在必要时进行调整或维修。

综上所述，直流防雷配电柜通过其汇流、分配、保护和操作维护功能，为光伏发电系统提供了一个安全、高效和可靠的电力管理解决方案。

图 3-36 所示为某直流配电柜电气原理图，图 3-37 所示为 GD-40A20Q6-648V 型直流配电柜外观。图中配电柜配置了直流专用电压仪表、直流专用电流仪表、直流专用断路器避雷器等器件，功能如下：

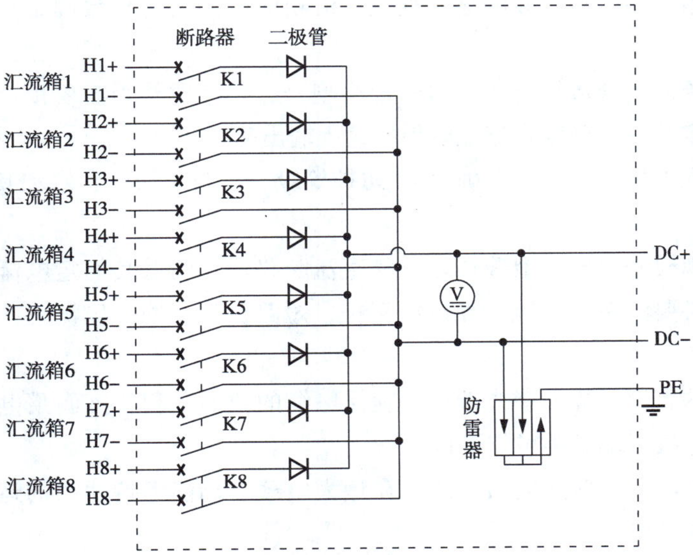

图 3-36　直流配电柜电气原理图

（1）直流专用电压仪表

该仪表专为测量直流电压而设计，能够精确显示直流母线的电压值，为用户提供实时的电压数据，确保直流系统的稳定运行。

（2）直流专用电流仪表

此仪表专门用于监测直流母线的电流状况，能够准确显示直流母线的电流值，帮助用户及时了解电流的大小和变化趋势，保障直流系统的安全和效率。

(3) 直流专用断路器

该断路器用于闭合或断开直流母线电压，提供了一个方便用户操作的接口。它能够快速响应，确保在紧急情况下迅速切断电源，保护设备和人员安全。

(4) 避雷器

为了防止因雷击导致的电压浪涌对直流系统造成损害，我们配备了光伏专用高压避雷器。该避雷器正极和负极都具备防雷功能，能够有效吸收和分散雷击产生的过电压，从而保护直流系统免受损害。

在设计和选择光伏电站直流配电柜时，应考虑所有相关国家和行业标准及规范，确保系统的合规性和可靠性，具体如下：

①根据光伏电站的总装机容量，确定直流配电柜的容量。

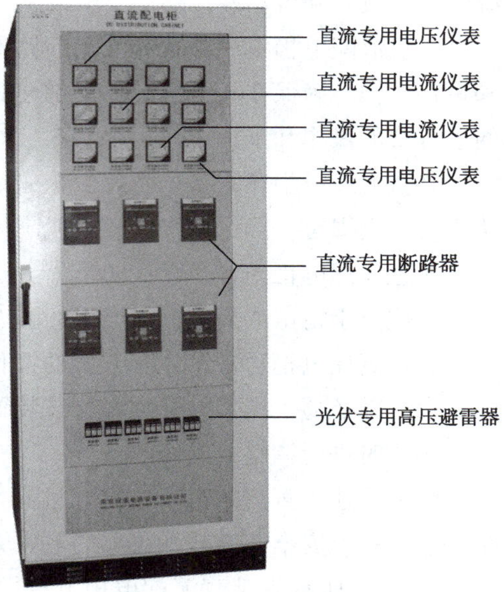

图 3-37　直流配电柜外观图

②根据光伏组件串的电压和电流、直流汇流箱的电流及台套数确定直流配电柜的电压与电流规格。

③根据汇流箱的台套数量及逆变器的规格型号，并考虑是否需要预留一定的容量以应对未来可能的扩容需求，确定直流配电柜的输入输出路数。

④根据直流配电柜安装位置，确定 IP 防护等级，以防止灰尘、水和其他环境因素对设备造成损害。

⑤根据电站规模和组件类型选择合适的直流断路器，确保其额定电流和电压等级与系统匹配，并具备必要的保护功能，如过载保护、短路保护、绝缘监测等，以确保系统的安全运行。

⑥配置合适的直流电缆和接线端子，确保电缆的截面积和长度满足电流承载和电压降的要求，同时保证接线端子的可靠连接。

⑦检查直流配电柜的散热能力，确保在最大负载下仍能保持适当的运行温度，避免过热影响设备寿命和性能。

通过以上步骤，可以确保直流配电柜的配置既满足当前需求，又具备一定的灵活性和扩展性，同时保证系统的长期稳定运行。

3.3.3　交流配电柜

在光伏电站中，交流配电柜的作用主要是对光伏发电系统产生的交流电进行集中分配和控制，保证电力系统安全、稳定、高效地运行。它负责接入光伏逆变器输出的交流电，进行电能的分配，同时具备过载保护、短路保护等功能，确保电站的安全运行。

1. 交流配电柜组成

交流配电柜主要由断路器、接触器、电流表、电压表、功率表、电能表、继电器、控制开关、指示灯等组成。

①断路器：主要用于电路的保护，能够在电路发生短路或过载时自动切断电路，防止设备受到损害。

②接触器：主要用于电路的接通和切断，可以实现远程控制和频繁操作。

③电流表：用于测量电路中的电流大小。

④电压表：用于测量电路中的电压大小。

⑤功率表：用于测量电路的功率。

⑥电能表：用于测量电路消耗的电能。

⑦继电器：用于检测电路异常情况，并在异常发生时自动切断电路，保护设备。

⑧控制开关：用于手动或自动控制电路的通断。

⑨指示灯：用于指示电路或设备的运行状态。

2. 交流配电柜分类

交流配电系统是电力系统中不可或缺的一部分，它负责将电能从发电站传输到用户端，并确保电能以适当的电压等级分配给各个用电设备。根据不同的分类标准，交流配电系统可以划分为多种类型。

（1）按照设备所处场所分类

①户内配电系统：这类系统主要安装在建筑物内部，如住宅、办公楼、工厂等。它们通常设计得更为紧凑，以适应有限的空间，并且需要符合特定的安全标准，以确保人员安全。

②户外配电系统：户外配电系统则安装在建筑物外部，如变电站、配电塔等。这些系统需要能够承受恶劣的外部环境，如极端温度、湿度、风力等，并且通常具有更强的防护等级。

（2）按照电压等级分类

①高压配电系统：高压配电系统指的是那些工作在较高电压等级的系统，通常在 110 kV 以上。这类系统用于长距离输电和大容量电力分配，因为高压传输可以减少电能在输电线路上的损耗。

②低压配电系统：低压配电系统则工作在较低的电压等级，一般在 1 kV 以下。这类系统更接近最终用户，用于家庭、商业和小型工业用电的分配。

（3）按照结构形式分类

①装配式配电系统：装配式配电系统由标准化的模块化组件构成，便于现场组装和维护。这种系统具有较高的灵活性，可以根据需要进行扩展或重新配置。

②成套式配电系统：成套式配电系统是一体化设计的配电设备，通常在工厂内完成组装和测试，然后整体运输到现场安装。这类系统安装快速，可靠性高，适用于需要快速部署的场合。

③每种类型的配电系统都有其特定的应用场景和优势，设计和选择时需要综合考虑成本、可靠性、安全性、维护方便性以及环境适应性等因素。随着技术的发展，配电系统也在不断进步，例如通过智能化、数字化技术提高系统的运行效率和管理水平。

3. 交流配电柜功能

并网光伏发电系统中，交流配电柜为逆变器提供输出接口，配置交流断路器实现并网或供交流负载使用。中小型光伏电站供电范围较小，低压交流配电柜即可满足需求。

对于并网光伏发电系统，为保障并网光伏发电系统的稳定运行与安全，除控制电器、测量仪表、保护电器以及母线和载流导体之外，还须配置电能质量分析仪，增设冗余电路以增强系统可靠性，安装防雷及过电压保护装置，引入智能监控系统实时掌握系统状态，并对配电柜内部布局进行优化以提升散热效率，同时确保所有元件严格遵循国家和行业标准，从而全面提高系统安全性与性能。图 3-38 所示为三相并网光伏发电系统交流配电柜示意图。

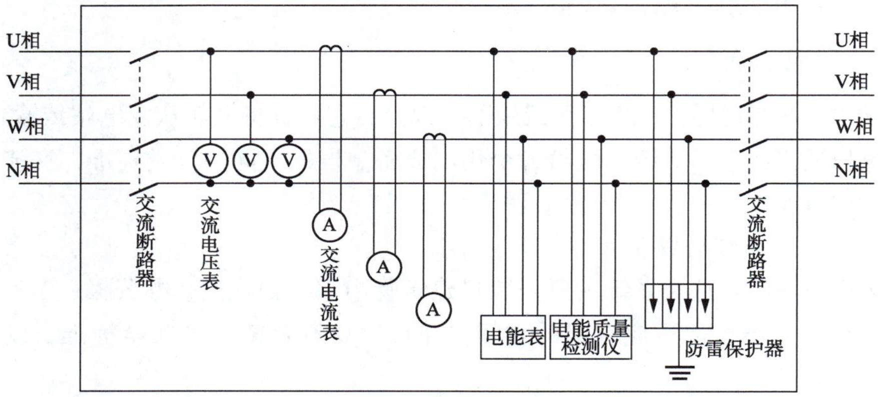

图 3-38　三相并网光伏发电系统交流配电柜

4. 交流配电柜选配

(1) 交流配电柜选配要素

交流配电柜选配时，需考虑电压等级、额定电流、额定容量、断路器、接触器、继电器、隔离器、保护功能等要素，同时应关注防护等级、温升控制、噪声水平、环境适应性、安全性能、通信接口兼容性和耐久性。确保各项指标符合下列使用要求和标准规定。

①动作准确，运行可靠。

②在发生故障时，能够准确、迅速地切断事故电流，避免事故扩大。

③在一定的操作频率工作时，具有较高的机械寿命和电气寿命。

④电器元件之间在电气、绝缘和机械等方面的性能能够配合协调。

⑤工作安全，操作方便，维护容易。

⑥体积小，质量轻，工艺好，制造成本低。

⑦设备自身能耗小。

光伏发电系统的交流配电柜中一般都接有防雷器，用来保护交流负载或交流电网免遭雷电破坏。交流配电柜中的防雷器一般安装在总开关之后，如图 3-39 所示。

(2) 交流配电柜保护功能

交流配电柜应具有多种线路故障的保护功能。一旦发生保护动作，用户可根据实际情况进行处理，排除故障，恢复断电。

交流配电柜应具备过载、短路、欠电压和互锁等多种线路故障的保护功能。一旦发生保护动作，用户应首先查看配电柜上的指示灯或显示屏，以确定故障类型。然后根据指示进行操作。

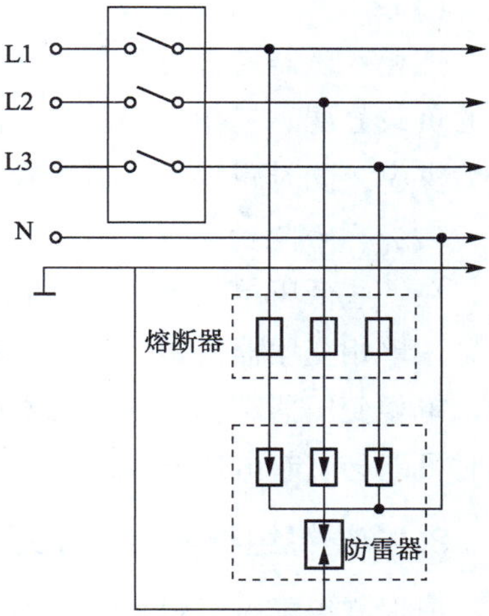

图 3-39　交流配电柜中防雷器

①输出过载和短路保护。当输出电路有短路或过载等故障发生时，相应断路器会自动跳闸，断开出路。当有更严重的情况发生时，甚至会发生熔断器烧断。这时，确认断路器跳闸或熔断器烧断的具体位置，检查电路中是否存在短路或过载现象，针对发现的问题排查是否存在线路老化、设备损坏或使用不当等；排除故障后，确认电路恢复正常，再重新闭合断路器或更换熔断器；在确保安全的情况下，重新接通负载并监测电路运行情况。后续定期对电路进行检查和维护，以预防类似故障的再次发生。

②输入欠电压保护。当交流配电柜的输入电压降至电源额定电压的 70% ~35% 时，输入控制开关会自动跳闸断电；若电压低于 35%，断路器开关将无法闭合送电，应查明原因并提高电压后恢复供电。

③输入互锁功能。为提高光伏电站交流配电柜的安全运行水平，可在现有继电器及断路器开关双重互锁保护基础上，引入智能控制系统，实时监测电流电压，一旦异常立即启动保护；可通过采用具有故障诊断功能的继电器进行自我检测，增设紧急手动解除互锁按钮及声光报警系统，对操作人员进行定期安全培训，以保障安全运行并预防潜在故障和误操作。

3.4 变 压 器

光伏电站中的变压器主要作用是电压变换，将逆变器产生的低电压升高至适合输电线路的电压，从而提高输电效率，降低输电损耗。同时，变压器还能实现电压的隔离，保护设备和人员安全。

3.4.1 变压器的分类

为了满足不同电压等级、容量大小、使用环境和功能需求，以确保电力系统的稳定运行和电能的高效传输。在高、低压供配电系统中，通常将变压器分为不同种类。

1. 根据相数分类

根据相数分类，主要有三相电力变压器和单相电力变压器。

(1) 三相电力变压器

三相变压器通常用于工业和商业场合，因为它们能够提供更高的功率传输效率和更平衡的负载分配。三相电力系统广泛应用于电力传输和分配，因为它可以提供连续且稳定的电力供应，同时减少线路损耗和电压波动。

(2) 单相电力变压器

在一些低压单相负载较多的场合，例如，居民区或小型商业设施，单相变压器则更为常见。单相变压器通常用于将三相电转换为单相电，以满足家庭和小型商业设备的电力需求。单相变压器结构简单，成本较低，便于维护，但其传输功率相对较小，且在负载不平衡时可能会引起电压波动。

2. 根据绕组导电材料分类

根据绕组导电材料分类，主要有铜绕组变压器和铝绕组变压器。

目前一般均采用铜绕组变压器。铜绕组变压器之所以被广泛采用，主要是因为铜具有比铝更好的导电性能。铜的电阻率较低，这意味着在相同条件下，铜绕组可以承载更多的电流，同时发热更少，效率更高。此外，铜的机械强度也比铝高，这使得铜绕组在承受机械应力和振动时更加稳定可靠。

尽管铜绕组变压器在性能上具有优势，但铝绕组变压器也有其应用场合。铝的密度比铜小，因此铝绕组变压器在质量上更轻，这在某些需要减轻质量的应用中是一个优点。此外，铝的成本相对较低，这在成本敏感型项目中可能是一个考虑因素。

然而，铝绕组变压器在使用中也有一些需要注意的问题。铝的膨胀系数比铜大，这可能导致连接处的接触不良，增加故障风险。铝也更容易氧化，形成氧化铝层，这会增加接触电阻，影响变压器的性能。因此，铝绕组变压器在设计和制造时需要采取特别的措施，如使用特殊的接线端子和保护涂层，以确保其可靠性和寿命。

在选择铜绕组变压器还是铝绕组变压器时，需要综合考虑成本、性能、重量和应用环境等因素。对于大多数要求高性能和高可靠性的场合，铜绕组变压器仍然是首选。

3. 根据绝缘介质分类

绝缘介质在变压器中至关重要，它不仅起到绝缘作用，还具有散热和保护内部结构的功能。根据绝缘介质的不同，变压器主要分为两大类：油浸式变压器和干式变压器。

(1) 油浸式变压器

油浸式变压器是利用绝缘油作为冷却和绝缘介质的变压器。绝缘油具有良好的绝缘性能和散热能力，因此油浸式变压器在电力系统中得到了广泛地应用。它们通常价格低廉，结构简单，维护方便。然而，油浸式变压器也存在一些缺点，如易燃易爆，一旦发生故障可能会引起火灾或爆炸，因此，在安装和使用时需要特别注意安全措施。

(2) 干式变压器

干式变压器则使用固体绝缘材料，作为绝缘介质。由于不使用易燃的绝缘油，干式变压器具有不易燃烧、不易爆炸的特点，因此，特别适合在防火、防爆要求高的场合使用，如高层建筑、地铁、化工厂等。干式变压器的绝缘形式主要有以下几种：

①环氧浇注式：利用环氧树脂浇注线圈，形成坚固的绝缘体，具有良好的机械强度和耐热性能。

②开启式：这种变压器的线圈和铁芯暴露在空气中，没有封闭的外壳，便于散热，但防护等级较低。

③SF_6 充气式：使用 SF_6（六氟化硫）气体作为绝缘介质，SF_6 气体具有极佳的绝缘性能和灭弧能力，适用于高压和超高压的电力系统。

④缠绕式：线圈由绝缘纸或其他绝缘材料缠绕而成，具有良好的绝缘性能和散热性能。

干式变压器由于其安全性和可靠性，在许多特殊场合中得到了越来越多的应用。随着技术的发展，干式变压器的性能不断提高，成本也在逐渐降低，预计未来在变压器市场中的份额将会进一步增加。

4. 根据绕组连接方式分类

变压器根据绕组的连接方式可以分为不同的组别。常见的绕组连接组别有 Yyn0 和 Dyn11 两种。

（1）Yyn0 连接方式的变压器

其一次侧和二次侧绕组均采用星形（Y）连接，且中性点接地（n）。这种连接方式的一个显著特点是，一次侧的零序电流不能通过变压器流通到二次侧。因此，当二次侧出现三相不平衡负荷时，产生的零序电流无法通过一次侧返回，只能在二次侧形成环流。这种环流会通过变压器的励磁电流，导致铁芯中的磁通增加，从而引起铁芯发热。如果三相负荷不平衡度较大，长时间运行可能会导致变压器过热甚至损坏。因此，Yyn0 变压器一般适用于三相负荷相对平衡的场合，如工业企业变电站。

（2）Dyn11 连接方式的变压器

其一次侧绕组采用三角形（△）连接，而二次侧绕组采用星形（Y）连接，并且二次侧中性点接地（n）。由于一次侧为三角形接法，零序电流可以在一次侧形成回路，因此二次侧的三相不平衡负荷不会对一次侧产生零序电流的影响。这种连接方式使得 Dyn11 变压器能够承受较大的单相负荷，且不会因为单相负荷的不平衡而产生严重的过热问题。因此，Dyn11 变压器适用于单相负荷较多且不易平衡的场合，如居民建筑变电站。

在实际应用中，选择变压器的连接组别需要根据具体的负荷特性和使用环境来决定。对于三相负荷相对平衡的场合，Yyn0 变压器是一个不错的选择，因为其结构简单且成本较低。而对于单相负荷较多的场合，Dyn11 变压器则更为合适，因为它能够更好地应对单相负荷不平衡带来的问题。在设计和运行变压器时，还需要考虑其他因素，如变压器的容量、效率、冷却方式等，以确保变压器能够安全、高效地运行。

3.4.2 变压器选配和注意事项

我国目前常用变压器产品容量有 100 kV·A、125 kV·A、160 kV·A、200 kV·A、250 kV·A、315 kV·A、500 kV·A、630 kV·A、800 kV·A、1 000 kV·A、1 250 kV·A、1 600 kV·A、2 000 kV·A、2 500 kV·A、3 150 kV·A、4 000 kV·A、5 000 kV·A 等。

这些容量的变压器广泛应用于电力系统、工业、商业和居民用电等领域，满足不同规模和需求的供电需求。

变压器容量的选择需要根据实际负载情况、供电范围、经济性等因素综合考虑。例如，对于大型工业用户，可能需要选用 2 000 kV · A 以上的变压器以满足高负荷需求；而对于小型商业或居民区，100 kV · A~500 kV · A 的变压器通常已足够。

在设计和选用变压器时，还需考虑变压器的效率、损耗、冷却方式、绝缘等级、短路强度、环境适应性等因素，以确保变压器在长期运行中的可靠性和经济性。

1. 变压器使用寿命

变压器的设计使用年限一般为 20~30 年。然而，变压器的实际寿命并不仅仅由设计使用年限决定，而是主要取决于绕组绝缘的老化速度。绕组绝缘是变压器中承担电流传输和隔离作用的关键部分，其质量直接影响到变压器的使用寿命。

变压器损坏及过负荷能力产生的原因是多方面的，其中一个重要原因就是变压器额定参数与运行时实际参数的差异。具体来说，以下因素可能导致这种差异：

（1）温度变化

变压器在运行过程中，由于负载电流和短路电流的存在，会产生热量。如果环境温度过高或者变压器散热不良，会导致绕组和绝缘材料温度升高，加速老化，从而降低变压器的使用寿命。

（2）电压波动

电压波动可能导致变压器绕组承受过高的电压，造成绝缘击穿或过热，进而引发损坏。

（3）潮湿环境

变压器运行在潮湿环境中，绕组和绝缘材料容易吸湿，降低绝缘性能，增加故障风险。

（4）额定参数与实际运行参数的差异

如变压器负载电流过大、过载运行、过负荷运行等，都会导致变压器内部发热加剧，加速绝缘老化。

在实际应用过程中，变压器不能长期在过负荷情况下运行，但正常运行时大都或多或少地节省一些寿命，因此，当短时过负荷导致绝缘老化加剧而加速损耗的寿命可以得到补偿，具有一定的短时过负荷能力。变压器过负荷能力的大小与变压器绝缘介质和生产工艺有较大的关系，所以变压器的短时过负荷能力的大小不能一概而论。

为了延长变压器使用寿命，降低损坏风险，可通过严格控制变压器运行环境，确保温度、湿度等条件符合要求；定期对变压器进行检修和维护，及时发现并处理潜在问题；合理设计变压器结构，提高其绝缘性能和抗过负荷能力；选择质量可靠的绝缘材料和变压器零部件，确保变压器整体性能等途径来提升变压器的使用寿命。

2. 变压器台数的确定

在光伏电站中，确定变压器的台套数需根据电站的总装机容量、单台变压器的额定容量、电站的负荷特性以及电网的接入要求进行计算和评估。具体步骤如下：

①计算电站总装机容量所需变压器总容量。

②确定单台变压器的额定容量。

③根据总容量和单台变压器的额定容量，计算所需变压器的台套数。

④考虑电站的负荷特性和电网接入要求，进行必要的调整。

⑤确定最终的变压器台套数。

3. 变压器的选择

根据光伏电站的设计和运行需求，确定变压器的步骤如下：

（1）额定容量

变压器的额定容量应满足光伏系统最大负载需求，通常为光伏电站总装机容量的 1.2 倍，并留有一定的余量以应对未来可能的负载增长，再整体考虑光伏电站的系统损耗、效率等因素。

例如，若光伏电站总装机容量为 100 MW，考虑运行效率和备用容量后，变压器容量可按以下公式计算：

$$变压器容量 = 光伏电站总装机容量 \times 运行效率 \times 1.2 \times (1 + 备用容量比例)$$

最终，根据计算结果选择合适的变压器容量。

（2）额定电压

根据光伏电站的电压等级选择合适的变压器额定电压，变压器的额定电压应与光伏系统的电压等级相匹配，包括高压侧和低压侧的额定电压，应符合 GB/T 6451 标准中规定的电压等级。

（3）短路阻抗

短路阻抗是变压器设计中的一个重要参数，它影响到系统的短路电流水平和变压器的机械强度。应根据 GB/T 6451 标准选择合适的短路阻抗值。

（4）效率和损耗

变压器的效率和损耗是衡量其性能的重要指标。根据《电力变压器能效限定值及能效等级》（GB 20052—2024）标准，变压器应满足能效限定值，并尽可能选择高能效等级的产品，以减少运行过程中的能量损失。

（5）绝缘等级

变压器的绝缘等级应满足 GB/T 6451 标准的要求，确保变压器在运行过程中具有足够的绝缘强度，防止电气故障。

（6）冷却方式

变压器的冷却方式应根据其容量大小和运行环境来选择，常见的冷却方式有自然油循环冷却、强迫油循环风冷等。应根据 GB/T 6451 标准选择合适的冷却方式。

（7）温升限值

变压器在运行过程中，其温升不应超过 GB/T 6451 标准中规定的限值，以保证变压器的可靠性和寿命。

（8）噪声水平

变压器在运行时产生的噪声不应超过 GB/T 6451 标准中规定的限值，特别是在居民区或对噪声敏感的区域。

（9）保护装置

变压器应配备必要的保护装置，如过载保护、短路保护、温度保护等，以确保变压器和整个系统的安全运行。

（10）安装和维护

变压器的安装应符合 GB/T 6451 标准中的要求，同时应便于维护和检修。

在选择变压器时，除了遵循上述标准和参数外，还应考虑光伏系统的具体配置、负载特性、安装环境等因素，以确保变压器的性能和可靠性。同时，应关注相关标准的最新版本和更新，以确保选择的变压器符合最新的技术要求和法规标准。

以大型集中式并网光伏电站为例，通常以 1 MW 为单元进行就地升压，选用的升压设备为升压箱变，具体选配方法如下。

①根据电站的装机容量确定所需的 1 MW 单元数量。

②考虑到电站的布局和地形条件，选择合适的升压箱变安装位置。

③根据电站的输出电压等级选择合适的升压箱变型号。

④根据电站的最大发电功率和运行条件，确定升压箱变的容量和规格。

⑤选择具备过载保护、短路保护等安全功能的升压箱变，确保电站运行安全。

⑥考虑升压箱变的运行效率和损耗，选择高效节能的产品。

⑦根据电站的建设周期和预算，进行升压箱变的采购和安装。

⑧安装后进行严格的调试和验收，确保升压箱变能够稳定运行。

3.5 光伏电站监控系统

光伏电站监控系统能够实时监测电站运行状态，确保光伏电站稳定高效运行，及时发现并处理故障，提高发电效率，降低运维成本。

3.5.1 光伏电站监控系统结构与布局

光伏电站监控系统能够实时监控电站运行状态，确保系统稳定运行；及时发现并处理故障，降低故障影响；优化电站运行效率，提高发电量；收集电站运行数据，便于分析和管理；提升电站安全性能，预防事故发生；实现远程监控，方便管理和维护；提供数据支持，便于进行决策分析；节省人力成本，提高管理效率。

1. 光伏电站监控系统的组成与功能

监控系统根据监控的范围和方式不同，分为现场监控、本地监控和远程监控三大部分，确保了对光伏系统的全面实时监控和管理。光伏电站监控系统如图 3-40 所示。

（1）现场监控

现场监控定期自动读取电压、电流、功率、环境温度等监控参数的值，通过 LCD 显示屏和应急启停按键实现对设备的实时监控。现场监控设备还包括各种传感器和控制器，用于实时监测和控制光伏阵列的运行状态。

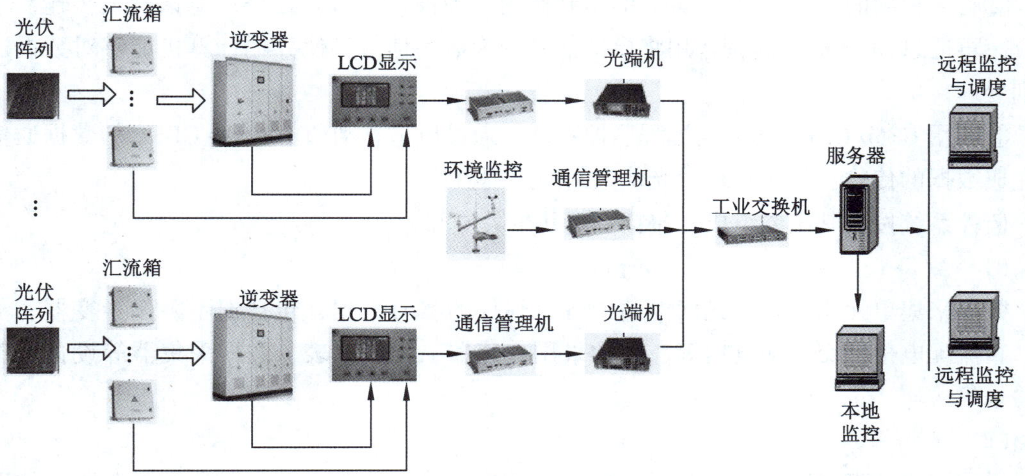

图 3-40　光伏电站监控系统

(2) 本地监控

本地监控是在电站的监控室中，包括下位机和上位机监控。监控的功能除了数据显示、故障检测，还包括实时曲线绘制、数据管理、报警信息显示、报表功能等，为设备的状态和工作效率的分析提供有力的数据支持。

下位机主要由汇流箱、并网逆变器、环境采集仪等设备组成，负责收集现场数据并进行初步处理。上位机监控指本地监控计算机、Web 服务器以及部署在这些服务器中的应用软件。本地监控软件通常具备数据记录、分析、报警和控制功能，能够实现对整个光伏电站的集中管理。

上位机监控是在电站的本地监控室中，在本地监控计算机上采用 C/S 模式，实现对各个设备的监控，包括实时显示并统计各直流侧电压电流、瞬时功率、每日发电量、总发电量、CO_2 减排量、故障记录、报警及断路器状态等参数和状态量；实时监测逆变器以及变压器的所有运行参数和发电参数，监测其故障信息；可对逆变器进行启停和参数设定等操作，并对各并网逆变器进行入网功率管理控制；可以绘制每天的太阳辐射强度曲线、风速变化曲线、光伏组件发电参数曲线、逆变器的电压-电流曲线、功率-时间曲线；具有参数设置、系统分析、电量累计及打印各类参数曲线的功能；实时监测并显示现场环境的数据，通过环境采集仪可采集气象数据，如环境温度、组件温度、光照强度、风速、雨量等有关数据。

(3) 远程监控

远程监控通过以太网与本地监控服务器相连，确保了数据的实时传输。电力调度中心的操作人员可以通过互联网和 IE 浏览器或其他专用软件实施远程监控。远程监控系统通常具备权限管理功能，确保只有授权用户才能访问监控系统。远程监控还应支持移动设备访问，以便操作人员可以随时随地进行监控和管理。远程监控主要通过三种形式实现。

①通过 RS-485 总线进行数据采集后，与本地主控计算机直接通信，本地主控计算机又接入互联网，从而实现异地的监控。

②将采集到的数据通过 Modem 的调制作用变为模拟信号，在公用电话网上传输，异地接收，再通过 Modem 的解调作用将模拟信号变为数字信号，使异地计算机能够对数据进行识别处理。

③利用 GSM/GPRS 的无线远程监控系统，通过申请移动通信 GSM/GPRS 的数据通信业务完成数据的传输，从而实现对光伏电站的远程监控。

监控系统按照其主要组成，包括以下几个关键部分：

（1）数据采集单元（data acquisition unit）

数据采集单元用于收集光伏电站中各个组件的实时数据，包括但不限于逆变器、汇流箱、直流配电柜、交流配电柜等。通常采用传感器、智能电表、数据采集器等设备实现数据的采集。

（2）通信网络（communication network）

通信网络负责将数据采集单元收集到的数据传输到监控中心，通常采用有线（如以太网、光纤）或无线（如 4G/5G、Wi-Fi、LoRa）通信方式，确保数据传输的实时性、稳定性和安全性。

（3）监控中心（monitoring center）

监控中心是整个监控系统的核心，负责数据的接收、处理、存储和展示，包括服务器、工作站、数据库和监控软件等。监控软件通常具备实时数据展示、历史数据分析、报警管理、报表生成等功能。

（4）用户界面（user interface）

用户界面提供用户与监控系统交互的界面，包括 PC 端、移动端等，用户可以通过界面查看实时数据、历史数据、发电量统计、设备状态等信息。支持用户进行远程控制、参数设置、故障诊断等操作。

（5）辅助系统（auxiliary systems）

辅助系统包括气象站、视频监控系统、安全防范系统等。气象站用于收集环境数据，如光照强度、温度、风速等，为发电量预测和系统优化提供依据。视频监控系统用于实时监控电站现场的安全状况。安全防范系统包括入侵报警、消防报警等，确保电站的安全运行。

（6）电源系统（power supply system）

电源系统为监控系统提供稳定的电源，包括 UPS（不间断电源）、蓄电池等，确保在电网故障或停电情况下，监控系统仍能正常运行一段时间。

（7）维护与支持（maintenance and support）

提供系统维护、升级、技术支持等服务，包括定期检查、故障维修、软件更新等。

2. 光伏电站监控系统的结构设计与布局

光伏电站监控系统的结构设计需要考虑多个方面，以确保系统的高效、稳定和易于管理。以下是进行光伏电站监控系统结构设计的步骤和要点：

（1）需求分析

确定监控系统的监控范围，包括光伏阵列、逆变器、汇流箱、直流配电柜、交流配电柜等。确定监控系统需要采集的数据类型，如电压、电流、功率、温度、环境光照强度等。确定监控系统的功能需求，如实时数据监控、历史数据分析、报警管理、远程控制等。

(2) 系统架构设计

①数据采集层：设计数据采集单元，如使用传感器、数据采集器（DAQ）等设备，负责收集光伏阵列、汇流箱、逆变器等器件的各类数据。

②传输层：选择合适的通信方式，如有线（以太网、光纤等）或无线（Wi-Fi、LoRa、4G/5G 等），实时监测光伏并网发电站的运行状态，确保数据传输的稳定性和实时性。

③处理层：搭建服务器或云平台，用于数据存储、处理和分析。可以采用集中式或分布式架构，根据数据量和处理需求决定。当电站有故障时，监控系统立即发出报警信号，及时通知电站管理人员进行处理。

④应用层：开发用户界面，如监控软件或移动应用，提供实时数据展示、历史数据查询、报警信息推送等功能。当光伏电站发生故障时，可将存储的电站运行数据传送给远程监控中心，方便管理人员进行故障分析，作出相应的处理。

(3) 硬件选型

①根据需求选择合适的传感器和数据采集器，确保其精度和稳定性满足监控需求。

②根据环境因素和成本效益，选择适合的通信设备和传输介质。

③选择服务器或云服务提供商，确保足够的计算能力和存储空间。

(4) 软件开发

①开发数据采集软件，用于控制数据采集器和传感器，实现数据的实时采集和初步处理。开发数据传输软件，确保数据能够安全、高效地传输到处理层。

②开发数据处理和分析软件，包括数据库管理系统、数据处理算法和分析工具。

③开发用户界面，提供直观、易用的操作界面，包括实时监控界面、历史数据查询界面、报警管理界面等。

(5) 系统集成与测试

①将硬件和软件进行集成，确保各部分协同工作。

②进行系统测试，包括单元测试、集成测试和压力测试等，确保系统的稳定性和可靠性。

③进行现场调试，根据实际运行情况调整系统参数，优化系统性能。

(6) 维护与升级

①设计系统的维护计划，包括定期检查、数据备份和硬件维护等。

②根据技术发展和用户需求，定期对系统进行升级和优化。

通过以上步骤，可以完成一个高效、稳定且易于管理的光伏电站监控系统结构设计。

光伏电站监控系统的布局应根据电站规模、地形地貌、设备分布等因素进行合理规划。一般而言，监控中心应设置在便于管理和维护的位置，数据采集单元应尽量靠近被监控设备，通信网络应覆盖整个电站区域，确保数据传输无死角。同时，应考虑系统的可扩展性，以便未来电站规模扩大或设备更新时，监控系统能够方便地进行升级和扩展。

3.5.2 光伏电站监控设备选型与配置

光伏电站现场监控是通过 LCD 显示屏和应急启停按键实现对设备的监控，每隔一段时间就读取各监控参数的值。

现场监控就是在现场设备上装有人性化的 LCD 人机界面，实现对现场故障应急启停控制，并可实时显示各项运行数据、故障数据、一定时间内的历史故障数据、总发电量数据和一定时间内的历史发电量数据等，使现场巡查人员方便、及时掌握该设备的整体信息。在光伏发电系统中，现场监控一般集成在逆变器中。

现场监控设备的选型与配置主要对逆变器 LCD 显示功能的选配。

对于现场监控 LCD 显示屏主界面上显示信息包括运行信息、故障记录、启停控制和参量设置。运行信息中显示电网电压、并网电流、输出功率、电网频率、机内温度、当天发电量、月发电量、年发电量、总发电量、运行时间等信息。

1. 下位机设备选型与配置

光伏监控系统下位机主要包括汇流箱、并网逆变器、环境采集仪等设备。

(1) 下位机汇流箱选配

在光伏发电系统中，汇流箱主要实现光伏组件串、并联的汇流功能。为了较好地识别光伏电站的运行情况，需要对每组光伏阵列的输出电压、电流进行数据采集和检测。所以智能汇流箱必须包含数据采集及显示功能。图 3-41 所示为智能汇流箱的数据采集监控模块。

下位机汇流箱要具备如下技术特点：

①具有每路电流监控，电流检测范围：0.1~15 A；

②具有电流状态显示，显示每支路实际电流值，电流值精确至小数点后 1 位；

③具有电压监控，电压检测范围：DC 50 V~DC 1 200 V；

④具有电压状态显示，所测电压精确至个位；

⑤具有 RS-485 通信功能，可采用具有 Modbus 的通信协议；

⑥具有下位机地址设置，可采用 8421 码编码开关设置，可设置 1~254 组网地址；

⑦具有通信波特率设置。

(2) 环境监测仪

在光伏电站内配置一套环境监测仪，实时监测日照强度、风速、风向、温度等参数。该装置由风速传感器、风向传感器、日照辐射表、测温探头、控制盒及支架组成。可测量环境温度、风速、风向和辐射强度等，其通信接口可接入并网监控装置的监测系统，实时记录环境数据。图 3-42 所示为环境监测仪。

(3) 光伏阵列温度测量仪

光伏阵列温度测量仪主要实现光伏组件温度检测，采集的基础数据为温度，通信接口可接入并网监控装置的监测系统，实时记录环境数据。图 3-43 所示为光伏阵列温度测量仪。

图 3-41　智能汇流箱采集监控模块

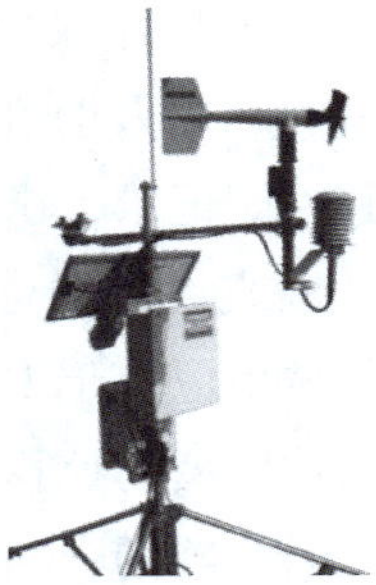

图 3-42　环境监测仪

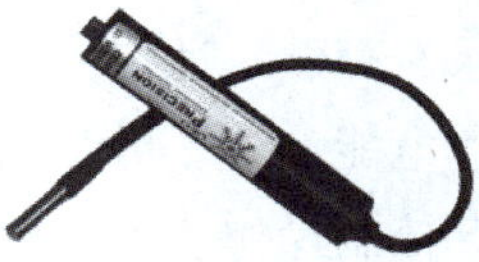

图 3-43　温度测量仪

(4) 视频监控仪

视频监控仪主要实现光伏电站站区的监测和控制，采集的基础数据为影像，控制内容云台的放大、缩小、转向等。通信接口可接入并网监控装置的监测系统，实时记录站区图像数据。

(5) 其他下位机功能要求说明

表 3-8 是直流配电柜、交流配电柜监控、升压变压器监控参数指标要求。

表 3-8　监控指标

序号	部　　件	要　　求
1	直流配电柜	①进线相电压； ②进线相电流； ③母线开关状态； ④防雷器状态； ⑤支路电流等
2	交流配电柜监控	①光伏发电总输出有功功率、无功功率； ②功率因数、电压、电流； ③断路器故障信息、防雷器状态信息等
3	升压变压器监控	①高压保护动作信号、保护装置故障信号； ②变压器重瓦斯跳闸； ③超温跳闸、变压器油温高报警信号； ④压力释放跳闸信号； ⑤低压电源控制信号； ⑥断路器故障跳闸信号； ⑦熔断器熔断信号； ⑧负荷开关合闸信号、负荷开关分闸信号； ⑨接地刀位置等

2. 上位机设备选型与配置

本地上位机监控指本地监控计算机、Web 服务器以及部署在上述服务器中的应用软件。

(1) 计算机监控系统的控制功能

计算机监控系统的控制功能覆盖范围包括光伏发电单元和升压站系统，其监控功能主要包括以下几点。

①数据采集与显示采集光伏阵列、并网逆变器和升压站运行的实时数据和设备运行状态，并通过当地或远方的显示器以数据和画面反映运行工况。

②安全监视对采集的模拟量、状态量及保护信息进行自动监视，当被测量越限、保护动作、非正常状态变化、设备异常时，能及时在当地或远方发出音响，推出报警画面，显示异常区域。事故信息应可存储和打印记录，供事后分析故障原因使用。

③事件顺序记录光伏发电站系统或设备发生故障时，应对异常状态变化的时间顺序自动记录、存储、远传，事件记录分辨率应小于 1 ms。

④电能计算。可实现有功和无功电度的计算和电度量分时统计、运行参数的统计分析。

⑤控制操作。可实现对升压站断路器的合、跳控制，主变中性点隔离开关的拉合控制，并具有防误操作功能及主变有载调压开关的升压、降压、急停控制功能。可以单独对每台光伏并网逆变器进行参数以及启停设置。

⑥与保护装置遥信、交换数据。向升压站保护装置发出对时、召唤数据的命令，传送新的保护定值；保护装置向监控系统报告保护动作参数（动作时间、动作性质、动作值、动作名称等）。

(2) 监控应用软件

①前台人机交互界面。设计适合客户要求的交互界面；标准图元库，方便调用组合；实时数据采集和显示；数据信息的自动逻辑计算和处理；设备参数远程更改设定；合、分闸状态显示和强制操作。

②曲线及报表管理设置。客户要求的电参量的趋势曲线；正反向有功和无功电度的历史趋势；设计满足客户需求的各种报表；自动生成电能计量的日、月、年报表；可根据常用的 MS Excel 设置模板并生成相应报表，使用户轻松使用；查询任意时刻报表、显示并打印。

③后台数据库管理。应用广泛的数据库软件，如 Access、MySQL；建立开放式、网络化数据库；存储指定年限或所有的数据信息；软件系统实现的动态链接库；实时数据信息更新安全可靠；支持 C/S、B/S 方式，实现数据远传。

④多级权限用户管理。密码登录后台，保证设置安全；高权限对低权限管理，分级操作，各权限均具修改密码功能。

⑤通信管理设置。各串口自主配置，操作方便；不同设备的通信协议选择；通信波特率自主选择；系统根据选择结果自动对该前置机某端口所连各设备进行统一的遥控配置。

⑥网络功能。网络功能支持双机热备功能（使用互为备份的两台服务器共同执行），支持双机、双网、双设备等，并采用热备份的形式确保系统稳定可靠地运行，配置简单、方便。网络上任意一台机器可指定为 I/O 服务器（即前置机），网络上的其他机器可方便地从该机器上获取数据。

(3) 控制室布置与配置

①主控制室区域的布置。主控制室布置在升压站区域的配电室的建筑内，主控制室面积按需酌定。控制室侧还布置有电气设备室、通信室、交接班休息室等。其中，主控制室内布置有计算机监控系统操作员站、记录打印机、大屏幕显示器、全站工业电视屏幕显示器、火灾报警控制盘和围墙安防系统报警控制盘等。具体布置由设计单位提供“主控室及

电气设备室平面图”。

②主控制室及电气设备室室内布置。主控制室内操作台可采用直线布置方式，操作台上设有多台彩色显示器，分辨率应大于1 280×1 024像素，分别作为操作员站（主/从）、五防工作站、远动工作站、闭路电视及围墙防盗系统显示终端使用。主控制室内可设置壁挂式大屏幕显示器多块，分别作为监控系统和闭路电视系统的一部分，用来显示光伏发电单元的主要运行数据或其他需要监视的画面。

电气设备室室内布置有网络设备机柜、主变保护测控机柜、高压线路保护测控屏、高压母线保护屏、蓄电池装置、馈线屏、UPS电源及闭路电视机柜等综合自动化设备。

(4) 电缆主通道

汇流箱内的组串电流监测装置的通信电缆通过各汇流箱之间串接后最终接至逆变器；电池板下方的温度信号电缆沿电池板支架敷设、电池板之间采用穿管敷设方式，最终沿太阳电池方阵外的电缆桥架进入逆变器；各逆变器室至升压站的通信电缆沿电缆桥架敷设。

主控制室、电气设备室和通信机房均采用防静电地板层，与通向升压站配电装置的电缆沟相连。

(5) 控制室上位机设备选型

上位机系统及主要设备位于控制室内。表3-9为某个100 MW光伏电站控制室及上位机设备选型表。

表3-9　控制室及上位机设备选型表

名称	型号	单位	备注
监控主机	IPC610H/PIV2. 8G/1G/120G/166x DVD/KB+MS/D-Link530+外设	台	—
	三星19寸液晶显示器	台	
显示器	三星22寸液晶显示器	台	
	HP LaserJet 1020 A4	台	
打印机	EPSON-LQ1600KIIIH A3	台	
	山特C1KS	台	
UPS电源	山特C2KS	台	
	五类线	米	
通信电缆	屏蔽双绞线RVVP 2×1.0	米	
	光纤（多模）	米	
	1 200×600×600	面	
通信机柜	2 200×600×600	面	
光电转换	HTB-1000	只	远距离传输
	终端盒	只	
	尾纤	面	
	耦合器	面	
	熔接点	个	

续上表

<table>
<tr><th>名称</th><th colspan="2">型号</th><th>单位</th><th>备注</th></tr>
<tr><td rowspan="7">通信转换</td><td colspan="2">扩展卡 ACRNET-PCI/4</td><td>块</td><td>扩展卡</td></tr>
<tr><td colspan="2">串口服务器 ACRNET-PORT（2 口）</td><td>只</td><td rowspan="2">串口服务器</td></tr>
<tr><td colspan="2">串口服务器 ACRNET-PORT（4 口）</td><td>只</td></tr>
<tr><td colspan="2">通信前置机 ACRNET-UC02（2 口）</td><td>只</td><td rowspan="3">通信前置机</td></tr>
<tr><td colspan="2">通信前置机 ACRNET-UC04（4 口）</td><td>只</td></tr>
<tr><td colspan="2">通信前置机 ACRNET-UC08（8 口）</td><td>只</td></tr>
<tr><td colspan="2">通信管理机 ACRHMI</td><td>台</td><td>人机界面</td></tr>
<tr><td rowspan="2">组网设备</td><td colspan="2">网络交换机 EDS-208</td><td>台</td><td rowspan="2">局域组网</td></tr>
<tr><td colspan="2">网络交换机 EDS-408</td><td>台</td></tr>
<tr><td rowspan="8">监控软件</td><td rowspan="5">Acrel 监控
组态软件
V6. 0</td><td rowspan="5">系统组态软件
图形组态软件
电能管理软件
数据库软件</td><td rowspan="5">套</td><td>设备数量 1～10</td></tr>
<tr><td>设备数量 11～20</td></tr>
<tr><td>设备数量 21～40</td></tr>
<tr><td>设备数量 41～80</td></tr>
<tr><td>设备数量 80 以上</td></tr>
<tr><td>双机版</td><td>—</td><td>套</td><td></td></tr>
<tr><td>数据转发</td><td>每+1 用户</td><td>套</td><td></td></tr>
<tr><td>Web 发布</td><td>每+1 用户（总用户数≤5）</td><td>套</td><td></td></tr>
<tr><td rowspan="3">电力仪表</td><td colspan="2">ACR330ELH</td><td>台</td><td></td></tr>
<tr><td colspan="2">ACR220ELH</td><td>台</td><td></td></tr>
<tr><td colspan="2">ACR120ELH</td><td>台</td><td></td></tr>
<tr><td rowspan="3">导轨式
安装电表</td><td colspan="2">DTSD1352</td><td>台</td><td></td></tr>
<tr><td colspan="2">DTSF1352</td><td>台</td><td></td></tr>
<tr><td colspan="2">DDSF1352</td><td>台</td><td></td></tr>
</table>

3.5.3 自动监控系统辅助设备

光伏电站自动监控系统辅助设备包含电源、火灾监控系统等，具体如下：

1. 电源

（1）直流系统

站内应设置免维护铅酸蓄电池成套直流电源系统。该直流系统能为计算机监控系统、断路器、通信设备及事故照明提供可靠的直流电源。该套直流装置由免维护蓄电池、直流馈线屏、充电设备等装置组成。充电设备能够自动根据蓄电池的放电容量进行浮充电、均衡充电，并且能长期稳定运行。

该直流系统装置布置在主控制室内，并采用通信方式在计算机监控系统中进行监控。

（2）交流不停电电源

本工程全站拟装设一套交流不停电电源，向监控主机、五防主机、网络设备、火灾报警系统、闭路电视系统等设备提供交流工作电源。

2. 火灾报警系统

可考虑在 10 kV/110 kV 升压站区域及各逆变器室设置一套小型火灾报警系统，包括探测装置（点式或缆式探测器、手动报警器）、集中报警装置、电源装置和联动信号装置等。其集中报警装置布置在升压站主控制室内，探测点直接汇接至集中报警装置上。

在 10 kV/110 kV 升压站区域内设备和房间及各逆变器室发生火警后，集中报警装置立即发出声光信号，并记录下火警地址和时间，经确认后可人工启动相应的消防设施组织灭火。拟采用联动控制方式对升压站内主控室、配电室的通风机、空调等进行联动控制，并监控其反馈信号。

3. 闭路电视和围墙安防系统

（1）闭路电视和围墙安防系统

根据大型并网光伏电站占地面积大、布置分散、站区边界范围广等特点，可在升压站、光伏阵列、逆变器场地等重要部位和围墙等处设置闭路电视监视点，根据不同监视对象的范围或特点选用定焦或变焦监视镜头；并在站区围墙处设置对射式红外报警围墙安防系统。各闭路电视监视点的视频信号通过图像宽带网，将视频信号处理、分配、传送至主控室内的监视器终端，并联网组成一个统一的覆盖本工程范围的闭路电视监视系统，并预留以后扩建工程的接口。

设置的红外报警围墙安防系统可与闭路电视监视系统实现报警联动：当围墙安防系统报警时，主控室的闭路电视监视器终端将自动切换为报警位置或区域的监视图像，并实现声响报警和显示报警位置的名称。

（2）闭路电视系统主要功能

光伏电站设置的闭路电视系统中，通过编程，可实现如下主要功能：

①系统正常巡视。

②分割画面监视。

③报警监视。

④可实现对整个流程的自动化、智能化跟踪等。

各监视器均可按预先设定的程序，成组或单独自动巡视各监视点；或手动定点监视各重要部位，系统预留控制接口，可接收 NCS 系统控制信号，实现系统运行自动切换、跟踪并提供输出接口以驱动长延时录像机等设备。

（3）围墙安防报警系统主要功能

围墙安防报警系统通过红外线对射探测方式监控，防止无关人员的进入，以确保设备安全。当主控室收到主动红外对射报警时，可确定报警位置，并通过安装在附近的闭路电视摄像头观测报警情况，判断是否为误报和确认报警区域的现场状况，实现报警点的定位、跟踪和确认。

3.6 光伏电站继电保护

光伏电站继电保护用于实时监测电站内电气设备的运行状态，当检测到故障或异常时，能够迅速切断故障电路，以保护电站设备和人员安全。

3.6.1 继电保护概念

继电保护是一种利用继电器对电力系统中的故障或不正常工作状态进行检测，并自动执行断路器跳闸或发出信号的保护装置。它能够在电力系统发生故障时迅速切除故障部分，保护系统中的元件不受损害，确保电力系统的安全稳定运行。

继电保护是光伏电站中确保安全稳定运行的重要措施，通过在光伏电站中安装继电保护装置，对光伏电站的电气设备进行实时监控，一旦检测到异常情况，如电流、电压、频率等超出正常范围，立即采取措施切断故障部分的电源，以防止故障扩大，确保人员和设备的安全。

1. 继电保护的作用

在光伏电站中，继电保护能够有效地保障电站的安全稳定运行，继电保护的作用主要体现在以下几个方面：

（1）防止设备过载

当光伏电站的设备承受过大的电流或电压时，继电保护装置会立即切断电源，避免设备损坏。

（2）防止短路

当光伏电站发生短路故障时，继电保护装置会迅速切断故障部分的电源，防止短路电流对其他设备造成损害。

（3）防雷接地故障

接地故障会导致设备绝缘性能下降，继电保护装置会及时切断电源，保护设备和人员安全。

（4）防止设备故障

当电力系统发生故障时，继电保护能够自动地、迅速准确将故障设备从电力系统中切除，减少对故障设备的损坏，保证其余部分快速恢复，确保电力系统安全；当发生不正常工作情况时，发送警告信号或者经过一定的延时切除相关继续运行会引起故障的电气设备。

（5）防止过电压

当光伏电站发生过电压时，继电保护装置会迅速切断电源，避免设备因过电压而损坏。

（6）防止设备过热

当光伏电站的设备温度过高时，继电保护装置会及时切断电源，防止设备过热损坏。

（7）自动告警

当电力系统中电器元件或电力系统本身发生故障危及电力系统安全运行时，能够向运行值班人员及时发送出警告信号，或者直接向所控的断路器发出跳闸命令来终止事件。

2. 继电保护的类型

光伏电站中的继电保护主要包括以下类型：

(1) 过电流保护

通过设置过电流继电器，当电流超过预定值时，继电器动作切断电路。

(2) 短路保护

利用断路器或熔断器，在发生短路故障时迅速切断电路。

(3) 过电压保护

采用避雷器或电压互感器，当电压超过安全值时，启动保护装置。

(4) 低电压保护

通过电压继电器监测电压，当电压低于安全值时，触发保护动作。

(5) 零序电流保护

检测系统中的零序电流，超过设定阈值时启动保护。

(6) 备用保护

作为主要保护的后备，当主要保护失效时，备用保护启动。

(7) 光伏专用保护装置

针对光伏电站特点设计的专用保护装置，如光伏阵列防逆流保护器。

(8) 逆流保护

通过逆流继电器监测电流方向，防止电流逆流对设备造成损害。

(9) 防孤岛保护

通过检测电网频率和电压的变化，当电网与光伏电站失去连接时，及时切断光伏电站的输出。

3. 继电保护的保护原则

光伏电站接入配电网时，继电保护要满足“可靠性、选择性、灵敏性、速动性、适应性、协调性”的要求。

(1) 可靠性

采用高可靠性的继电保护装置，确保在复杂环境下稳定运行，减少误动和拒动情况。

保护装置应准确、可靠地完成预定的保护功能。可靠性指须动作时不拒动，不须要动作时不误动，这是继电保护装置正确工作的基础。保护装置的无动作是造成正常情况下停电、事故情况下扩大事故的直接根源。影响可靠性的因素有内因和外因，内因是装置本身质量，包括元件好坏、结构设计的合理性、制造工艺水平、内外接线简明、触点多少等；外因是运维水平、调试是否正确等。

(2) 选择性

合理配置保护装置的定值，确保故障发生时，保护装置只切除故障部分，尽量减少对非故障部分的影响。可以通过正确地整定电气量的动作值和上下级保护时限来达到互相配合。实现在电力系统发生故障时，保护装置选择性将故障元件切除，而使非故障元件仍能正常运行，以缩小故障范围。

（3）灵敏性

灵敏性指继电保护对其保护范围内故障的反应能力。要求保护装置处于良好状态，提高保护装置的灵敏度，确保在故障发生初期即可检测到异常，及时发出信号或消除故障。

（4）速动性

缩短保护动作时间，提高系统响应速度。在发生故障时，保护装置应尽快切除故障部分，以减小故障对系统的影响。快速切除故障，可以把故障部分控制在尽可能轻微的状态，减少故障元件的损坏程度，避免故障进一步扩大。

（5）适应性

在规划设计阶段，充分考虑光伏电站的特性，选择合适的保护原理和装置，以适应新能源发电的特点。

（6）协调性

与配电网其他保护装置进行协调，确保整体保护系统的合理性和有效性。

确定继电保护装置整定值时，要根据电力系统在最大和最小运行方式下的短路电流值进行计算与校验，以保障所选电器的稳定性和继电保护装置的灵敏度。最大运行方式下，系统呈现最小短路阻抗和最大短路电流，用于校验开关电气稳定性；最小运行方式下，系统呈现最大短路阻抗和最小短路电流，用于校验继电保护装置灵敏度。

在分析研究继电保护性能时，基本要求之间存在统一与矛盾的两面性。制定保护系统方案时，往往难以兼顾所有要求。整定计算的关键在于对各要求进行有效的统一与协调。

①可靠性和选择性、灵敏性、速动性存在矛盾，例如，保护装置的环节越少、回路越简单，可靠性越高。但简单的保护很难满足选择性、快速性、灵敏性的要求。

②选择性与灵敏性存在矛盾，例如，对电流保护、提高整定值可以保证选择性，降低整定值才能保证灵敏性，尤其是大、小方式相差较大时，很难同时满足二者的要求。

③选择性和速动性存在矛盾，时间越长越容易保证选择性，但无法满足速动性要求。

在继电保护规划设计阶段，应充分考虑电源接入点的详细分析，以确定合理的保护配置，并优化保护装置的参数设置，使其适应分布式电源的特性。同时，加强保护系统的通信能力，确保信息的实时传递和准确处理，采用先进的技术和设备提高保护装置的智能化水平。此外，建立完善的监测系统，并定期对继电保护装置进行检查和维护，以确保其长期稳定运行。

3.6.2 光伏电站继电保护

分布式电源并入电网后，将传统的单一放射状配电系统转变为含有多种中、小型有源系统的网络结构，这改变了潮流分布，给电网的继电保护带来了挑战，如短路电流增大和电流方向变化，增加了保护误动或拒动的风险。为了应对这些挑战，配电系统需要调整继电保护配置，采用自适应保护方案，并增强电网的调峰能力和消纳能力。通过引入储能系统和需求侧响应机制，可以提高电网的稳定性和适应性，确保在分布式电源并网的情况下，电网依然能够安全、高效地运行。

并网光伏电站确实改变了配电系统的结构，增加了系统的复杂性和不稳定性。继电保护在并网光伏电站中主要体现在以下三个方面：一是光伏电站内部故障的保护；二是光伏电站与电网连接点的保护；三是电网侧的保护。

以某大型光伏电站为例，若升压至 35 kV 或 110 kV，系统保护如下：

1. 110 kV 系统保护

为确保光伏电站接入系统的稳定性和安全性，110 kV 专用并网线路的保护配置应遵循以下原则和要求：

(1) 主保护配置

光纤纵联电流差动保护装置应作为主保护，确保快速准确地切除线路故障。

(2) 后备保护配置

阶段式相间和接地距离保护：应配置至少两段距离保护，第一段作为快速切除近端故障的后备保护，第二段作为远端故障的后备保护。

零序电流保护：应配置至少一段零序电流保护，用于检测和切除经高阻抗接地的单相接地故障。

(3) 重合闸配置

应具备单相自动重合闸功能，以提高系统供电的可靠性。重合闸应能根据故障类型和系统条件进行选择性重合闸。

(4) 保护装置的其他要求

①保护装置应具备良好的抗干扰能力，确保在强电磁干扰环境下可靠工作。

②应具备完善的通信接口，能够与上级调度中心和相邻保护装置进行信息交换。

③应具备故障录波和事件记录功能，便于故障分析和系统维护。

(5) 保护整定和配合

①保护整定应根据线路参数、系统运行方式和相邻线路保护配置进行合理整定，确保保护的选择性和灵敏性。

②各级保护之间应有良好的配合，避免保护动作的不协调导致的系统不稳定或误动作。

保护测试和维护具体如下：

①定期进行保护装置的测试和校验，确保保护装置的准确性和可靠性。

②建立健全的保护装置维护和更新机制，及时处理保护装置的缺陷和故障。

(6) 母线差动保护和低周低压解列装置

为了确保光伏电站的稳定运行和在发生故障时能够迅速隔离问题区域，110 kV 母线需要配备一套母线差动保护系统。该保护系统的作用是通过比较母线上各连接元件的电流，快速检测出母线上的故障，如短路等，并迅速动作切除故障部分，以保护母线和连接的设备不受损害。

母线差动保护的基本原理是基于基尔霍夫电流定律（KCL），即在正常运行条件下，流入母线的电流总和应等于流出母线的电流总和。当母线发生故障时，流入和流出的电流不再平衡，差动保护装置会检测到这种不平衡并启动保护动作，快速切断故障部分。

此外，为了进一步保障光伏电站与电网系统的安全稳定运行，特别是在系统发生严重故障导致频率或电压异常降低时，110 kV 并网线应配置一套低周低压解列装置。该装置的作用是在检测到电网频率或电压低于预设值时，自动将光伏电站与电网解列，即断开连接，从而避免电站设备受到电网故障的影响，同时减轻电网故障对整个系统的冲击。

低周低压解列装置通常包含低频解列和低压解列两部分功能。低频解列装置会在电网频率下降到一定阈值时动作，而低压解列装置则会在电网电压下降到一定阈值时动作。解列动作后，光伏电站将停止向电网供电，直到电网恢复正常运行条件，再根据预定的重合闸策略重新并网。

主变压器作为光伏电站传递电能的主要设备之一，还需配置反映各类故障及异常运行状态的保护装置，具体如下：

（1）纵联差动保护

作为主变压器内部及引出线短路故障的主保护；保护装置应具有躲避励磁涌流和外部短路时所产生的不平衡电流的能力；纵联差动保护均瞬时动作于主变两侧断路器跳闸。

（2）高压侧复合电压启动过流

作为当外部相间短路引起的过电流保护，同时作为变压器的后备保护；保护延时动作于主变两侧断路器跳闸。

（3）零序电流保护

作为主变压器高压侧及 110 kV 线路单相接地故障的后备保护；保护应延时动作于主变压器两侧断路器跳闸。

（4）间隙零序电流保护

当电力网单相接地且失去中性点时，间隙零序电流应瞬时动作于主变压器两侧断路器跳闸。

（5）主变过负荷保护

用于变压器过负荷时发出报警信号，并在必要时动作于主变两侧断路器跳闸。

（6）瓦斯保护

主变本体和有载调压开关均应设有该保护，轻瓦斯动作时发出信号，重瓦斯应瞬间动作于主变两侧断路器跳闸。

（7）主变压力释放保护

保护应瞬间动作于主变两侧断路器跳闸，以防止因压力过高导致的设备损坏。

（8）温度保护

当温度超过规定值时，应动作于主变压器两侧断路器跳闸；若温度高但未超过规定值，则应动作于信号。

110 kV 线路、主变压器、母线的继电保护应参照《继电保护和安全自动装置技术规程》（GB/T 14285—2023）进行配置，并确保所有保护装置的设置与光伏电站的具体运行条件和要求相匹配。同时，应定期进行保护装置的测试和维护，以确保其可靠性和有效性。

2. 35 kV 系统保护

为了保证 35 kV 母线故障时保护的选择性和灵敏性，简化 35 kV 各元件保护配合，35 kV

母线作为多电源母线应配置母差保护。

35 kV 集电线路应配置电流速断、过电流保护、单相接地保护。保护应对集电线路的单相故障应快速切除，快速段应对线路末端有灵敏度。在进行保护整定时，过电流保护要与箱变保护用高压限流全范围熔断器的熔断曲线相配合。

站用及备用变压器均配置电流速断、过电流保护、过负荷保护、无功补偿装置保护装置，由于无功补偿装置成套产品本身具有失电压、过电压、过电流等保护功能。在其电源侧只需设置电流速断、过电流保护、接地保护，作为连接线缆的相间和接地故障时的保护及 SVG 装置变压器的后备保护。根据国家电网公司《电力系统无功补偿配置技术原则》要求，35 kV~110 kV 变电站的容性无功补偿装置以补偿变压器无功损耗为主，适当兼顾负荷侧的无功补偿，容性无功补偿容量可按主变压器容量的 10%~30% 配置。SVG 降压变压器容量较大，如果 SVG 装置本身保护功能不能保护降压变压器，则需增加变压器差动保护，保护 SVG 降压变压器，接地变的电源侧设置电流速断、过电流保护作为接地变压器内部相间故障时的主保护和后备保护。接地变的中性点上还应装设零序电流保护，作为接地变的单相接地故障的主保护和系统各元件的总后备保护。

含有光伏电源的馈线发生短路故障时，保护不需要跳开馈线上的所有分布式电源，而是通过修改保护定值或加装设备实现电力孤岛或微电网运行。

3. 光伏电站继电保护改善措施

(1) 并网光伏电站线路保护原则

当光伏电源连接到公用电网使用 380/220 V 时，公共连接点和并联电源之间的断路器应当能够在短路时迅速离断，若碰到低压状况则实施闭锁，在失压情况时及时跳闸保护，及具有延时保护等功能。如果电压等级为 35/10 kV，光伏电源应使用“T”连接访问用户分配网络，并采用专线连接到用户变电站。

(2) 并网光伏电站母线保护原则

向母线系统接入光伏电源时，可根据光伏电源本身是否自带母线决定有没有必要设专用的母线保护。校验系统侧变电站和开关站侧的母线保护之后，如果二者不符合要求，那么应配置保护装置，确保母线出现的故障能够迅速被切除。

(3) 并网光伏电站同期装置保护原则

同步装置的配置在设计并网光伏电站接入时应为分布式电源。但如果分布式电源通过同步电动机，与并网光伏电站的配电网直接相连接，则应设置同期装置进行保护；如果为变流器类型，则不需要使用同期装置。

(4) 并网光伏电站安全自动装置保护原则

当分布式电源接入 35/10 kV 电压等级系统时，连接到并网光伏电站配电网的电源必须配备有安全自动装置，使得在紧急发生电压异常等情况时能够及时对并网光伏电站进行控制，并跳开断路器，减少风险。但如果分布式电源接入 380/220 V 电压时，则不需要配备单独的安全自动装置进行保护。

4. 光伏发电并网对配电网继电保护影响的改善措施

（1）完善技术标准与规范

针对光伏电站并网，需要对其技术标准和相关规范进行全面完善，电力企业要结合光伏发电的技术参数、控制功能、运行特点和抗干扰性能进行综合分析，从而确定光伏电站并网的规模大小、接线结构、布设数量等，同时，对电能质量、无功配置、电压等级等进行科学设定，使得光伏电站的并网操作有据可循。此外，对于光伏电站，还要加强调电压设备、无功补偿装置和无功发生器的改进和完善，提升分布式光伏发电系统运行的规范性和标准性，减少对配电网原有运行状态的影响。

（2）加强并网检测和运行评估

在光伏电站接入配电网后，电力企业要根据相关文件积极开展配电网和光伏电网的安全检测工作，严格根据《分布式电源接入电网安全规定》执行对光伏电站的验电和故障排除工作。

在实际工作中，电力企业要加强对光伏电站主要性能的重点检测，例如，低电压穿越、电网适应性、有功功率输出特性、SVG 性能、电能质量等方面的检测。同时根据接入配电网的技术规定，做好光伏电站接入设备的验收和评估工作，主要从以下几个方面开展评估实验：光功率预测系统建设和预测能力、全站涉网保护定值与低电压穿越的逻辑关系和低电压穿越能力等。

（3）加强无功补偿研究

一方面，要针对自动电压控制（automatic voltage control，AVC）和无功设备容量进行全面研究和设置，使得光伏发电站并网后能够与配电网形成统一的无功控制系统，同时要对电容和电抗器等无功设备之间进行协调控制；另一方面，有效利用光伏电站对配电网的无功配置能力，可以与相关科研单位和设备制造厂家进行深入研究，充分发掘光伏发电中的无功调节能力，确保配网的区域电压能够稳定，使得整个电力系统的输配电质量获得进一步提升。

3.6.3 综合自动控制系统

光伏发电系统通过专用线路接入变电站或开关站 10 kV 母线时，应在变电站或开关站侧单侧配置方向过流保护或距离保护，设定合适的动作电流和时间参数以确保系统的安全。如有特殊要求，可增设纵联电流差动保护，以提供更精确的故障检测。当光伏发电系统采用 T 接线路方式接入系统，需在发电系统侧配置过流保护，并考虑增加电压和频率保护，以维护电网稳定性。

光伏发电系统逆变器的防孤岛方案应确保在检测到孤岛状态时，能够迅速断开与电网的连接，以保障电网安全和光伏系统的稳定运行。此方案应与继电保护、频率电压异常紧急控制装置以及低电压穿越等配置在时限和逻辑关系上相匹配，确保整体协调性和高效响应，以实现最优化的系统保护效果。

光伏电站接入内部电网，经专线或 T 接线路方式接入 10 kV 公共电网并网，应在公共连接点（用户进线开关）装设防逆流保护装置。并网接口装置应具备失压跳闸及低压闭锁合闸功能，并可根据 UN 实现解列。在计划性孤岛运行要求下，当孤岛内电压或频率异常时，并网接口装置应对光伏发电系统进行控制。

光伏电站继电保护的配置需根据电站容量确定，通常分为 35 kV 和 110 kV 两个电压等级。对于 30 MW 及以下容量，一般不设立主变压器，直接将光伏发出的电能输送到附近的光伏汇集站。因此，微机保护的配置应根据电站具体情况进行优化调整，确保系统的安全稳定运行。具体需配置的控制系统如下。

(1) 箱变测控装置

箱变测控装置是光伏电站中不可或缺的组成部分，它被安装在箱式变压器（箱变）内部，它是确保箱式变压器安全、高效运行的关键设备，它通过集成的测量、保护、通信和控制功能，为光伏电站的稳定供电提供了坚实的技术支持，该装置具备多项功能：

①测量功能：测控装置能够对箱变的电压、电流、功率、电能等关键参数进行精确测量。这些数据对于评估箱变的运行效率和电网的稳定性至关重要。

②保护功能：在检测到异常情况时，如过载、短路、过电压或欠电压等，测控装置能够迅速响应并执行保护动作，如断开电路或发出警报，以防止设备损坏和保障系统的安全。

③模拟输入口：测控装置通常配备有 4~20 mA 的模拟输入口，这些接口可以连接外部设备，如相变温控器。相变温控器用于监测和控制箱变内部的温度，以确保变压器在最佳温度范围内运行，避免因过热而损坏。

④通信功能：为了实现远程监控和数据传输，测控装置通常支持标准的通信协议，如 Modbus。通过 Modbus 协议，测控装置可以将采集到的数据发送到中央监控系统，同时也能接收来自监控中心的控制命令，实现远程控制和管理。

⑤用户界面：一些高级的测控装置还配备了用户友好的界面，如 LCD 显示屏和按键，方便现场操作人员查看实时数据、进行参数设置和执行控制命令。

⑥记录和报警：测控装置能够记录历史数据和事件日志，便于事后分析和故障排查。同时，它还具备报警功能，当检测到异常情况时，装置能够通过声音、灯光或远程通信等方式发出报警信号。

⑦电源管理：测控装置通常具备良好的电源管理能力，能够适应宽范围的输入电压，并具备电源故障时的保护功能。

(2) 开关柜及 SVG

在光伏电站中，变压器箱变（变压器柜）的高压侧通常设计为 35 kV 等级，这是因为 35 kV 电压等级在电力系统中广泛使用，能够有效地减少输电过程中的能量损失，并且适合于中等规模的光伏电站。从箱变高压侧输出的 35 kV 电力通过专用的高压电缆输送到升压站，以进一步提升电压至适合长距离输电的更高电压等级，如 110 kV 或 220 kV。

在 35 kV 侧，开关柜通常配备通用型线路保护装置。这些保护装置负责监测线路的正常运行状态，并在发生故障时迅速切断故障部分，以保护整个电力系统的安全稳定运行。线路保护装置可能包括过流保护、短路保护、接地保护等，确保在各种异常情况下能够及时响应。

除了主线路保护外，光伏电站还可能配备所用变（站用变）开关柜，用于为电站内部的控制、照明和其他辅助设备提供电源。所用变开关柜同样需要配备适当的保护措施，以确保电站内部电力系统的安全。

对于一些特定的光伏电站，可能会安装静态无功发生器（SVG）开关柜。SVG 是一种先进的电力电子设备，用于动态调节电网的无功功率，提高电能质量，增强电网的稳定性和传输能力。SVG 开关柜同样需要配备相应的保护和控制装置，以确保其安全运行。

如果光伏电站没有升压变压器，即直接将 35 kV 电压等级的电力输送到电网的对侧，那么就需要在 35 kV 线路上加设线路光纤差动保护。光纤差动保护是一种高可靠性的保护方式，它通过比较线路两端的电流信息来判断线路是否发生故障。由于光纤差动保护具有选择性好、动作速度快、灵敏度高和可靠性强等特点，它特别适用于没有升压变压器的直接输电线路，能够有效减少故障时的停电范围，提高整个电力系统的安全性和可靠性。

(3) 继电保护室

继电保护室用于安装继电保护装置，对电网系统进行实时监控，当检测到电网异常情况时，能自动发出信号或切断故障电路，以保护电力系统安全稳定运行。继电保护室内常见的设备包括：

①继电器：用于检测故障和保护电路的自动化装置。

②保护装置：如过电流保护、过电压保护、低电压保护等。

③控制屏：集中控制各种保护和自动装置。

④信号继电器：用于传输故障信号。

⑤自动装置：如自动重合闸、自动切换装置等。

⑥测量仪表：如电流表、电压表、功率表等，用于监测电网参数。

⑦通信设备：用于实现保护装置与控制中心的信息交换。

继电保护室具体功能如下：

①故障检测：实时监测电网运行状态，检测故障。

②故障隔离：在检测到故障时，迅速切断故障电路，防止事故扩大。

③故障信号传输：将故障信息传输至控制中心，便于及时处理。

④自动控制：实现电网的自动化操作，如自动切换、自动重合闸等。

⑤数据监测：通过测量仪表实时监测电网参数，保证系统稳定运行。

除上述设备之外，为了确保光伏电站的安全、稳定和高效运行，光伏电站通常还包括二次安防屏、PMU 同步相量检测系统和故障信息子站等关键设备。

(4) 二次安防屏

二次安防屏是光伏电站中用于保护二次设备（如继电保护装置、测量设备等）免受过电压和电磁干扰的装置。它通常包括过电压保护器、浪涌保护器、滤波器等元件，以确保二次设备的正常运行。二次安防屏的设计和安装应符合相关标准和规范，如 IEC 61634 和 GB/T 16927 等。

(5) PMU 同步相量检测

相量测量单元（phasor measurement unit，PMU）是一种用于实时监测电力系统状态的设备，能够提供高精度的电压、电流相量和频率测量值。

在光伏电站中，PMU 可用于监测电站的电压稳定性、频率稳定性以及电网的同步状态。PMU 数据可用于电网调度、故障分析、系统稳定性评估等方面，提高光伏电站的运行可靠性。

(6) 故障信息子站

故障信息子站是光伏电站中用于收集、处理和传输故障信息的系统，以便于故障分析和处理。它通常包括故障录波器、故障指示器、故障信息管理系统等设备。

故障信息子站应具备良好的兼容性和扩展性，能够与光伏电站的其他系统（如继电保护系统、监控系统等）进行数据交换和协同工作。

(7) 监控室

继电保护监控室由以下几个部分构成：

①继电保护装置：负责检测电网故障，进行故障判断并发出跳闸命令，以隔离故障区域。

②数据采集系统：实时采集电网的运行数据，包括电压、电流、频率等参数。

③监控主机：用于实时监测电站运行状态的系统，包括设备状态、环境参数、发电量等信息，对采集的数据进行处理、分析，并实现对继电保护装置的监控和管理。

④通信设备：用于将监控数据传输至上级调度中心或其他相关部门。通信系统是光伏电站中用于实现数据传输和信息交换的基础设施，包括有线通信和无线通信。通信系统的设计和配置应满足实时性、可靠性和安全性的要求，确保数据传输的准确性和及时性。

⑤监控系统：应具备良好的人机交互界面，将电网运行状态和数据以图形、表格等形式直观显示，方便运行人员进行操作和管理。

⑥报警系统：在检测到电网异常时，及时发出警报，通知运维人员。

拓展阅读 光伏电站电力转换与控制系统的技术创新与未来展望

在光伏发电系统中，电力转换与控制系统是连接光伏组件与用电负载的核心枢纽，其性能直接影响整个系统的发电效率和可靠性。随着新一代电力电子技术和智能控制技术的快速发展，光伏电站的电力转换与控制系统正在经历深刻变革。

1. 新一代逆变器技术发展

逆变器作为光伏发电系统的核心设备，其技术创新持续推进。新一代宽禁带半导体器件（SiC、GaN）的应用，显著提升了逆变器的转换效率，同时实现了更高的功率密度。单机效率已突破99%，而体积和质量较传统设备减少30%以上。多电平拓扑技术的创新应用，不仅改善了输出电能质量，还降低了电磁干扰。

智能组串式逆变器的快速普及，为分布式光伏系统带来新机遇。通过MPPT（最大功率点跟踪）算法的优化和AI技术的引入，新一代逆变器能够更精准地应对局部遮挡、组件衰减等复杂工况，显著提升系统发电量。同时，具备主动安全防护功能的智能逆变器，可在电网故障、组件热斑等异常情况下及时作出响应，提升系统安全性。

2. 储能变流技术创新

随着光伏+储能系统的推广，双向变流技术取得重要突破。新型双向变流器采用模块化设计，不仅支持多种储能介质的灵活接入，还能实现光伏发电、储能和负载之间的能量智能调度。先进的电池管理系统（BMS）与变流控制的深度融合，显著提升了储能系统的使用寿命和安全性。

在大规模储能电站应用中，链式多端口变流技术的创新，实现了光伏发电、储能和电网的协调互动。通过灵活的功率分配策略，系统可根据电网需求和电价信号，优化调节充放电功率，提升经济效益。

3. 智能控制系统的演进

人工智能和大数据技术正在重塑光伏电站的控制系统。基于深度学习的智能控制算法，能够根据历史运行数据和实时环境信息，自适应调整系统运行参数，实现发电效率的持续优化。预测性维护技术的应用，使得系统能够提前发现潜在故障，降低维护成本。

分布式控制架构的推广应用，增强了系统的灵活性和可靠性。边缘计算技术的引入，使得各级控制单元能够实现本地快速响应，同时通过云平台实现系统级优化控制。区块链技术在电力交易和设备管理中的应用，则为分布式能源互联网提供了新的解决方案。

4. 电网友好型并网技术

新一代并网控制技术正在改变光伏电站与电网的互动方式。虚拟同步机技术的应用，使得光伏电站具备了与传统发电机组类似的惯性特性和一次调频能力，增强了电网稳定性。柔性并网技术的创新，则使光伏电站具备了动态无功补偿、谐波治理等辅助服务能力。

在高比例可再生能源并网场景下，基于多时间尺度的协调控制策略，实现了光伏、储能等多种能源的优化调度。通过先进的功率预测和调节技术，系统可以更好地应对功率波动，提供稳定可靠的电能输出。

5. 未来展望

随着数字化转型深入推进，光伏电站电力转换与控制系统将在全球能源变革中发挥更加关键的作用。硬件方面，新型功率器件和集成技术的应用将进一步提升系统效率和可靠性；软件方面，人工智能和物联网技术的深度应用将实现更智能的控制策略。同时，随着能源互联网理念的推广，分布式能源的协同控制和智能交易将开启能源利用的新范式。

在碳中和愿景指引下，光伏电站电力转换与控制系统的创新发展将持续加速。通过技术创新推动效率提升和成本降低，通过智能化改造实现更可靠的运行，通过多能互补构建更清洁的能源体系，必将为人类可持续发展作出更大贡献。

思考与练习

1. 简述充放电控制器的主要工作原理和功能。
2. 请解释最大功率点跟踪（MPPT）技术的原理，并简述常用的几种 MPPT 控制方法。
3. 比较分析方波逆变器、阶梯波逆变器和正弦波逆变器的优缺点及适用场景。
4. 简述光伏并网逆变器的孤岛效应是什么，以及为什么需要防止孤岛效应的发生？
5. 简述光伏电站中直流汇流箱的主要功能和选配要点。
6. 简述光伏电站变压器选型时需要考虑的主要因素。
7. 解释并网逆变器低电压穿越（LVRT）功能的意义和技术要求。
8. 光伏电站监控系统由哪几部分组成？分别具有什么功能？
9. 简述光伏电站继电保护系统的作用和基本配置原则。
10. 对比分析微型/组件逆变器、组串式逆变器和集中式逆变器的技术特点和应用场景。

第4章 防雷技术

光伏发电是新能源发电领域的关键环节，它巧妙地借助光伏组件，实现了光能向电能的直接转换。在并网光伏发电系统中，这些电能通过逆变器的处理，安全稳定地接入公共电网，为千家万户送去绿色、清洁的电力。然而，光伏电站和变电站是电力系统的枢纽，设备相对集中，一旦发生雷害事故，往往导致逆变器、变压器等重要电气设备的损坏，更换和修复十分困难，并造成大面积停电，严重影响国民经济和人民生活。因此，光伏电站和变电站的防雷保护措施必须十分可靠，本章将从发电站与变电站的直击雷防护入手，系统讲解防雷装置、电涌保护器以及光伏电站的防雷措施。

学习目标

(1) 了解雷电过电压对发、变电站的危害。

(2) 掌握雷电过电压的来源及防护措施。

(3) 掌握单支避雷针和双支等高避雷针的保护范围计算方法。

(4) 了解防雷装置及其接地的相关概念。

(5) 熟悉防雷装置的选型。

(6) 熟悉电涌保护器的分类及主要参数，电涌保护器的级间配合和接线。

(7) 熟悉电涌保护器的选型原则。

(8) 掌握光伏电站的防雷措施。

学习重点

(1) 雷电过电压的来源及防护措施。

(2) 防雷装置及其接地的相关概念。

(3) 电涌保护器的选型原则。

(4) 光伏电站的防雷措施。

视频
光伏电站的防雷措施

学习难点

(1) 避雷针和避雷线保护防雷的计算方法。

(2) 防雷装置和电涌保护器的选型。

4.1 雷电过电压防护

随着电力系统的发展，由于过电压和雷击而引起的事故也日益增多。据有关资料统计，瑞士由于过电压和雷击而引起的事故占所有事故的51%，日本50%以上的电力系统故障是由于雷击输电线路引起的。在中国，遭到过电压和雷击引起断路器跳闸占整个电网跳闸总数的70%~80%以上。

为了预防和抑制雷电过电压的危害性，在电力系统中采用了一系列防雷保护措施。发电站、变电站中出现的雷电过电压有两个方面：一是雷电直击；二是沿输电线入侵的雷电过电压波。在本节中将介绍它们的原理和主要防护措施。

4.1.1 发电站和变电站的直击雷防护

当雷电直接击中电气设备、线路或建筑物时，强大的雷电流通过其侵入大地，在被击物上产生较高的电位降，称直击雷过电压。为防止发电站、变电站的电气设备及其他建筑物遭受直击雷的危害，需要装设避雷针或避雷线。除了要考虑到被保护物在避雷针（线）的保护范围之内，还要求避雷针（线）受到雷击后，避雷针（线）与被保护物之间不会发生放电现象（该现象被称为逆闪烁或反击）。

1. 直击雷防护的要求

(1) 接地原则

装设的独立避雷针最好装设配套的独立接地装置；对于土壤电阻率（ρ）不高的地方，所需要的接地电阻通常很小，一般只有几欧；如果不方便的话，可以让接地装置直接与主接地网相连，达到降低电阻的目的。为了保护35 kV及以下的电气设备，最好将避雷针、主接地网的地下连接点同电气设备、主接地网的连接点相隔远一点（≥15 m），使电压降到不危及电气设备的大小；独立装设的避雷针应该放在人员流动量少的地方，如果装设在人员流动量大的地方，避雷针及其配套的接系统离道路的距离应该大于3 m，若小于3 m则需采取均压措施来降低电压保护行人健康，还可以采取铺设沥青地面来增强绝缘。为了保护110 kV及以上的设备免受直击雷的危害，通常将避雷针装设在被保护物的高处，对于$\rho > 1\,000\ \Omega\cdot m$的地方，则需要装设独立的避雷针来保护电气设备免受直击雷的危害。

(2) 避雷针（线）与设备之间的尺寸要求

独立避雷针与配电装置带电部分、变电站电气设备接地部分以及构架接地部分之间的空气中的距离，应符合式（4-1）的要求：

$$S_a \geq 0.2R_i + 0.1h_j \tag{4-1}$$

式中，S_a为空气中的距离，单位为m；R_i为避雷针的冲击接地电阻，单位为Ω；h_j为避雷针校验点的高度，单位为m。

独立避雷针的接地装置与变电站接地网间的地中距离，应符合式（4-2）的要求：

$$S_e \geq 0.3R_i \tag{4-2}$$

式中，S_e 为地中距离，单位为 m。

避雷线与配电装置带电部分、变电站电气设备接地部分以及构架接地部分之间的空气中的距离，应符合式（4-3）的要求：

$$S_a \geqslant 0.2R_i + 0.1(h + \Delta l) \tag{4-3}$$

式中，h 为避雷线支柱上的高度，单位为 m；Δl 避雷线上校验的雷击点与接地支柱的距离，单位为 m。

2. 直击雷防护措施

不同电压等级下的防雷措施如下：

（1）30 kV 及以上变配电装置，需安装独立避雷针或避雷线进行保护。

（2）60 kV 及以上变配电装置，在 $\rho >$ 500 Ω · m 的地区宜采用独立避雷针（线）；在 $\rho <$ 500 Ω · m 的地区容许采用构架避雷针。

（3）110 kV 及以上变配电装置，一般将避雷针装在构架上，但在 $\rho>$1 000 Ω · m 的地区宜采用独立避雷针（线），以免发生反击事故。

4.1.2 发电站和变电站的雷电侵入波过电压保护

由于雷击线路的频率远高于直接击中发电站和变电站的情况，因此，沿线路进入发电站和变电站的雷电过电压行波现象相当普遍。鉴于线路的绝缘强度显著高于变压器的冲击绝缘水平，对发电站和变电站进行行波保护显得尤为重要。装设避雷器是发电站、变电站限制侵入波过电压的主要措施。要使站内的电气设备得到有效地保护，必须正确选择避雷器的型号、参数，合理确定保护接线方式（避雷器的台数、装设位置等）。

1. 避雷器保护下设备上的过电压

（1）避雷器直接装设在变压器端

此情况如图 4-1（a）所示。雷电波 $u(t)$ 沿线路侵入，A 点左右线路均无限远，波阻抗为 Z。

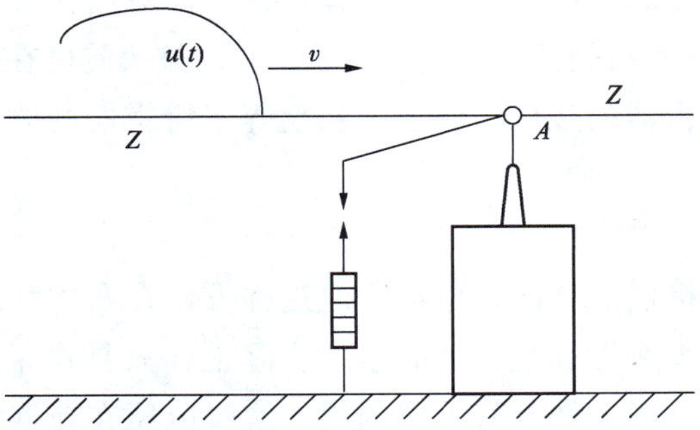

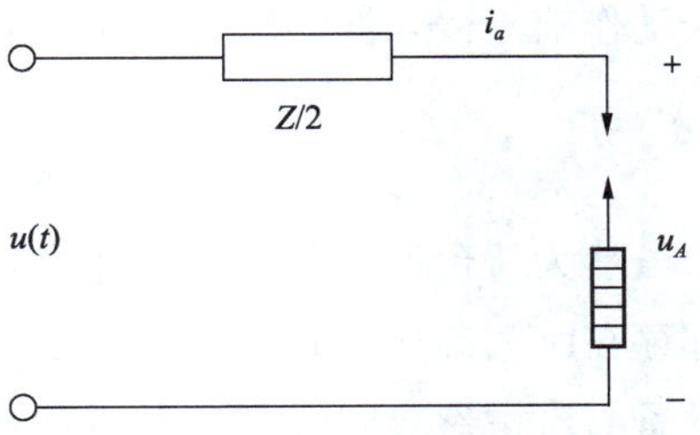

图 4-1　避雷器接于变压器端及等值电路

为简化分析，忽略变压器的入口电容。假设避雷器间隙的伏秒特性 $u_s(t)$ 和阀片的伏安特性 $u_r = f(i)$ 是已知的。我们解开 A 点，移去负荷避雷器，A 点对地的开路比势是入射波

$u(t)$，入口阻抗是 $Z/2$，从而得到图 4-1（b）的等值电路。在避雷器动作前（间隙未击穿），A 点开路，其电压 $u_A(t)$ 与侵入波 $u(t)$ 相同；当 $u(t)$ 曲线上升与避雷器的伏秒特性相交于某一电压值 u_d 时，避雷器的火花间隙放电，图 4-1（b）中的间隙短接，A 点负荷特性由避雷器的阀片的伏安特性确定，即电路有

$$\begin{cases} u_A = u(t) - i_a \dfrac{Z}{2} \\ u_A = f(i_a) \end{cases} \tag{4-4}$$

避雷器放电后的 A 点电压波形可用图解法求得，如图 4-2 所示。

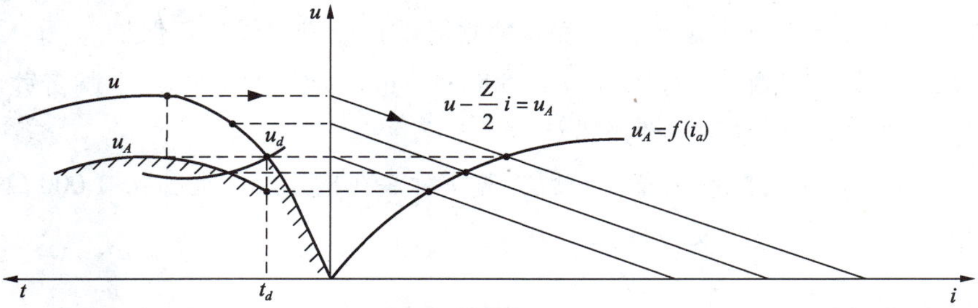

图 4-2　避雷器电压的图解法

纵坐标取电压 u，横坐标左右分别为时间 t 和电流 i。在 u-t 坐标平面内，避雷器电压的上升先与侵入波电压 $u(t)$ 相同，当 $u(t)$ 上升到与伏秒特性 $u_s(t)$ 相交于 u_d 时，避雷器间隙放电，此瞬间为 t_d。t_d 后的避雷器特性决定于其阀片伏安特性，由 $u(t_i)$ 取某一值，从 u-i 平面根据式（4-4），图解得 $u(t_i)$ 值，标定得到一系列的 $u_A(t_i) \sim t_i$，即可描得避雷器上的电压 $u_A(t)$。

由图 4-2 可见，在避雷器放电时 $u_A(t)$ 有一负的电压跃变，然后再随着 $u(t)$ 的升降而增减。因此，$u_A(t)$ 波形有两个峰值，一个是放电电压，它决定于避雷器的伏秒特性及来波陡度；另一个是避雷器的残压最大值 u_r，在一定的阀片伏安特性下，其值与通过它的电流大小相关，由于阀片良好的非线性特性，电流在很大范围变化时其残压变化很小。实际避雷器制造时，往往使全波冲击放电电压与额定放电电流下的残压接近，因而在简化分析时常将避雷器上的电压波形 $u_A(t)$ 近似地作为一具有斜角波头的平顶波。它的波头陡度在避雷器未动作前与侵入波陡度有关，幅值等于避雷器的残压，而波头长度等于避雷器的放电时间 t_d。

(2) 被保护设备与避雷器间有一段距离

虽然为每台设备单独安装避雷器似乎能提供最全面的保护，但这种方法在布线和成本上都存在巨大挑战，并且从过电压保护的角度来看，也并非必须。实际上，只要确保被保护设备与避雷器之间的电气距离处于安全范围内，就能有效限制侵入波过电压在允许范围内。以变压器为例，防雷如下。

用阀式避雷器（FB）、保护变压器（T）和隔离开关（L）的典型接线如图 4-3（a）所示，它们离避雷器都有一段距离。为分析简化，不妨忽略变压器的入口电容，则等值电路如图 4-3（b）所示。下面用行波法进行分析各点过电压波形。放电瞬间 t_f 前行波和反行波

的沿线分布情况如图 4-3（c）所示，L、B、T 等点的电压等于 u^+ 与 u^- 之和，在反行波所及之处，线路各点电压均相等，此值等于避雷器的放电电压，如前述的简化假设，也即等于避雷器的残压 u_r。在避雷器上出现的波形如图 4-4（a）所示，放电后的避雷器相当于一个电压源，可把网络以 B 为界分割成左右两部分，然后分别考虑 L 和 T 点上由行波 u^+ 和 u^- 折反射所叠加得出的电压波形 $u_L(t)$ 和 $u_T(t)$，它们分别如图 4-4（b）和图 4-4（c）所示。

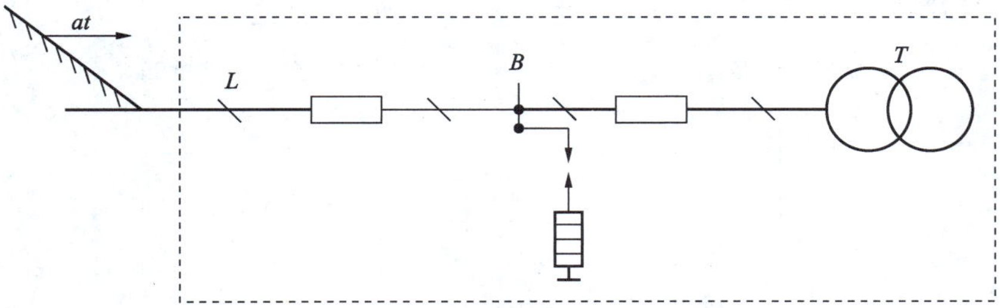

（a）雷电波at侵入变电站实际接线图

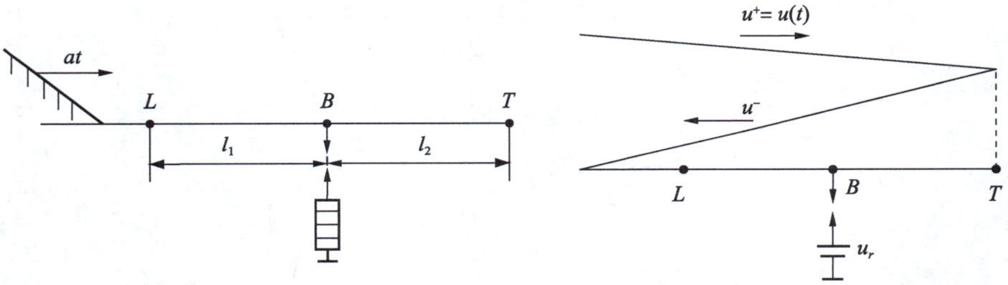

（b）等值电路　　（c）放电瞬间的电压波

图 4-3　典型接线图

从图 4-4（b）和图 4-4（c）可见，当雷电波侵入变电站时，不管避雷器是接在被保护设备的前面或后面，设备上所受冲击电压的最大值可表达为式（4-5）

$$u_{max}= u_r+ 2a\frac{l}{v} \tag{4-5}$$

式中，u_r 为避雷器额定电流 5 kA 下的残压；l 为由避雷器到变压器的电气距离。可见，设备上的最大电压要比避雷器的残压 u_r 高出 $\Delta u = 2a\dfrac{l}{v}$ Δu 的起因：对 L 点而言，在避雷器放电时，B 点的反行波要比 L 点大 $a\dfrac{l_1}{v}$；在放电过后 $\Delta t_1=\dfrac{l_1}{v}$，此波到达 L 点，而 L 点的前行波也增加 $a\dfrac{l_1}{v}$，两个效应的叠加形成 $2a\dfrac{l_1}{v}$ 的差值。对 T 点而言，在避雷器放电时，B 点的前行波要比 T 点的前行波高 $2a\dfrac{l_2}{v}$，在放电过后 $\Delta t_2=\dfrac{l_2}{v}$ 时刻，B 点的前行波到达末端因全反射而使 T 点电压比放电时刻大了 $2a\dfrac{l_2}{v}$，图 4-4 中 $\tau_1=\dfrac{l_1}{v}$；　$\tau_2=\dfrac{l_2}{v}$。

从图 4-4（c）可见，变压器所受雷电过电压具有振荡波形，其振荡轴为避雷器的残压 u_r。如果图 4-4（b）中的 T 点接入变压器的入口电容，则变压器的过电压为

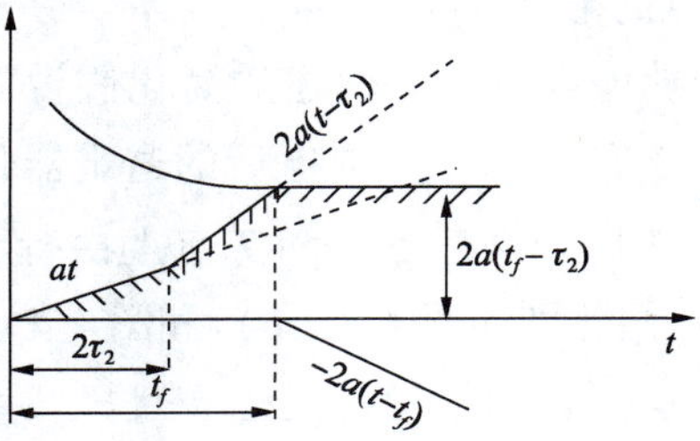

（a）避雷器上电压u_B

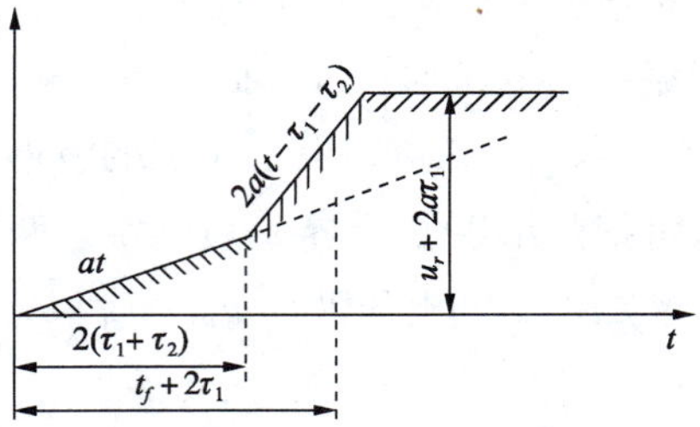

（b）进线刀闸上电压u_L

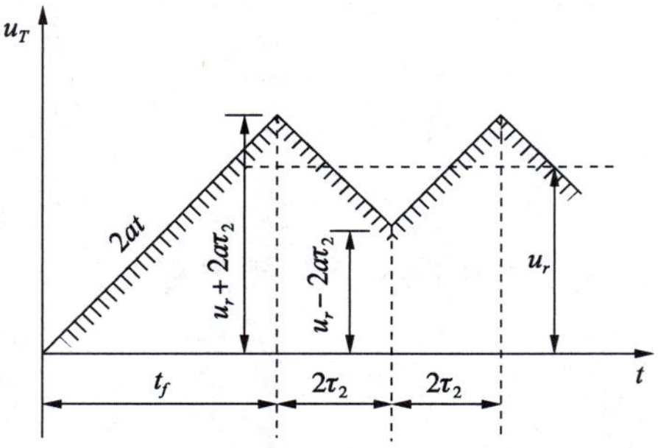

（c）变压器上电压u_T

图 4-4　接线中 B、L、T 各点波形

$$u_T(t)=u_r\left[1-\frac{\sin\frac{\omega t_f}{2}}{\frac{\omega t_f}{2}}\cos\omega\left(t-\frac{t_f}{2}\right)\right] \tag{4-6}$$

式中，

$$\omega=\frac{1}{\sqrt{L_0 l\left(\frac{C_0 l}{2}+C_r\right)}} \tag{4-7}$$

上式中 L_0 和 C_0 分别为单位长度的电感和电容。

变压器上的最大电压为

$$u_T(t)=u_r\left(1+\frac{\sin\frac{\omega t_f}{2}}{\frac{\omega t_f}{2}}\right) \tag{4-8}$$

一般 35 kV～220 kV 变电站，$\sin\frac{\omega t_f}{2}\approx 1$，代入式（4-8），得到

$$\begin{aligned} u_T &= u_r\left(1+\frac{2}{\omega t_d}\right) \\ &= u_r+\frac{2al}{v}k \end{aligned} \tag{4-9}$$

上式中，$k=\sqrt{\dfrac{1}{2}+\dfrac{C_r}{C_0 l}}$，由上述分析可见，考虑入口电容后的变压器上过电压波形具有余弦振荡特性，过电压的最大值表达式（4-9）与式（4-5）比较只是在振荡部分乘以修正系数 k。当入口电容值较大时，k 值也增加。

2. 避雷器与变压器间的保护距离

实际上，冲击电晕和避雷器阀片电阻等因素对过电压起到阻尼衰减作用，使变压器上的过电压最大值有所下降；但是，过电压波形的等值频率要高于变压器三次截波的频率，这使前者比后者对变压器威胁更大。考虑上述因素互相抵消作用，所以，变压器的三次截波耐压值 $U_{j,s}$ 应满足

$$U_{j,s} \geqslant U_r + \frac{2al}{v}k \tag{4-10}$$

或者说，当 $U_{j,s}$ 和 U_r 数值确定时，变压器与避雷器间的最大距离 l_m 应满足

$$l_m \leqslant \frac{U_{j,s} - U_r}{\dfrac{2a}{v}k} \tag{4-11}$$

由于变电站接线的复杂性，最大允许距离 l_m 是按典型变电站接线进行模拟实验确定的。图 4-5 是单进线的变电站的模拟实验结果 $\left(a'=\dfrac{a}{v}\right)$。其中 35 kV ~ 220 kV 变电站采用 FZ 型阀式避雷器，330 kV 变电站采用 FCZ 型磁吹阀式避雷器。图 4-6 是两路进线变电站的 $l=f(a')$ 模拟实验结果。在三路进线时，l 约可比图 4-6 查得的 l 增大 20%。四路以上进线时可比图 4-6 的 l 增大 35%。

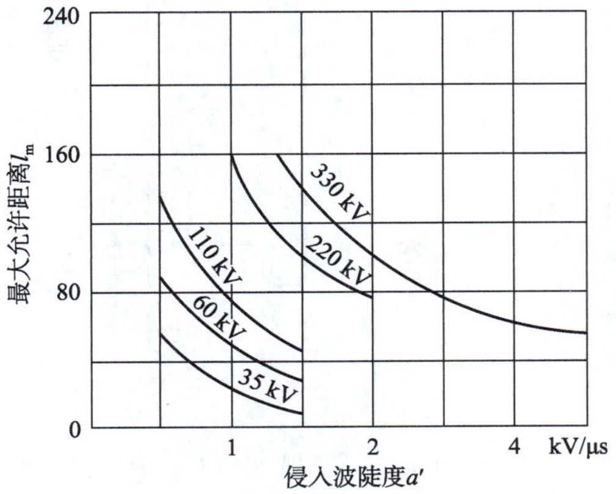

图 4-5　一路进线的变电站中 $l=f(a')$ 曲线

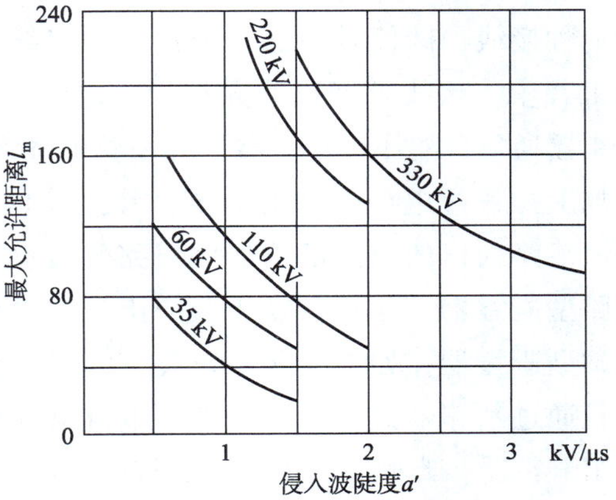

图 4-6　两路进线的变电站中 $l=f(a')$ 曲线

变电站的防雷性能常用危险波曲线来说明。此曲线可采用防雷分析仪通过下述方法获得。

在某一运行方式下，固定侵入波的幅值而改变其陡度，直到站内某一设备的电压达到其冲击耐压值，相应地记录该侵入波的幅值与陡度作为曲线的纵、横坐标。依次改变侵入波幅值即可获得图 4-7。当侵入波的参数（幅值、陡度）处于曲线的右上方时，则变电站将

发生危险；反之，即侵入波的参数处于曲线的左下方时，则变电站安全。由此可判断在临近变电站多远的进线段上发生反击时会使变电站发生危险，得到变电站耐雷指标，从而考虑是否要采取措施加强进线段保护来提高变电站耐雷指标。

在实际的保护接线中，根据理论分析和运行经验，对于 220 kV 及以下的一般变电站，无论变电站的电气主接线如何，实际上只要在每一段可能独立运行的母线上都有一组避雷器即可使整个变电所得到保护。图 4-8 给出主接线为双母线的 220 kV 变电站的防雷接线（变压器的中性点保护另行考虑）。但是，大型变电站的母线或设备连接线很长，有些变电站临近大跨越、高杆塔，在此时应经过计算或试验来验证以上布置的安全性，考虑是否要选择适当的位置增设避雷器。

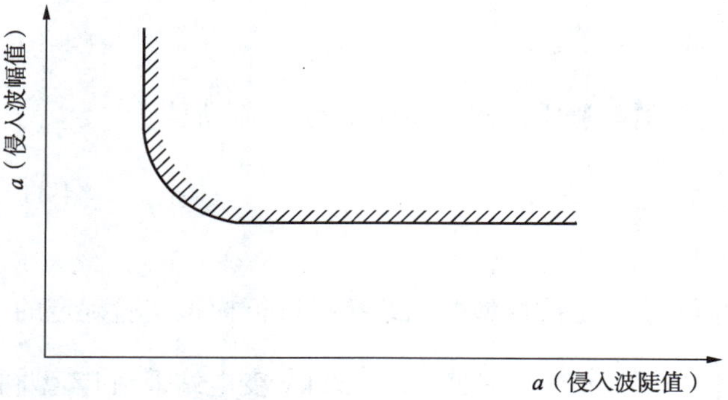

图 4-7　变电站的危险波曲线

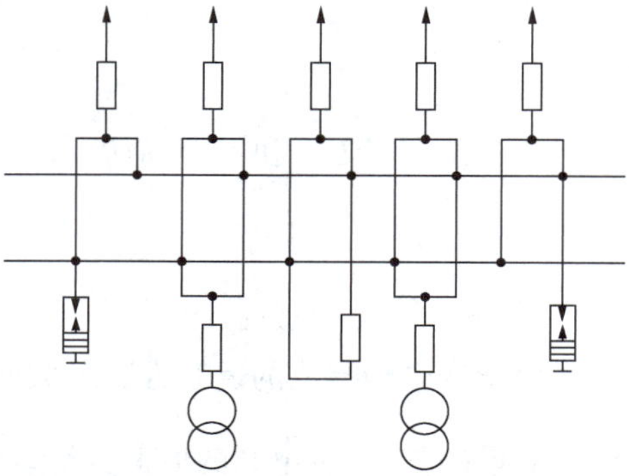

图 4-8　220 kV 变电站的典型保护接线

对于 500 kV 变电站，目前主要采用双母线带旁路或一个半开关的电气主接线。500 kV 敞开式变电所防雷保护接线的电气距离很长，无论何种接线，即使是一台变压器一回出线的初期工程中，接线长度也达数百米。这样，每组避雷器通常只能保护与它靠近的一些电气设备。再加上操作过电压保护的需要，其接线是：在每回线路入口的出线断路器的线路侧装设一组线路型避雷器，在每台变压器的出口装设一组电站型避雷器；如果线路入口装有并联电抗器并且通过断路器进行操作，则在电抗器侧增设一组避雷器。典型的保护接线如图 4-9 所示。当变电站的规模大、母线长时应加以验证，必要时考虑在母线或旁路母线上选取适当位置增设避雷器。

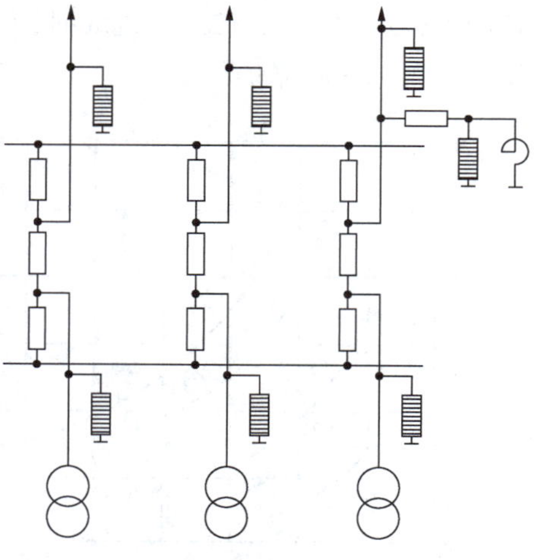

图 4-9　500 kV 敞开式变电站的典型保护接线

4.1.3　配电系统的雷电过电压保护

在配电系统中，防雷是一项重要的工作。下面对 10 kV 配电系统防雷过电压保护进行研究。10 kV 配电系统的运行过程中，运维单位根据各自的运行工况，对自身系统的防雷采取了相应的举措。目前，没有一种方法可以一劳永逸地解决雷击事故，电网企业只能根据自身电网的运行环境和地理环境等特点，采取相应的措施以达到最优的防雷措施。其中常用的防雷措施有降低杆塔接地电阻、加强配电系统绝缘、架设避雷线、安装小型避雷器、装设自动重合闸装置、双回线路采用不平衡绝缘等。

(1) 降低杆塔接地电阻

雷电击中 10 kV 配电系统时，雷电流途经杆塔直至地下的接地系统，从而达到了配电线路的自我保护的目的。通过不断地研究发现，随着杆塔高度的增加，杆塔与地表间的电阻也会随之增加，当电阻升高到一定值时，发生雷击就会导致线路杆塔绝缘子发生闪烁，严重时会出现大电流波动，导致 10 kV 配电系统出现跳闸。因此，降低杆塔高度和降低杆塔的接地电阻，可以有效地将雷电流引导至地表，避免配电线路发生雷击，以达到防雷保护的目的。

(2) 加强配电系统绝缘

在 10 kV 配电系统中，线路绝缘标准也是防止雷击的重要措施。为了避免 10 kV 配电系统发生跳闸，可适当地增强配电线路的耐压能力。例如，增加 10 kV 配电线路的绝缘性能、应用耐污型绝缘子、增加绝缘子片数等都是较为有效的保护措施。在一些较为特殊的线路中，还可以增设一些小型避雷器以加强配电系统的雷击保护。

(3) 架设避雷线

在 10 kV 配电系统线路频发的线路段可以相应地架设避雷线，可在一定程度上减少雷电直击 10 kV 配电线路。同时，当直击雷击中避雷线时，其还能对雷电发生反击现象，使雷电流的方向发生改变，可以达到保护局部配电线路的目的。

(4) 安装小型避雷器

线路安装避雷器与增设线路避雷线的保护原理基本相同，当发生雷击时，雷电流首先通过避雷器与地表发生短路，使得雷电电流在第一时间泄入地表，从而保护了配电线路。10 kV 配电系统在防雷措施中，避雷器可与不同类型的绝缘子相配合，从而进一步降低绝缘子发生闪烁的概率。

(5) 装设自动重合闸装置

当雷击于 10 kV 配电系统发生跳闸时，自动重合闸装置可自动恢复，不仅能够保证线路正常输电，还能减少检修次数。通过统计，安装了自动重合闸装置的线路，因雷击线路发生跳闸后，有 70% 的几率可自动恢复供电，有效地提升了 10 kV 配电系统的供电稳定性。

(6) 双回线路采用不平衡绝缘

10 kV 配电线路的网架结构大多为单回路线路，当线路发生雷击跳闸时，势必会中断 10 kV 配电系统的正常供电。由于雷击是不可避免的自然现象，在进行配电线路的基建阶段，在预算合理的情况下，可采用双回路线路，即同一杆塔架设两条导线。当线路发生雷击时，两条线路中绝缘性能较差的一条线路优先被雷电击中，发生闪烁断开，雷电流迅速被引至地表，从而形成接地回路，保证了另一条线路正常供电。因此，在 10 kV 配电系统中可适当增设双线路供电。

4.2 防雷保护装置

防雷装置通常由内部与外部装置两部分构成，这两部分装置组成完整的整套装置，用来保护电气设备和建筑物等免受雷电的破坏。接闪器、接地装置和引下线这三个部分共同组成防雷装置的外部，其内部则是由避雷器等器件组合而成，内部装置充分地发挥了其减弱被防护设备的雷电流，以及由电流引起的电磁效应。

常把用来接收雷电的金属导电体称为接闪器，接闪器其实是个统称，其又细分为接闪杆、接闪带、接闪线、接闪网。用来接收雷电的由金属制成的杆状物体被称为接闪杆（避雷针），该物体的主要作用是保护裸露在外界的电气设备等免受雷电的危害；用来接收雷电的由金属制成的线状物体被称为接闪线（避雷线），该线的主要作用是保护用于传输电能的线路免受雷电的危害；用来接收雷电的由金属制成的带状或网状物体被作为接闪网（避雷网）、接闪带（避雷带），该物体的主要作用是保护建筑物免受雷电的危害。接闪器基本都是被安装在被保护物体的高处，使其高于被保护物体，因此可以把大量的雷电引到接闪器自身上，然后把雷电流通过相应的装置使其流入大地，使被保护设备、线路免受雷电的危害。

4.2.1 避雷针的保护范围

避雷针通常由钢制成圆状或管状，然后在外层镀上锌层来减缓其内部的氧化。按照标准其直径应该在 0.02 m 左右，装置的长度应为 2.5 m 左右，避雷针的端部被设计成尖状的或者是让其像树一样在其端部有很多的分叉，以增大与雷电的接触。接收到的雷电流经引下线最后通过接地装置导入大地。避雷针常用于保护高层建筑及其周边的设施，也常用于保护裸露在外的电气设备。

避雷针将带电云层放的电吸引到其自身，然后经过与避雷针相连的接地体系统从而将雷电流引入大地，使得被保护物免受雷击的危害。根据“滚球法”来确定避雷针的保护范围。滚球法：选择一个半径为 h_r（滚球半径）的滚球，沿需要防护直击雷的部分滚动，如果球体只触及接闪器或接闪器和地面，而不触及需要保护的部位时，则该部位就在这个接闪器的保护范围之内。滚球半径是按建筑物防雷类别确定的，见表 4-1。

表 4-1 各类防雷建筑物的滚球半径和避雷网格尺寸

建筑物防雷类别	滚球半径 h_r/m	避雷网格尺寸/m
第一类防雷建筑物	30	≤ 5 × 5 或 ≤ 6 × 4
第二类防雷建筑物	45	≤ 10 × 10 或 ≤ 12 × 8
第三类防雷建筑物	60	≤ 20 × 20 或 ≤ 24 × 16

（1）单支避雷针

它的保护范围如图 4-10 所示。保护范围按下列方法确定：

当避雷针高度 $h \leqslant h_r$ 时：距离地面 h_r 处作一平行于地面的平行线；以避雷针的针尖为圆心，h_r 为半径，作弧线交于平行线 A、B 两点；以 A、B 为圆心，h_r 为半径做弧线，该弧线与针尖相交并与地面相切，弧线与地面间的范围就是保护范围，保护范围是一个对称的锥体。

避雷针在 h_x 高度（被保护物高度）的 xx' 平面上和地面上的保护半径，按式（4-12）和式（4-13）确定。

$$r_x = \sqrt{h(2h_r - h)} - \sqrt{h_x(2h_r - h_x)} \tag{4-12}$$

$$r_o = \sqrt{h(2h_r - h)} \tag{4-13}$$

式中，r_x 为避雷针在 h_x 高度的 xx' 平面上的保护半径，单位为 m；h_r 为滚球半径（由表 4-1 确定），单位为 m；h_x 为被保护物的高度，单位为 m；r_o 为避雷针在地面上的保护半径，单位为 m。

当避雷针高度 $h > h_r$ 时，在避雷针上取高度 h_r 的一点代替单支避雷针的针尖作为圆心。其余的做法同 $h \leqslant h_r$ 时的方法。

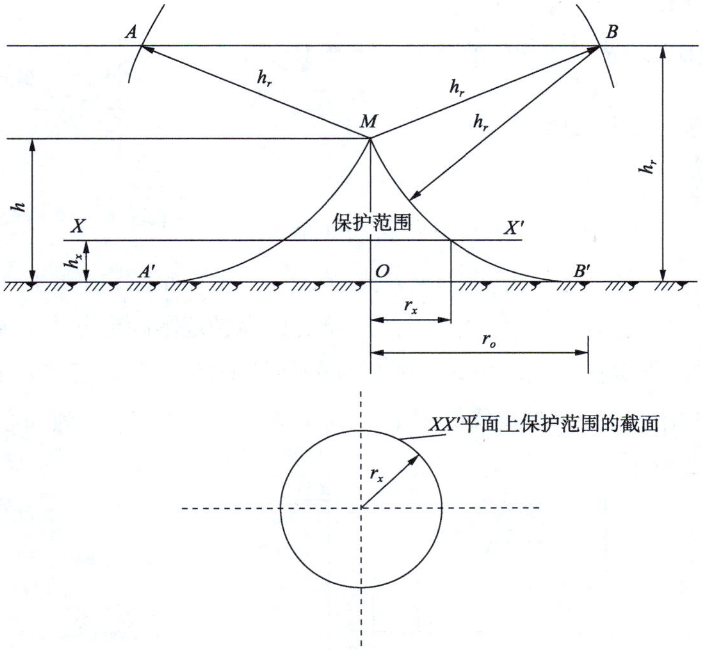

图 4-10　单支避雷针保护范围

【例】　某厂锅炉房旁的水塔高 30 m，水塔上安装一只高 2 m 的避雷针，锅炉房及水塔如图 4-11 所示，试问该避雷针能否保护这一锅炉房（第三类防雷建筑物）？

【解】　$h = 30\ \text{m} + 2\ \text{m} = 32\ \text{m}$，$h_x = 8\ \text{m}$，通过表 4-1 可知 $h_r = 60\ \text{m}$。

因此，避雷针的保护半径为

$$r_x = \sqrt{32 \times (2 \times 60 - 32)} - \sqrt{8 \times (2 \times 60 - 8)} = 23.13(\text{m})$$

锅炉房在 $h_x = 8$ m 高度上最远屋角距离避雷针的水平距离为

$$r = \sqrt{(10 + 8)^2 + 5^2} = 18.68(\text{m}) < 23.13(\text{m})$$

所以，该避雷针可以保护锅炉房。

(2) 双支等高避雷针

在避雷针高度 $h \leqslant h_r$ 时，当两支避雷针的距离 $D \geqslant 2\sqrt{h(2h_r - h)}$ 时应各按单支避雷针的方法确定；当 $D < 2\sqrt{h(2h_r - h)}$ 时，应按图 4-12 的方法确定。

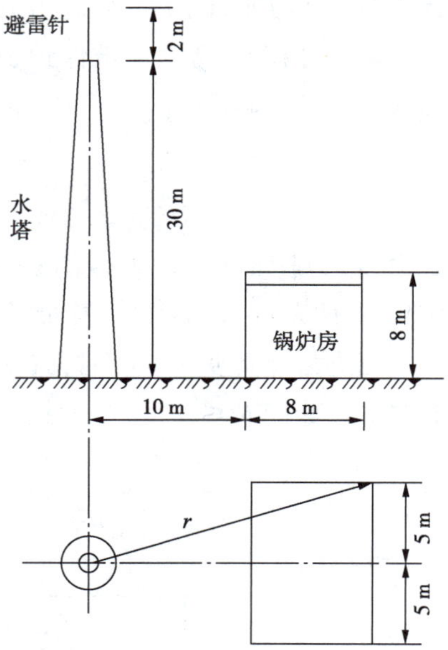

图 4-11　水塔避雷针的保护范围

①$AEBC$ 外侧的保护范围按照单支避雷针的方法确定。

②C、E 点位于两针间的垂直平分线上。在地面上每侧的最小保护宽度 b_o 按式（4-14）计算：

$$b_o = CO = EO = \sqrt{h(2h_r - h) - \left(\frac{D}{2}\right)^2} \qquad (4\text{-}14)$$

③在 AOB 轴线上，距中心线任一距离 x 处，在保护范围上边线上的保护高度 h_x 按式（4-15）计算：

$$h_x = h_r - \sqrt{(h_r - h)^2 + \left(\frac{D}{2}\right)^2 - x^2} \qquad (4\text{-}15)$$

该保护范围是圆弧 AB 与地面间的范围，圆弧 AB 是以中心线距地面 h_r 的一点 O' 为圆心，以 $\sqrt{(h_r - h)^2 + \left(\frac{D}{2}\right)^2}$ 为半径所作的圆弧。

④两针间 $AEBC$ 内的保护范围，ACO 部分的保护范围按以下方法确定：在任一保护高度 h_x 和 C 点所处的垂直平面上，以 h_x 作为假想避雷针，按单支避雷针的方法逐点确定。BCO、AEO、BEO 部分的保护范围确定方法与 ACO 部分相同。

⑤确定 xx' 平面上保护范围。以单支避雷针的保护半径 r_x 为半径，以 A、B 为圆心作弧线与四边形 $AEBC$ 相交；以单支避雷针的（$r_o - r_x$）为半径，以 E、C 为圆心作弧线与上述弧线相接，如图 4-12 所示。

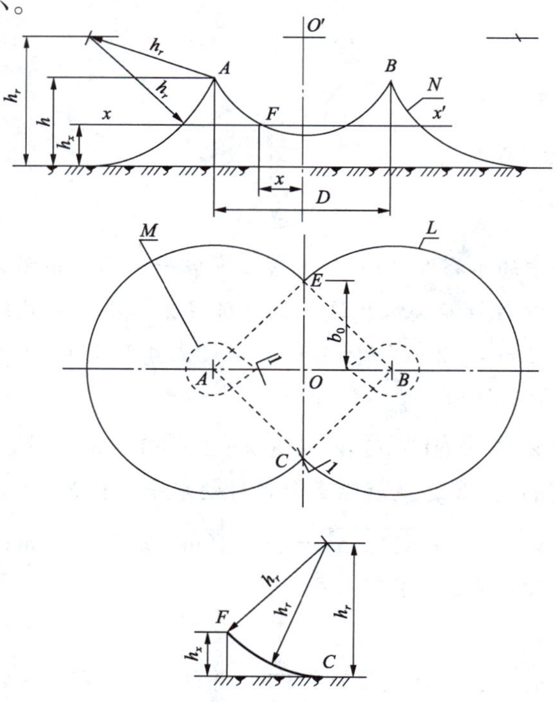

图 4-12　双支等高避雷针的保护范围

(3) 双支不等高避雷针

在 $h_1 \leq h_r$、$h_2 \leq h_r$ 的情况下，当 $D \geq \sqrt{h_1(2h_r-h_1)}+\sqrt{h_2(2h_r-h_2)}$ 时，应各按单支避雷针所规定的方法确定；当 $D<\sqrt{h_1(2h_r-h_1)}+\sqrt{h_2(2h_r-h_2)}$ 时，避雷针的保护范围应按图 4-13 所示方法并按下列步骤确定。

①$AEBC$ 外侧的保护范围按照单支避雷针的方法确定。

②CE 线或 HO' 线的位置按式（4-16）计算：

$$D_1=\frac{(h_r-h_2)^2-(h_r-h_1)^2+D^2}{2D} \tag{4-16}$$

③在地面上每侧的最小保护宽度 b_o 按式（4-17）计算：

$$b_o=CO=EO=\sqrt{h_1(2h_r-h_1)-D_1^2} \tag{4-17}$$

④在 AOB 轴线上，A、B 间保护范围上边线按式（4-18）确定：

$$h_x=h_r-\sqrt{(h_r-h_1)^2+D_1^2-x^2} \tag{4-18}$$

式中，x 为距 CE 线或 HO' 线的距离。该保护范围是圆弧 AB 与地面间的范围，圆弧 AB 是以 HO' 线上距离地面 h_r 的一点 O' 为圆心，$\sqrt{(h_r-h_1)^2+D_1^2}$ 为半径所作的圆弧 AB。

⑤两针间 $AEBC$ 内的保护范围，ACO 与 AEO 是对称的，BCO 与 BEO 是对称的。ACO 部分的保护范围按以下方法确定：在 h_x 和 C 点所处的垂直平面上，以 h_x 作为假想避雷针，按单支避雷针的方法确定，如图 4-13 所示。AEO、BCO、BEO 部分的保护范围确定方法与 ACO 部分相同。

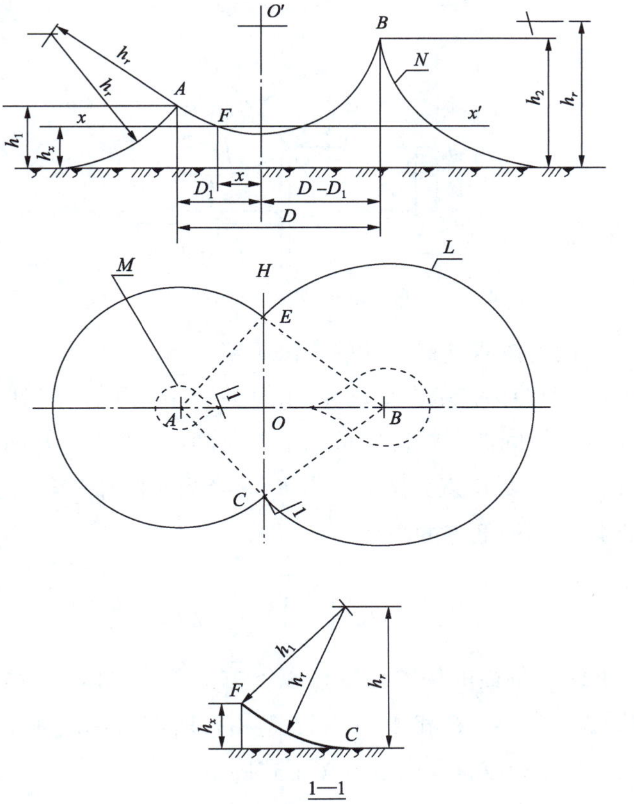

图 4-13　双支不等高避雷针的保护范围

⑥确定 xx' 平面上保护范围方法与双支等高避雷针相同。

(4) 矩形布置的四支等高避雷针

在 $h \leqslant h_r$ 情况下，当 $D_3 \geqslant 2\sqrt{h(2h_r - h)}$ 时，应各按双支等高避雷针的方法确定；当 $D_3 < 2\sqrt{h(2h_r - h)}$ 时，应按图 4-14 所示方法并按下列步骤确定。

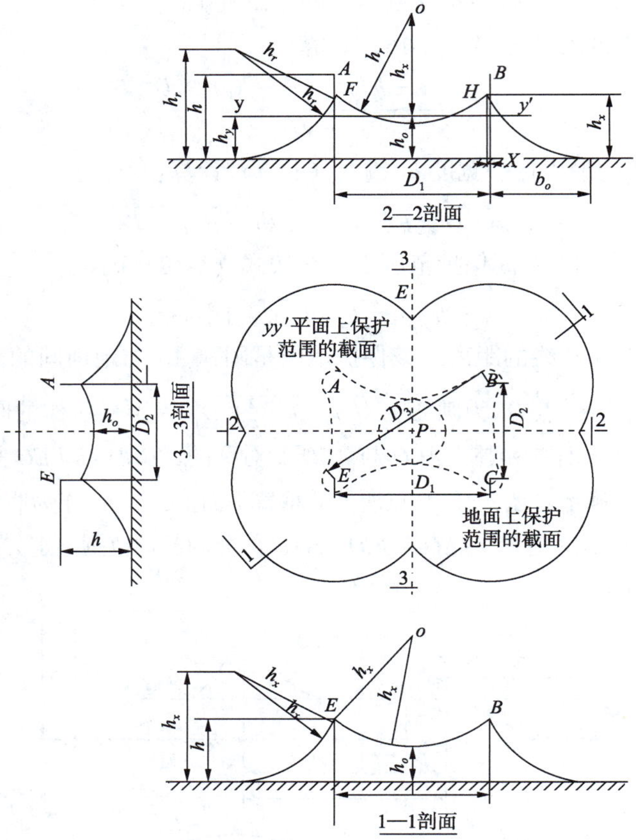

图 4-14　矩形布置的四支等高避雷针的保护范围

①四支避雷针的外侧各按双支避雷针的方法确定。

②B、E 避雷针连线上的保护范围如图 4-14 的 1—1 剖面图，外侧部分的保护范围按单支避雷针的方法确定。两针间的保护范围按以下方法确定：以 B、E 两针的针尖为圆心，以 h_r 为半径作弧相交于点 O，以 O 点为圆心，以 h_r 为半径作圆弧，与针尖相连的这段圆弧即为针间保护范围。保护范围最低点的高度 h_o 为

$$h_0 = \sqrt{h_r^2 - \left(\frac{D_3}{2}\right)^2} + h - h_r \tag{4-19}$$

③图 4-14 所示的 2—2 剖面的保护范围按以下方法确定：以 P 点垂直线上的 O 点为圆心，以 h_r 为半径作圆弧，与 B、C 和 A、E 双支避雷针所作出在该剖面的外侧保护范围延长圆弧相交于 F、H 点。F 点的位置及高度可按下式确定。

$$(h_r - h_x)^2 = h_r^2 - (b_0 + x)^2 \tag{4-20}$$

$$(h_r + h_0 - h_x)^2 = h_r^2 - \left(\frac{D_1}{2} - x\right)^2 \tag{4-21}$$

④图 4-14 所示的 3—3 剖面的保护范围的确定方法与步骤③相同。

⑤确定四支等高避雷针中间在 $h_0 \sim h$ 之间与 h_y 高度的 yy' 平面上保护范围截面的方法：以 P 点为圆心，以 $\sqrt{2h_r(h_y - h_0) - (h_y - h_0)^2}$ 为半径作圆或圆弧，与各双支避雷针在外侧所作的保护范围截面组成该保护范围，如图 4-14 所示。

4.2.2 避雷线的保护范围

避雷线一般采用截面积不小于 35 mm² 的镀铸钢绞线与架空线路同杆同塔架设，架设方法与垂度要求与架空线路相同，并且在首尾及中间各部位与接地装置相连。避雷线主要用于保护与其同杆架设的架空线路及其周围的设施。

(1) 单根避雷线

当避雷线的高度 $h \geqslant 2h_r$ 时，无保护范围；当避雷线的高度 $h < 2h_r$，保护范围如图 4-15 所示并按下列方法确定保护范围。确定架空避雷线的高度时应考虑弧垂的影响。在无法确定弧垂的情况下，当等高支柱间的距离小于 120 m 时，架空避雷线中点的弧垂宜采用 2 m，距离为 120~150 m 时宜采用 3 m。

①距离地面 h_r 处作一平行于地面的平行线。

②以避雷线为圆心，h_r 为半径，作弧线交于平行线的 A、B 两点。

③以 A、B 为圆心，h_r 为半径作弧线，该两弧线相交或相切并与地面相切。从该弧线与地面围成的空间就是保护范围。

④当 $h_r < h < 2h_r$ 时，保护范围最高点的高度 h_o 为 $h_0 = 2h_r - h$。

⑤避雷线在 h_x 高度的 xx' 平面上的保护宽度按式（4-22）计算。

$$b_x = \sqrt{h(2h_r - h)} - \sqrt{h_x(2h_r - h_x)} \tag{4-22}$$

其中，h 为避雷线的高度，m；h_r 为滚球半径，m；h_x 为被保护物的高度，m。

⑥避雷线两端的保护范围按单支避雷针保护范围的方法确定。

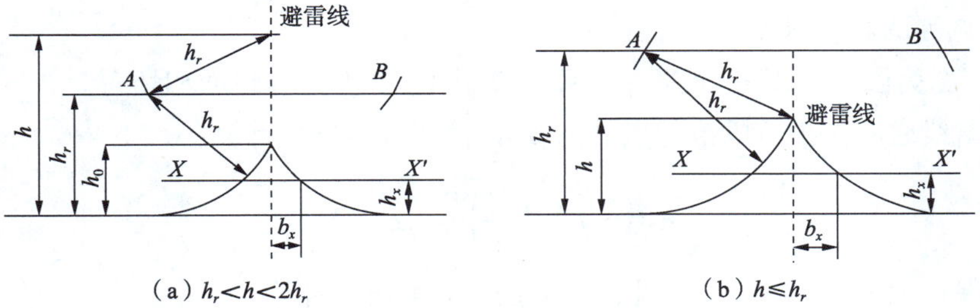

图 4-15 单根避雷线的保护范围

(2) 两根等高避雷线

两根等高避雷线的保护范围如图 4-16 所示。在避雷线高度 $h \leqslant h_r$ 的情况下，当 $D \geqslant 2\sqrt{h(2h_r - h)}$ 时，各按单根避雷线所规定地方法确定；当 $D < 2\sqrt{h(2h_r - h)}$ 时，按下列步

骤确定保护范围：

①两根避雷线的外侧保护范围各按单根避雷线的方法确定。

②两根避雷线之间的保护范围按以下方法确定：以 A、B 两避雷线为圆心，以 h_r 为半径作圆弧交于 O 点，以 O 点为圆心，以 h_r 为半径作圆弧交于 A、B 点。

③两避雷线之间保护范围最低点的高度 h_0 按式（4-23）计算：

$$h_0=\sqrt{h_r^2-(D/2)^2}+h-h_r \tag{4-23}$$

④避雷线两端的保护范围按双支避雷线的方法确定，双支避雷针所确定的保护范围中点最低点的高度 $h_0{}'$ 按式（4-24）确定（见图 4-16 的 1—1 剖面）：

$$h_0{}'=h_r-\sqrt{(h_r-h)^2+\left(\frac{D}{2}\right)^2} \tag{4-24}$$

以 h_o 作为假想避雷针，将其保护范围的延长弧线与 h_o 线交于 E 点。内移位置的距离 x 为 $x=\sqrt{h_0(2h_r-h_0)}-b_0$。

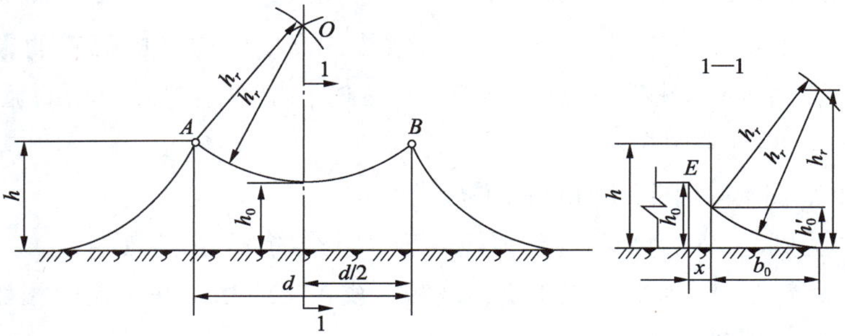

图 4-16　两支等高避雷线水平距离小于临界水平距离时的保护范围

在避雷线高度 $h_r<h\leqslant 2h_r$ 时，避雷线之间的距离 $2(h_r-\sqrt{h(2h_r-h)})<D<2h_r$ 的情况下，按下列步骤确定保护范围，如图 4-17 所示。

①距地面 h_r 处作一与地面平行的线。

②以避雷线 A、B 为圆心，以 h_r 为半径作弧线相交于 O 点并与平行线相交或相切于 C、E 点。

③以 O 点为圆心，以 h_r 为半径作弧线交于 A、B 点。

④以 C、E 为圆心，以 h_r 为半径作弧线交于 A、B 点并与地面相切。

⑤两避雷线之间保护范围最低点的高度 h_o 按式（4-25）计算：

$$h_0=\sqrt{h_r^2-\left(\frac{D}{2}\right)^2}+h-h_r \tag{4-25}$$

⑥最小保护宽度 b_m 位于 h_r 高处，其值按式（4-26）计算：

$$b_m=\sqrt{h(2h_r-h)}+\frac{D}{2}-h_r \tag{4-26}$$

⑦避雷线两端的保护范围按双支高度 h_r 避雷针确定，但在中线上 h_0 线的内移位置按以下方法确定（见图 4-17 的 1—1）：以双支高度 h_r 的避雷针所确定的保护范围中点最低点的高度 $h_0{}'=(h_r-D/2)$ 作为假想避雷针，将其保护范围的延长弧线与 h_0 线交于 F 点。内移位

置的距离 x 按式（4-27）计算：

$$x = \sqrt{h_0(2h_r - h_0)} - \sqrt{h_r^2 - \left(\frac{D}{2}\right)^2} \tag{4-27}$$

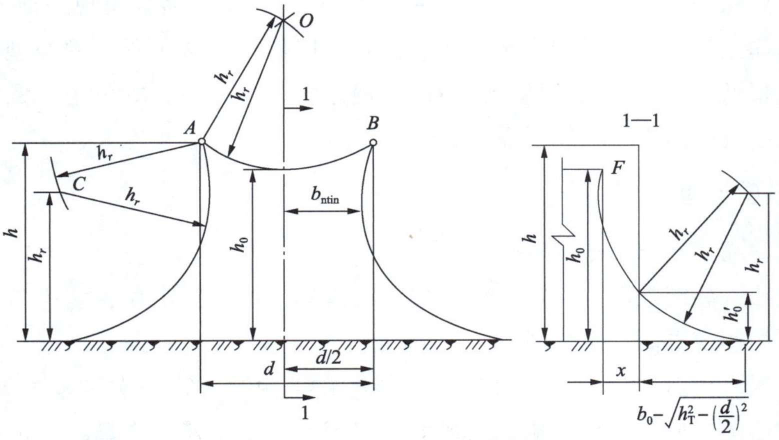

图 4-17　两支等高避雷线水平距离处于临界距离下限与两倍避雷线高度之间时的保护范围

4.2.3　避雷器的分类和选型

避雷器是专门用以限制线路传来的雷电过电压或操作过电压的一种防雷装置，如图 4-18 所示。避雷器实质上是一种过电压限制器，与被保护的电气设备并联，当过电压出现并超过避雷器的放电电压时，避雷器先放电，从而限制了过电压的发展，使电气设备免遭过电压损坏。在配电系统中，常用的避雷器的类型有阀型避雷器、管型避雷器、氧化锌避雷器等。低压配电系统提倡选用低压氧化锌避雷器。氧化锌阀片在正常运行电压下，阀片的电阻很高，仅可通过微安级的泄漏电流。但在强大的雷电流通过时，却呈现很低的电阻，使其迅速泄入大地，实现限压分流的目的。阀片上的残压几乎不随通过电流的大小而变化，时常维持在小于被保护电器的冲击试验电压，使设备的绝缘得到保护，雷电流过后又恢复到原绝缘状态。

图 4-18　避雷器

1. 避雷器的分类

（1）阀型避雷器

阀型避雷器是高压线路、高压电器最常用的避雷器，它主要由瓷套、火花间隙和非线性电阻组成，该类型的避雷器内部构造较为复杂，常用于高压线路、电能变换和分配的电气设备、开断装置等免遭雷害，不仅可以用于交流网络也可以用于直流网络，它的使用受容量等因素影响小。

（2）管型避雷器

管型避雷器主要由瓷套、灭弧管和内外间隙组成，其内部构造较为复杂。常被用于 10 kV 的配电线路，保护变压器等电气设备免受雷电的危害。

（3）氧化锌避雷器

氧化锌避雷器是新生的避雷器，它不同于以往的避雷器，有着许多优点。采用不同的材料不同的锻造工艺，使得该避雷器没有火花间隙，这样一来该避雷器就可以更好、更稳定地保护所需要保护的物体。该避雷器可在短时间内将雷电流泄掉呈现一种无延时的特性；当外部过电压作用后，该避雷器内无工频续流；可以保护设备免受多种类型的雷击；它工作后的残压也很低，基于它的各种特性所以其使用时间也很长，既可用于低压系统的防雷又可用于高压系统的防雷，功能很强大。

2. 避雷器的选型

（1）阀型避雷器特性参数及要求

①额定电压。额定电压指正常工作时加在避雷器上的工频电压，它应与避雷器安装地点的电力系统的额定电压等级相同。

②灭弧电压。灭弧电压指在保证避雷器能够在工频续流第一次过零时灭弧的前提下，允许加在避雷器上的最高工频电压。灭弧电压应当大于避雷器工作母线上可能出现的最高工频电压，否则避雷器可能会不能灭弧而爆炸。

一般来说，单相接地时非故障相工频电压升高最严重，若此情况下非故障相的避雷器动作，那它必须在此电压下灭弧，我们把该电压值定为避雷器的灭弧电压，并以该电压值对最高运行线电压比值的百分数命名避雷器。对中性点直接接地系统，上述电压为80%最高运行线电压（例如，220 kV 系统，灭弧电压为 $220\ \text{kV} \times 1.15 \times 80\% = 202\ \text{kV}$，实取 200 kV），称为80%避雷器。而对中性点经消弧线圈接地和中性点不接地系统，则分别为100%和110%避雷器。

③工频放电电压。工频放电电压指避雷器在工频电压作用下的放电电压值。由于间隙击穿的分散性，工频放电电压有上下限两个值。上限值是使用户了解在该值下可保证避雷器动作；下限值则保证避雷器不动作，通常此值高于系统可能出现的最大内过电压值，因为普通避雷器是不允许在内过电压下动作的。对 35 kV 及以下的系统和 110 kV 及以上的高压系统，此值分别为 3.5 和 3.0 倍相电压。

④冲击放电电压。冲击放电电压指避雷器在冲击电压作用下的放电电压值，给出的是上限值。其伏秒特性要低于被保护设备绝缘的冲击击穿电压伏秒特性，才能完善地起到保护作用。

⑤残压。残压就是雷电流通过避雷器时在阀片电阻上产生的电压降。现行标准规定：通过避雷器的额定雷电冲击流，220 kV 及以下系统取 5 kA，330 kV 及以上的超高压系统取 10 kA。避雷器残压越低，其保护性能越好。由于被保护设备与避雷器存在一段电气距离，在雷电波侵入时，前者所受的最大雷电过电压比后者的残压稍高些。

避雷器的冲击放电电压和残压决定了它的保护水平。我国和国际标准都是以残压、标准雷电冲击（1.2/50）放电电压、陡波冲击放电电压（除以系数 1.15）三者中的最高值作为避雷器的保护水平，该值应低于被保护设备的绝缘水平，并留有一定的裕度。只有同时降低避雷器的冲击放电电压和残压，才能降低被保护设备的冲击绝缘水平。

(2) 管型避雷器特性参数及要求

管型避雷器的灭弧能力与工频续流大小密切相关。续流过小则产气不足，不能吹灭电弧；续流过大则产气过多，过高的气压会使管线爆裂且不能熄弧。因此，管型避雷器所能熄灭的续流有一定上下限，这在产品型号中已有明确标识。

例如，GXWU-35/60-200 型管型避雷器，其中“35”表示额定工作电压为 35 kV（有效值），“60-200”表示该避雷器可切断续流的最小值为 60 A、最大值为 200 A（有效值）。在使用时要根据管型避雷器安装地点的运行条件，使得各种情况下的单相接地电流都在所选避雷器的灭弧电流的范围之内。

管型避雷器有三个主要缺点：一是伏秒特性太陡，难以和被保护电气设备实现理想的绝缘配合；二是它会产生高幅值的截波，危及变压器绝缘；三是运行维护麻烦。因此，目前它只用于输电线路个别地段的保护。例如，大跨距和交叉档距处，变电站的进线段。

(3) 氧化锌避雷器特性参数及要求

①额定电压 U_r。指避雷器两端间的最大允许工频电压的有效值，能在所规定的动作负载试验中确定的暂时过电压下正确地工作。也就是说，避雷器在一次或多次雷电冲击作用后能承受规定时间（10 s）的额定电压，随后在持续运行电压下 30 mim 能够达到热稳定状态。

因此，额定电压是表征氧化锌避雷器运行特性的一个重要指标，它实际上表明了避雷器对暂时过电压的耐受能力。氧化锌避雷器额定电压的选择主要决定于其安装地点的暂时过电压。这个暂时过电压主要考虑单相接地时，全相电压的升高、长线路电容效应和甩负荷等因素，它与系统接地状态有关，避雷器的额定电压 U_r 应不低于安装地点的暂时过电压值；在中性点非有效接地系统，35~66 kV 通常取 1. 25~1. 38 倍最高工作电压作为避雷器额定电压。而对 110~500 kV 直接接地系统，避雷器的额定电压通常取 0. 75~0. 8 倍最高工作电压。

②持续运行电压 U_c。U_c 指避雷器允许长期施加的工频电压有效值。避雷器在吸收过电压能量后温度升高，在此电压下要能正常冷却，不发生热击穿。氧化锌避雷器 $U_r \approx 1.25U_c$，避雷器的持续运行电压不低于安装地点的最高工作电压；在中性点非有效接地系统中 3~66 kV 通常取 1. 25~1. 38 倍最高工作电压。在直接接地系统，110~500 kV 系统通常取最高工作电压除以 $\sqrt{3}$。

③工频耐受伏秒特性。这是考核氧化锌阀片对工频过电压的耐受能力。按我国技术条件规定：对中性点非直接接地系统，氧化锌避雷器在下列时间内耐受相应的工频过电压倍数是 1. 2（下 1 000 s）、1. 3（下 100 s）、1. 4（下 1 s），U_m 为系统的最高运行相电压。

4. 3 电涌保护器

电涌保护器又称浪涌保护器，也叫防雷器（surge protective device，SPD），是一种为各种电子设备、仪器仪表、通信线路提供安全防护的电子装置。当设备受到雷击时会有巨大的感应电流，浪涌保护器可以将雷击浪涌电流快速泄入大地，从而避免浪涌对回路中其他设备的损害。

4.3.1 电涌保护器的分类

电涌保护器按用途可以分为两类，分别为电源线路 SPD 和信号回路 SPD。按工作原理可将 SPD 分为三类，分别为开关型、限压型及组合型，如图 4-19 所示，本节按工作的原理分类对三种 SPD 展开介绍。

（1）开关型 SPD。在没有瞬时过电压时呈现高阻抗，一旦响应雷电瞬时过电压，其阻抗就突变为低阻抗，允许雷电流通也被称为“短路开关型 SPD”。

（2）限压型 SPD。当没有瞬时过电压时，为高阻抗，但随电涌电流和电压的增加，其阻抗会不断减小，其电流电压特性为强烈非线性，有时被称为“钳压型 SPD”。

（3）组合型 SPD。由电压开关型组件和限压型组件组合而成，可以表现为电压开关型或限压型或两者兼有的特性，这取决于所加电压的波形特性和幅值。当冲击电压较低时，主要表现为限压型特性；当冲击电压超过特定阈值时，则会触发电压开关型组件动作，表现出开关型特性。

（a）开关型SPD　（b）限压型SPD　（c）组合型SPD

图 4-19　电涌保护器

电涌保护器及其他雷电防护机制，将雷电防护划分为五个区域，如图 4-20 所示，每一层都承载着特定的防护职责与精细化的安全策略，具体防护区如下：

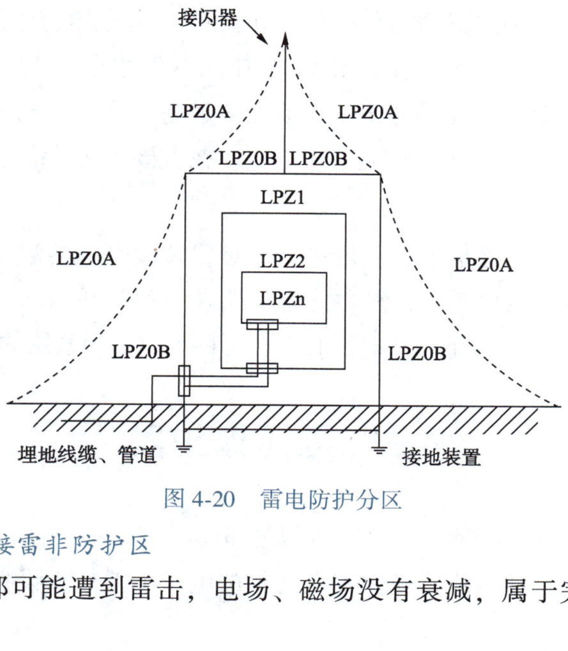

图 4-20　雷电防护分区

（1）LPZ0A 为直接雷非防护区

该区内各类物体都可能遭到雷击，电场、磁场没有衰减，属于完全暴露的不设防区。

实际上是建筑物屋顶避雷针保护范围以外的空间。

(2) LPZ0B 为直接雷防护区

该区内各类物体很少可能遭到雷击，但雷电流、电场、磁场仍没有衰减，属于暴露的直接雷设防区。利用电涌保护器等设备，对沿各类金属管线导入的雷电过电压进行初步抑制，减少雷电波对后续区域的影响，确保电气系统的初步安全。

(3) LPZ1 为第一雷电屏蔽防护区

此区域致力于消除残余雷电过电压及电磁干扰。通过更为精细地电涌保护设计，结合等电位连接措施，确保电力、通信等关键线路免受雷电侵害，维护设备稳定运行环境。

(4) LPZ2 为第二雷电屏蔽防护区

随着防护层级的深入，后续防护区继续加强对雷电及电磁脉冲的防护。采用多级电涌保护策略，逐级削弱雷电能量，确保在建筑物最内部区域，如数据中心、精密仪器室等，实现近乎无干扰的电气环境，保障敏感设备的安全运行。

(5) LPZ3 为设置得更高级雷电屏蔽防护区

该区域实际上在机箱里。

4.3.2 电涌保护器的试验类别及主要参数

电涌保护器（SPD）的试验类别共计三类，即Ⅰ、Ⅱ、Ⅲ类。一般总配电柜使用Ⅰ或Ⅱ类，分配电箱可用Ⅱ和Ⅲ类；后端也可用Ⅱ和Ⅲ类；《建筑物防雷设计规范》(GB 50057—2010）和《低压配电设计规范》(GB 50054—2011）中如下描述：

①进入建筑物的交流供电线路，在线路的总配电箱 LPZ0A 或 LPZ0B 与 LPZ1 区交界处，应设置Ⅰ类试验的浪涌保护器或工类试验的浪涌保护器作为第一级保护。

②在配电线路分配电箱、电子设备机房配电箱等后续防护区交界处，可设置Ⅱ类或Ⅲ类试验的浪涌保护器作为后级保护。

③电子信息设备的电源端口应根据设备重要程度安装Ⅱ类或Ⅲ类浪涌保护器，使用直流电源的信息设备还应根据其工作电压安装相应的直流浪涌保护器。

电涌保护器（SPD）的主要参数分别如下：

(1) 最大持续工作电压 U_c

最大持续工作电压 U_c 是可以持续施加在 SPD 上的最大电压有效值（或直流电压）。这个数值是 SPD 的一个门限值，即当工作电压超过这个数值，SPD 开通，漏电流指数级增大。

(2) 冲击电流 I_{imp}

使用 10/350 μs 电流波冲击 SPD 一次能承受的电流值。

(3) 最大放电电流 I_{max}

使用 8/20 μs 电流波冲击 SPD 一次能承受的电流值。

(4) 标称放电电流 I_n

这是未损坏时电涌保护器可以通过 20 次（8/20 μs）的电流值。

4.3.3 电涌保护器的选型

电涌保护器主要根据最大持续工作电压、冲击电流等参数进行选型。

（1）最大持续工作电压的选择

U_c 的选择和系统接地形式、系统电压、电能质量有关。U_c 值至少要大于正常工作时的电压，例如在 TN 系统中 380/220 V，电压正偏差不大于 7%，但我国实际电压正偏差往往超过此值，按照 10% 考虑，再加上老化因素，按照 5% 计算，则 $U_c > 1.15U_o$。在供电系统电压偏差超过 10% 以及因谐波作用使正常运行电压幅值升高的场所，还应根据具体情况适当提高上述 SPD 规定的 U_c 值；但同时应兼顾过电压保护水平（U_c）与被保护设备的配合。具体可参考表 4-2，其中 U_o 为相电压。

表 4-2　最小 U_c 值

SPD 的安装位置	TN-S 系统	TN-C 系统	TT 系统	引出中性线的 IT 系统	无中性线引出的 IT 系统
每一相线与中性线间	$1.15U_o$	不适用	$1.15U_o$	$1.15U_o$	不适用
每一相线与 PE 线间	$1.15U_o$	不适用	$1.15U_o$	$\sqrt{3}U_o$*	线电压*
中性线与 PE 线间	U_o*	不适用	U_o*	U_o*	不适用
每一相线与 PEN 线间	不适用	$1.15U_o$	不适用	不适用	不适用

注：标有*的值表示故障条件下最不利情况的数值，因此在使用时无须再考虑额外的 15% 电压偏差。

（2）I_{imp}、I_{max} 和 I_n 的选择

冲击电流 I_{imp} 一般用于 SPD 的Ⅰ级分类动作负载试验参数，其波形通常为 10/350 μs；最大放电电流 I_{max} 用于 SPD 的Ⅱ级分类试验。具体选择与暴露位置有关，可参考表 4-3 中的内容。

表 4-3　电源线路电涌保护器 I_{imp} 和 I_n 参数推荐值

雷电防护等级	总配电箱		分配电箱	设备机房配电箱和需要特殊保护的电子信息设备端口处	
	LPZ0 与 LPZ1 边界		LPZ0 与 LPZ1 边界	后续防护区的边界	
	10/350 μs Ⅰ类试验	8/20 μs Ⅱ类试验	8/20 μs Ⅱ类试验	8/20 μs Ⅱ类试验	1.2/50 μs 和 8/20 μs 复合波Ⅲ类试验
	I_{imp}/kA	I_n/kA	I_n/kA	I_n/kA	U_{oc}/kV/I_{sc}/kV
A	≥20	≥80	≥40	≥5	≥10/≥5
B	≥15	≥60	≥30	≥5	≥10/≥5
C	≥12.5	≥50	≥20	≥3	≥6/≥3
D	≥12.5	≥50	≥10	≥3	≥6/≥3

（3）电压保护水平选择

电压保护水平 U_p 是 SPD 限制接线端子间电压的性能参数，对电压开关型 SPD 为规定陡度下的最大放电电压，对电压限制型 SPD 则为规定电流波形下的最大残压。

SPD 的电压保护水平 U_p 加上其两端引线的感应电压之和应小于所在系统和设备的绝缘冲击耐受电压额定值 U_w（U_w 值详见表 4-4），并不宜大于被保护设备耐压水平的 80%。

表 4-4　220/380 V 三相配电系统中各设备耐冲击电压额定值 U_w

设备位置	电源进线端设备	配电分支线路设备	用电设备	需要保护的电子信息设备
耐冲击电压类别	Ⅳ类	Ⅲ类	Ⅱ类	Ⅰ类
U_w	6 kV	4 kV	2.5 kV	1.5 kV

4.3.4　电涌保护器的级间配合与安装接线

1. 分级防护

第一级防雷器可以对于直接雷击电流进行泄放，或者当电源传输线路遭受直接雷击时传导的巨大能量进行泄放，对于有可能发生直接雷击的地方，必须进行 CLASS-1 的防雷。第二级防雷器是针对前级防雷器的残余电压以及区内感应雷击的防护设备，对于前级发生较大雷击能量吸收时，仍有一部分对设备或第三级防雷器而言是相当巨大的能量会传导过来，需要第二级防雷器进一步吸收。同时，经过第一级防雷器的传输线路也会感应雷击电磁脉冲辐射（LEMP），当线路足够长感应雷的能量就变得足够大，需要第二级防雷器进一步对雷击能量实施泄放。第三级防雷器是对 LEMP 和通过第二级防雷器的残余雷击能量进行保护。

（1）SPD1

第一级电涌保护器 SPD1 若安装在某建筑物总配电室，用三片开关型电涌保护器就能满足系统的要求，我国现行的供电方式即使整个供电系统采用 TN-S 方式，而在总配电室 N 与 PE 是一个接地点，因此，在配电机房总配电柜安装三片开关型 SPD 就能起到作用。N 到地之间可以不加。

SPD1 选择的参数建议如下：

U_c= 440 V；I_{max} 一般按规范要求进行计算设计或参考标准中要求；U_p≤2.5 kV；响应时间 t_A≤ 100 ns。

（2）SPD2

第二级电涌保护器是应用最广泛的一个产品，雷电电磁脉冲能对 LPZ1 区电源线入侵产生 20 kA 以上的雷电流情况不多，因此，第二级 SPD 作为限压型电涌保护器额定通流量 I_n 定位为 20~40 kA。

SPD2 选择的参数建议如下：

U_c= 260~320 V；I_n= 20 kA(8/20 μs)；I_{max}= 40 kA(8/20 μs)；U_p≤1.5 kV；响应时间 t_A≤25 ns。

（3）SPD3

第三级电涌保护器一般安装于重要设备的前端，所谓细保护。

SPD3 选择的参数建议如下：

U_c= 255 V；L-N 保护模式下 I_n=3 kA(8/20 μs)，N-PE 保护模式下 I_n= 5 kA(8/20 μs)；U_p

L-N 下 U_p=1. 25 kV， N-PE 下 U_p=1. 5 kV； 响应时间 $t_A \leqslant$ 25 ns。

2. 级间配合

(1) 基本原则

$U_{s.max} < U_p < U_{choe}$（$U_{s.max}$ 是低压配电网络的最高运行电压，U_{choe} 为电气设备的冲击耐受电压。根据 IEC 60364-4 规定，三相电网电压为 230 V/440 V 电气设备的冲击耐受电压分为四类：1. 5/2. 5/4/6 kV。）。

(2) U_p 过高原则

如果进线端电涌保护器 P1 的 U_p 比被保护负荷的冲击耐压高或者进线保护电涌保护器的 I_{max} 为 65 kA 或 40 kA，则需要在负荷处附加 I_{max} 为 8 kA 或 10 kA 的二级电涌保护器 P2。

(3) 15 m 原则

当被保护的敏感电子设备与进线端的电涌保护器 P1 之间的距离大于 15 m 时，应在离被保护设备尽可能近的地方安装二级电涌保护器 P2。

(4) 10 m 原则

电涌保护器 P2 安装在 P1 的下游，通常 P2 的各项参数指标（I_{max}、I_n 等）都比 P1 小。如果它与 P1 安装得过近，P2 有可能比 P1 更早动作，从而要承受本应由 P1 承受的高能量。因为高频波在电缆中产生的感应电压与电缆长度成正比，P2 两端的电压等于 P1 两端的电压减去电缆上的感应电压，所以为了降低 P2 两端的过电压，以使尽可能多的能量被 P1 释放，通过增加 P1 和 P2 之间的接线长度加大 P1 和 P2 间的高频阻抗来达到目的。上下级电涌保护器 P1、P2 间的线缆长度要求大于 10 m。

3. 安装接线

安装 SPD 的基本要求具体如下：

①安装 SPD 之后，在无电涌发生时，SPD 不应对电气（电子）系统正常运行产生影响。

②安装 SPD 之后，在有电涌发生的情况下，SPD 能承受预期通过的雷电流而不损坏并能钳制电涌电压和分走电涌电流。

③在电涌电流通过后，SPD 应迅速恢复高阻状态，切断工频续流。

浪涌保护器的电路根据不同需要，有不同的形式，根据电路系统的区别，主要的 SPD 电路有单相、TN-C、TN-S 三种，如图 4-21、图 4-22、图 4-23 所示。

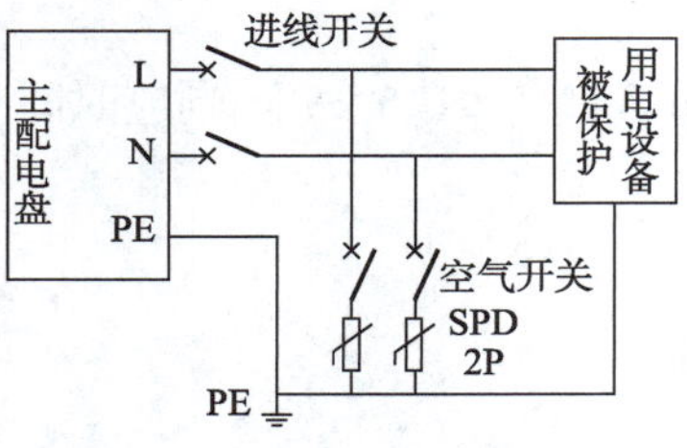

图 4-21 单相系统 SPD 接线

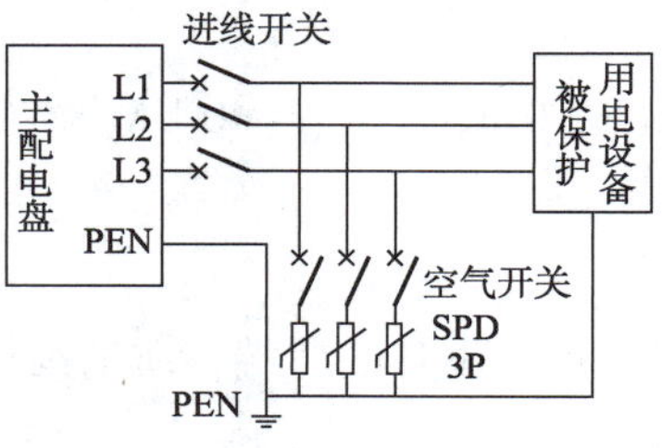

图 4-22 TN-C 系统 SPD 接线

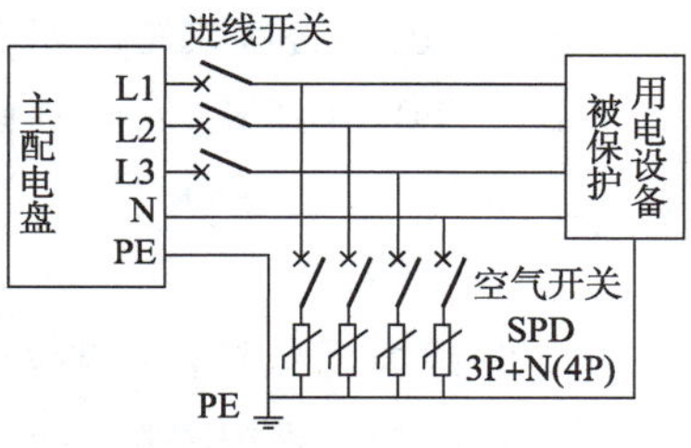

图 4-23 TN-S 系统 SPD 接线

4.4 光伏电站的防雷措施

光伏发电作为一种具有广阔前景的绿色能源，越来越受到人们的关注。为保证光能顺利转化为电能，大多在空旷地带安装光伏电站，光伏电站在雷雨天气容易受到雷击而毁坏。雷击危害成为光伏发电系统重要的事故隐患，若无有效的雷电防范安全技术保障措施，将会使光伏电站电气设备特别是光伏组件因雷击发生短路火灾等事故，影响光伏电站的正常运营，对此，在光伏电站的设计与建设过程中，需采取有效的防雷措施，防止直击雷、感应雷对光伏电站的破坏，以保证光伏电站长期稳定、安全、可靠地运行。

4.4.1 雷电对光伏发电系统的危害

雷电对光伏发电系统的危害，包含了光伏电池片、光伏组件背板、光伏控制器、逆变器等方方面面，具体如下：

(1) 对光伏电池片的危害

光伏发电系统采用较多的是硅基光伏组件，半导体硅材料是组成光伏组件的主要部件，光伏电池片是光伏组件的核心单元，雷击高电压时会导致硅材料表面或内部 PN 结构出现不同程度的破坏，使得电池片的 PN 结受损，产生缺陷的同时，还会造成杂质迁移。由于这些缺陷类似于载流子复合中心，会削弱半导体寿命，缩短光伏组件等使用寿命。

(2) 对光伏组件背板的危害

对于光伏组件背板来说，其构成材料以聚酯薄膜（PET）为主，在光伏组件中应用频率较高，主要分布在光伏组件背面，其作用是保护和支撑电池片，特点是阻隔性、阻燃性、耐湿热、尺寸稳定。一旦光伏组件遭受雷击，在光伏组件上就会有瞬间高压出现，因雷击电流强度过大，光伏组件背板就会有形变、击穿、脱层等问题出现，瞬间产生的局部高温现象将会作用到电池片串焊接点上，进而出现脱焊或开焊，甚至导致光伏电池片断路或短路，影响光伏组件的正常使用。

(3) 对光伏控制器的危害

光伏控制器用来控制整个光伏电站的工作状况，同时对蓄电池过充电与过放电进行保护，避免电池受到损害。因雷电天气造成光伏电站受损的情况有以下几种：①充电系统继续充电，放电系统却不能正常放电，使得蓄电池充电一直维持，充电过饱会导致蓄电池使用寿命缩短、容量下降，重则会引发爆炸，造成光伏电站受损和人员伤亡；②充电系统持续放电，充电系统充电异常，不利于蓄电池储存电能；太阳光下的设备可以持续运行，光线不强或没有太阳光时，将会导致设备工作异常。

(4) 对逆变器的危害

太阳能在为电器提供电能的过程中，需要将输出电压直接转化为交流 220 V 或 380 V 电压，也就是将光伏电站发出的直流电转化为交流电，该过程的实现需要应用逆变器。雷电的危害作用，对逆变器的损坏主要表现在以下两方面：①用户负载没有电压输入，用电设备不能正常工作；②逆变器很难将电压逆变，光伏组件发出的直流电直接为负载使用，在光伏组件电压偏高的情况下会导致用电设备烧毁。

（5）对钢化玻璃的危害

钢化玻璃遭受雷击的影响最为严重，雷击可能导致钢化玻璃爆裂，玻璃爆裂瞬间会引起局部电池片隐裂，进一步降低光伏组件的性能和使用寿命。

4.4.2 光伏电站防范直击雷措施

光伏电站的防雷处理应将工作流程和应用环境进行结合，以落实科学有效的防雷处理机制。综合考虑以下几个方面：

1. 防雷系统总体优化策略

（1）优化接闪器布局

鉴于光伏电站多位于山区，接闪杆密集布局虽能有效防雷，但会增大阴影面积，影响发电效率。需对接闪器布局进行科学规划，采用智能算法模拟不同布局下的阴影覆盖情况，找到既能有效防雷又尽量减少阴影影响的最佳方案。

（2）经济性与防雷效果并重

在光伏电站的防雷设计中，需充分考虑经济性因素，通过精细化设计减少不必要的成本投入。例如，在地网设计时，可采用复合接地材料，提高接地效率，降低材料成本。

（3）建立动态监测与评估机制

光伏电站的防雷工作需持续进行，建立防雷设施的动态监测与评估机制。通过安装传感器、数据采集系统等设备，实时监测防雷设施的工作状态，及时发现并处理潜在问题。

（4）加强人员培训与应急演练

提高光伏电站运维人员的防雷意识和技能水平，定期组织防雷知识培训和应急演练，确保在雷电天气下能够迅速、准确地采取应对措施。

2. 直击雷防护具体措施

光伏电站受直击雷的危害较大，在雷击出现时，光伏组件很容易爆裂、短路或被击穿。针对直击雷的防御，主要采取以下措施：

（1）接闪器系统设计

将避雷针或避雷带等接闪装置布设到光伏电站所在建筑物顶部。直击雷防护装置以混合接闪器为主，包含接闪带、接闪杆等。为保证防雷效果，需采用滚球法等科学方法确定接闪器布设位置和高度，并结合光伏组件安装尺寸进行优化。

（2）光伏阵列防雷设计

由于光伏阵列大多分布在空旷场地且面积较大，极易遭受直接雷击。虽然光伏阵列不易燃，但经济投入大，雷击损失难以估量。考虑到避雷针直接布设在阵列中会产生阴影影响发电效率，可选择光伏阵列表面的金属框架作为防雷保护系统，如图 4-24 所示。

（3）专设接闪器安装原则

当光伏系统需要设置专门的接闪器时，应遵循以下几项原则：接闪器宜设置在光伏阵列的北侧以减少对发电效率的影响；设置高度时需充分考虑阴影对光伏阵列的遮挡效应；

接闪器必须固定可靠并与专设引下线或自然引下线进行良好的电气连接；同时，接闪器和专设引下线的材料选择及最小尺寸应符合表4-5的规定，确保在雷击时能有效捕获雷电并安全导入地下。接闪器的安装如图4-25所示。

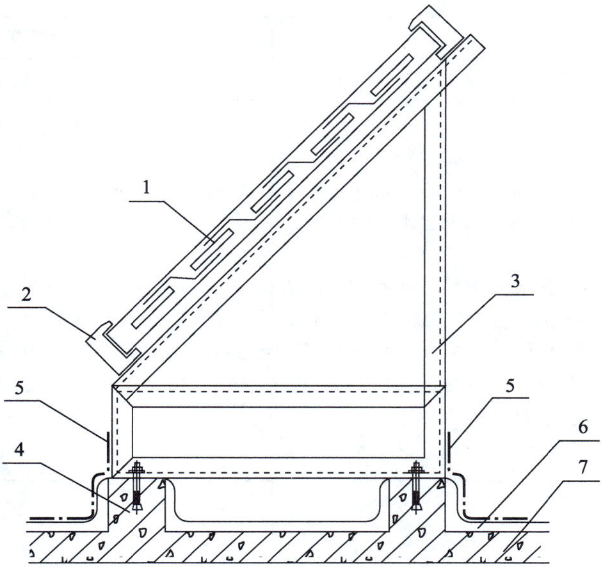

1—光伏组件；2—光伏组件金属边框与支架栓接；3—成品配套角钢支架；4—预制底座，见设计；5—防雷连接条（圆钢或扁钢，焊接或栓接见设计）；6—建筑防水，保温层；7—结构混凝土楼板。

图4-24　固定光伏组件的金属框架作为接闪器

表4-5　接闪器和引下线的材料、结构和最小截面

材　料	结　构	最小截面/mm^2	备　注
铜、镀锡铜	单根扁铜	50	厚度 2 mm
	单根圆铜	50	直径 8 mm
	铜绞线	50	每股线直径 1.7 mm
	单根圆铜	176	直径 15 mm
铝	单根扁铝	70	厚度 3 mm
	单根圆铝	50	直径 8 mm
	铝绞线	50	每股线直径 1.7 mm
铝合金	单根扁形导体	50	厚度 2.5 mm
	单根圆形导体	50	直径 8 mm
	绞线	50	每股线直径 1.7 mm
	单根圆形导体	176	直径 15 mm
	外表面镀铜的单根圆形导体	50	直径 8 mm，径向镀铜厚度至少 70 μm，铜纯度 99.9%
热浸镀锌钢	单根扁钢	50	厚度 2.5 mm
	单根圆钢	50	直径 8 mm
	绞线	50	每股线直径 1.7 mm
	单根圆钢	176	直径 15 mm

续上表

材料	结构	最小截面/mm^2	备注
不锈钢	单根扁钢	50	厚度 2 mm
	单根圆钢	50	直径 8 mm
	绞线	70	每股线直径 1.7 mm
	单根圆钢	176	直径 15 mm

①截面积允许误差为-3%。
②热浸或电镀锡的锡层最小厚度为 1 μm。
③在机械强度无重要要求之处，50 mm^2（直径 8mm）可减为 28 mm^2（直径 6mm），并应减小固定支架间的间距。
④仅应用于接闪杆。当应用于机械应力没达到临界值之处，可用直径 10 mm、最长 1 m 的接闪杆，并增加固定。
⑤仅应用于入地之处。
⑥镀锌层宜光滑连贯、无焊剂斑点，镀锌层圆钢至少 22.7 g/m^2、扁钢至少 32.4 g/m^2。
⑦避免在单位能量 10 MJ/Ω 下熔化的最小截面是铜为 16 mm^2、铝为 25 mm^2、钢为 50 mm^2、不锈钢为 50 mm^2。其中使用的不锈钢应满足以下成分要求：铬的含量≥16%，镍的含量≥8%，碳的含量≤0.08%。
⑧对埋于混凝土中以及与可燃材料直接接触的不锈钢，其最小尺寸宜增大至直径 10 mm 的 78 mm^2（单根圆钢）和最小厚度 3 mm 的 75 mm^2（单根扁钢）。
⑨当温升和机械受力是重点考虑之处，50 mm^2 加大至 75 mm^2。

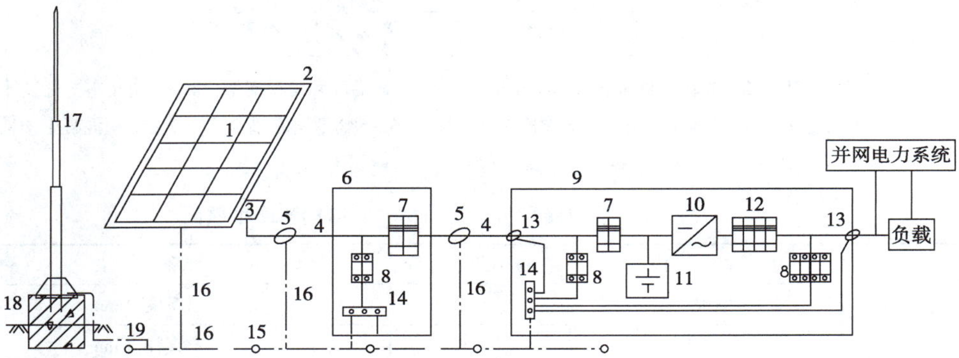

1—光伏组件；2—光伏组件金属边框；3—光伏组件接线盒；4—直流电缆；5—电缆槽盒或钢管；6—汇流箱；7—直流配电装置；8—电涌保护器；9—机柜或机房；10—逆变器；11—蓄电池组；12—交流配电装置；13—LPZ0 与 LPZ1 交界处的槽盒或钢管等电位连接；14—等电位连接端子；15—接地体；16—接地母线；17—接闪杆；18—接闪杆混凝土底座；19—引下线。

图 4-25 接闪杆在光伏系统中的安装

（4）引下线和接地系统

应优先利用光伏组件的金属支撑结构和建筑物内钢筋、钢柱作为自然引下线。当无自然引下线可利用时，安装于地面的光伏系统的专设引下线的平均间距不应大于 25 m。

接地装置应优先利用光伏组件钢筋混凝土、螺旋钢桩基础作为自然接地体，其接地装置的冲击接地电阻值不宜大于 10 Ω。在土壤电阻率高的地区，可适当放宽要求，但不应大于 30 Ω。

（5）材料选择与连接要求

敷设在土壤中的人工接地体与混凝土基座内的钢材相连接时，宜采用不锈钢或铜材。防止接触电压和跨步电压的措施应符合相关规范要求。

4.4.3 光伏电站防范感应雷、雷电波措施

光伏电站通常通过等电位连接、屏蔽措施、安装电涌保护器等措施来防范感应雷与雷电波，具体措施如下：

(1) 等电位连接

对于光伏阵列来说，需要防雷人员对金属框架进行可靠的连接，使其可以构成电路；做好金属支架与框架的可靠连接；每列的金属支架附近应至少有两点与光伏阵列环形接地网进行有效连接；根据就近原则，将电缆屏蔽层或金属屏蔽管与最近的方阵金属框架或支架进行等电位连接；汇流箱需配备接地端子台，对于进出到汇流箱的浪涌保护器、电缆金属管套的接地线、汇流箱金属外壳及屏蔽金属管需与接地端子进行可靠连接。在集控室、逆变器、继电器室和变压器等设施中对室内发电设备和线路设置通用等电位接地线端子；针对进出建筑物内的金属管道、电力电缆、信号电缆等需做好屏蔽，还要与附近主等电位连接线端子进行连接；每个配电箱或配电柜需对局部等电位接地线端子进行连接；做好配电箱或配电柜的局部等电位接地接线端子的配备，将设备金属外壳静电接地与保护节点、金属管槽、电缆屏蔽层等连接最近位置等电位接地端子。防雷接地、安全接地、电子系统工作接地、光伏系统接地及金属箱体电站接地应相互连接在一起，形成共用接地系统。图 4-26 所示为三种常用的光伏系统接地方法。

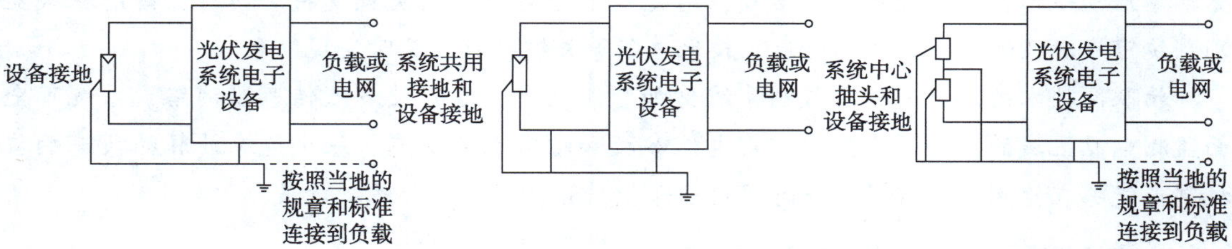

图 4-26 光伏发电系统常用接地方法

(2) 屏蔽措施

屏蔽是为了将建筑物、线路和电子设备同外界电磁进行隔离，防止电磁脉冲和感应高压入侵。对于光伏电站来说，逆变升压室需选择基础钢筋、梁柱钢筋、金属框架和雷电防护引下线之间组成法拉第笼并做好接地，以将雷电电磁波的破坏作用降到最低。对光伏阵列直流输出电缆线长度进行控制，为方便线缆连接，光伏电站不同电池电源的逆变升压需在相邻光伏发电单元位置处进行布设，应使其处于方阵中心区内。另外，重视线路屏蔽，尽量沿着电缆箱与桥架敷设光伏电站场地的电缆，通过箱体和桥盖可对电缆进行有效屏蔽；局部进行电缆埋地敷设的区域，需选择电缆保护管进行保护。

(3) 安装电涌保护器

为避免光伏电站系统遭受雷击，需对电涌保护器进行科学合理布设。具体部署如下：

①选择国家认可且实验室检测合格的电涌保护器。

②电涌保护器需能承受预期浪涌电压。

③在不同防雷区的交界处布设电涌保护器，若线路可以轻松承受预期浪涌电压，还能

将其在被保护设备处进行安装。

④确保电涌保护器的最大持续工作电压值符合标准要求。

⑤电涌保护器的接地线材料规格与长度需与规范要求相符，对于一级开关或限压电涌保护器来说，应确保相线铜线的最小截面积在 6 mm^2 以上，而接地铜线的截面积需超过 10 mm^2；二级限压电涌保护器相线、接地铜线的截面积需分别超过 4 mm^2、6 mm^2；三级限压电涌保护器分别需超过 2.5 mm^2、4 mm^2。应确保不同级别电涌保护器的接地线短而直，长度在 0.5 m 以内。

⑥若线路上的电涌保护器数量较多，应确保开关与限压电涌保护器间的线路长度在 5 m 以上，若不符合该要求，必须在两级电涌保护器之间加装去耦装置。

拓展阅读 光伏发电系统防雷技术的创新与未来展望

随着光伏发电系统规模不断扩大和技术持续升级，防雷保护成为确保系统安全稳定运行的关键技术。新型防雷技术的发展不仅为光伏系统提供了更可靠的保护，也为整个电力系统的安全运行提供了有力保障。

1. 智能防雷监测技术创新

传统防雷系统往往采用被动防护方式，而新一代智能防雷监测系统则实现了主动预警和实时监测。基于大数据的雷电预警系统能够结合气象雷达数据、闪电定位系统数据和历史雷电活动规律，提前预测雷电活动，为光伏电站运维提供决策支持。同时，智能在线监测系统可实时检测避雷器的漏电流、接地电阻等关键参数，及时发现隐患。

物联网技术的应用使防雷监测系统更加智能化。通过布设多点传感器网络，系统可全面监测电站区域的电场强度变化、雷电流参数和防雷元件状态。基于边缘计算的快速响应机制，能够在检测到异常时第一时间启动保护措施，显著提升防护效果。

2. 新型防雷器件与材料应用

防雷器件的创新发展为光伏系统提供了更有效的保护。新型金属氧化物避雷器（MOA）采用纳米复合材料技术，具有更优异的非线性特性和能量吸收能力，可靠性显著提升。同时，具有自恢复功能的新型避雷器，在遭受雷击后能够自动恢复正常工作状态，减少了维护成本。

在接地系统方面，石墨烯改性接地材料的应用显著提升了接地性能。这种新型材料具有优异的导电性和耐腐蚀性，可有效降低接地电阻，延长使用寿命。同时，模块化接地装置的推广应用，大大提高了安装效率和维护便利性。

3. 分区防护策略优化

光伏电站防雷分区（LPZ）策略的优化设计正在向精细化方向发展。通过三维电磁场仿真技术，可以精确分析雷电流在系统中的传导和感应效应，为防雷分区划分提供科学依据。基于风险评估的分区防护方案，则可根据设备重要性和防护等级要求，实现防雷资源的优化配置。

在组件防护方面，新型局部防护技术的应用，可有效降低感应雷对光伏组件的影响。

通过在关键位置布设屏蔽网和防雷条，结合等电位连接优化设计，形成完整的防护体系，显著提升了组件的雷电防护能力。

4. 电磁兼容防护技术

随着光伏电站数字化、智能化水平提升，电磁兼容防护显得尤为重要。新一代电磁屏蔽材料的应用，为精密电子设备提供了更可靠的保护。同时，通过优化布线设计和接地系统，可有效降低电磁干扰对控制系统的影响。

信号防雷技术的创新，为通信系统提供了全方位保护。多级保护方案的应用，确保了数据传输的可靠性。特别是在5G通信设备的防护方面，新型组合式电涌保护器的开发，有效解决了高频信号传输中的防雷难题。

5. 智能运维与状态评估

人工智能技术在防雷系统运维中的应用，开启了智能化管理新模式。基于机器学习的防雷元件状态评估系统，可通过分析运行参数预测设备寿命，实现预测性维护。同时，无人机巡检技术的应用，使得防雷设施的日常检查更加高效便捷。

数字孪生技术的引入，为防雷系统的全生命周期管理提供了新思路。通过建立虚拟模型，可实时监测和模拟系统运行状态，优化维护策略，提升管理效率。

6. 未来展望

随着新技术的不断发展，光伏电站防雷系统将向更智能、更可靠的方向演进。人工智能和物联网技术的深度应用将实现防雷系统的智能化运维，新材料和新器件的创新将提供更可靠的防护性能，数字化技术的发展将带来更精细的防护策略。

在电力系统向清洁化、智能化转型的背景下，先进防雷技术的发展将为光伏发电系统的安全可靠运行提供更强有力的保障，助力能源革命的深入推进，为人类可持续发展作出积极贡献。

思考与练习

1. 雷电对发电站、变电站有哪些危害？

2. 发电站、变电站直击雷和雷电入侵波过电压保护措施有哪些？

3. 有一栋平顶库房长12 m、宽5 m、高5 m，属二类防雷建筑，设想安装一支12 m高的避雷针提供直击雷保护，避雷针设在库房中心轴线上，距离库房边3 m，这支避雷针能否提供对库房完全直击雷保护？

4. 某一类防雷建筑高度为6 m，该建筑物两旁各有一个高为10 m的避雷针，避雷针之间的距离为20 m，则在该两个避雷针保护下的地面上每侧的最小保护宽度是多少？

5. 氧化锌避雷器的优点有哪些？避雷器的选取应遵循哪些原则？

6. 电涌保护器的分类有哪些？在低压配电系统中SPD最大持续工作电压应符合哪些要求？

7. 请细说一下电涌保护器的选取原则有哪些？为什么电涌保护器要采用分级防护？

8. 雷电对光伏系统的危害及防护措施有哪些？

第5章

接地系统

光伏电站的接地系统是确保电站安全运行和人员安全的重要保障，它能够有效地预防雷击、触电等事故，并提高系统的稳定性和可靠性。本章将系统介绍光伏电站接地系统的设计原则、规范要求和典型案例，涵盖高压和低压电气装置的接地、等电位联结、接地装置的选择与安装等内容，并重点讲解光伏电站中特有的接地问题，例如光伏支架的接地、光伏方阵的等电位联结等，帮助读者掌握光伏电站接地系统的设计与施工要点。

学习目标

(1) 了解接地系统的基本概念、类型和作用。

(2) 熟悉高压系统中性点接地方式和低压系统接地形式，并能根据实际情况进行选择。

(3) 掌握接地装置的设计、安装、防腐和检测方法，并能进行简单的接地系统设计。

(4) 了解等电位联结的作用和类型，并能正确应用于实际工程。

(5) 熟悉光伏电站接地系统的特点和要求，并能分析典型案例。

学习重点

视频

光伏电站接地系统典型案例

(1) 高压系统中性点接地方式的选择和应用。

(2) 低压系统接地形式的选择、应用和配置。

(3) 接地装置的设计和安装规范，包括接地电阻的计算、接地材料的选择、接地装置的防腐等。

(4) 等电位联结的应用，包括总等电位联结、辅助等电位联结等。

学习难点

(1) 接地装置防腐措施的选择与实施。

(2) 发电厂和变电站接地网的设计，包括接地网的型式选择、接地电阻的计算、均压措施的应用等。

(3) 不同接地形式的综合应用，例如TN-C-S系统的应用、等电位联结与接地系统的配合等。

(4) 光伏电站接地系统的特殊要求，例如光伏方阵的等电位联结、防雷接地与系统接地的配合等。

5.1　高压电气装置的接地

高压电气装置的接地是电力系统安全运行的关键，它关系到人身安全、设备安全以及系统的稳定性。接地的主要目的是将故障电流安全地导入大地，防止触电事故，并限制过电压，保护设备绝缘。高压电气装置的接地类型主要包括系统接地、保护接地、工作接地和防雷接地等。其中，选择合适的高压系统中性点接地方式是保证系统安全稳定运行的第一步。

5.1.1　高压系统中性点接地方式

三相电力系统中的变压器或发电机通常采用星形连接，其接点称为中性点。中性点的接地方式对整个电力系统的运行有着重要影响。目前常用的接地方式有三种：中性点不接地、中性点经消弧线圈接地和中性点直接接地。前两种方式接地电流较小，称为小电流接地系统；后一种方式接地电流较大，称为大电流接地系统。如何选择电力系统中性点的运行方式，是一个比较复杂的综合性的技术经济问题，需要综合考虑供电可靠性、过电压、绝缘、保护装置、系统布置、人身安全和系统稳定性等多方面因素。

1. 中性点不接地

图 5-1 所示为电源中性点不接地的电力系统在正常运行时的电路图和相量图。如图 5-1（a）所示，在正常运行时，中性点与大地之间不存在导电通路。电力系统中的三相导线与大地之间存在分布电容，这种电容沿导线均匀分布。在理想情况下，若三相系统完全对称，则各相导线对地的分布电容相等。由于相间电容相对较小，通常可以忽略不计。

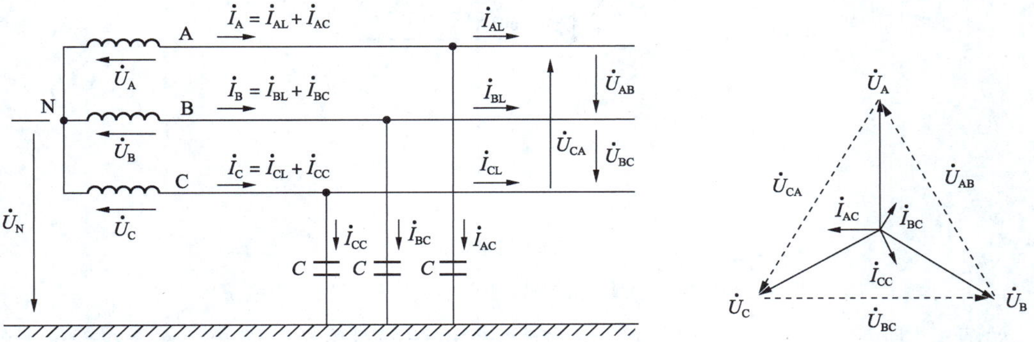

（a）电路图　　（b）相量图

图 5-1　正常运行时的中性点不接地系统

如图 5-1（b）所示，在三相电力系统正常运行时，由于三相电压对称，各相导线对地的电容电流 $\dot{I}_{AC}$、$\dot{I}_{BC}$、$\dot{I}_{CC}$ 也呈对称分布，即三相电容电流的大小相等，相位互差 120°。根据相量法，这三个相量电流的矢量和为零，因此不存在流入大地的电容电流。这意味着，系统的中性点电位 $\dot{U}_N$ 和三相集中电容的中性点电位均为零电位。

当系统发生单相（C 相）接地故障时，C 相对地电压为零，非故障相 A 相和 B 相的对地电压分别为

$$\dot{U}'_{A}=\dot{U}_{A}+\dot{U}'_{N}=\dot{U}_{A}-\dot{U}_{C}=\dot{U}_{AC}=-\dot{U}_{CA} \tag{5-1}$$

$$\dot{U}'_{B}=\dot{U}_{B}+\dot{U}'_{N}=\dot{U}_{B}-\dot{U}_{C}=\dot{U}_{BC} \tag{5-2}$$

如图 5-2 所示，故障发生后，A 相和 B 相的对地电压升高至线电压值，即为原来相电压的 $\sqrt{3}$ 倍。根据电容电流与电压的关系，A 相和 B 相的对地电容电流也相应地增大了 $\sqrt{3}$ 倍。

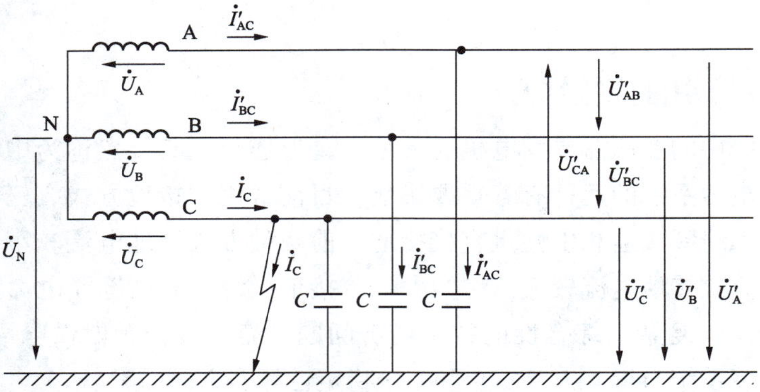

（a）电路图

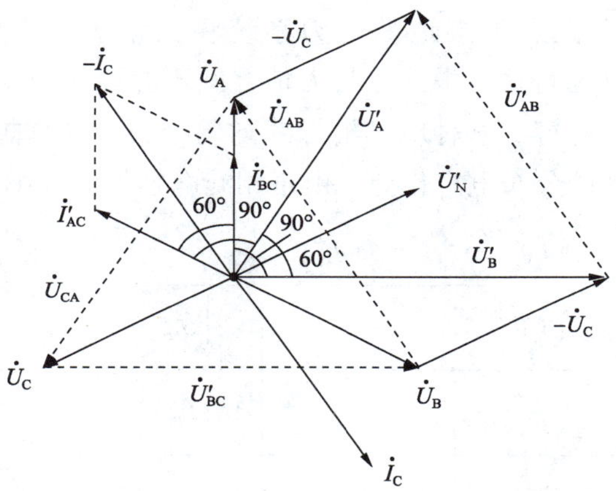

（b）相量图

图 5-2　C 相接地情况下的中性点不接地的三相电力系统

如图 5-2 所示，单相接地故障并不影响系统线电压的对称性。因此，连接在系统上的负载不会受到显著影响。然而，如果发生两相接地短路，将会产生巨大的短路电流，对电力系统造成严重危害。为了保证系统的安全可靠运行，通常会在系统中设置绝缘监视装置或继电保护装置，以便在发生单相接地故障时及时发出警告，并采取相应的措施，尽快消除故障。规程规定：中性点不接地的三相系统发生单相接地时，继续运行的时间不得超过 2 h，并要加强监视。

通常指在电压为 35~60 kV、接地电流 $I_C \leq 10$ A，或电压为 6~10 kV、接地电流 $I_C \leq 30$ A 的电网中采用中性点不接地运行方式。

2. 中性点经消弧线圈接地

在中性点不接地系统中，当单相接地电流超过一定的数值时，接地点的电弧就不能自行熄灭，应设法减小发生单相接地时的接地电流。为了抑制接地故障电流，提高系统的稳定性，通常在发电机或变压器的中性点接入消弧线圈，如图 5-3 所示。

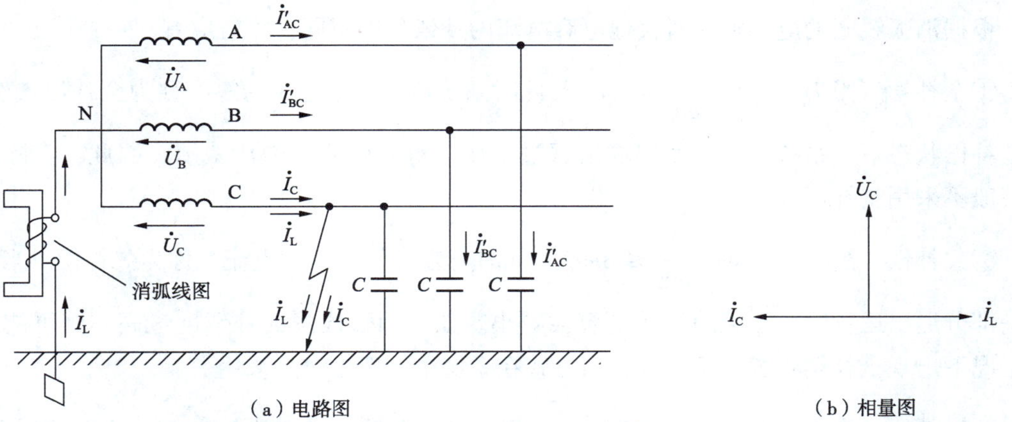

（a）电路图　　（b）相量图

图 5-3　中性点经消弧线圈接地的三相电力系统

消弧线圈是一种具有较大电感值的器件，其产生的电感电流与电容电流相位相反。通过调节消弧线圈的参数，可以使电感电流与电容电流相抵消，从而减小接地故障电流，达到熄灭电弧的目的。如图 5-4 所示，消弧线圈的铁芯采用叠片结构，并留有气隙，以减小铁芯损耗和磁饱和现象，提高消弧线圈的性能。

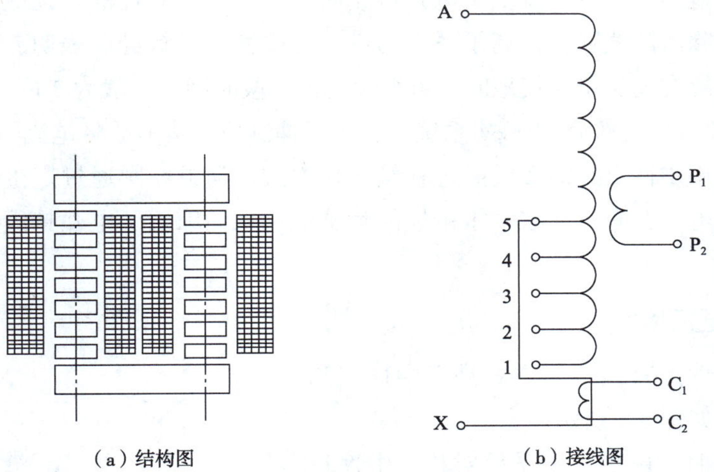

（a）结构图　　（b）接线图

图 5-4　消弧线圈

（1）工作原理

在正常运行时，三相系统是对称的，其中性点对地电位为零，这时消弧线圈上没有电压作用，也没有电感电流流过。但应注意，由于线路的三相对地电容不平衡，系统中性点的电位实际上并不等于零，其大小与电容不平衡的程度有关。

当发生单相（C 相）接地故障时，消弧线圈两端电压等于故障相电压，从而产生与接地电容电流相位相反的电感电流，即此时消弧线圈两端的外加电压是 U_C，流过电流为 I_L，I_L 滞后于 U_C 90°，而接地电容电流 I_C 超前 U_C 90°，I_L 与 I_C 相位相反，通过合理选择消弧线圈参数，可使 I_L 与 I_C 大小相等，相位相反，使接地点的电流为 0，从而实现对接地故障电流的补偿，达到熄灭电弧的目的，这种原理称为电流补偿。

(2) I_L 与 I_C 的补偿关系

根据消弧线圈的电感电流对接地电容电流的补偿程度不同，相对应有三种补偿方式：

①全补偿。当 $I_L = I_C$ 时，$\frac{1}{\omega L} = 3\omega C$，此时系统单相接地电流为零，称为全补偿。然而，在全补偿状态下，系统容易产生串联谐振过电压，对电网绝缘造成威胁。因此，实际应用中一般不采用全补偿方式。

②欠补偿。当 $I_L \leqslant I_C$ 时，$\frac{1}{\omega L} \leqslant 3\omega C$，此时有未补偿的容性电流，称为欠补偿。当系统的一部分退出运行时，系统的等效电容会减小。如果消弧线圈的补偿度过高，则可能在某些工况下出现全补偿状态。所以欠补偿方式在系统中一般也较少采用。

③过补偿。当 $I_L > I_C$ 时，$\frac{1}{\omega L} \geqslant 3\omega C$，此时接地点的电容电流被电感电流全部抵消后，在接地点还有多余的电感电流，称为过补偿。因为多余的电感电流会使系统电压升高，同时也避免了谐振过电压的发生。因此，过补偿方式在实际中得到了广泛应用。

在中性点经消弧线圈接地的三相系统中，当发生单相接地故障时，消弧线圈产生的电感电流可以有效地抵消接地电容电流，从而减小接地故障电流。接地故障电流的减小降低了电弧产生的可能性，同时也减少了电弧持续时间。对于瞬时性的接地故障，电弧可以迅速熄灭，无须切除故障线路，提高了系统的供电可靠性。运行经验表明，中性点经消弧线圈接地的三相系统在发生单相接地时，可继续运行一段时间，一般为 2 h。

在 35 kV、60 kV 及部分 110 kV 系统中，为了抑制单相接地故障电流，防止间歇性电弧过电压，通常采用中性点经消弧线圈过补偿接地方式。消弧线圈通过产生与接地电容电流相位相反的电感电流，有效地减小了接地故障电流，从而缩短了电弧持续时间，提高了系统的稳定性。

3. 中性点直接接地

电力系统中性点直接接地方式是把中性点和大地直接相接，如图 5-5 所示。

在正常运行时，由于三相系统对称，中性点对地电位为零，中性点无电流通过。当 C 相发生单相接地故障时，接地点会和中性点通过大地构成单相接地短路，单相接地短路电流 $I_K^{(1)}$ 比线路正常负荷电流大许多倍，使保护装置迅速动作或使熔断器熔断，将短路故障切除，其他无故障部分继续正常运行。因而中性点直接接地系统又称

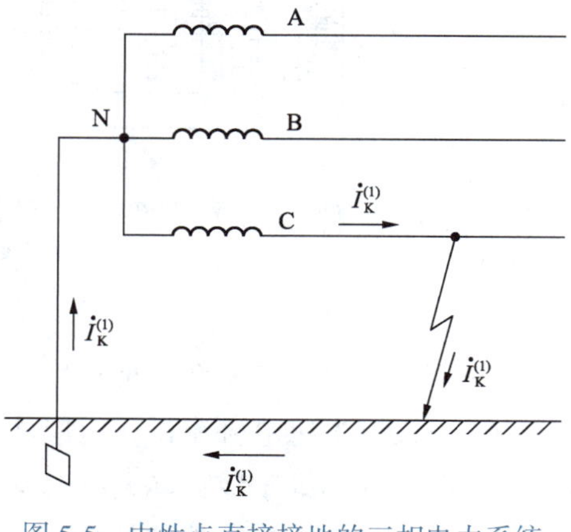

图 5-5　中性点直接接地的三相电力系统

为大电流接地系统。显然，发生单相接地短路时，非故障相对地电压保持在相电压水平，降低了对系统绝缘的要求。因此，我国 110 kV 及以上超高压系统的电源中性点通常都采用直接接地的运行方式。

对于 380/220 V 低压配电系统，我国广泛采用中性点直接接地的运行方式。运行经验表明，单相接地故障大多是暂时性故障，为了提高系统的供电可靠性，中性点直接接地系统中广泛采用自动重合闸装置。当保护装置动作切除故障线路后，经过定时间自动合闸装置动作，将线路重新合闸。如果是暂时性故障，线路接通，恢复供电；如果是持续性故障，保护装置再次将故障线路切除，这样可减少停电次数，提高供电的可靠性。

5.1.2 高压电气装置接地的一般规定

接地是电力系统安全运行的关键，它能保障人身和设备安全，并维持系统稳定。《交流电气装置的接地设计规范》关于高压电气装置接地的一般规定如下：

①电力系统、装置或设备应按规定接地。应充分利用自然接地极作为接地装置，并校验其热稳定性。接地按功能可分为系统接地、保护接地、雷电保护接地和防静电接地。

②发电厂和变电站内，不同用途和不同额定电压的电气装置或设备，除另有规定外，应使用一个总的接地网，接地网的接地电阻应符合其中最小值的要求。

③设计接地装置时，应计及土壤干燥或降雨和冻结等季节变化的影响，接地电阻、接触电位差和跨步电位差在四季中均应符合《交流电气装置的接地设计规范》的要求。但雷电保护接地的接地电阻，可只采用在雷季中土壤干燥状态下的最大值。

5.1.3 高压电气装置保护接地的范围

1. 保护接地的原则和必要性

保护接地是电力系统安全运行的关键。其基本原则是：当电气设备发生绝缘损坏等故障时，能够提供一条低阻抗的接地故障电流路径，将故障电流迅速导入大地。

保护接地的必要性体现在以下两方面：

①保障人身安全：防止操作人员和公众触电。当设备发生故障时，保护接地可以将故障电流导入大地，防止人体触电。

②保障设备安全：限制设备故障点的电位上升，减少设备损坏的风险。

此外，保护接地还有助于稳定电力系统的电压，防止由于地面电位升高而引发的二次事故，进一步增强了系统的整体安全性。

因此，在设计和实施电力系统时，严格遵守保护接地的原则和标准，对于确保电力系统的稳定运行和人员安全至关重要。

2. 必须接地的部分

电力系统、装置或设备的下列部分（给定点）应接地：

①有效接地系统中部分变压器的中性点和有效接地系统中部分变压器、谐振接地、低电阻接地以及高电阻接地系统的中性点所接设备的接地端子。

②高压并联电抗器中性点接地电抗器的接地端子。

③电动机、变压器和高压电器等的底座和外壳。

④发电机中性点柜的外壳、发电机出线柜、封闭母线的外壳和变压器、开关柜等（配套）的金属母线槽等。

⑤气体绝缘金属封闭开关设备的接地端子。

⑥配电、控制和保护用的屏（柜、箱）等的金属框架。

⑦箱式变电站和环网柜的金属箱体等。

⑧发电厂、变电站电缆沟和电缆隧道内，以及地上各种电缆金属支架等。

⑨屋内外配电装置的金属架构和钢筋混凝土架构，以及靠近带电部分的金属围栏和金属门。

⑩电力电缆接线盒、终端盒的外壳，电力电缆的金属护套或屏蔽层，穿线的钢管和电缆桥架等。

⑪装有地线（架空地线，又称避雷线）的架空线路杆塔。

⑫除沥青地面的居民区外，其他居民区内，不接地、谐振接地和高电阻接地系统中无地线架空线路的金属杆塔。

⑬装在配电线路杆塔上的开关设备、电容器等电气装置。

⑭高压电气设备的操作机构和传动装置。

⑮附属于高压电气装置的互感器的二次绕组和铠装控制电缆的金属铠装层。

3. 可不接地的部分

附属于高压电气装置的以下金属部分可不接地：

①在木质、沥青等不良导电地面的干燥房间内，交流标称电压 380 V 及以下、直流标称电压 220 V 及以下的电气装置外壳，但当维护人员可能同时触及电气装置外壳和接地物件时除外。

②安装在配电屏、控制屏和配电装置上的电测量仪表、继电器和其他低压电器等的外壳，以及当发生绝缘损坏时在支持物上不会引起危险电压的绝缘子金属底座等。

③安装在已接地的金属架构上，且保证电气接触良好的设备。

④标称电压 220 V 及以下的蓄电池室内的支架。

注意事项： *在决定设备或场所是否免除接地要求时，应严格考虑周围环境和操作条件，确保任何例外不会威胁到设备安全和人员安全。即使在不需要接地的情况下，也应定期检查设备和安装环境，确保原有的安全假设仍然成立。*

5.1.4　发电厂和变电站的接地网

发电厂和变电站的接地网设计应遵循安全可靠、经济合理的原则，并满足相关规范的要求。

1. 接地网设计的一般要求

①应掌握工程地点的地形地貌、土壤的种类和分层状况，并应实测或搜集站址土壤及

江、河、湖泊等的水的电阻率、地质电测部门提供的地层土壤电阻率分布资料和关于土壤腐蚀性能的数据，应充分考虑站址处土壤电阻率的不均匀性。

②应根据有关建筑物的布置、结构、钢筋配置情况，确定可利用作为接地网的自然接地极。

③应根据当前和远景的最大运行方式下一次系统电气接线、母线连接的送电线路状况、故障时系统的电抗与电阻比值等，确定设计水平年的最大接地故障不对称电流有效值。

④应计算确定流过设备外壳接地导体（线）和经接地网入地的最大接地故障不对称电流有效值。

⑤接地网的尺寸及结构应根据站址土壤结构和其电阻率，以及要求的接地网的接地电阻值初步拟定，并宜通过数值计算获得接地网的接地电阻值和地电位升高，且将其与要求的限值比较，并通过修正接地网设计使其满足要求。

⑥应通过计算获得地表面的接触电位差和跨步电位差分布，并应将最大接触电位差和最大跨步电位差与允许值加以比较。不满足要求时，应采取降低措施或采取提高允许值的措施。

⑦接地导体（线）和接地极的材质和相应的截面，应设计使用年限内土壤对其的腐蚀，通过热稳定校验确定。

⑧应根据实测结果校验设计。当不满足要求时，应补充与完善或增加防护措施。

2. 接地电阻与均压要求

（1）保护接地要求的发电厂和变电站接地网的接地电阻

①有效接地系统和低电阻接地系统。

a. 接地网的接地电阻宜符合下列公式的要求，且保护接地接至变电站接地网的站用变压器的低压侧应采用 TN 系统，低压电气装置应采用保护总等电位联结系统：

$$R \leqslant 2\,000/I_G \tag{5-3}$$

式中，R 是指采用季节变化的最大接地电阻（Ω）；I_G 是指计算用经接地网入地的最大接地故障不对称电流有效值（A）。

I_G 应采用设计水平年系统最大运行方式下在接地网内、外发生接地故障时，经接地网流入地中并计算直流分量的最大接地故障电流有效值。对其计算时，还应计算系统中各接地中性点间的故障电流分配，以及避雷线中分走的接地故障电流。

b. 当接地网的接地电阻不符合 $R \leqslant 2\,000/I_G$ 的要求时，可通过技术经济比较适当增大接地电阻。

②不接地、谐振接地和高电阻接地系统。

a. 接地网的接地电阻应符合下列公式的要求，但不应大于 4 Ω，且保护接地接至变电站接地网的站用变压器的低压侧电气装置，应采用保护总等电位联结系统：

$$R \leqslant \frac{120}{I_g} \tag{5-4}$$

式中，R 是指采用季节变化的最大接地电阻（Ω）；I_g 是指计算用的接地网入地对称电流（A）。

b. 谐振接地系统中，计算发电厂和变电站接地网的入地对称电流时，对于装有自动跟踪补偿消弧装置（含非自动调节的消弧线圈）的发电厂和变电站电气装置的接地网，计算电流等于接在同一接地网中同一系统各自动跟踪补偿消弧装置额定电流总和的 1.25 倍；对于不装自动跟踪补偿消弧装置的发电厂和变电站电气装置的接地网，计算电流等于系统中断开最大一套自动跟踪补偿消弧装置或系统中最长线路被切除时的最大可能残余电流值。

(2) 确定发电厂和变电站接地网的型式和布置

①110 kV 及以上有效接地系统和 6~35 kV 低电阻接地系统发生单相接地或同点两相接地时，发电厂和变电站接地网的接触电位差和跨步电位差不应超过由下列公式计算所得的数值。

$$U_t = \frac{174 + 0.17\rho_s C_s}{\sqrt{t_s}} \tag{5-5}$$

$$U_s = \frac{174 + 0.07\rho_s C_s}{\sqrt{t_s}} \tag{5-6}$$

式中，U_t 为接触电位差允许值（V）；U_s 为跨步电位差允许值（V）；ρ_s 为地表层的电阻率（Ω·m）；C_s 为表层衰减系数，按《交流电气装置的接地设计规范》附录 C 的规定确定；t_s 为接地故障电流持续时间，与接地装置热稳定校验的接地故障等效持续时间 t_e 取相同值（s）。

②6~66 kV 不接地、谐振接地和高电阻接地的系统，发生单相接地故障后，当不迅速切除故障时，发电厂和变电站接地装置的接触电位差和跨步电位差不应超过下列公式计算所得的数值。

$$U_t = 50 + 0.05\rho_s C_s \tag{5-7}$$

$$U_s = 50 + 0.2\rho_s C_s \tag{5-8}$$

3. 发电厂和变电站水平接地网

①水平接地网应利用直接埋入地中或水中的自然接地极，发电厂和变电站接地网除应利用自然接地极外，还应敷设人工接地极。

②当利用自然接地极和引外接地装置时，应采用不少于 2 根导线在不同地点与水平接地网相连接。

③发电厂（不含水力发电厂）和变电站的接地网，应与 110 kV 及以上架空线路的地线直接相连，并应有便于分开的连接点。6~66 kV 架空线路的地线不得直接和发电厂和变电站配电装置架构相连。发电厂和变电站接地网应在地下与架空线路地线的接地装置相连接，连接线埋在地中的长度不应小于 15 m。

④在高土壤电阻率地区，可采取下列措施降低接地电阻：

a. 在发电厂和变电站 2 000 m 以内有较低电阻率的土壤时，敷设引外接地极；当地下较深处的土壤电阻率较低时，可采用井式、深钻式接地极或采用爆破式接地技术。

b. 填充电阻率较低的物质或降阻剂，但应确保填充材料不会加速接地极的腐蚀和其自身的热稳定性。

c. 敷设水下接地网。水力发电厂可在水库、上游围堰、施工导流隧洞、尾水渠、下游河道或附近的水源中的最低水位以下区域敷设人工接地极。

⑤在永冻土地区可采用下列措施：

a. 将接地网敷设在溶化地带或溶化地带的水池或水坑中。

b. 可敷设深钻式接地极，或充分利用井管或其他深埋在地下的金属构件作接地极，还应敷设深垂直接地极，其深度应保证深入冻土层下面的土壤至少 5 m。

c. 在房屋溶化盘内敷设接地网。

d. 在接地极周围人工处理土壤，降低冻结温度和土壤电阻率。

⑥在季节冻土或季节干旱地区可采用下列措施：

a. 季节冻土层或季节干旱形成的高电阻率层的厚度较浅时，可将接地网埋在高电阻率层下 0.2 m。

b. 已采用多根深钻式接地极降低接地电阻时，可将水平接地网正常埋设。

c. 季节性的高电阻率层厚度较深时，可将水平接地网正常埋设，在接地网周围及内部接地极交叉节点布置短垂直接地极，其长度宜深入季节高电阻率层下 2 m。

4. 发电厂和变电站人工接地网

发电厂和变电站接地网除应利用自然接地极外，应敷设以水平接地极为主的人工接地网，并应符合下列要求：

①人工接地网的外缘应闭合，外缘各角应做成圆弧形，圆弧的半径不宜小于均压带间距的 1/2，接地网内应敷设水平均压带，接地网的埋设深度不宜小于 0.8 m。

②接地网均压带可采用等间距或不等间距布置。

③35 kV 及以上变电站接地网边缘经常有人出入的走道处，应铺设沥青路面或在地下装设两条与接地网相连的均压带。在现场有操作需要的设备处，应铺设沥青、绝缘水泥或鹅卵石。

5. 地电位升高超过 2 000 V 时的接地要求

有效接地和低电阻接地系统中发电厂和变电站接地网在发生接地故障后地电位升高超过 2 000 V 时，接地网及有关电气装置应符合下列要求：

①保护接地接至变电站接地网的站用变压器的低压侧，应采用 TN 系统，且低压电气装置应采用（含建筑物钢筋的）保护等电位联结接地系统。

②应采用扁铜（或铜绞线）与二次电缆屏蔽层并联敷设，扁铜应至少在两端就近与接地网连接。当接地网为钢材时，尚应防止铜、钢连接产生腐蚀。扁铜较长时，应多点与接地网连接。二次电缆屏蔽层两端应就近与扁铜连接。扁铜的截面应满足热稳定的要求。

③应评估计入短路电流非周期分量的接地网电位升高条件下，发电厂、变电站内 6 kV 或 10 kV 金属氧化物避雷器吸收能量的安全性。

6. 人工接地极的要求

①人工接地极可以水平敷设，也可以垂直敷设。水平敷设的人工接地极可采用圆铜、扁铜、铜绞线、铜覆钢绞线、铜覆圆钢或铜覆扁钢；垂直敷设的人工接地极可采用圆铜或

铜覆圆钢等。

②接地网采用钢材时，按机械强度要求的钢接地材料的最小尺寸，应符合表 5-1 的要求。接地网采用铜或铜覆钢材时，按机械强度要求的铜或铜覆钢材料的最小尺寸，应符合表 5-2 的要求。

表 5-1　钢接地材料的最小尺寸

种类	规格及单位	地上	地下
圆钢	直径/mm	8	8/10
扁钢	截面/mm^2	48	48
	厚度/mm	4	4
角钢	厚度/mm	2.5	4
钢管	管壁厚/mm	2.5	3.5/2.5

注：①地下部分圆钢的直径，其分子、分母数据分别对应于架空线路和发电厂、变电站的接地网。
②地下部分钢管的壁厚，其分子、分母数据分别对应于埋于土壤和埋于室内混凝土地坪中。
③架空线路杆塔的接地极引出线，其截面不应小于 50 mm^2，并应热镀锌。

表 5-2　钢或铜覆钢接地材料的最小尺寸

种类	规格及单位	地上	地下
铜棒	直径/mm	8	水平接地极为 8
			垂直接地极为 15
扁钢	截面/mm^2	50	50
	厚度/mm	2	2
铜绞线	截面/mm^2	50	50
铜覆圆钢	直径/mm	8	10
铜覆铜绞线	直径/mm	8	10
铜覆扁钢	截面/mm^2	48	48
	厚度/mm	4	4

注：铜绞线单股直径不小于 1.7 mm；各类铜覆钢材的尺寸为钢材的尺寸，铜层厚度不应小于 0.25 mm。

7. 接地网的防腐蚀设计

①在进行某种设计或计算时，要将腐蚀因素考虑进去，接地装置的设计使用年限，应与地面工程的设计使用年限一致。接地装置的防腐蚀设计，宜按当地的腐蚀数据进行。

②接地网可采用钢材，但应采用热镀锌。镀锌层应有一定的厚度，接地导体（线）与接地极或接地极之间的焊接点，应涂防腐材料。

③腐蚀较重地区的 330 kV 及以上发电厂和变电站、全户内变电站、220 kV 及以上枢纽变电站、66 kV 及以上城市变电站、紧凑型变电站，以及腐蚀严重地区的 110 kV 发电厂和变电站，通过技术经济比较后，接地网可采用铜材、铜覆钢材或其他防腐蚀措施。

8. 具有气体绝缘金属封闭开关设备变电站的接地

①具有气体绝缘金属封闭开关设备的变电站，应设置一个总接地网。其接地电阻的要求应符合《交流电气装置的接地设计规范》关于接地电阻与均压要求的规定。

②气体绝缘金属封闭开关设备区域应设置专用接地网，并应成为变电站总接地网的一个组成部分。该设备区域专用接地网，应由该设备制造厂设计，并应具有下列功能：

a. 应能防止故障时人触摸该设备的金属外壳遭到电击。

b. 释放分相式设备外壳的感应电流。

c. 快速流散开关设备操作引起的快速瞬态电流。

③气体绝缘金属封闭开关设备外部近区故障人触摸其金属外壳时，区域专用接地网应保证触及者手脚间的接触电位差符合下列公式的要求：

$$\sqrt{U_{tmax}^2+(U'_{tomax})^2} < U_t \tag{5-9}$$

式中 U_{tmax}^2——设备区域专用接地网最大接触电位差，由人脚下的点决定；

U'_{tomax}——设备外壳上、外壳之间或外壳与任何水平/垂直支架之间金属到金属因感应产生的最大电压差；

U_t——接触电位差容许值。

④位于居民区的全室内或地下气体绝缘金属封闭开关设备变电站，应校核接地网边缘、围墙或公共道路处的跨步电位差。变电站所在地区土壤电阻率较高时，紧靠围墙外的人行道路宜采用沥青路面。

⑤气体绝缘金属封闭开关设备区域专用接地网与变电站总接地网的连接线，不应少于4根。连接线截面的热稳定校验电流，应按单相接地故障时最大不对称电流有效值的35%取值。

⑥气体绝缘金属封闭开关设备的接地导体（线）及其连接，应符合下列要求：

a. 三相共箱式或分相式设备的金属外壳与其基座上接地母线的连接方式，应按制造厂要求执行。其采用的连接方式，应确保无故障时所有金属外壳运行在地电位水平。当在指定点接地时，应确保母线各段外壳之间电压差在允许范围内。

b. 设备基座上的接地母线应按制造厂要求与该区域专用接地网连接。

c. 连接线的截面，应满足设备接地故障（短路）时热稳定的要求。

⑦当气体绝缘金属封闭开关设备置于建筑物内时，建筑物地基内的钢筋应与人工敷设的接地网相连接。建筑物立柱、钢筋混凝土地板内的钢筋等与建筑物地基内的钢筋，应相互连接，并应良好焊接。室内还应设置环形接地母线，室内各种需接地的设备（包括前述各种钢筋）均应连接至环形接地母线。环形接地母线还应与气体绝缘金属封闭开关设备区域专用接地网相连接。

⑧气体绝缘金属封闭开关设备与电力电缆或与变压器/电抗器直接相连时，电力电缆护层或气体绝缘金属封闭开关设备与变压器/电抗器之间套管的变压器/电抗器侧，应通过接地导体（线）以最短路径接到接地母线或气体绝缘金属封闭开关设备区域专用接地网。气体绝缘金属封闭开关设备外壳和电缆护套之间，以及其外壳和变压器/电抗器套管之间的隔离（绝缘）元件，应安装相应的隔离保护器。

⑨气体绝缘金属封闭开关设备置于建筑物内时，设备区域专用接地网可采用钢导体。置于户外时，设备区域专用接地网宜采用铜导体，主接地网也宜采用铜或铜覆钢材。

5.2 低压电气装置的接地

为了确保人身和设备安全，防止触电事故，低压电气装置的接地是供配电系统中必不可少的重要环节。接地方式的选择直接关系到系统的安全性和可靠性。

5.2.1 低压系统的接地形式

低压电气装置的接地有多种形式，国际电工委员会（IEC）将低压系统接地形式主要分为 IT、TT、TN 三大类，其中 TN 类又可细分为 TN-C、TN-C-S、TN-S 三种形式。

IEC 采用字母代码来表示不同的接地系统，每个字母代表接地系统中的一个特定特征。

（1）第一个字母

表示电源中性点与地的连接方式：

T：表示电源中性点直接接地。

I：表示电源中性点不接地，或通过高阻抗接地。

（2）第二个字母

表示设备外露可导电部分与地的连接方式：

T：表示设备外露可导电部分直接接地，与电源的接地点无关。

N：表示设备外露可导电部分直接与电源中性点连接。

（3）TN 系统中，第三个字母

表示保护零线（PE）和工作零线（N）的组合方式：

C：保护零线与工作零线合为一根 PEN 线。

S：保护零线与工作零线完全分开。

C-S：保护零线与工作零线部分合用，部分分开。

5.2.2 TT 方式供电系统

TT 系统是指电源中性点直接接地，用电设备外露可导电部分也直接接地的系统。通常将电源中性点的接地叫作工作接地，而设备外露可导电部分的接地叫作保护接地。

TT 系统接线图如图 5-6 所示，这两个接地必须是相互独立的。设备接地可以是每一个设备都有各自独立的接地装置，也可以若干设备共用一个接地装置。

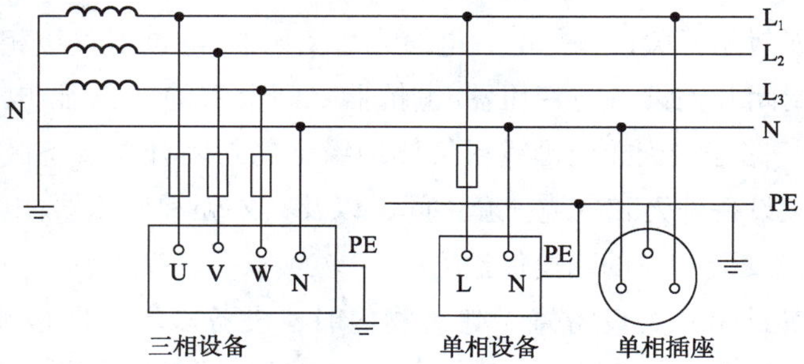

图 5-6　TT 系统接线图

1. TT 系统的特点

(1) TT 系统的优点

TT 系统具有很多优点，使其成为某些应用场景下的理想选择。首先，安全性较高，因为当设备发生接地故障时，故障电流较小，降低了对人身安全的威胁。其次，TT 系统的供电可靠性高，即使电源系统发生接地故障，也不会影响到设备的正常供电。此外，TT 系统安装简单，成本较低，适用于各种经济条件的用户，尤其是在农村或用户分布较为分散的地区，可以有效降低接地工程的成本。

(2) TT 系统的缺点

尽管 TT 系统有其优势，但也存在一些缺点。首先，每个设备或每组设备都需要设置独立的接地装置，这增加了接地工程的成本和施工难度。其次，为了确保人身安全，TT 系统必须安装漏电保护器，对漏电保护器的依赖性较高。最后，TT 系统的接地电阻受季节影响较大，例如，雨季和旱季的接地电阻差异会比较明显，这就需要定期检测和维护接地装置，以确保其正常工作。

2. TT 系统的适用范围

TT 系统适用于多种场合，例如，农村或用户分布较为分散的地区，因为可以降低接地工程的成本；对供电可靠性要求较高，但对接地电阻要求不高的场所，例如，一些小型用户；对电压波动敏感的场所，例如，数据处理中心、精密电子仪器实验室等，可以有效保护敏感设备；以及存在爆炸和火灾隐患的场所，例如，加油站、化工厂等，可以降低电气火灾和爆炸的风险。

5.2.3 TN 方式供电系统

TN 系统是指电源中性点直接接地，设备外露可导电部分通过保护导体与电源中性点直接电气连接的系统。

1. TN 系统的特点

TN 系统具有多种优点，首先是安全性高，因为当发生碰壳短路时，短路电流会经保护导体形成回路，产生足够大的电流使保护装置动作，从而迅速切除故障，有效保护人身和设备安全。其次，TN 系统的接地电阻小，可以有效降低接触电压和跨步电压。此外，TN 系统供电可靠性高，因为电源中性点直接接地可以降低系统阻抗，提高供电的稳定性。最后，TN 系统经济性好，不需要为每个设备设置独立的接地装置，可以节省成本。

需要特别注意的是，在 TN 系统中，禁止将保护零线（PE）和工作零线（N）共同接地，否则会影响系统安全性和保护装置的可靠动作。这是因为 PE 线和 N 线共同接地会导致 PEN 线上流过工作电流，PEN 线的电位不再稳定，可能导致设备外壳带电，增大触电风险。

2. TN 系统的类型

根据保护零线（PE）和工作零线（N）的组合方式，TN 系统分为三种类型：

(1) TN-C 系统

TN-C 系统中，保护零线（PE）和工作零线（N）合为一根 PEN 线，从电源到负载都共用这根 PEN 线。TN-C 系统接线图如图 5-7 所示。

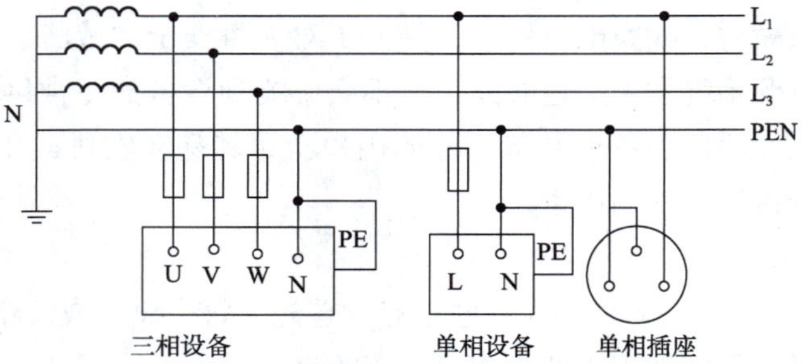

图 5-7　TN-C 系统接线图

①TN-C 系统的特点：TN-C 系统的特点是结构简单，只需要 4 根导线即可构成供电系统，节省了线路成本，而且接线简单，易于操作。然而，TN-C 系统的安全性较差，因为 PEN 线断线或接触不良会导致设备外壳带电，存在触电风险。此外，PEN 线上流过负载电流，容易产生电磁干扰，对周围的电子设备造成干扰。因此，TN-C 系统的适用范围有限，只适用于三相负载基本平衡的情况，且不允许在民用配电中使用。

②TN-C 系统的适用范围：TN-C 系统由于其安全性较差，适用范围比较有限。一般来说，它适用于三相负载基本平衡的小型供电系统，例如一些临时用电场所，以及对安全性要求不高、供电距离较短的场所。需要特别注意的是，根据相关标准和规范，TN-C 系统不允许用于以下场合：民用建筑、人员密集的公共场所，以及存在爆炸和火灾危险的场所。

(2) TN-S 系统

TN-S 系统中，保护零线（PE）和工作零线（N）从电源到负载完全分开设置。TN-S 系统接线图如图 5-8 所示。

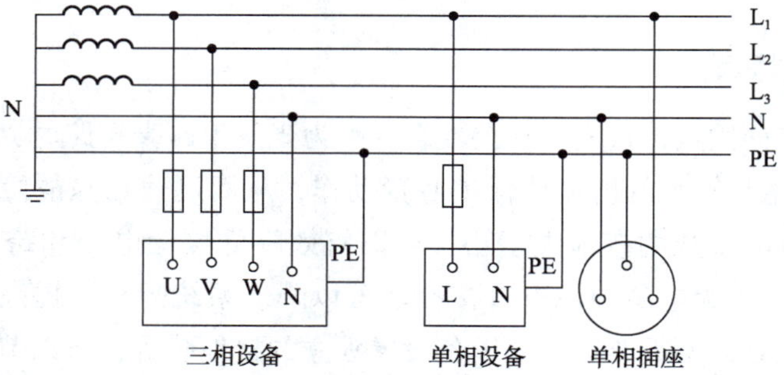

图 5-8　TN-S 系统接线图

①TN-S 系统的特点：TN-S 系统最大的优点是安全性高，由于 PE 线和 N 线完全分开，有效防止了设备外壳带电，保障人身安全。此外，TN-S 系统可靠性高，PE 线断线不会影响 N 线的正常工作，并且抗干扰能力强，PE 线上没有电流流过，不会产生电磁干扰。然而，TN-S 系统也存在一些缺点，例如，成本较高，需要 5 根导线构成供电系统，增加了线路成本；施工也较复杂，接线比 TN-C 系统复杂，需要更高的施工技术。

②TN-S 系统的适用范围：TN-S 系统由于其较高的安全性，适用于各种场所，包括工业建筑（例如，工厂、车间、仓库等）、民用建筑（例如，住宅、学校、医院、商场等），以及对安全性要求较高的场所（例如，计算机房、实验室、手术室等）。

(3) TN-C-S 系统

TN-C-S 系统是 TN-C 系统和 TN-S 系统的结合形式，在电源附近采用 TN-C 系统，在负荷附近采用 TN-S 系统。TN-C-S 系统接线图如图 5-9 所示。

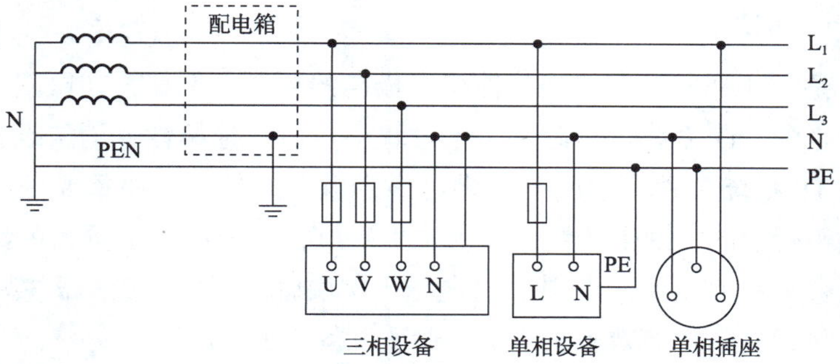

图 5-9　TN-C-S 系统接线图

①TN-C-S 系统的特点：TN-C-S 系统是一种综合了 TN-C 和 TN-S 系统优点的接地方式，它兼顾了经济性和安全性，在保证一定安全性的前提下，节省了线路成本，因此适用范围较广，适用于大多数的低压供配电系统。然而，TN-C-S 系统也存在一些缺点，例如，系统中存在部分 PEN 线，如果 PEN 线断线，会导致部分设备外壳带电，存在安全隐患。为了降低这种风险，需要在 TN-C-S 系统中进行重复接地。

②TN-C-S 系统的适用范围：TN-C-S 系统由于能够兼顾供电可靠性和安全性，因此适用于大多数的低压供配电系统，是大多数低压供配电系统的理想选择，尤其是在线路较长，需要节省线路成本，但同时对供电可靠性和安全性也有一定要求的场所。

5.2.4　IT 方式供电系统

IT 系统是指电源中性点不接地，或通过高阻抗接地，设备外露可导电部分直接接地的系统。IT 系统接线图如图 5-10 所示。

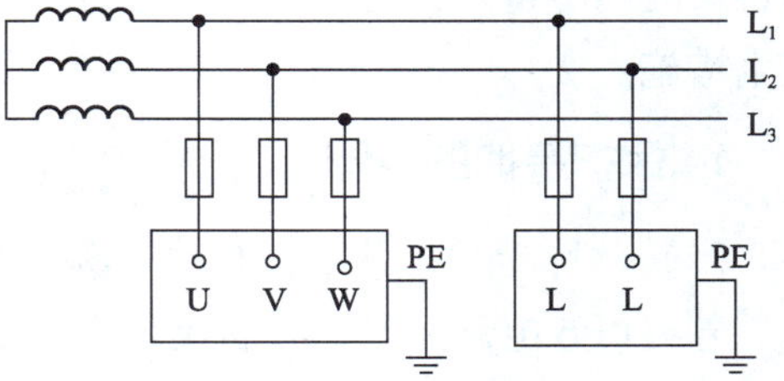

图 5-10　IT 系统接线图

1. IT 系统的特点

(1) IT 系统的优点

IT 系统在供电连续性和安全性方面表现出色。首先，它具有很高的供电连续性，即使发生第一次接地故障，系统也不会立即跳闸，保证了供电的稳定性，这对于医院手术室、应急照明等关键负荷来说尤为重要。其次，IT 系统的安全性也很高，因为第一次接地故障时，故障电流很小，不会对人身安全造成太大威胁，而且可以留出充足的时间进行故障排查和处理，避免了不必要的停电和损失。此外，由于中性点不接地，IT 系统还可以有效抑制谐波电流，减少谐波污染，提高供电质量，为用电设备提供更稳定的运行环境。

(2) IT 系统的缺点

IT 系统也存在一些不足之处。首先，IT 系统的维护较为复杂，需要安装绝缘监察器并进行定期维护，以便监测系统绝缘状态和及时发现接地故障，这增加了维护的工作量和成本。其次，由于需要额外的绝缘监察设备，IT 系统的建造成本也相对较高。此外，虽然 IT 系统可以容忍第一次接地故障，但如果发生第二次接地故障，仍然会导致系统停电，因此需要及时查找和处理第一次接地故障，否则会影响供电的可靠性。

2. IT 系统的适用范围

IT 系统特别适用于那些对供电连续性要求极高的场所。例如，在医院手术室，供电中断可能危及患者生命，IT 系统可以确保手术过程中供电的连续性。消防设备、应急照明等应急电源也需要 IT 系统在紧急情况下提供可靠供电。此外，一些重要的工业生产线，例如，化工、冶金等行业的关键生产线，如果发生停电，可能会导致重大的经济损失或安全事故，因此也适合采用 IT 系统。另外，对电磁干扰敏感的场所，例如，实验室、精密仪器制造车间等，IT 系统也可以有效减少干扰，保证设备的正常运行。

5.2.5 低压电气装置的保护接地

在低压配电系统中，接地是保障电气设备和人身安全的重要措施。将电气装置中某一部位经接地线和接地体与大地做良好的电气连接称为接地。接地主要有工作接地和保护接地两种类型。

工作接地是指为运行需要而将电力系统或设备的某一点接地，如变压器中性点直接接地等。而工作接地通常设置在变压器的中性点上，通过将中性线接地，使得系统的电压和电流能够正常流通。

保护接地是指为防止人身触电事故而将电气设备的某一点接地，如将电气设备的金属外壳接地等。接地保护和接零保护都属于保护接地，都是出于配电系统中对触电防护的考虑，设计者在力所能及的情况下，应该使设备漏电时施加于触电者的接触电压尽量小，故障持续时间尽量短，是为了防止人身触电事故、保证电气设备正常运行所采取的一项重要技术措施。

1. 保护接地的范围

(1) 故障保护措施采用自动切断电源时，外露可导电部分应接 PE 导体

外露可导电部分是“设备上能触及的可导电部分，它在正常情况下不带电，但在基本绝缘损坏时带电”。

(2) 可以不采用故障保护（间接接触防护）措施，即可不接地的情况

①附设在建筑物上，且位于伸臂范围之外的架空线绝缘子的金属支架。

②架空线钢筋混凝土电杆内触及不到的钢筋。

③尺寸很小（约小于 50 mm×50 mm），或因其部位不可能被人抓住或不会与人体部位有大面积的接触，而且难以连接 PE 导体或即使连接，其连接也不可靠的外露可导电部分。

④符合双重绝缘或加强绝缘要求的敷设线路的金属管或用于保护设备的金属外护物。

(3) 采用下列防护措施时，外露可导电部分不应接地

①电气分隔。

②特低电压 SELV。

③非导电场所。

④不接地的局部等电位联结。

2. 保护接地的要求

(1) TN 系统保护接地的要求

电气装置的外露可导电部分应通过 PE 导体接至装置的总接地端子，该总接地端子应连接至供电系统的接地点。

(2) TT 系统保护接地的要求

由同一个保护电器保护的所有外露可导电部分，都应通过 PE 导体连接至这些外露可导电部分共用的接地极上，多个保护电器串联使用时，且在总等电位联结作用范围外，每个保护电器所保护的所有外露可导电部分，都要分别符合这一要求。

5.2.6 保护接地导体（PE）

1. 保护接地导体类型

保护接地导体由下列的一种或多种导体组成：

①多芯电缆中的导体。

②与带电导体共用的外护物的绝缘的或裸露的导体。

③固定安装的裸露的或绝缘的导体。

④符合规定条件的金属的电缆护套、电缆屏蔽层、电缆铠装、金属编织物、同心导体、电缆的金属导管。

如果装置包括带金属外护物的设备，例如，低压成套开关设备和控制设备（见 IEC 61439-1 和 IEC 61439-2）或母线干线系统（见 IEC 60439-2），若金属外护物或框架同时满足以下三项要求，则可用作保护接地导体：

①应能利用结构或适当的连接，使对机械、化学或电化学损伤的防护性能得到保证，从而保证它们的电气连续性。

②应符合最小截面积的要求。

③在每个预留的分接点上，应允许与其他保护导体接地连接。

2. 保护接地导体的电气连续性

①保护接地导体对机械损伤、化学或电化学损伤、电动力和热动力等应具有适当的防护。

保护接地导体之间或保护接地导体与其他设备之间的每处连接（例如，螺栓连接，夹板连接器），应具有持久的电气连续性和足够的机械强度和保护。连接保护接地导体的螺栓不应用作任何其他目的，连接不应采用锡焊。

注意事项：所有的电气连接应有耐受在导体或有最大截面积的电缆/外护物中可出现任何电流/时间组合的符合要求的耐热能力和机械强度。

②为便于检验和测试，除如下所列各项外，保护接地导体的接头都应是可接近的：填充复合物的接头、封装的接头、在金属导管、管槽、母线干线系统的接头、按设备标准，已成为设备的一部分的接头、电焊或铜焊的接头、压力连接的接头。

在保护接地导体中，不应插入开关器件，但为了测试，可设置能用工具拆开的接头。当采用电气监测器进行接地检测时，不应将专用部件（如工作的传感器、线圈、电流互感器）串接在保护接地导体中。

5.3　等电位联结与接地装置

5.3.1　等电位联结的作用与分类

等电位联结是将光伏电站内的金属构架、金属装置、电气设备不带电的金属外壳和电气系统的保护导体等与接地装置做可靠的电气连接。用作等电位联结的保护线称为等电位连接线。

1. 等电位联结的作用

①等电位联结能减小发生雷击时各金属物体、各电气系统保护导体之间的电位差，避免发生因雷电导致的火灾、爆炸、设备损毁及人身伤亡事故。

②等电位联结能减小电气系统发生漏电或接地短路时电气设备金属外壳及其他金属物体与地之间的电压，减小因漏电或短路而导致的触电危险。

③等电位联结有利于消除外界电磁场对保护范围内部电子设备的干扰，改善电子设备的电磁兼容性。对穿过不同防雷区分界处或处在同一防雷区的金属物体及电气系统，都应在分界处做等电位联结。高层建筑或电气系统采用接地故障保护的建筑物内应实施总等电位联结。

2. 等电位联结的分类

等电位联结分为总等电位联结（MEB）、局部等电位联结（LEB）、辅助等电位联结（SEB）三种。

（1）总等电位联结（MEB）

总等电位联结是指将 PE 干线、电气装置接地极的接地干线、建筑物内各种金属管道和金属构件全部连接起来，并与接地装置连接形成等电位。

（2）局部等电位联结（LEB）

局部等电位联结是指在一个局部范围内，将同时能够触及的所有外露可导电部分连接形成等电位。通过局部等电位联结端子板将 PE 干线、公用设施的金属管道、建筑物金属结构等部分互相连通。

(3) 辅助等电位联结（SEB）

在光伏电站做了总等电位联结之后，在伸臂范围内的某些外露可导电部分与装置外可导电部分之间，再用导线附加连接，以使其间的电位相等或更接近，称为辅助等电位联结。辅助等电位联结必须包括固定式设备的所有能同时触及的外露可导电部分和装置外可导电部分。

5.3.2 等电位联结与联结导体

1. 等电位联结

等电位联结是通过导体将一个区域内所有可导电部分连接起来，使其电位相等或接近，从而消除电位差，防止触电事故的一种安全措施。在光伏电站中，等电位联结是保障人身安全和设备可靠运行的重要手段。

联结导体通常采用铜、镀锌钢等导电性能良好的材料。通过这些导体，将光伏组件支架、汇流箱、逆变器、金属管道、钢筋混凝土结构等可导电部分连接起来，形成一个整体的等电位体。

等电位联结的设计原则旨在确保电气系统中所有可导电部分的电位保持一致，以消除电位差，防止触电事故的发生。一个完善的等电位联结系统应遵循以下原则：全面性、可靠性、安全性、经济性。首先，等电位联结应具有全面性，即系统内所有可能产生电位差的可导电部分，如金属管道、钢筋、设备外壳等，都应纳入等电位联结系统，确保整个系统形成一个等电位体。其次，等电位联结的可靠性至关重要，联结导体之间的连接必须牢固可靠，确保良好的导通性，避免因接触不良导致局部电位升高。再次，等电位联结系统的设计和施工应严格遵守相关的电气安全规范。最后，在满足安全要求的前提下，应尽量采用经济合理的材料和施工方式，降低等电位联结系统的成本。通过遵循这些原则，可以设计出安全、可靠、经济的等电位联结系统，有效防止触电事故的发生，提高电气系统的安全性。

2. 联结导体

联结导体是实现等电位联结的关键，它将各个可导电部分连接起来，形成一个等电位体。联结导体作为等电位联结系统的核心，在保障电气系统安全方面发挥着不可或缺的作用。

首先，联结导体通过将光伏电站所有可能产生电位差的可导电部分，如金属管道、钢筋、设备外壳等，连接成一个整体的等电位体，有效地消除了这些导电部分之间的电位差。这样一来，即使在外部电磁干扰或雷击等情况下，也不会产生过高的电压差，从而大大降低了触电的风险。

其次，联结导体为漏电流提供了一条安全泄放的通道。当电气设备发生故障产生漏电流时，若没有有效的等电位联结，漏电流可能在设备外壳或其他导电部分聚集，形成高电位，严重时甚至可能引发火灾。而联结导体则将漏电流迅速引向大地，有效地保护了人身和设备的安全。

此外，联结导体还可以有效地降低电磁干扰。在现代化的电气环境中，各种电气设备产生的电磁场相互干扰的情况非常普遍。等电位联结可以将这些设备的电位统一起来，减少电磁场的辐射，从而提高电气设备的稳定性和可靠性。

更重要的是，等电位联结通过将所有可导电部分连接成一个整体，显著提高了整个系统的安全性。它不仅可以防止触电事故，还可以减少电气火灾等事故发生的可能性。特别是在一些特殊场所，如医院、学校、公共建筑等，等电位联结更是必不可少的安全措施。

在实际工程中，应根据具体的电气系统特点和相关规范要求，合理设计和实施等电位联结系统，以确保其满足安全、可靠、经济的要求。

5.3.3 接地系统的分类与共用接地系统

接地是指电力系统和电气装置的中性点、电气设备的外露导电部分和装置外导电部分等经由导体与大地相连。在光伏电站系统中，接地设计是至关重要的一环，它不仅可以保障电站长期处于安全的运行环境，减少电站的故障频率，提高电站的整体运行效率，还可以防止人身遭受电击、防止设备和线路遭受损坏、预防火灾、防止雷击、防止静电损害和保证电力系统的正常运行，关系到电站的设备安全和人员的安全。

1. 接地系统的分类

在光伏电站中，常见的接地类型有防雷接地、交流工作接地、安全保护接地、屏蔽接地和防静电接地等。

(1) 防雷接地

防雷接地是受到雷电袭击（直击、感应或线路引入）时，为防止造成损害的接地系统。防雷接地作为防雷措施的一部分，其作用是把雷电流引入大地。建筑物和电气设备的防雷主要是用避雷器（包括避雷针、避雷带、避雷网和消雷装置等）的一端与被保护设备相接，另一端连接地装置，当发生直击雷时，避雷器将雷电引向自身，雷电流经过其引下线和接地装置进入大地。此外，由于雷电引起静电感应副效应，为了防止造成间接损害，如房屋起火或触电等，通常也要将建筑物内的金属设备、金属管道和钢筋结构等接地。

(2) 交流工作接地

交流工作接地是将电力系统中的某一点，直接或经特殊设备与大地作金属连接。工作接地主要指的是变压器中性点或中性线（N 线）接地。N 线必须用铜芯绝缘线。在配电中存在辅助等电位接线端子，等电位接线端子一般均在箱柜内。必须注意，该接线端子不能外露；不能与其他接地系统，如直流接地、屏蔽接地、防静电接地等混接；也不能与 PE 线连接。

(3) 安全保护接地

安全保护接地就是将电气设备不带电的金属部分与接地体之间做良好的金属连接。在光伏电站中，主要有逆变器、组件之间和配电箱需要做安全保护接地。

(4) 屏蔽接地

为了防止外来的电磁场干扰，将电子设备外壳体及设备内外的屏蔽线或所穿金属管进行的接地，称为屏蔽接地。这种接地方式在光伏电站中通常用于 RS-485 通信线的屏蔽层接地，在多台逆变器进行 RS-485 串行通信时可以有效防止电磁场对通信的干扰。

(5) 防静电接地

对于一些比较特殊的逆变器安装环境，例如，安装在干燥的机房内，为防止机房干燥环境产生的静电对逆变器的干扰而进行的接地称为防静电接地。防静电的接地装置，可与逆变器的安全接地装置共用。

光伏电站作为长期运行的一套系统，需在设计和施工时做好系统的接地，减少后期不必要的运维，以保障系统长期稳定安全高效的运行。上述这些接地类型的应用可以有效地保障光伏电站的安全运行，标准接地电阻规范要求见表 5-3。

表 5-3　标准接地电阻规范要求

名　称	具体要求
防雷保护接地	独立的防雷保护接地电阻应小于等于 10 Ω
安全保护接地	独立的安全保护接地电阻应小于等于 4 Ω
交流工作接地	独立的交流工作接地电阻应小于等于 4 Ω
直流工作接地	独立的直流工作接地电阻应小于等于 4 Ω
防静电接地	防静电接地电阻一般要求小于等于 100 Ω
共用接地体	（联合接地）应小于接地电阻

2. 共用接地系统

(1) 共用接地系统的定义

共用接地系统是指将光伏电站内的工作接地、保护接地和防雷接地等所需接地的系统连到一个地网上，或者把各系统原来的接地网通过地下或地上的金属连接起来，使他们之间形成电气相通的统一接地网，当发生雷击时，雷电流在各系统上产生的高电压将同时存在各系统的接地线上，这样就使各接地线之间不存在高电位差，基本清除了系统之间的击穿问题（各系统电位相同，两点间没有电流，电位差为零）。

共用接地系统是自然接地体与人工接地体的组合，它的接地电阻值的标准应按信息系统接地设备中要求的最小值确定。如果接地电阻达不到标准时，应外延增加人工接地装置使其达到要求。

(2) 共用接地系统的优点

共用接地系统以其独特的优势在众多工程项目中得到了广泛应用。首先，共用接地系统显著降低了工程成本。通过将多个系统的接地网合并为一个，减少了接地装置的数量，从而降低了初始投资和后续维护费用。其次，共用接地系统提升了系统的可靠性。统一的接地网能够有效地将雷电流和故障电流导入大地，减少系统遭受冲击的概率，提高系统的稳定运行能力。此外，共用接地系统还大大增强了系统的安全性。通过消除系统之间的电位差，有效降低了绝缘损坏、火灾等事故发生的风险，保障了人员和设备的安全。

(3) 共用接地系统的缺点

尽管共用接地系统具有诸多优点，但也存在一些不容忽视的缺点。首先，共用接地系统对系统的干扰性较强。当一个系统发生故障时，产生的干扰电流可能会通过共用接地网传播到其他系统，影响其正常运行。其次，共用接地系统的设计和施工相对复杂。需要综合考虑各个系统的接地要求，并进行详细的计算和分析，以确保系统的安全可靠。此外，共用接地系统的维护也相对复杂，需要定期检查和维护各个连接点，以防止接触不良等问题。

(4) 共用接地系统的应用场景

共用接地系统在现代工程中得到了广泛应用，其应用范围涵盖了多个领域。在光伏电站中，共用接地系统可以有效地将光伏组件、逆变器、监控系统等设备的接地网连接起来，提高系统的整体可靠性。在建筑物中，共用接地系统可以将电力系统、通信系统、防雷系统等多个系统的接地网连接起来，确保建筑物内的电气安全。在工业园区中，共用接地系统可以将多个厂房、设备的接地网连接起来，形成一个统一的接地系统，提高整个园区的电气安全水平。

(5) 共用接地系统的设计要点

共用接地系统的设计是确保系统安全可靠运行的关键。首先，接地电阻是设计中的重要参数。应根据相关标准和规范确定接地电阻的最小值，并通过增加人工接地体等措施确保接地电阻符合要求。其次，接地网的布置应均匀合理。接地网的形状、尺寸和埋深应根据具体情况进行设计，并与建筑物基础等金属构件可靠连接。此外，接地线的选型和敷设也至关重要。接地线应选用截面积足够、连接可靠的导体，并采取有效的防腐措施。最后，等电位联结是共用接地系统设计中的一个重要环节。所有需要接地的设备和金属构件都应通过等电位联结，确保电位一致，避免电位差过大引起电弧放电。

5.3.4 接地装置的种类与导体选择

接地装置由接地体和接地线组成。埋入地下直接与大地接触的金属导体称为接地体，将电气装置中必须接地部分与接地体连接起来的金属导体称为接地线，若干接地体在大地中互相用导体连接起来组成的整体称为接地网。

接地体是埋在土壤中的金属体，如钢管、角钢、扁钢等，长约 2.5 m。接地体可水平埋设，也可垂直埋设。水平埋设时一般采用扁钢制作接地体，埋基深度应不小于 0.6 m。垂直埋设时一般采用壁厚约 3.5 mm 以上的钢管、角钢。

用扁钢焊在接地体上作为引出导体，在引出导体上焊上螺栓与接地线连接。接地线一般采用绝缘铜线、裸铜线。按地线的最小截面积：绝缘铜线为 1.5 mm^2，裸铜线为 4 mm^2。

1. 接地装置的种类

接地装置是将电气设备与大地进行电气连接的装置，其主要目的是保障人身安全、设备安全和系统的稳定运行。

接地装置按其结构可分为自然接地极和人工接地极。

(1) 自然接地极

交流电气装置的接地宜利用直接埋入地中或水中的自然接地体，如建（构）筑物的钢筋混凝土基础（外部包有塑料或橡胶类防水层的除外）中的钢筋，金属管道（可燃液体、气体管道除外）、电缆金属外皮、深井金属管壁等。工程中基本都采用建筑物的基础作为自然接地极，基础中基本都有钢管桩和水泥桩，桩基和地梁中均含有钢筋，因此可以作为接地极，接地极中电流可以通过基础在潮湿的土层中可以向四周流散。当自然接地体不满足接地电阻要求时，应补设人工接地极。

对变电站的接地装置除利用自然接地体外，还应敷设人工接地极。但对于3～20 kV变配电站，当采用建筑物基础作自然接地体且接地电阻又满足规定值时，可不另设人工接地极。此外，自然接地体还应满足热稳定的要求。

当利用自然接地体和外引接地极时，应采用不少于两根导体在不同地点与接地网相连接。

(2) 人工接地极

在自然接地极达不到规范要求时，需要人为设置人工接地极。接地装置的人工接地极包括水平敷设的接地极和垂直敷设的接地极，水平接地极可采用圆钢、扁钢；垂直接地极可采用角钢、圆钢或钢管；也可采用金属板状接地极。一般优先采用水平敷设的接地极。接地极埋入地下深度一般不小于0.7 m，腐蚀较重的地区，人工接地极应采用铜或铜覆钢材。

需要强调的是，接地效果的好坏受多种因素影响，其中土壤的电阻率是最关键的因素之一。不同类型的土壤，其导电性差异很大，直接影响接地电流的散流能力。此外，接地装置的埋设深度和间距也起着重要作用，埋设越深、间距越大，与土壤的接触面积就越大，从而降低接地电阻。气候条件也会对接地效果产生影响，高温、干燥的环境会增加土壤的电阻率，而潮湿的环境则会降低土壤的电阻率。除了上述因素外，接地装置的材质、形状、尺寸以及周围环境的干扰等，都会对接地效果产生一定的影响。因此，在设计和施工接地系统时，必须综合考虑这些因素，选择合适的接地装置，并采取相应的措施，以确保接地系统的可靠性。

此外，选择合适的接地装置是确保电气系统安全可靠运行的关键。在选择接地装置时，需要综合考虑多种因素。首先，设备的类型和重要性决定了接地装置的性能要求，对于关键设备，应优先选择性能更稳定、可靠性更高的接地装置。其次，土壤的电阻率对接地效果影响显著，不同类型的土壤具有不同的导电性，因此需要根据土壤的具体情况，选择合适的接地极材料和埋设方式，以降低接地电阻。此外，接地电流的大小也是一个重要考虑因素，应根据设备可能产生的最大接地电流，选择具有足够承载能力的接地线，以确保在发生故障时能够安全导流。最后，在设计和施工接地装置时，必须严格遵守国家和地方的相关规范和标准，以保证接地系统的安全性、可靠性和长期稳定运行。通过合理选择和设计接地装置，可以有效降低接地电阻，提高电气系统的抗干扰能力和安全性。

2. 接地装置的导体选择

(1) 接地装置导体选择的原则

接地装置的导体选择是确保接地系统安全、可靠运行的关键。在选择导体时，应遵循以下原则：

①导电性能优良：接地导体应具有良好的导电性能，以确保故障电流能够迅速、有效地流入大地，降低接地电位，防止触电事故的发生。

②耐腐蚀性强：埋入地下的接地导体长期暴露于土壤中，容易受到土壤酸碱度、湿度等因素的影响而发生腐蚀。因此，选择耐腐蚀性能强的材料，可以延长接地装置的使用寿命，保证接地系统的可靠性。

③机械强度高：接地导体在安装和使用过程中可能会受到外力的作用，因此应具有足够的机械强度，以保证其结构的完整性，避免因机械损伤而影响接地效果。

④经济性：在满足上述性能要求的前提下，应尽可能选择经济适用的材料，以降低工程造价。

⑤可加工性好：接地导体应易于加工、弯曲和连接，以适应各种复杂的施工环境。

（2）接地装置导体材料的选择

接地装置接地体的材料和尺寸的选择，应使其既耐腐蚀又具有适当的机械强度。用于接地的接地体，考虑腐蚀和机械强度要求的埋入土壤或混凝土内的常用材料接地体的最小尺寸见表 5-4。

表 5-4　考虑腐蚀和机械强度要求的埋入土壤或混凝土内的常用材料接地体的最小尺寸

材料和表面	形状	直径/mm	截面积/mm^2	厚度/mm	镀层质量/（g/m^2）	镀层/外护层厚度/μm
埋在混凝土内的钢材（裸、热镀锌或不锈钢）热浸镀锌钢	圆线	10				
	条状或带状		75	3		
热浸镀锌钢	带状或成型带/板-实体板-花格板		90	3	500	63
	垂直安装的圆棒	16			350	45
	水平安装的圆线	10			350	45
	管状	25		2	350	45
	绞线（埋在混凝土内）		70			
	垂直安装的型材		（290）	3		
铜包钢	垂直安装的圆棒	（15）				2 000
电沉积铜包钢	垂直安装的圆棒	14				250
	水平安装的圆线	（8）				70
	水平安装地带		90	3		70
不锈钢	带状或成型带/板		90	3		
	垂直安装的圆棒	16				
	水平安装的圆线	10				
	管状	25		2		
铜	带状		50	2		
	水平安装的圆线		（25）50			

<table>
<tr><th>材料和表面</th><th>形状</th><th>直径/mm</th><th>截面积/mm²</th><th>厚度/mm</th><th>镀层质量/(g/m²)</th><th>镀层/外护层厚度/μm</th></tr>
<tr><td rowspan="5">铜</td><td>垂直安装的圆棒</td><td>(12) 15</td><td></td><td></td><td></td><td></td></tr>
<tr><td>绞线</td><td>每股 1.7</td><td>(25) 50</td><td></td><td></td><td></td></tr>
<tr><td>管状</td><td>20</td><td></td><td>2</td><td></td><td></td></tr>
<tr><td>实体板</td><td></td><td></td><td>(1.5) 2</td><td></td><td></td></tr>
<tr><td>花格板</td><td></td><td></td><td>2</td><td></td><td></td></tr>
</table>

注：括号内的数值仅适用于电击防护，不在括号内的数值适用于雷电防护和电击防护。

①铬≥16%，镍≥5%，钼≥2%，碳≤0.08%。

②如轧制带状或带圆角的切割的带状。

③镀层应均匀、连续和无斑点。

④经验表明，在腐蚀和机械损伤风险极低的场所，可采用 16 mm。

⑤此厚度是为在安装中铜镀层能耐受机械损伤而规定的，如果能按制造商说明书要求采取特殊措施（例如，先在地面上钻孔洞或在接地极顶端上安装保护套）以免铜镀层受机械损伤，则此厚度可减少至不小于 100 μm。

接地装置的接地导体的截面积应符合相关设计要求的规定，其最小截面积不应小于 6 mm^2（铜）或 50 mm^2（钢）。

在 TN 系统中，若预期通过接地体的故障电流不明显，则接地导体尺寸可按表 5-5 中总等电位联结导体的截面确定。

表 5-5　保护等电位联结导体的截面

<table>
<tr><th rowspan="2">取值</th><th colspan="6">类　别</th></tr>
<tr><th>总等电位联结导体</th><th colspan="3">局部等电位联结导体</th><th colspan="2">辅助等电位联结导体</th></tr>
<tr><td rowspan="2">一般值</td><td colspan="2" rowspan="2">不小于进线的最大 PE/PEN 导体截面积的 1/2</td><td colspan="2" rowspan="2">其电导不小于局部场所进线最大 PE 导体截面积 1/2 的导体所具有的电导①</td><td>两电气设备外露导电部分之间</td><td>其电导不小于接至两设备外露可导电部分的较小的 PE 导体的电导</td></tr>
<tr><td>电气设备外露导电部分与外界可导电部分之间</td><td>其电导不小于相应 PE 导体截面积 1/2 的导体所具有的电导</td></tr>
<tr><td rowspan="5">最小值</td><td rowspan="2">铜导体</td><td rowspan="2">6 mm²</td><td colspan="2">单独敷设时</td><td colspan="2">单独敷设时</td></tr>
<tr><td>有机械保护时</td><td>铜导体 2.5 mm²
或铝导体 16 mm²</td><td>有机械保护时</td><td>铜导体 2.5 mm²
或铝导体 16 mm²</td></tr>
<tr><td>铝导体②</td><td>16 mm²</td><td rowspan="2">无机械保护时</td><td rowspan="2">铜导体 4 mm²
或铝导体 16 mm²</td><td rowspan="2">无机械保护时</td><td rowspan="2">铜导体 4 mm²
或铝导体 16 mm²</td></tr>
<tr><td>钢导体</td><td>50 mm²</td></tr>
<tr><td>铜镀钢</td><td>25 mm²</td><td>—</td><td>—</td><td>—</td><td>—</td></tr>
<tr><td rowspan="3">最大值</td><td>铜导体</td><td colspan="3">25 mm²</td><td colspan="2" rowspan="3">—</td></tr>
<tr><td>铝导体</td><td colspan="3" rowspan="2">按与 25 mm² 钢导体载流量相同确定</td></tr>
<tr><td>钢导体</td></tr>
</table>

注：①表示场所内最大 PE 导体截面。

②表示不允许采用无机械保护的铝导体。采用铝导体时，应保证铝导体连接处的持续导通性。

在选择和连接接地导体时，需要注意以下几点：第一，铝导体不应用作接地导体；第二，接地导体与接地体的连接应采用热熔焊、压力连接器、夹板或其他的适合的机械连接器，若采用夹板进行连接，则不得损伤接地体或接地导体；第三，如果仅靠锡焊连接的连接件或固定件因不能提供可靠的机械强度，不应独立地使用。

（3）总接地端子要求

总接地端子需满足以下要求：

①在采用保护联结的每个装置中都应配置总接地端子，并应将下列导体与其连接：保护联结导体、接地导体、PE 导体、功能接地导体（如相关）。

多个接地端子配置场所，其接地端子应相互连接。

②接到总接地端子上的每根导体，都应能被单独地拆开。这种连接应当牢固可靠，而且只有用工具才能拆开。

5.3.5 接地装置防腐措施

1. 主接地网的防腐措施

主接地网通常由金属构成，长期埋置于土壤中，容易受到腐蚀。为了延长其使用寿命，可以采取以下防腐措施：

（1）材料选择

不同材料的耐腐蚀性不同，通常情况下，不锈钢和铜由于其良好的耐化学腐蚀性而被广泛使用于接地网的构建中。不锈钢具有自然的钝化层，能够抵抗大多数土壤类型的腐蚀。铜虽然价格较高，但其优异的导电性和耐腐蚀性使得在需要长期稳定性的场合中得到应用。此外，镀锌材料也是一种经济有效的选择，尤其是在短期项目或腐蚀性较低的环境中。

（2）防腐涂层

防腐涂层的应用是防止接地网直接暴露于腐蚀性环境中的有效手段。环氧树脂涂料因其出色的化学稳定性和附着力而被广泛使用。这种涂层能够形成一层坚硬的保护层，隔绝金属与腐蚀性土壤环境的直接接触，有效延缓腐蚀过程。应用防腐涂层时需要注意均匀涂覆，确保没有遗漏，以免形成腐蚀的微电池。

（3）牺牲阳极保护

牺牲阳极保护是一种通过牺牲较易腐蚀的材料来保护主要金属的方法。镁或锌块作为牺牲阳极，它们的电化学活性比铜和不锈钢更高，会优先于接地网中的金属发生腐蚀。这种方法的效果依赖于牺牲阳极与接地网之间的正确连接和足够的阳极材料储备。

2. 接地引下线的防腐措施

接地引下线是防雷系统的关键组成部分，其防腐措施至关重要，以确保系统的长期有效性和安全。除了基本的绝缘保护、导管保护和定期检查之外，还应考虑以下几点来进一步加强防腐能力：

（1）材料选择

选择具有良好耐腐蚀性能的材料制作引下线，如镀锌钢或不锈钢，以增强其抵抗环境因素的能力。

(2) 涂层保护

为引下线应用防腐涂料，如环氧树脂或其他专用防腐涂料，以形成保护屏障，阻挡水分和腐蚀性化学物质的侵袭。

(3) 牺牲阳极保护

采用牺牲阳极技术，通过牺牲一个较易腐蚀的金属（如镁或锌），来保护引下线免受腐蚀。这种方法在海洋或高盐分环境中尤其有效。

(4) 电化学保护

在某些高要求的应用中，可以采用外加电流法（阴极保护），通过施加一个外部电流来阻止腐蚀过程。

(5) 环境考量

在设计和安装防雷系统时，考虑到周围环境对材料的影响，特别是在化学腐蚀严重或土壤导电性高的区域，应采用额外的防护措施。

(6) 安装技巧

确保引下线的安装符合专业标准，避免因安装不当而导致损伤或腐蚀，特别是在连接处和转角处应给予额外关注。

3. 电缆沟的防腐措施

为确保电缆沟及其内部设备的长期安全与稳定，采取有效的防腐措施至关重要。以下是几种提升电缆沟防腐性能的策略：

(1) 沟道排水

建立有效的排水系统，确保电缆沟内不会积水，避免水分滞留引起的腐蚀问题。应设计有足够坡度的排水沟，使积水能够快速排出，同时也可安装排水泵确保在极端天气条件下也能有效排水。

(2) 沟道材料

选用耐腐蚀材料制造电缆沟是预防腐蚀的基础。混凝土沟道可以内衬 HDPE 或其他耐化学腐蚀的塑料材料，提供额外的防护层，防止直接接触可能引起腐蚀的环境因素。

(3) 电缆保护

电缆本身也需采取措施保护，尤其是电缆接头和终端处。可以使用防腐包带或专用的防腐涂料对电缆进行额外保护，以防水分和化学物质直接侵蚀电缆外皮。

(4) 防腐涂料

在电缆支架和沟道内壁涂覆防腐涂料，如环氧树脂等，可以有效隔绝腐蚀因子，尤其适用于化学气体腐蚀较为严重的地区。

(5) 定期检查与维护

建立定期检查与维护制度，监测电缆沟和电缆的腐蚀状况，及时处理积水和修补损坏的防腐层，是确保电缆沟长期稳定运行的关键。

5.3.6 接地导体的连接

接地导体的连接应牢固可靠，保证其电气连续性符合要求，并应符合下列要求：

①钢质接地导体连接处应焊接。如采用搭接焊，其搭接长度必须不小于扁钢宽度的 2 倍或圆钢直径的 6 倍；铜质或铜包钢导体宜采用放热焊接，以确保连接牢固。

架空线路 PEN 导体的连接，可采用与相导体相同的连接方法。

在潮湿或腐蚀性环境下，为防止连接处生锈影响导电性能，应优先采用焊接方式。若必须使用螺栓连接，则须采取可靠的防锈措施。

②接地导体与接地体的连接应牢固，且有良好的导电性能。这种连接应采用放热焊接、压接器、夹具或其他机械连接器。其中，焊接方式是优先考虑的。对于不同材质的接地导体，应选择相应的连接方式。例如，铜质或铜包钢接地导体宜采用放热焊接。在使用机械连接方式时，必须注意按照厂家说明书进行操作，以确保连接的可靠性。同时，应避免使用锡焊连接，因为它不能提供足够的机械强度。用螺栓连接时应设防松螺母或防松垫片。

③接地导体与管道等伸长接地体的连接是接地系统施工的重要环节。为了保证连接的质量，应优先采用焊接方式。焊接前应清理连接部位，保证焊接质量。如果焊接存在困难，可以使用管卡进行连接，但应注意管卡的规格选择和紧固力矩。连接处应选择在易于操作且便于检查的位置。

在进行管道检修时，应提前做好接地系统的保护措施，防止接地回路断开。在管道上的测量仪表、阀门等连接处，应设置可靠的跨接线，以保证接地回路的连续性。

④带金属外壳的插座通常设有接地孔，插座内的接地触头应与金属外壳紧密接触，以确保漏电电流能够通过接地线安全导向大地，从而保护人身安全。

⑤为了确保用电安全，每个需要接地的电力设备都应单独设置一条接地线，并直接连接到接地干线上，严禁将多个设备的接地线串联在一起。这样做可以有效防止漏电时电流通过人体，保障人身安全。

⑥为了确保接地系统的可靠性，钢筋混凝土结构中的钢筋必须形成连续的电气通路。各钢筋混凝土体之间应采用焊接、夹接或其他可靠方式进行连接，以满足相关规范的要求。

⑦为了确保接地系统的可靠性，利用穿线钢管作为接地线时，引向电气设备的钢管与电气设备之间的连接必须符合相关电气规范的要求，保证良好的电气连续性。

⑧根据电气安装规范，当采用串联的金属构件作为接地线时，为了保证良好的导电性能，各金属构件之间的连接必须采用截面不小于 100 mm^2 的钢材进行焊接。

⑨根据相关电气规范，在土壤中不宜使用裸铜线作为接地体引入线。为了避免电化学腐蚀，建议采用钢材与基础钢筋连接，以确保接地系统的长期可靠性。

5.4　光伏电站接地系统典型案例

5.4.1　大型地面光伏电站升压站接地系统

1. 项目名称

宁夏某 40 MW 光伏电站项目。

2. 项目地点

宁夏某平原地区。

3. 项目概述

该项目位于宁夏某平原地区，地势平坦开阔，土壤电阻率较低。项目总装机容量为 40 MW，由多个光伏方阵和一座 110 kV 升压站组成。升压站内包括综合楼、配电房、35 kV 配电装置区、主变压器等。其主要电气设备包括 2 台 20 MVA 主变压器、1 套 SVG 无功补偿装置等。升压站是光伏电站的核心区域，集中了大量的电气设备，因此其接地系统的安全可靠性至关重要。图 5-11 所示为该项目大型地面光伏电站升压站接地系统图。

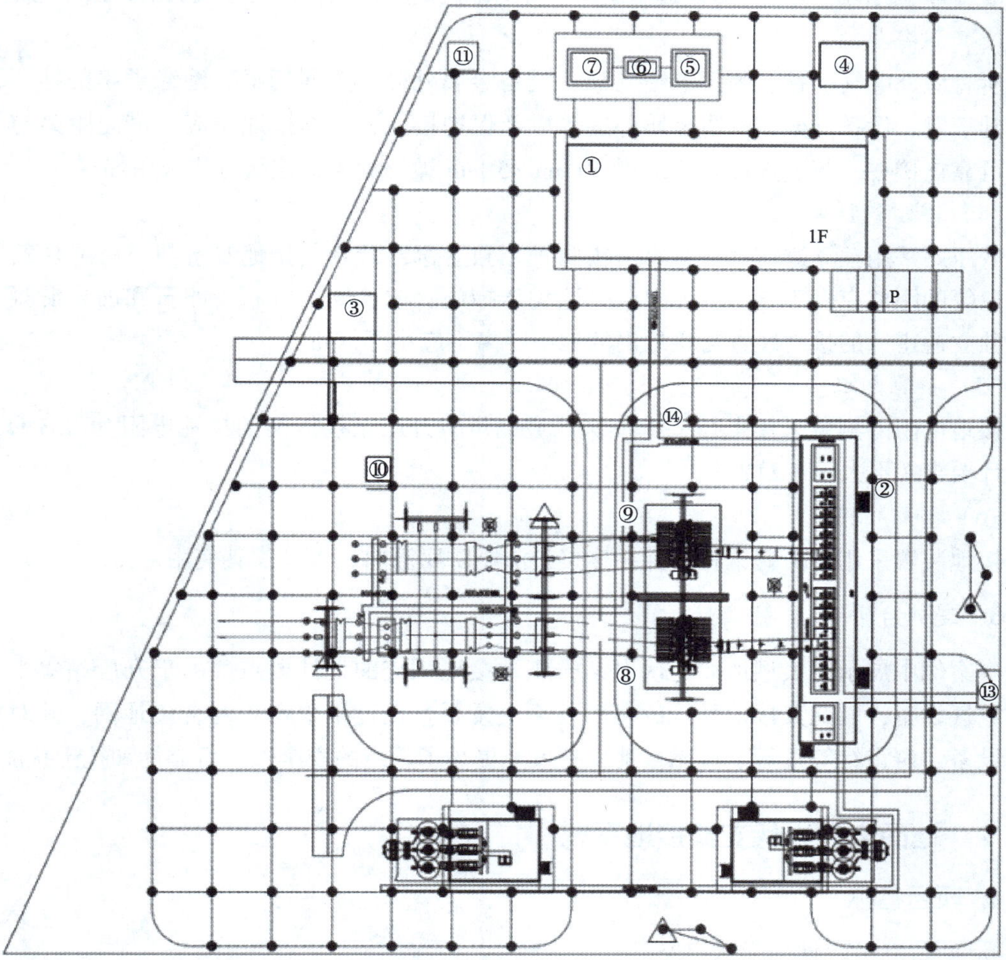

建构筑物一览表

编号	名称	编号	名称	编号	名称	编号	名称
1	综合楼	5	化粪池	9	2#变压器	13	电缆盘坑
2	35 kV配电室	6	一体化污水处理设备	10	事故油池	14	SVG室一
3	门卫室	7	蓄水池	11	临变	15	SVG室二
4	水泵房	8	1#变压器	12	避雷针	16	小电阻成套装置

图 5-11　大型地面光伏电站升压站接地系统图

4. 设计要点

(1) 接地网

升压站采用复合接地网，由水平接地体和垂直接地体组成。水平接地体采用 50 mm×5 mm 镀锌扁钢，埋深 0.8 m，构成网格状，网格尺寸为 8 m×8 m。垂直接地体采用 ϕ16 mm 热镀锌圆钢，长度为 2.5 m，均匀布置在水平接地网的周边和内部。综合楼四周采用 50 mm×5 mm 镀锌扁钢与光伏阵列区接地网可靠连接，以降低接地电阻。

(2) 电缆沟接地

电缆沟内敷设 50 mm×5 mm 镀锌扁钢作为接地干线，每隔 20 m 以不同两点与主接地网可靠连接。与地网的连接点应尽量远离避雷针等与地网的连接点，以免造成反击，损坏电缆。

(3) 设备接地

所有屋外电气设备、固定电缆支架、设备金属外壳、金属门框、绝缘子串的挂环、设备基础槽钢、设备支架、电缆金属外皮等以及保护接地、工作接地均应以最短距离与主接地网可靠连接在一起。连接导体采用 50 mm×5 mm 镀锌扁钢，连接方式采用焊接。

(4) 避雷针接地

升压站采用独立避雷针进行直击雷防护。独立避雷针及其接地装置与道路或建筑物的出入口等的距离应大于 3 m，否则应采取均压措施，或者铺设砾石、卵石和沥青混凝土路面。独立避雷针的接地装置与接地网的地中距离不应小于 3 m。

(5) 接地电阻

接地电阻的测量采用电压—电流法。经测量，升压站接地网的接地电阻为 0.3 Ω，满足设计要求（不大于 1 Ω）。

(6) 防腐措施

接地装置采用热镀锌钢材，并在连接处涂刷防腐涂料，以延长其使用寿命。

5. 案例分析

本案例中展示了大型地面光伏电站升压站接地系统的设计要点。由于升压站集中了大量的电气设备，因此其接地系统的可靠性至关重要。设计中采用了复合接地网，并对电缆沟、设备、避雷针等进行了可靠接地，有效地提高了系统的安全性、可靠性和抗干扰能力。

5.4.2 地面电站光伏支架接地系统

1. 项目名称

湖南某 10 MW 地面光伏电站。

2. 项目站点

湖南某山地。

3. 项目概述

该项目位于湖南某山地，地形较为复杂，场区土壤电阻率较高。电站装机容量为 10 MW，采用固定式支架安装光伏组件，支架基础为混凝土独立基础。根据国家标准

GB 50057—2010《建筑物防雷设计规范》的要求，以及光伏电站的设计规范，所有光伏组件支架需连接成电气整体，形成等电位连接，并与电站的接地系统可靠连接，以确保人员和设备安全。地面电站光伏支架接地系统如图 5-12 所示。

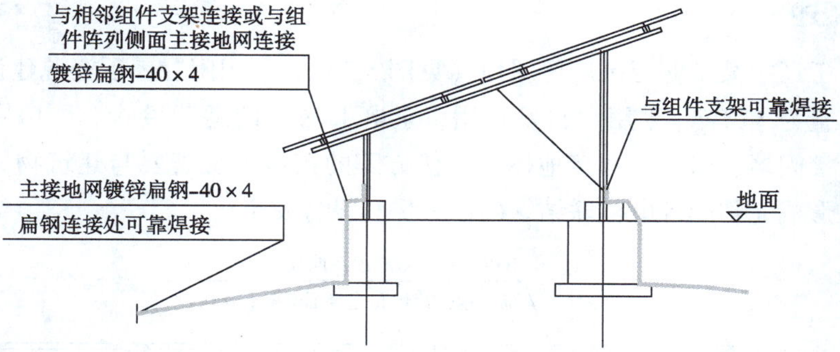

图 5-12　地面电站光伏支架接地系统

4. 设计要点

(1) 接地网

电站采用共用接地装置，接地网敷设于光伏阵列区下方，由 40 mm×4 mm 热镀锌扁钢组成，构成闭合回路。接地网的外缘应闭合，且各角应做成圆弧状，圆弧半径不小于 6 m。接地电阻按不大于 4 Ω。

(2) 支架接地

在组件支架基础处，每组支架两侧通过一根 40 mm×4 mm 热镀锌扁钢与相邻支架相连，保证每组支架至少有两点引出与接地网可靠连接。

(3) 埋设深度

人工接地装置在土壤中的埋设深度不小于 0.7 m，以保证接地装置的有效性和稳定性。

(4) 连接方式

①接地线与接地体、接地线与接地线的连接均采用焊接，确保连接的可靠性和导电性。

②接地线采用搭接焊接时，搭接长度应为扁钢宽度的 2 倍，并对焊点进行防腐处理，以增强连接强度和防腐性能。

③接地线与电气设备的连接可采用螺栓连接并加弹簧垫圈等防振措施，并对螺栓连接处进行防锈处理。

5. 案例分析

本案例中，光伏支架接地系统的设计充分考虑了山地环境和土壤电阻率较高的因素，采用了闭合回路的接地网、多点连接的支架接地方式，并对接地装置的埋设深度、连接方式和防腐措施进行了明确规定，有效地提高了系统的安全性、可靠性和抗干扰能力，保障了光伏电站的长期安全运行。

5.4.3　屋顶分布式电站光伏方阵等电位联结

1. 项目名称

辽宁某 5 MW 屋顶分布式光伏电站。

2. 项目站点

辽宁某工业园厂房屋顶。

3. 项目概述

该项目位于辽宁某工业园区厂房屋顶（见图 5-13），利用闲置屋顶资源建设分布式光伏电站，装机容量为 5 MW，采用“自发自用，余电上网”的运营模式。厂房屋顶已设有防雷系统，包括接闪器、引下线和接地体。光伏方阵的接地系统需要与建筑物原有防雷接地系统相结合，形成完整的等电位联结，确保人员和设备安全。

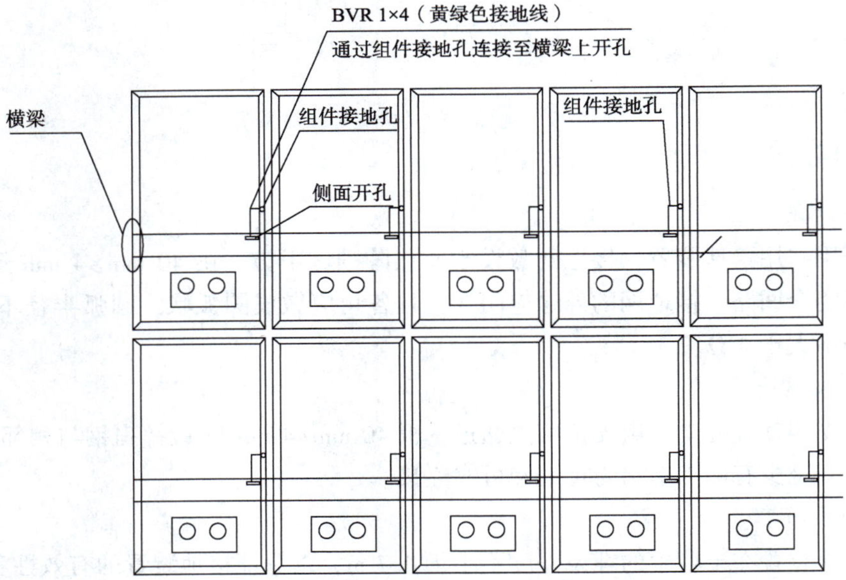

图 5-13 屋顶分布式电站光伏方阵等电位联结

4. 设计要点

(1) 利用原有接地系统

屋面光伏组件的接地系统应首先利用建筑物原有的防雷接地系统。

(2) 增设接地体

如果原有接地系统不满足要求（接地电阻不大于 4 Ω），则需要在建筑物室外增设人工接地体，直至满足要求为止。人工接地体采用间距 10 m，2.5 m 长的 5 号角钢作为垂直接地体，角钢之间采用 50 mm×5 mm 的热浸镀锌扁钢可靠连接。

(3) 方阵等电位联结

光伏方阵采用 25 mm×4 mm 热浸镀锌扁钢将组件方阵四周连接成环，形成等电位联结，并与原建筑防雷网可靠联结。组件与组件之间通过 BVR 1×4 mm^2 黄绿接地线连接至支架，支架再连接至 25 mm×4 mm 的热浸镀锌扁钢，最终接入整个接地系统。

(4) 设备接地

所有用电设备的外露可导电部分均应进行保护接地。设备外壳接地采用 BVR 16 mm^2 线与接地网可靠连接，连接处宜采用 OT 型铜线鼻。

(5) 桥架接地

金属桥架及支架全长应不少于2处与接地干线相连，确保桥架系统的等电位联结。

(6) 接地电阻

光伏方阵的接地电阻应不大于4 Ω，满足国家标准的要求。

5. 案例分析

本案例中，屋顶分布式电站光伏方阵等电位联结的设计展示了如何在屋顶分布式光伏电站中实现可靠的等电位联结和接地。通过将光伏方阵、支架、设备等与建筑物原有的防雷接地系统相结合，并根据需要增设接地体，可以有效地降低触电风险，提高系统的安全性。同时，这种设计方案也充分考虑了经济性，最大限度地利用了原有资源，节省了工程成本。此外，案例还强调了光伏方阵等电位联结和接地电阻测量的重要性，为屋顶分布式光伏电站的接地设计提供了参考。

拓展阅读　接地系统——保障多领域安全稳定

接地系统就像一个默默守护的卫士，广泛应用于电力系统、电子设备、通信设施等各个领域，保障人身安全、设备安全和系统稳定运行。它通过将电流引导至大地，防止触电事故，限制过电压，并减少电磁干扰。

1. 电力系统中的应用

(1) 特高压直流输电系统

随着特高压直流输电技术的快速发展，接地系统的设计面临新的挑战。例如，±800 kV特高压直流输电线路的接地体需要深入地下数十米，才能保证接地电阻满足要求。

(2) 柔性直流输电系统

柔性直流输电系统中，换流站的接地系统设计需要考虑换流阀的特殊需求，例如需要设置专门的阀厅接地网。

(3) 海上风电场

海上风电场的接地系统设计需要考虑海水腐蚀、海床地质条件等因素，例如采用牺牲阳极等防腐措施。

2. 电子设备中的应用

(1) 数据中心

现代数据中心拥有大量的服务器、网络设备等电子设备，对供电质量和电磁环境要求极高。接地系统的设计需要考虑等电位联结、屏蔽接地、防雷接地等多种因素，以确保设备的稳定运行和数据的安全。

(2) 工业自动化控制系统

工业自动化控制系统中，各种传感器、控制器、执行器等设备都需要进行可靠的接地，以防止干扰和误动作，保证生产过程的安全稳定。

3. 通信设施的接地

(1) 移动通信基站

移动通信基站的天线、馈线、设备等都需要进行接地，以防止雷击和电磁干扰，保证通信信号的质量。

(2) 卫星地面站

卫星地面站的天线、接收机等设备需要进行接地，以减少干扰，提高信号接收的灵敏度。

4. 其他领域的应用

(1) 医疗设备

除了前面提到的防止漏电流对病人造成伤害，医疗设备的接地还可以减少电磁干扰对精密医疗仪器的影响，例如心电图机、脑电图机等。

(2) 电动汽车充电桩

电动汽车充电桩的接地系统设计需要考虑充电电流较大、充电时间较长等因素，例如，需要采用较大截面的接地线和防腐蚀性能更好的接地装置。

(3) 防静电接地

在一些易燃易爆场所，例如，加油站、化工厂等，需要进行防静电接地，将静电荷安全导入大地，防止静电放电引发火灾和爆炸事故。

随着科技的不断发展，接地系统的应用领域将会越来越广泛，对接地系统的要求也越来越高。我们需要不断学习和掌握新的接地技术，以适应不断变化的需求，为保障人身安全、设备安全和系统稳定运行做出更大的贡献。

思考与练习

1. 简述高压系统中性点接地的目的，并列举三种常见的中性点接地方式。
2. 解释高压电气装置为什么要进行保护接地？保护接地的范围包括哪些？
3. 发电厂和变电站的接地网通常采用什么结构？为什么？
4. 比较 TT、TN、IT 三种低压系统接地形式的特点和适用场合。
5. 在 TN 系统中，TN-C、TN-S、TN-C-S 三种系统的区别是什么？
6. 什么是等电位联结？等电位联结的作用是什么？
7. 建筑物中的等电位联结有哪些类型？分别说明其作用。
8. 什么是共用接地系统？共用接地系统有哪些优点？
9. 什么是接地装置？选择接地装置时需要考虑哪些因素？
10. 某工厂要新建一个光伏电站，需要设计接地系统。请根据所学知识，简述接地系统的设计步骤和需要注意的事项。

第6章

电　　缆

电缆是输配电系统和控制系统中不可或缺的组成部分，其结构和性能直接影响着电力传输的质量和可靠性。本章将从电力电缆和控制电缆两个方面，对电缆的导体材质、绝缘水平、绝缘和护套类型、芯数及截面选择等关键知识点进行详细阐述，并结合光伏电站等实际应用场景，帮助读者掌握电缆的选用和敷设方法。

学习目标

（1）熟悉电力电缆导体材质。

（2）熟悉电力电缆绝缘类型与护层类型。

（3）掌握电力电缆芯数与截面选取原则。

（4）了解控制电缆的结构特性。

学习重点

（1）电力电缆导体材料、性能、规格。

（2）影响绝缘水平因素。

（3）电力电缆截面选取原则。

视频

电力电缆芯数及截面选取

学习难点

（1）影响绝缘水平因素。

（2）电力电缆截面选取计算方法。

6.1　电力电缆导体材质

电力电缆的导体是电缆的核心部件，其性能直接影响着电缆的载流量、电阻以及传输效率。为了满足不同的应用需求，电力电缆导体可以采用多种材料，并具有不同的规格。本节主要介绍电力电缆常用的导体材料性能和规格。

6.1.1　导体材料

电缆中导体的作用是传送电流。电流在导体中流动，以实现电能的传输和分配。为了确保电能的有效传输，导体需要具有良好的导电性能，以减少线路中的能量损耗和电压降。

为了降低导体的电阻，提高其电导率，通常会选择具有高电导率的金属材料来制造电缆的导体。然而，在选择导体材料时，除了电导率外，还需要综合考虑其他因素，如材料的力学强度、价格、来源等。力学强度决定了导体在受到外力作用时的抵抗能力，对于保证电缆的安全性和稳定性至关重要。价格则是影响电缆成本的重要因素，需要在保证性能的基础上尽量降低成本。来源则关系到材料的供应稳定性和可靠性，以确保电缆生产的持续进行。常用金属材料对铜的相对电导率和相对磁导率见表 6-1。

表 6-1　常用金属材料对铜的相对电导率和相对磁导率

材料	相对电导率 σ	相对磁导率 μ
铜	1	1
银	1. 05	1
金	0. 70	1
铝	0. 61	1
黄铜	0. 26	1
磷青铜	0. 18	1
镍	0. 20	1
铍	0. 10	1
铅	0. 08	1
白铁皮	0. 15	1
铁	0. 17	50～1 000
钢	0. 10	50～1 000
冷轧钢	0. 17	180
不锈钢	0. 02	500

综合考虑以上因素，铜和铝是两种常用的电缆导体材料。铜具有较高的电导率和良好的力学强度，同时价格适中，来源稳定，因此广泛应用于各种电缆中。而铝虽然电导率略低于铜，但其价格较低，且质量较轻，因此在一些对电导率要求不是特别高的场合，也会选择铝作为电缆的导体。铜和铝电缆外观如图 6-1 所示。

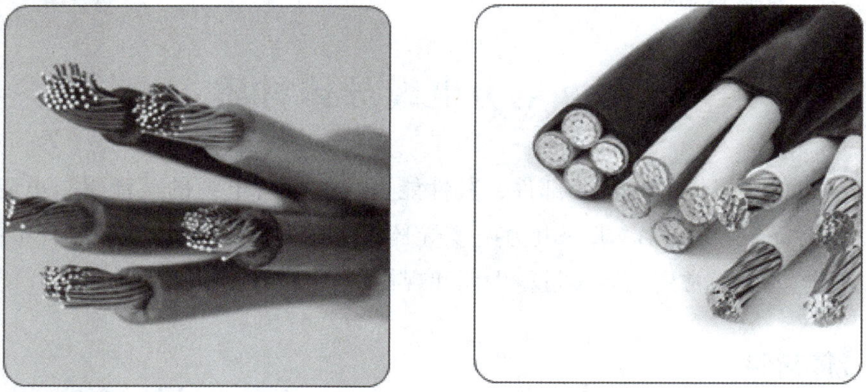

（a）铜导体电缆　　（b）铝导体电缆

图 6-1　电缆外观

总之，电缆导体的选择需要综合考虑多种因素，包括电导率、力学强度、价格和来源等。在实际应用中，需要根据具体的使用场景和需求来选择合适的导体材料，以确保电缆的性能和安全性。

6.1.2 导体性能

铜和铝的性能见表 6-2。

表 6-2 铜和铝的性能

性 能		铜	铝
熔点/℃		1 084.5	658
密度（20 ℃）/（g/cm^3）		8.9	2.7
电阻率(20 ℃)/(10^{-8} Ω · m)	软态	1.748	2.83
	硬态	1.790	2.90
电阻温度系数(20 ℃)/(10^{-3}/℃)	软态	3.95	4.10
	硬态	3.85	4.03
抗拉强度/(kgf/mm^2)	软态	20~24	7~9.5
	硬态	35~45	15~18
伸长率/%	软态	30~50	20~40
	硬态	>0.5	>0.5
硬度/(kgf/mm^2)	软态	35~45	25~32
	硬态	110~130	70~120

用铜作为电缆的导体，是因为它具有许多技术上的优点，例如导电率大、力学强度高、加工简单。铜线制作方法如下：

①先用电解铜板或电工用铜线锭，加工成铜杆。铜杆生产的工艺不同，将影响铜杆的含氧量，而含氧量又影响到铜的电导率，传统的铜杆加工是将铜料在反射炉中熔化，氧化还原，然后铸锭，再把铜锭加热，然后在回线式轧机上轧成黑铜杆，再经酸洗后方可进入拉线。对于要求含氧量低的铜杆，则是采用品位高的电解铜板，在保护气体下进行熔化和铸杆，生产的铜杆含氧量可在 20×10^{-6} 以下，常用的方法有浸涂法和上引法。

②由铜杆拉制成铜线。铜杆再经过拉线，成为不同规格的铜线。由于拉线是冷加工，在加工过程中铜线经过拉线模时受到了拉、挤压变形，其金相结构也发生了变化，从而引起电导率下降与伸长率减少，而抗拉强度、屈服极限、弹性均增大。为了提高冷拉铜线的电导率和柔软性，则需要将铜线经过韧炼处理（或称退火），即把冷拉铜线加热到 500~700 ℃左右，保温一段时间后冷却即可。

铝的电导率仅次于银、铜和金，它是地壳中含量最多的元素之一，仅次于硅和氧，重量占地壳的 8%。因此可用来代替铜作为导电材料，铝线制作方法如下：

铝锭制造铝线的工艺与铜线相似，首先采用连铸、连轧的压延工艺获得所需的圆铝杆，然后再拉制成不同规格的圆铝线。为了使铝线柔软性增加，用于制造电力电缆线芯的铝线，除了小截面（在 10 mm^2 以下）之外，一般也要经过韧炼处理。由于铝线表面极易形成氧化膜，可以防止铝线在韧炼过程中进一步氧化，因此与铜线韧炼时不同，无须与空气隔绝。铝的再结晶温度比铜低，因此铝线的韧炼温度也比铜低（约 300～350 ℃），韧炼时间也较铜短。铝线经过韧炼后，柔软性提高，抗拉强度降低。由于铝的力学强度较铜差，一般多用于固定敷设的电力电缆线芯，而架空线多采用硬铝或合金铝。

6.1.3 导体规格

电力电缆由于输送容量不同，因而导电线芯的构造分成许多种。线芯有大小、形状和数量不同等区别。

①导线结构应满足力学性能要求，并力求通用化、系列化。

②导线截面在 0.012～1 000 mm^2 间按优先数系合理分档，每一品种选取用其中一段范围。某些传送弱电流的电线电缆（如信号电缆、钻探电缆），仅有一种导线截面，按最大工作电流和机械强度确定。

③导电线芯的大小是按横断面积（即截面）来衡量，以 mm^2 作单位。各国标准不同，我国目前规定中低压电缆截面有 2.5 mm^2、4 mm^2、6 mm^2、16 mm^2、25 mm^2、35 mm^2、50 mm^2、70 mm^2、95 mm^2、120 mm^2、150 mm^2、185 mm^2、240 mm^2、300 mm^2、400 mm^2、500 mm^2、630 mm^2、800 mm^2 等规格。

④电缆的线芯数有单芯、双芯、三芯、四芯、五芯共五种芯数。线芯的形状有圆形、半圆形、椭圆形和扇形等，圆形导线具有稳定性好、表面电场均匀、制造工艺简单等优点，所以高压电缆的线芯多数为圆形，但其又分为压紧和非压紧两种。此外，还有应用于充油的“中空导体”等不同结构形式。

⑤导线绞合。为了增加电缆的柔软性和可曲度，较大截面的电缆线芯由多根较小直径的导线绞合而成。由多根导线绞合的线芯柔软性好、可曲度较大，因为单根金属导线沿某一半径弯曲时，其中心线圆外部分必须伸长，而其圆内部分必须缩短，如线芯是由多根导线平行放置而组成，导线之间可以滑动，因此，它比相同截面单根导线作相同弯曲时要省力得多。

6.2 电力电缆绝缘水平

电力电缆的绝缘水平是衡量电缆承受电压能力的重要指标，它决定了电缆能够安全工作的电压等级。不同电压等级的电网和不同的应用环境，对电缆的绝缘水平有着不同的要求。本节将介绍电力电缆绝缘水平的类型以及相关的国家标准，为电缆的选择和使用提供指导。

6.2.1 绝缘水平类型

电缆在正常工作电压下的绝缘性能，主要取决于电缆绝缘材料的电气性能，如相间额定电流、绝缘电阻、绝缘耐电压性能等。良好的绝缘性能可以确保电缆在正常运行时不会发生漏电或击穿现象，从而保障电力系统的稳定运行。

1. 相间额定电压

①交流系统中电力电缆缆芯的相间额定电压，不得低于使用回路的工作线电压。

②交流系统中电力电缆缆芯与绝缘屏蔽或金属套之间额定电压的选择，应符合下列规定：

a. 中性点直接接地或经低阻抗接地的系统当接地保护动作不超过 1 min 切除故障时，应按 100% 的使用回路工作相电压。

b. 对于上述项外的供电系统，不宜低于 133% 的使用回路工作相电压；在单相接地故障可能持续 8 h 以上，或发电机回路等安全性要求较高的情况，宜采取 173% 的使用回路工作相电压。

③交流系统中电缆的冲击耐压水平，应满足系统绝缘配合要求。

④直流输电用电力电缆绝缘水平，应计及负荷变化因素、满足内部过电压的要求。

⑤控制电缆额定电压的选择，应不低于该回路工作电压、满足可能经受的暂态和工频过电压作用要求，且宜符合下列规定：

a. 沿较长高压电缆并行敷设的控制电缆（导引电缆），选用相适合的额定电压。

b. 在 220 kV 及以上高压配电装置敷设的控制电缆，宜选用 600/1 000 V，在有良好屏蔽时可选用 450/750 V。

c. 除上述项情况外，一般宜选用 450/750 V；当外部电气干扰影响很小时，可选用较低的额定电压。

2. 绝缘电阻

电缆绝缘电阻由绝缘材料的电阻系数和电缆结构尺寸确定。先推导单芯电缆绝缘层（从电缆线芯屏蔽表面至绝缘层屏蔽）电阻的计算公式。如图 6-2 所示，D_c 为电缆屏蔽外径，D_i 为绝缘层外径。单位长度电缆距电缆中心 x 处取厚度为 d_x 绝缘层，这一圆柱体的绝缘电阻为

$$dR_i = \frac{\rho_i}{2\pi x} d_x \tag{6-1}$$

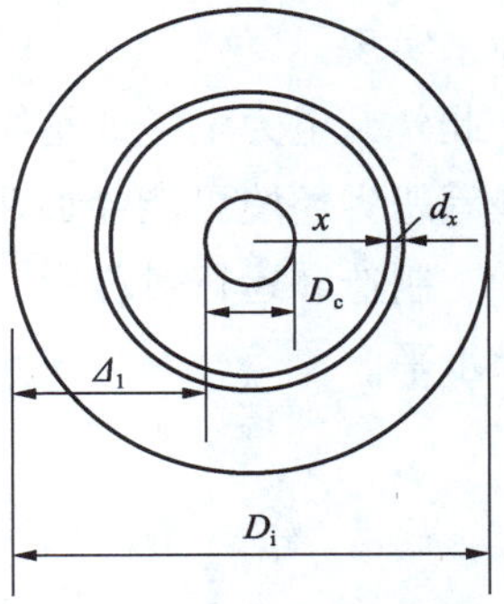

图 6-2　电缆绝缘电阻计算说明图

式中，ρ_i 为绝缘层的电阻系数，R_i 为绝缘电阻。

3. 绝缘耐电压性能

（1）试验目的与方法

电线电缆的耐电压性能试验有两种方式：一种是电压试验，考核电线电缆能否在一定时间下承受规定的电压值；另一种是击穿试验，采用不同的施加电压方式，测定试品的击穿电压值。测试电压按使用要求可采用交流、直流或脉冲电压。加压方式分为连续升压、逐级升压和长期升压等。

出厂耐压试验的目的是判断电线电缆的材料和工艺中可能产生的缺陷，是否在允许范围之内，以保证产品安全运行。研究耐压性试验和击穿试验的目的是了解产品的安全裕度

和电气强度特性，作为选定结构、材料和工艺条件的依据。电气装备用电线电缆耐电压试验的方法有三种：火花耐压试验、浸水试验和产品上直接加压试验。

（2）耐压试验指标

出厂耐压试验指标的确定原则是既利于发现产品的杂质或缺陷，又不致对绝缘造成损害，影响长期运行。

①火花耐压试验的试验电压根据等效的原则按不同绝缘厚度规定，绝缘层中每一点施加电压时间不少于 0.2 s。

②浸水和产品上直接加压对于 1 000 V 及以下产品的交流耐压试验电压，一般按下式确定：

$$U = 2U_0 + 1\ 000 \tag{6-2}$$

式中，U 和 U_0 分别为试验电压和产品额定工作电压。加压时间一般为 1 min 或 5 min，个别产品规定为 15 min。工作电压高于 1 000 V 的产品，其试验电压视使用要求而定。如长期连续运行在交流下工作的产品，一般为工作电压的 2 倍以上，而脉动直流电压下工作的产品，试验电压仅为工作电压的 1.3~1.4 倍。

6.2.2 其他影响因素

电缆在遭受雷电冲击或操作过电压时的绝缘性能也是绝缘水平的重要体现。这些过电压可能会在短时间内对电缆的绝缘层造成严重的损害，因此，电缆需要具备一定的耐受过电压能力。这通常通过优化绝缘结构、采用高性能绝缘材料以及加强电缆的屏蔽和接地等措施来实现。

此外，电力电缆的绝缘水平还会受到运行环境、电缆老化等因素的影响。例如，高温、潮湿等恶劣环境可能会加速电缆绝缘材料的老化，从而降低其绝缘性能。因此，在电缆的设计、制造和运行过程中，需要充分考虑这些因素，并采取相应的防护措施来保障电缆的绝缘水平。

6.3 电力电缆绝缘类型与护层类型

电力电缆的绝缘层是保障电缆安全可靠运行的关键，它能够隔离带电导体与外界，防止发生触电事故和短路故障。绝缘层的类型多种多样，其选择取决于电缆的使用环境、电压等级、载流量等因素。本节将详细介绍电力电缆的绝缘类型，并对不同类型绝缘的特点和适用场合进行分析。

6.3.1 电力电缆绝缘类型

电力电缆按绝缘材料、传输电能形式、结构特征、电压等级、导体标称截面积、导体芯数以及安装敷设环境条件等有以下分类。

1. 按绝缘材料分类

(1) 油纸绝缘

①黏性浸渍纸绝缘（统包型、分相屏蔽型）。

②不滴流浸渍纸绝缘（统包型、分相屏蔽型）。

③有油压、油浸渍纸绝缘（自容式充油电缆、钢管充油电缆）。

④有气压、黏性浸渍纸绝缘（自容式充气电缆、钢管充气电缆）。

(2) 塑料绝缘

①聚氯乙烯绝缘。

②聚乙烯绝缘。

③交联聚乙烯绝缘。

(3) 橡胶绝缘

①天然橡胶绝缘。

②乙丙橡胶绝缘。

③丁基橡胶绝缘。

2. 按传输电能形式分类

按传输电能形式分交流电缆和直流电缆。目前电力电缆的绝缘部分均为应用于交流系统而设计。直流电力电缆的电场分布与交流电力电缆不同，因此需要特殊设计。

3. 按结构特征分类

(1) 统包型

缆芯成缆后，在外面包有统包绝缘，并置于同一内护套中。

(2) 分相型

主要是分相屏蔽，一般用在 10~35 kV，有油纸绝缘和塑料绝缘。

(3) 钢管型

电缆绝缘外有钢管护套，分钢管充油、充气电缆和钢管油压式、气压式电缆。

(4) 扁平型

三芯电缆的外形呈扁平状，一般用于大长度海底电缆。

(5) 自容型

护套内部有压力的电缆，分自容式充油电缆和充气电缆。

4. 按电压等级分类

电力电缆都是按一定电压等级制造的，由于绝缘材料及运行情况不同，使用于不同的电压等级。我国电缆产品的电压等级有 0.6/1 kV、1/1 kV、3.6/6 kV、6/6 kV、6/10 kV、8.7/10 kV、8.7/15 kV、12/15 kV、15/20 kV、18/20 kV、18/30 kV、21/35 kV、26/35 kV、36/63 kV、48/63 kV、64/110 kV、127/220 kV、190/330 kV、290/500 kV 共 19 种。

电压等级有两个数值，用斜杠分开，斜杠前的数值是相电压值，斜杠后的数值是线电压值（设备最高电压）。常用电缆的电压等级 U_0/U（kV）为 0.6/1 kV、3.6/6 kV、6/10 kV、21/35 kV、36/63 kV、64/110 kV（这种电压等级的电缆适用于每次接地故障持续时间不超过 1 min 的三相系统，而电压等级 U_0/U（kV）为 1/1 kV、6/6 kV、8.7/10 kV、26/35 kV、48/63 kV 的电缆适用于每次接地故障持续时间一般不超过 2 h、最长不超过 8 h 的三相系统。在选择和使用电缆时应特别注意。从施工技术要求，电缆中间接头、电缆终端结构特征及运行维护等方面考虑，也可以依据电压这样分类：低电压电力电缆（1 kV）、中电压电力电缆（6~35 kV）、高电压电力电缆（110~500 kV）。

5. 按导体标称截面积分类

电力电缆的导体是按一定等级的标称截面积制造的，这样既便于制造，也便于施工。我国电力电缆标称截面积系列为 1.5 mm^2、2.5 mm^2、4 mm^2、6 mm^2、10 mm^2、16 mm^2、25 mm^2、50 mm^2、70 mm^2、95 mm^2、120 mm^2、150 mm^2、240 mm^2、300 mm^2、400 mm^2、500 mm^2、630 mm^2、800 mm^2。

6. 按导体芯数分类

电力电缆导体芯数有单芯、二芯、三芯、四芯、五芯。单芯电缆通常用于传送单相交流电、直流电，也可在特殊场合使用（如高压电机引出线等），一般中低压大截面的电力电缆和高压充油电缆多为单芯；二芯电缆多用于传送单相交流电或直流电；三芯电缆主要用于三相交流电网中，在 35 kV 及以下各种中小截面的电缆线路中得到广泛的应用；四芯和五芯电缆主要用于低压配电线路，其中，四芯电缆多用于中性点接地的三相四线制系统，而五芯电缆中工作接地和保护接地占用两芯。

7. 按安装敷设环境条件分类

按安装敷设环境条件可分为地下直埋、地下管道、空气中、水底、矿井、高海拔、盐雾、大高差、多移动、潮热区等。一般环境因素对护层的结构影响较大，有的要求考虑力学保护，有的要求提高防腐蚀能力，有的要求增加柔软度等。

6.3.2 电力电缆护层类型

电力电缆护层在电缆工程中扮演着至关重要的角色。它是电缆的三大组成部分之一，即导体、绝缘层和保护层。电缆护层的主要任务是保护电缆的绝缘层，使其在安装、敷设和运行的过程中，能够抵御各种外部环境的侵害，从而保持电缆的稳定电气性能。电缆护层的种类繁多，但主要可以分为三大类：金属护层、橡塑护层和组合护层。橡塑护层和组合护层主要用于以高聚物材料作为绝缘的电缆。虽然这两种护层都有一定的透水性，但组合护层的透水性要远低于橡塑护层，因此更适合在石油、化工等侵蚀性环境中使用。

1. 金属护层

金属护层以其完全的不透水性，成为耐湿性小的油浸纸绝缘电力电缆的理想选择。这种护层能够有效防止水分和其他有害物质侵入电缆内部，保证电缆的稳定运行。金属护层通常由金属护套（内护层）和外护层（内衬层、铠装层、外被层）等构成，其结构如图 6-3 所示。

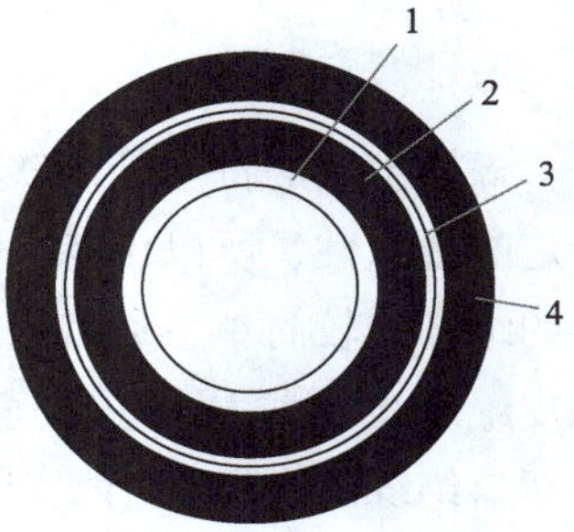

1—金属护套；2—内衬层；
3—铠装层；4—外被层。
图 6-3　金属护层的结构示意

(1) 金属护套

金属护套通常采用钢、铝、铅合金等金属材料制成。铝金属护层如图 6-4 所示。

其中，钢因其良好的耐腐蚀性和经济性而被广泛应用。铝因其轻量化和良好的导电性在某些特定场合被使用。铅合金因其良好的耐辐射性能，常用于核能设施等特定环境中的电缆护层。钢、铝、铅一般性能比较见表 6-3。

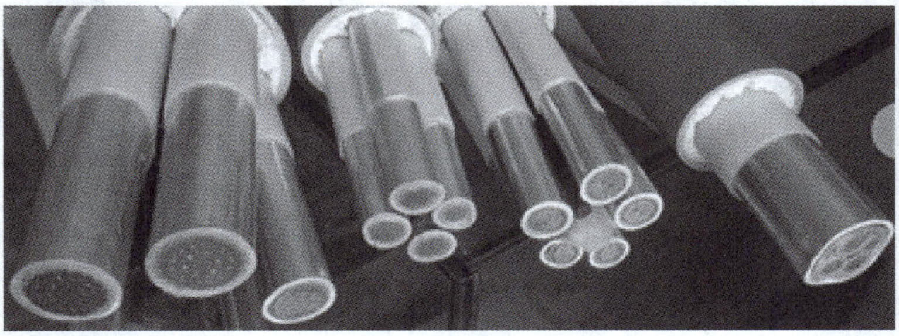

图 6-4　铝金属护层

表 6-3　钢、铝、铅一般性能比较表

性能名称	钢	铝	铅
密度/(g/cm^3)	7.8	2.7	11.3
抗张强度/(N/m^2)	33.0×10^7	8.5×10^7	$(1.8\sim2.0)\times10^7$
导热系数/(W/℃·m)	74.8	217.7	34.8
挤压压力/(N/m^2)	—	50.0×10^7	20.0×10^7
电导率/%	9.5	60.9	7.8

除了以上提到的金属材料，还有一些其他的金属护层材料也被应用于特定的电缆应用中。例如，镍合金、钛合金等高性能金属材料因其优异的耐腐蚀性、高温性能以及机械强度等特点，在某些特殊要求的电缆护层中被使用。

此外，随着科技的不断进步，一些新型的金属护层材料也在不断涌现。例如，纳米金属材料因其独特的物理和化学性质，被认为是一种具有巨大潜力的电缆护层材料。它们可能具有更高的耐腐蚀性、更高的机械强度以及更好的导电性能，从而为电缆的保护提供更好的保障。

(2) 外护层

在金属护套外面起防蚀或机械保护作用的覆盖层，叫作外护层。外护层一般由内衬层、铠装层和外被层三部分所组成，它们的作用如下：

①内衬层：位于铠装层和金属护套之间的同心层，起铠装衬垫和金属护套防蚀作用。

②铠装层：在内衬层与外被层之间的同心层，主要起抗压或抗张的机械保护作用。

③外被层：在铠装层外面的同心层，主要对铠装起防蚀保护作用。

2. 橡塑护层

橡塑护层的特点是柔软轻便，在移动式电缆中得到最广泛的应用，但因橡塑材料都有一定的透水性，所以仅能在采用具有高耐湿性的高聚物材料作为电缆绝缘时应用。橡塑护层的结构比较简单，通常只有一个护套，并且一般是橡皮绝缘的电缆用橡皮护套（也有用塑料护套的），但塑料绝缘的电缆都用塑料护套。相对而言，橡皮护套的强度、弹性和柔韧性较高，但工艺比较复杂；塑料护套的防水性，耐药性较好，且资源丰富，价格便宜，加工方便，因此应用更广泛。橡塑护层如图 6-5 所示。

图 6-5　橡塑护层

在地下、水下和竖直敷设的场合，为了增加橡塑护套的强度，常在橡塑护套中引入金属铠装，并把它叫作橡塑电缆的外护层。在有些特殊场合也采用金属丝编织层作为橡皮电缆的外护层，其主要作用是屏蔽，当然也有一定的机械补强作用。

3. 组合护层

组合护层也称综合护层，或简易金属护层。它在塑料通信电缆中得到相当广泛的应用，但在塑料电力电缆中得到重视还是近十几年来的事。随着石油化工工业的发展，塑料性能会不断改进，耐老化、耐药品性都会大大提高，塑料电力电缆会日趋重要，组合护层将获得广泛应用。

所谓组合护层，一般都由薄铝带和聚乙烯护套组合构成。因此，它既保留有塑料电缆柔软轻便的特点，又由于引进铝带起隔潮作用，使它的透水性比单一塑料护层大为减小。若以铝一聚乙烯黏接组合护层为例，其透水性可比聚乙烯护层降低 50 倍以上。

组合护层按结构的不同一般可分为铝-聚乙烯、铝-钢-聚乙烯和铝-聚乙烯黏结三类。它们的结构特点如下。

（1）铝-聚乙烯组合护层

铝-聚乙烯组合护层是在缆芯上纵包预轧有环形皱纹的铝带，铝带的厚度一般为 0.2 mm，带边重叠，然后涂以防蚀涂料（如沥青为基的复合物），再挤包添加炭黑 2%～3% 的低密度聚乙烯护套。为提高防潮性能，有时也在铝带下面再挤包一层聚乙烯内护套，如图 6-6（a）所示。

但是由于铝-聚乙烯组合护层中的铝带存在一条并不密闭的直缝，因此，这种结构的防湿效果比聚乙烯护套并无多大的提高，目前以铝-聚乙烯黏结组合护层所替换。

（2）铝-钢-聚乙烯组合护层

铝-钢-聚乙烯组合护层一般由预轧有环形皱纹的铝带和钢带以及聚乙烯护套组合构成。铝-钢-聚乙烯组合护层是在绝缘线芯上纵包以环形皱纹铝屏蔽带（厚度 0.2 mm，一般带边不重叠而留有间隙），再纵向包敷一层镀铅或镀锡的环形皱纹钢带（厚度 0.15～0.60 mm，采用含碳量低于 0.08% 的低碳钢，钢带边重叠并用软焊料钎焊密封，涂以防蚀涂料（沥青复合物）后挤上聚乙烯护套而成，如图 6-6（b）所示。

（3）铝-聚乙烯黏结组合护层

在铝-聚乙烯组合护层中，纵包铝带的搭接处存在一条没有密封的缝，所以防潮性能不高。铝-聚乙烯黏结组合护层是在绝缘线芯上，纵包以复合铝带（一般厚度为 0.15 ~ 0.20 mm），带边重叠，然后依靠挤出聚乙烯外护套时的较高的温度和压力，使聚乙烯护套与复合铝带以及使复合铝带的搭缝紧密，借黏结剂黏结而形成一体以提高它的防潮性能，如图 6-6（c）所示。

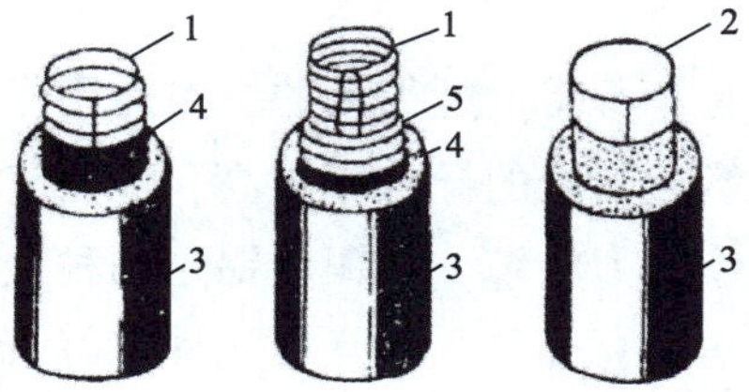

1—环形皱纹铝带；2—复合铝带；3—聚乙烯护套；4—防蚀涂料；5—环形皱纹钢带（钎焊）。

图 6-6　组合护层结构示意

为了提高铝带搭缝的密封性，也有采取裙边焊接（或称唇焊）薄铝护套的新工艺。铝带厚度为 0.1 mm 和 0.2 mm，如图 6-7 所示。它利用修剪裙边所提供的一个无氧化铝膜的切面，使钍钨电极进行氩弧焊，并依靠一层挤出共聚物使焊接薄铝护套与聚乙烯外护套紧密黏结来加强，实现了完全密封的组合护层。

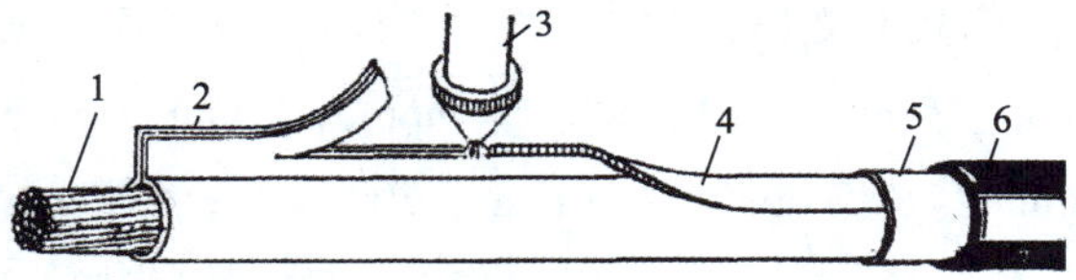

1—缆芯；2—薄铝带；3—熔焊；4—卷裙边；5—共聚物；6—氯乙烯护套。

图 6-7　裙边焊薄铝护套示意

6.4　电力电缆芯数

电力电缆的芯数与其内部线芯结构密切相关，不同的线芯结构决定了电缆的芯数及其所能承载的电流类型和大小。本节将详细介绍线芯的材料要求和规格，为后续学习芯数的选择和应用奠定基础。

6.4.1　电力电缆线芯结构

1. 线芯材料要求

线芯是电缆的导电部分，用来输送电能，是电缆的一个主要部分。电缆线芯的材料应是导电性能好、机械性能好、资源丰富的材料，以适宜制造和大量应用。

(1) 导电性能好

在常温下金属具有一定的电阻，当电能在线芯中传输时有一定的功率损耗，并使导体发热，当发热和散热平衡时电缆就稳定在某一温度上。由于温度对绝缘材料的绝缘性能有很大的影响，在过高温度下绝缘材料会加速老化，因此要求线芯材料的导电性能好，这样就可减少发热而增大输送容量。

(2) 机械性能好

线芯材料既要有一定的抗拉强度，又要有一定韧性，易于加工与使用。

(3) 资源丰富

电力电缆作为供电线路用时，所需量是很大的，因此用作线芯的材料必须有丰富的资源，否则就无法广泛应用。虽然金与银的导电率很高，但是它在地球上的资源贫乏，机械强度不够，故不能广泛用于制作电力电缆。而铜与铝这两种金属的导电率虽然比金与银的差，但是其在地球上的资源丰富，易开采，而且机械性能好（既有一定的机械强度，又有一定的韧性）。其他金属的导电率都较差，机械性能有的太硬（如铁），有的太软（如铅、锡），因此，目前电力电缆的线芯都采用铜和铝。过去因铝的连接有困难，故很少被采用，现在铝的连接问题得到了较好的解决，而且铝的资源比铜的资源丰富，因而也采用铝作为电缆的线芯。

2. 规格与结构

(1) 截面

为了便于设计制造和安装施工，电缆的截面必须采用规范化的方式进行定型生产，即电缆的截面由小到大按标称截面规格进行生产标称截面规格在各国是不同的，电缆的导电部分截面为 2.5 mm^2、4 mm^2、6 mm^2、10 mm^2、16 mm^2、25 mm^2、35 mm^2、50 mm^2、70 mm^2、95 mm^2、120 mm^2、150 mm^2、185 mm^2、240 mm^2、300 mm^2、400 mm^2、500 mm^2、630 mm^2、800mm^2 共 19 种规格，目前，16~400 mm^2 之间的 12 种是常用的规格。电压为 110 kV 及以上电缆的截面规格为 100 mm^2、240 mm^2、400 mm^2、600 mm^2、700 mm^2、845 mm^2、920 mm^2 共 7 种规格。

(2) 形状

线芯的形状有圆形、椭圆形、中空圆形和扇形四种。一般在 10 kV 以上电压等级的电缆中采用圆形线芯，这是因为圆形有利于电缆内部的电场均匀分布。在 10 kV 及以下电压等级的油纸电缆中基本采用扇形线芯，这是因为扇形线芯在带绝缘结构电缆中，可以减小电缆的外径，从而减少电缆的质量、造价和便于安装。中空圆形是充油电缆的线芯所特有的一种形状，中空处是作为油道用的。在每种形状中还有压紧与非压紧形之分。压紧形的目的是减小线芯部分因采用多股绞合线形式而引起的外径变大，从而减少绝缘层和外护层的材料，这样可使造价减少，并且又使电缆使用量减少，对施工也有利。

(3) 结构

电缆的线芯若用单根实心的金属材料制成，将影响其柔软性而不能随意弯曲，截面越大弯曲越困难，这样必然给施工带来无法克服的困难。经研究，采用多股导线绞合线作为线芯是最好的结构，这样的结构不但能使电缆的柔软性大大增加，而且可使弯曲时的曲度不集中在一处，而是分布在每股导线上，每股导线的直径越小，弯曲时产生的弯曲应力也就越小，因此，在允许弯曲半径的情况下不会发生塑性变形，从而电缆的绝缘层也不致损坏。同时弯曲时每股导线间能够滑移，各层方向相反扭绞，使得整个导体内外受到的拉力和压力分解，这就是采用多股导线绞合形式线芯的原因。线芯的柔软度大约与绞线的股数平方根值成正比，即同截面的情况下，股越多，越易弯曲。由于电缆的可曲性同时受到绝缘层、外护层的影响和限制，如果线芯制成很多股，虽然很软，但实际使用时没有必要，还给电缆的制造增加许多困难，因此并不是股数越多越好，所以在制造不同截面的电缆的线芯时，股数都有一定的规定。截面在 35 mm^2 及以下电缆的线芯可做成单股的实心导体，其余规格均需采用多股绞合形式的线芯。简单规则圆形绞合的线芯是使用较广、结构最简单的一种绞合形式，其规律为：中心层是 1 股，其他各层以 6 为单位随层数递增，总股数计算公式如下：

$$K = 1 + 6 + 12 + 18 + \cdots + 6n \tag{6-3}$$

式中，n 是中心（1 根）外算起的层数，其值为正整数 1、2、3…。

如果 N 是从中心算起的层数，则总股数为

$$K = 3N(N - 1) + 1 \tag{6-4}$$

6.4.2 电力电缆芯数分类与选择

电力电缆芯数可分成单芯（用于传输直流电及特殊场合，如高压电机引出线）、两芯（用于传输单相交流电或直流电）、三芯（用于三相交流电网中）、四芯（用于低压配电线路或中心点接地的三相四线制电网中）、五芯以上（工作接地和保护接地分别占用两芯）。

1 kV 以上电源直接接地且配置独立分开的中性线和保护地线构成的系统，当使用独立于相芯线和中性线以外的电缆作保护地线时，同一回路的该两部分电缆敷设方式，应符合下列规定：

①在爆炸性气体环境，应在同一路径的同一结构管、沟或盒中敷设。

②除上述情况外，宜在同一路径的同一构筑物中尽量靠近敷设。

1 kV 及其以下电源中性点直接接地时，三相回路的电缆芯数选择应符合下列规定：

①保护线与受电设备的外露可导电部位连接接地的情况：

a. 保护线与中性线合用同一导体时，应采用四芯电缆。

b. 保护线与中性线各自独立时，宜用五芯电缆。

②受电设备外露可导电部位的接地与电源系统接地各自独立的情况，应采用四芯电缆。

1 kV 及其以下电源中性点直接接地时，单相回路的电缆芯数选择应符合下列规定：

①保护线与受电设备的外露可导电部位连接接地的情况：

a. 保护线与中性线合用同一导体时，应采用两芯电缆。

b. 保护线与中性线各自独立时，宜采用三芯电缆；在满足《电力工程电缆设计标准》（GB 50217—2018）时，也可采用两芯电缆与另外的保护线导体组成。

②受电设备外露可导电部位的接地与电源系统接地各自独立的情况，应采用两芯电缆。

③工作电流较大的回路或水下敷设时，当技术经济比较合理，可采用单芯电缆。

6.5　电力电缆截面选取

电力电缆的芯数是指电缆中包含的导体数量，它决定了电缆能够传输的电流类型和大小。不同的应用场景需要选择不同芯数的电缆，例如，单相电路需要两芯电缆，三相电路需要三芯或四芯电缆等。在选择电缆芯数时，需要考虑电路类型、电压等级、负载大小等因素。

6.5.1　电力电缆截面选择原则

电缆截面选择应满足允许温升、电压损失、机械强度等要求。对于电缆线路还应校验其热稳定，较长距离的大电流回路或 35 kV 及以上的输电线路应校验经济电流密度，以达到安全运行、降低能耗、减少运行费用的目的。同一供电回路需多根电缆并联时，宜选用相同缆芯截面。高压电缆要校验热稳定，低压电缆要校验与保护电器的配合。

1. 按温升选择截面（载流量校验）

为了保证电缆的使用寿命，运行中的电缆导体温度不应超过其规定的长期允许工作温度。根据这一原则，在选择电缆截面时，必须满足下列条件：

$$I_{max}=KI_0 \tag{6-5}$$

式中　I_{max}——通过电缆的最大持续负荷电流；

I_0——指定条件下的长期允许载流量；

K——电缆长期允许载流量的总修正系数。

在不同的敷设环境与条件下，总修正系数 K 可以是下列不同的组成：

①空气中并列敷设时：$K = K_1K_2$。

②空气中单根穿管敷设时：$K = K_1K_3$。

③单根直埋敷设时：$K=K_1K_4$。

④并列直埋敷设时：$K = K_1K_4K_5$。

上述各式中 K_1 为温度修正系数；K_2 为空气中并列修正系数；K_3 为空气中穿管修正系数；K_4 为土壤热阻系数不同时的修正系数；K_5 为直埋并列修正系数。

案例分析：某工厂主变压器容量 S 为 12 000 kV · A，若以直埋 35 kV 交联电缆供电，试问应选择多大电缆截面（土壤温度最高 30 ℃，土壤热阻系数 2.5）？

解：按下式计算电缆线路应通过的电流值为

$$I = \frac{S}{\sqrt{3}U} = \frac{12\ 000}{\sqrt{3} \times 35} = 198(\mathrm{A}) \tag{6-6}$$

铜芯交联电缆 8.7/10 kV 3×95 mm², 最大连续负荷载流量为 220 A，25 ℃。由于敷设土壤温度最高为 30 ℃，应进行温度修正。查相关数据，得修正系数为 0.96。

$$I_{修}= 220 \times 0.96 = 211(\mathrm{A}) \tag{6-7}$$

通过土壤温度的修正后，该电缆的连续负荷载流量虽只有211 A，但仍能满足电缆线路198 A的要求。

2. 按短路时的热稳定性选择截面

对于电压为0.6/1 kV及以下的电缆，当采用自动开关或熔断器做网络的保护时，一般电缆均可满足短路热稳定性的要求，不必再进行核算。而对于3.6/6 kV及以上电压等级的电缆，应按下列公式校核其短路热稳定性：

$$S_{\min}=\frac{I_{\infty}\sqrt{t}}{C} \tag{6-8}$$

式中 $S_{\min}$——短路热稳定要求的最小截面积，单位 mm^2；

I_{∞}——稳态短路电流，单位A；

t——短路电流的作用时间，单位s；

C——热稳定系数。

3. 按经济电流密度选择

根据长期允许载流量选择电缆截面，只考虑了电缆的长期允许温度，若绝缘结构具有高的耐热等级，载流量就可以很高。由于功率损耗与电流的平方成正比，因此，有时要从经济电流密度来选择电缆截面。

根据经济电流密度选择电缆截面时，首先应知道电缆线路中年最大负荷利用时间，从表6-4中查得所选导电线芯材料的经济电流密度。

表6-4　经济电流密度　　（单位：A/mm^2）

导体材料	年最大负荷利用时间/h		
	≤3 000	3 000~5 000	≥5 000
铜芯	2.50	2.25	2.00
铝芯	1.92	1.73	1.54

然后再按式（6-9）计算导线截面：

$$S=\frac{I_{\max}}{j_{n}} \tag{6-9}$$

式中 $I_{\max}$——最大负荷电流，单位A；

j_{n}——经济电流密度。

根据计算所得的导线截面值，通常选择不小于这个值，并最靠近这个值的标准。

4. 按电压损失校验

当电流通过电线电缆时，由于线路中存在阻抗，必然产生电压降（电压损失），线路越长，截面越小，电压损失越大。一般规定：照明线路中允许相对电压降不应超过2.55%，户内动力线路不应超过4%~6%，输配电线路不应超过7%。如果线路电压降超过允许值，供电品质将无法达到设计要求。应适当增大电缆截面，使之达到要求。

在低压线路中，当给定了负载的电功率 P，送电线路距离 L，所允许的相对电压降为 ε

时，则电缆截面按下式计算：

$$S=\frac{PL}{C\varepsilon} \tag{6-10}$$

式中 P——负载的电功率，单位 kW；

L——送电线路距离，单位 m；

C——根据导体材料及送电电压确定的线路功率系数（见表 6-5）；

ε——允许的相对电压降，单位%。

表 6-5 线路功率系数 C 值

线路电压/V	线路类别	线路功率系数 C	
		铜导体	铝导体
AC 380	三相四线	76.5	46.2
AC 220/380	二相三线	34.0	20.5
AC 220	单相	12.8	7.74
DC 110	直流	3.21	1.94

案例分析：有一条 380 V 三相四线制线路，总长 2 500 m，终端负载功率为 6 kW，线路末端允许电压降为 4%，使用铜芯电缆，求电缆截面。

解：已知 $L=2\ 500$ m，$P=6$ kW，$\varepsilon=4$，表中查得 $C=76.5$，代入式（6-10）得

$$S=\frac{6\times 2\ 500}{76.5\times 4}=49.02(\text{mm}^2) \tag{6-11}$$

该线路电缆主线芯应选 50 mm²，三相四线制电缆型号规格应选择 VV0.6/1 kV 3×50+1×25 电力电缆。

根据我国实际情况，选择电缆截面的大小时，应首先考虑长期允许载流量；其次进行热稳定的校核；最后考虑经济电流密度和网络允许电压降。

5. 按中性线、保护线、保护中性线的选择

①在三相四线制配电系统中，中性线的允许载流量不应小于线路中最大不平衡负荷电流，同时应考虑谐波电流影响。以气体放电灯为主要负荷的照明供电线路，中性线截面应不小于相线截面。

②保护线或保护中性线的截面按热稳定要求必须不小于式（6-12）计算值：

$$S_p \geqslant \frac{I}{K}\sqrt{t} \tag{6-12}$$

式中 S_p——保护线或保护中性线的截面，单位 mm²；

I——流过保护装置的接地故障电流（用于 IT 系统时为两相短路电流）均方根值，单位 A；

t——开断电器动作时间，单位 s；

K——计算系数，其值见表 6-6。

表 6-6　计算系数 K 值

<table>
<tr><th rowspan="2">导线材质</th><th colspan="4">作为电缆中的一根芯线当芯线绝缘为</th><th colspan="3">绝缘电线，当绝缘为</th><th colspan="3">裸导线</th></tr>
<tr><th>聚氯乙烯</th><th>普通橡胶</th><th>乙丙橡胶</th><th>油浸纸</th><th>聚氯乙烯</th><th>普通橡胶</th><th>乙丙橡胶</th><th>看得见的并在限定的范围内</th><th>正常条件</th><th>火灾危险</th></tr>
<tr><td>铜芯
铝芯钢</td><td>114
76</td><td>131
87</td><td>142
95</td><td>107
71</td><td>143
95
52</td><td>166
110
60</td><td>176
116
64</td><td>228
125
82</td><td>159
105
58</td><td>138
91
50</td></tr>
</table>

③配电干线中保护中性线的截面按机械强度要求，当用同心中性线型电缆的同心中性线芯时，最小为 4 mm^2，无此种电缆时也可采用多芯电缆的芯线，最小也为 4 mm^2，若采用单芯导线时铜线不应小于 10 mm^2，铝线不应小于 16 mm^2。

④保护线若使用配电电缆或电缆金属外护层时，按机械强度要求，截面不受限制。保护线若是用绝缘导线或裸导线而不是配电电缆或电缆外护层时，按机械强度要求，截面不应小于下列数值：有机械保护（敷设在套管、线槽等外护物内）时为 2.5 mm^2，无机械保护（敷设在绝缘子、瓷夹上）时为 4 mm^2。

6. 按力学强度校验截面

按力学强度导线允许的最小截面见表 6-7。

表 6-7　按力学强度导线允许的最小截面

<table>
<tr><th colspan="3" rowspan="2">用　　途</th><th colspan="3">导线最小允许截面/mm^2</th></tr>
<tr><th>铝</th><th>铜</th><th>铜芯软线</th></tr>
<tr><td colspan="3">裸导线敷设于绝缘子上（低压架空线路）</td><td>16</td><td>10</td><td>—</td></tr>
<tr><td rowspan="5">绝缘导线敷设于绝缘子上，支点距离 L/m</td><td colspan="2">室内 $L\leq2$</td><td>2.5</td><td>1.0</td><td>—</td></tr>
<tr><td rowspan="4">室外</td><td>$L\leq2$</td><td>2.5</td><td>1.5</td><td>—</td></tr>
<tr><td>$2<L\leq6$</td><td>4</td><td>2.5</td><td>—</td></tr>
<tr><td>$6<L\leq15$</td><td>6</td><td>4</td><td>—</td></tr>
<tr><td>$15<L\leq25$</td><td>10</td><td>6</td><td>—</td></tr>
<tr><td colspan="3">固定敷设护套线，轧头直敷</td><td>2.5</td><td>1.0</td><td>—</td></tr>
<tr><td colspan="2" rowspan="2">移动式用电设备用导线</td><td>生产用</td><td>—</td><td>—</td><td>1.0</td></tr>
<tr><td>生活用</td><td>—</td><td>—</td><td>0.2</td></tr>
<tr><td rowspan="3">照明灯头引下线</td><td rowspan="2">工业建筑</td><td>屋内</td><td>2.5</td><td>0.8</td><td>0.5</td></tr>
<tr><td>屋外</td><td>2.5</td><td>1.0</td><td>1.0</td></tr>
<tr><td colspan="2">民用建筑、室内</td><td>1.5</td><td>0.5</td><td>0.4</td></tr>
<tr><td colspan="3">绝缘导线穿管</td><td>2.5</td><td>1.0</td><td>1.0</td></tr>
<tr><td colspan="3">绝缘导线槽板敷设</td><td>2.5</td><td>1.0</td><td>—</td></tr>
<tr><td colspan="3">绝缘导线线槽敷设</td><td>2.5</td><td>1.0</td><td>—</td></tr>
</table>

理论上，无论根据哪种方法选择的电缆截面，都应该用其他方法去校核，即应根据各种方法分别求出最小截面积，然后从中选择最大值为最终选定值。

6.5.2 光伏电站电缆选取

以新疆维吾尔自治区的某座 100 MW 荒漠光伏电站为例，该电站配置了总数为 257 972 片的 545 W 单晶硅光伏组件。组件连接方式设计为每 26 片串联构成一个光伏组串；每 24 个光伏组串进一步接入一个 24 汇 1 的直流汇流箱中；每 14 台直流汇流箱共同接入 1 台功率为 3 125 kW 的箱逆变一体机。电站共设 32 个独立的光伏子阵。此外，项目中的电缆敷设采用了直埋的方式。

标准测试条件下，545 W 单晶硅光伏组件的主要电性能参数见表 6-8。

表 6-8 S 单晶硅光伏组件的主要电性能参数

参　　数	数　　值	参　　数	数　　值
最大功率/W	545.00	峰值功率电流/A	13.04
开路电压/V	49.65	最大系统电压/V	1 500 DC
短路电流/A	13.92	最大保险丝额定电流/A	30.00
峰值功率电压/V	41.80		

1. 直流电缆选型及敷设

选择直流电缆时，主要考虑载流量、热稳定校验和压降。根据式（6-5）、式（6-8）、式（6-10）进行验证。在满足 GB 50217—2018 要求的前提下，箱逆变一体机中逆变器的最大功率点跟踪（MPPT）的电压跟踪范围为 875~1 300 V，光伏组件在正常发电状态下，会因受到环境、温度、太阳辐照度强弱等因素的影响而不断变化，在考虑经济电流密度的情况下，汇流箱到箱逆变一体机之间的直流电缆压降满足 GB 50217—2018 中的要求即可。本算例中，电缆长度按照 0.1 km 计算，每个汇流箱接 24 路电缆，则压降应为 2%；若每个汇流箱接 21 路，则压降应为 1.75%；若每个汇流箱接 20 路，则压降应为 1.67%。

在满足上述条件的前提下，计算得到直流电缆的相关参数结果，根据该结果，选择型号为 ZRC-YJLHY23-1.8/3 kV-2×240 mm^2 的直流电缆。直流电缆在本算例中用在汇流箱至箱逆变一体机之间，电压等级属于低压，一般选用铝合金电缆即可，型号通常选择 ZRC-YJLHY23-1.8/3 kV。直流汇流箱较常出现不满接的情况，24 汇 1 的直流汇流箱通常接 20 或 21 路电缆，合理的选型和敷设方式可以节省电缆的成本。

2. 交流电缆选型及敷设

（1）载流量校验

交流电缆的载流量校验需满足：箱逆变一体机输出的最大交流功率（3 437.5 kV·A）为 1.1 倍的额定运行功率。本算例中，箱逆变一体机的额定交流电压为 35 kV，单台箱逆变一体机输出的额定交流电流经载流量反向校正后，其与综合校正系数存在如下关系：

$$I_{N1} \geqslant \frac{1}{K} \tag{6-13}$$

式中，I_{N1} 为单台箱逆变一体机输出的额定交流电流经载流量反向校正后的电流；K 为校正系数。本算例中按照每回 35 kV 线路汇集 4 回集电线路，每回集电线路容量约为 25 MW，合计4回。

(2) 热稳定校验

交流电缆的热稳定校验计算方法与直流电缆的相同。

(3) 经济截面的选择

本算例中光伏组件最佳倾角下接收的年总太阳辐射量为5 550.8 MJ/m²，将求出的电缆最大焦耳损耗下的工作时间和相应电压等级下消耗1 W·h电能的费用代入到式(6-14)，然后再计算求得最大负荷电流下经济截面。

$$F = N_p N_c (TP + D) \frac{1\,000Q}{100 + i} \tag{6-14}$$

式中 N_p——每个回路的相导体数；

N_c——类型和负荷值相同的回路数；

P——相应电压等级下消耗1 W·h电能的费用；

T——最大焦耳损耗下的工作时间；

D——为年供电费用；

Q——为辅助量；

i——为折现率。

(4) 压降校验

本算例中，电缆长度按照0.1 km计算，当采用型号为ZRC-YJLHY23-26/35 kV-3×95 mm²的电缆时，其压降为4%；当采用型号为ZRC-YJLHY23-26/35 kV-3×240 mm²的电缆时，其压降为3%；当采用型号为ZRC-YJLHY23-26/35 kV-3×400 mm²的电缆时，其压降为2%，当采用型号为ZRC-YJY63-26/35 kV-1×300 mm²的电缆时，其压降为2%。

6.6 控制电缆及其金属屏蔽

控制电缆适用于工矿企业、能源交通部门、提供交流额定电压450/750 V以下控制、保护线路等场合使用的聚氯乙烯绝缘、聚氯乙烯护套电缆。

6.6.1 控制电缆的结构及性能特征

控制电缆是配电装置中传导操作电流，连接电气仪表、继电保护和自动控制等回路用的电缆。控制电缆线芯多采用铜导体，也有部分采用铝导体。按其线芯结构可分为3种：A型(0.5~6 mm²、单根实芯)；B型(0.5~6 mm²、七根单线绞合)；R型(0.12~1.5 mm²、软结构、单线直径0.15~0.2 mm²)。

控制电缆按其绝缘层材料，可分为聚乙烯、聚氯乙烯和橡胶三类。其中，聚乙烯控制电缆的电性能为最好，也可应用于高频线路。控制电缆的绝缘线芯主要采用同心式绞合，也有部分控制电缆采用对绞式。氯磺化聚乙烯橡皮电缆具有良好的阻燃性能，聚乙烯护套则具有优异的耐寒性能。控制电缆线芯长期允许工作温度为65 ℃。光伏用KVVP电缆如

图 6-8 所示。

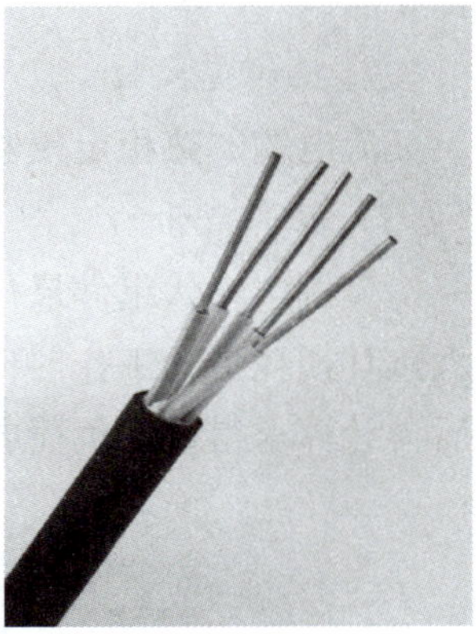

图 6-8 光伏用 KVVP 电缆

控制电缆具有防潮、防腐和防损伤等特点，可以敷设在隧道或电缆沟内。电力电缆在电力系统主干线中用以传输和分配大功率电能，控制电缆从电力系统的配电点把电能直接传输到各种用电设备器具的电源连接线路。电力电缆的额定电压一般为 0.6/1 kV 及以上，控制电缆主要为 450/750 V。同样规格的电力电缆和控制电缆在生产时，电力电缆的绝缘和护套厚度比控制电缆厚。

①控制电缆属于电器装备用电缆，和电力电缆是电缆五大类中的两个。

②控制电缆的标准是 GB/T 9330，电力电缆的标准是 GB 12706。

③控制电缆的绝缘线芯的颜色一般都是黑色印白字，电力电缆低压一般都是粉色的。

④控制电缆的截面一般都不会超过 10 m^2，电力电缆主要是输送电力的，一般都是大截面。

⑤电力电缆的截面一般可以较大，大到 500 mm^2（常规厂家能生产的范围），再大的截面一般能做的厂家就相对较少了。

⑥从电缆芯数上讲，电力电缆根据电网要求，最多一般为 5 芯。而控制电缆传输控制信号用，芯数较多，根据标准来讲多的有 61 芯。

6.6.2 控制电缆的规格、型号及敷设要求

控制电缆适用于直流和交流 50~60 Hz，额定工作电压 600/1 000 V 及以下的控制、信号、保护及测量线路用，适于固定敷设。因为一般控制电路中电流不大，且多为负荷间断，所以电缆线芯截面较小，一般为 1.5~10 mm^2。

控制电缆的型号是以用途的代表字母“K”列为首位，即 K—控制电缆；T—铜线芯（一般省略不写）；Y—聚乙烯（绝缘、护套）；V—聚氯乙烯（绝缘、护套）；YJ—交联聚乙烯绝缘；F—氯丁胶护套；Q—铅套；P—编织屏蔽。

控制电缆外护层的代号按护套、铠装的结构顺序用阿拉伯数字表示，每一数字表示所采用的主要材料和意义。对绞式控制电缆规格见表 6-9；控制电缆敷设时的温度和弯曲半径见表 6-10。

表 6-9 对绞式控制电缆规格

型　号	线芯类型	额定工作电压/V	标称截面/mm^2	
			0.5,0.75	1,1.5
			对数	
KYY,KYV,KYYP,KYYP$_2$,KYVP,KYVP$_2$,KVYP,KVYP$_2$	A,B	150/250	2,4,7,10,14,19,24,30,37,44,48	2,4,7,10,14,19,24

表 6-10　控制电缆敷设时的温度和弯曲半径

型　号	敷设温度/℃	弯曲半径
KYY, KYYP, KYYP, $KYYP_2$, KY, KYY_0, KY, $KYPs_3$, KXQ, KXQ, KXQ_{23}, KXQ_0, KXF	不低于-20	不小于 10 倍电缆外径
KXV, KX_{22}(KLX_3), KXQ_0, KQ_2, KYP_3	不低于-15	不小于 10 倍电缆外径
KYV, (KLYV), KYVP, KYVP, $KYVP_2$, KY_2(KLY_2), KY_9, KXQ_n	不低于-10	不小于 10 倍电缆外径

6.6.3　控制电缆的选用原则

控制电缆的选用原则如下：

①控制电缆的选择必须以温升、经济电流密度、电压损失等参数为依据。

②控制电缆应尽可能选用多线芯电缆，力求减少电缆根数。当线芯截面积为 1.5 mm^2 时，电缆线芯数不宜超过 30 芯。当线芯截面积为 2.5 mm^2 时，电缆线芯数不宜超过 24 芯。当线芯截面积为 4 mm^2 及以上时，电缆线芯数不宜超过 10 芯。

③测量表计电流回路用控制电缆的截面积不应小于 2.5 mm^2，而电流互感器二次电流不超过 5 A，所以不需要按额定电流校验电缆芯。

④较长的控制电缆在 7 芯及以上，截面积小于 4 mm^2 时，应当留有必要的备用芯。但同一安装单位的、同一起止点的控制电缆中不必每根电缆都留有备用芯，可在同类性质的一根电缆中预留。

⑤应尽量避免一根控制电缆同时接至控制屏上两侧的端子排，若线芯数为 6 及以上时，应采用单独的电缆。

⑥对较长的控制电缆应尽可能减少电缆的根数，同时也应避免电缆芯的多次转接。同一根电缆内不宜有两个安装单位的电缆芯。在同一个安装单位内截面积相同的交、直流回路，必要时可共用一根电缆。电缆按短路时校验热稳定性是足够的，因此也不需要按短路时热稳定性校验电缆截面。

⑦保护装置电流回路控制电缆截面的选择，是根据电流互感器的 10% 误差曲线进行的。选择时首先确定保护装置一次电流倍数 m，根据其 m 值，再由电流互感器 10% 误差曲线查出允许二次负荷数值。

⑧电压回路用控制电缆，按允许电压损失来选择电缆线芯截面。

⑨控制、信号回路用控制电缆线芯，根据机械强度条件选择，铜芯电缆线芯截面积不应小于 1.5 mm^2。当合闸回路和跳闸回路流过的电流较大，产生的电压损失增大，为使断路器可靠地动作，此时需根据电缆允许电压损失来校验电缆线芯截面。

6.6.4　控制电缆金属屏蔽层

控制电缆屏蔽是在传输电缆外加屏蔽层方式形成的抗外界电磁干扰能力的电缆。这种屏蔽层大多采用编织成网状的金属线或采用金属薄膜，有单屏蔽和多屏蔽的多种不同方式。单屏蔽是指单一的屏蔽网或屏蔽膜，其中可包裹一条或多条导线。多屏蔽方式是多个屏蔽网，屏蔽膜共处于一条电缆中。有的用于隔绝导线之间的电磁干扰，有的是为了加强屏蔽效果而采用的双层屏蔽。屏蔽的作用机理是将屏蔽层接地使之隔绝外界对导线的感应干扰电压。电缆金属屏蔽层如图 6-9 所示。

图 6-9　电缆金属屏蔽层

1. 金属屏蔽材料性能

控制电缆的金属屏蔽材料一般采用铜带屏蔽、铜丝屏蔽和铝合金带屏蔽。

（1）铜带

国家标准《电缆用铜带》（GB/T 11091—2014）中列出了电缆用铜带的牌号、状态和规格，见表 6-11，铜带的力学性能应符合表 6-12 的规定。

表 6-11　电缆用铜带的牌号、状态和规格

牌　号	代　号	供应状态	规格/mm	
			厚　度	宽　度
TU1	T10150	软化退火（O60）、退火到 1/8 硬（O80）、退火到 1/4 硬（O81）	0.07～0.80	15～305
TU2	T10180			
TU3	C10200			
TUP0.003	C10300			
T2	T11050			
TP1	C12000			

表 6-12　铜带的力学性能

牌　号	状　态	抗拉强度/MPa	规定塑性延伸强度/MPa	伸长率/%	维氏硬度/HV
TU1、TU2、TU3、TUP0.003	O60	200～260	65～100	≥35	50～60
	O80	220～275	70～105	≥32	50～65
	O81	235～290	—	≥30	55～70
T2、TP1	O60	220～270	70～110	≥30	50～65
	O80	230～285	75～120	≥28	55～70
	O81	245～300	—	≥25	

（2）铜丝

金属屏蔽中铜丝的电阻，适用时应符合《电缆的导体》（GB/T 3956—2008）的要求。铜丝屏蔽的标称截面积应根据故障电流容量确定。铜丝屏蔽的截面直接影响电缆承受故障短路电流的能力，若截面积太小，当短路电流通过时将产生过热或烧断，并损坏绝缘。因此，需要根据故障电流容量确定金属屏蔽的截面。

通过 IEC 60949 绝缘热状态下短路电流的计算公式

$$I_{AD}^2 \times t = K^2 S^2 \times In\left(\frac{\theta_f + \beta}{\theta_i + \beta}\right) \tag{6-15}$$

可推导出金属屏蔽最小截面 $S_{\min}$ 为：

$$S_{\min} = \frac{I_{AD} \times \sqrt{t}}{K \times \sqrt{In \dfrac{\theta_f + \beta}{\theta_i + \beta}}} \tag{6-16}$$

式中 I_{AD}——短路电流，单位 A；

t——短路时间，单位 s；

K——取决于载流体材料的常数，铜导体 $K = 226$。

（3）铝合金带

铝合金带的质量和韧度应均匀一致，铝合金带应干燥、清洁、光滑，无开裂、毛刺等外观缺陷，表面处理后形成具有防腐蚀及导电功能的薄膜，金属屏蔽绕包时铝合金带应不缠结、不刮损。铝合金带的机械性能见表 6-13。

表 6-13　铝合金带的机械性能

厚度/mm	拉伸强度/MPa（20 ℃）	屈服强度/MPa（20 ℃）	伸长率/%
0. 15	175	130	15
0. 18	175	130	15

2. 金属屏蔽结构

金属屏蔽由一根或多根金属带、金属编织带或层、金属丝的同心层或金属丝与金属带的组合结构组成。金属屏蔽也可以是金属套或金属铠装层。

铜丝屏蔽应由疏绕的软铜线组成，其表面采用反向绕包的铜丝或铜带扎紧。相邻铜丝的平均间隙应不大于 4 mm。金属带屏蔽应由一层重叠绕包的软铜带或铝合金带（仅适用于铝合金芯电力电缆）组成，也可采用双层间隙绕包。金属带间的平均搭盖率应不小于金属带宽度的 15%（标称值），最小搭盖率应不小于 5%。

铜带标称厚度为单芯电缆：≥0. 12 mm；三芯电缆：≥0. 10 mm。

铜带的最小厚度应不小于标称值的 90%。

铝合金带标称厚度为单芯电缆：≥0. 18 mm；三芯电缆：≥0. 15 mm。

铝合金带的最小厚度应不小于标称值的 90%。

铜带绕包屏蔽是传统的屏蔽工艺，以单层重叠搭盖绕包的方式居多。采用这种屏蔽方式的电力电缆具有外径较小、质量较轻、成本较低的优点。要求使用的铜带为退火软铜带，铜带不允许有破裂、卷边等缺陷。绕包时要调节合适包带的张力，且收线盘要用泡沫珍珠棉衬垫，避免线芯扎伤。铜带的绕包应紧密平整，不得有氧化、卷曲、隆起、铜带裂纹、打皱和露出里面半导电层的现象。铜带的接头严禁采用胶带搭接或锡焊的方式，必须使用电焊，且搭盖长度不小 20 mm，焊接应平整牢固，接头处应用砂纸进行打平抛光。

传统的铜带绕包在工艺上目前虽然仍占优势，但往往在运行时金属屏蔽层间由于其接触而产生氧化物，以及弯曲冷热变形后减少接触压力，这些均造成接触电阻成倍增加，影响短路电流的容量和短路电流的导通。另外，当接触不良后引起热传导性下降，这也可能导致电缆处于超过正常允许温升条件下运行。

疏绕铜丝或疏绕铜丝加铜带屏蔽方式能够从结构上改善铜带绕包屏蔽方式的弊端。因为它没有铜带搭盖间的氧化层，弯曲变形小，热膨胀变形也少，接触电阻不至于成倍增加；弯曲变形也不至于使疏绕的铜带弓起或改变运行电缆的电性能、机械性能和热性能。但采用这种屏蔽方式的电缆外径较大、质量较重、成本较高。尤其是疏绕的铜丝很容易在生产和使用中勒进绝缘屏蔽层，影响绝缘线芯外观，造成电缆局部电量增大甚至超标，严重时会使电缆击穿。为了避免铜丝疏绕对绝缘线芯的损伤，设计时可采用两种方法：一是在绝缘线芯外绕包 1~2 层厚度约为 0.2 mm 的半导电尼龙带；二是在三层共挤工序增加绝缘屏蔽层厚度。

拓展阅读 光伏电站电缆发展趋势

随着光伏技术的飞速发展，光伏电站装机规模不断扩大，系统电压等级不断提高，对电缆的性能也提出了更高的要求。为了适应光伏产业的发展趋势，光伏电站电缆正在朝着更加高效、安全、可靠、智能化和环保的方向发展。

1. 高电压、大电流

（1）趋势

为了提高光伏电站的效率和降低成本，光伏系统电压等级和电流都在不断提高。例如，1 500 V 系统已经成为主流，3 000 V 甚至更高电压的系统也逐渐应用。更高的电压可以减少线路损耗，降低电缆成本，但对电缆的绝缘性能提出了更高的要求。

（2）技术路径

①开发更高电压等级的电缆，例如，3.6/6 kV、6/10 kV 甚至更高的电压等级。

②采用新型绝缘材料，例如，改性聚乙烯、硅橡胶等，提高电缆的绝缘强度和耐热性能。

③优化电缆结构设计，例如，增加绝缘厚度、采用屏蔽层等，提高电缆的抗干扰能力。

2. 轻型化、柔性化

（1）趋势

为了方便电缆的运输、安装和维护，需要开发更轻、更柔软的电缆。尤其是在屋顶光伏电站和复杂地形的光伏电站中，轻型化、柔性化的电缆可以大大降低施工难度，提高工作效率。

（2）技术路径

①采用轻质导体材料，例如，铝合金导体。

②采用新型绝缘材料，例如，轻质交联聚乙烯、泡沫绝缘材料等。

③优化电缆结构设计，例如，采用更细的导体线芯、更薄的绝缘层等。

3. 智能化、集成化

（1）趋势

为了提高光伏电站的智能化水平，需要开发具有监测、诊断、通信等功能的智能电缆。智能电缆可以实时监测电缆的运行状态，及时发现故障，提高光伏电站的运维效率和安全性。

（2）技术路径

①在电缆中嵌入传感器和芯片，例如，温度传感器、电流传感器、光纤等，实时监测电缆的温度、电流、电压等参数。

②开发电缆状态监测系统，对采集到的数据进行分析和处理，及时发现异常情况并发出预警。

③将电缆与其他设备进行集成，例如，汇流箱、逆变器等，实现光伏电站的智能化运维。

4. 环保化

（1）趋势

为了减少对环境的污染，需要开发环保型电缆，例如，采用可回收材料、无卤阻燃材料等，减少对环境的污染。

（2）技术路径

①采用可回收的导体材料和绝缘材料，例如，再生铜、再生铝等。

②采用无卤阻燃材料，例如，无卤聚烯烃、硅橡胶等，避免燃烧时产生有毒气体。

③减少电缆生产过程中的污染物排放，例如，采用清洁能源、优化生产工艺等。

5. 其他发展方向

（1）耐高温、耐腐蚀、耐候性

光伏电站通常位于户外，电缆需要承受高温、潮湿、紫外线等恶劣环境条件。因此，需要开发耐高温、耐腐蚀、耐候性更强的电缆，例如，采用氟塑料、硅橡胶等材料。

（2）高可靠性、长寿命

光伏电站的运行寿命通常为25年以上，电缆也需要具备较长的使用寿命。因此，需要开发具有更高可靠性和更长使用寿命的电缆，例如，采用高质量的材料、先进的制造工艺等。

（3）与光伏组件、逆变器等设备的匹配性

为了提高光伏电站的整体性能，需要开发与光伏组件、逆变器等设备更加匹配的电缆。例如，根据光伏组件的输出特性和逆变器的输入特性，设计电缆的规格和参数。

总之，光伏电站电缆的发展趋势是朝着更加高效、安全、可靠、智能化和环保的方向发展。相信随着技术的不断进步，光伏电站电缆将会在光伏发电的普及和应用中发挥越来越重要的作用。

思考与练习

1. 简述电力电缆导体材料的主要类型，并比较它们各自的优缺点和适用场合。
2. 解释什么是电力电缆的绝缘水平，并说明绝缘水平与电缆工作电压之间的关系。
3. 除了电压等级，还有哪些因素会影响电力电缆绝缘水平的选择？
4. 简述聚氯乙烯（PVC）和交联聚乙烯（XLPE）两种绝缘材料的特点和适用场合。
5. 为什么电力电缆需要护层？常见的电力电缆护层有哪些类型？
6. 如何根据负载电流和敷设方式选择合适的电力电缆截面？
7. 在光伏电站中，如何选择合适的直流电缆和交流电缆？
8. 控制电缆有哪些常见的结构类型？它们各自适用于哪些场合？
9. 控制电缆的金属屏蔽层有哪些作用？如何选择合适的屏蔽层材料？
10. 在实际工程中，如何选择合适的电力电缆和控制电缆？请结合具体案例进行说明。

第7章 光伏电站选址与项目开发

光伏电站的选址和开发流程在项目前期至关重要，它直接决定项目投资能否顺利开展。光伏电站选址主要基于国家土地政策和当前光伏发电产业发展规范用地管理相关政策文件，根据用地性质、地质、水文、交通和电力输送条件，选择出适合项目的用地，并通过前期勘察、项目备案、设计与实施、项目验收与并网完成项目的投资。本章提供了详细的步骤和考虑因素，帮助确保光伏项目的顺利进行和成功实施。

学习目标

(1) 了解我国地面光伏用地的土地利用规划和用地性质。

(2) 掌握我国光伏电站建设的站区用地的类型和适用范围相关知识。

(3) 掌握影响光伏电站选址考虑的地质、水文、交通和电力输送的相关知识。

(4) 了解大型光伏电站项目前期勘察的内容和准备工作。

(5) 熟悉光伏电站的项目备案流程和所需材料。

(6) 了解光伏电站设计与实施过程的相关阶段的相关知识。

(7) 掌握光伏电站项目的验收与并网流程。

学习重点

(1) 光伏电站站区用地的类型与范围。

(2) 光伏电站项目的开发阶段和相关内容。

(3) 前期光伏电站项目的备案流程和准备材料。

(4) 光伏电站项目业主与电网公司相关手续和并网流程。

视频

光伏电站项目开发

学习难点

(1) 大型地面光伏电站站区用地的类型与范围选择。

(2) 光伏电站项目的备案材料与批复的部门、备案流程。

7.1 土地利用现状分类及光伏电站选址

土地利用现状分类与光伏电站选址关系紧密，掌握土地分类有助于确定适宜建设光伏电站的土地。在建设光伏电站过程中，要避免占用基本农田，优先考虑荒漠、滩涂等未利用地，在保护生态环境的前提下，合理规划光伏电站建设。

7.1.1 光伏电站站址用地

与火电、核电以及水电相比，光伏发电的特点是需要较大安装面积，输入能量完全依赖自然条件，因此其选址工作对自然条件和基础设施条件有较大依赖性，既要考虑项目建设的交通和电力等基础设施条件，又要考虑日照辐射资源、其他气象条件以及土地资源，所以光伏电站位置的合理选择对光伏发电的产出显得尤为重要。光伏电站选址不合理会直接造成电站发电量损失和维修费用增加，整体效益和运行寿命降低，并且还可能对周围环境造成不良影响。光伏电站的选址问题是光伏发电系统建设首要考虑问题。

在选址阶段，需要与政府各职能部门充分沟通，并进行必要的实地测量与自然资源数据收集分析，以确保项目建设的可行性。选址的核心原则是综合考虑合理的能量回收期与投资收益，使项目既实现可再生能源发展所要求的环境效益与社会效益，又能保障投资的经济性，从而为可再生能源长久发展提供重要推动力。

1. 地面光伏电站土地利用规划分类体系

光伏电站建设需占用一定土地资源，根据《中华人民共和国土地管理法》第四条规定国家实行土地用途管制制度。我国的土地类型可分为农用地、建设用地和未利用地，如图 7-1 所示。

（1）农用地

按照《中华人民共和国土地管理法》和自然资源部颁布的《土地分类》的规定，农用地是指用于农业生产的土地，包括耕地、园地、林地、牧草地及其他农用地。

①耕地。按照规定，耕地是指种植农作物的土地，包括熟地、新开发整理复垦地、休闲地、轮歇地、草田轮作地；以种植农作物为主，间有零星果树、桑树或其他树木的土地；平均每年能保证收获一季的已垦滩地和海涂。耕地中还包括南方宽小于一米，北方宽小于两米的沟、渠、路和田埂。耕地又可分为三种：水田、水浇地、旱地。

水田，指有水源保证和灌溉设施，在一般年景能正常灌溉，用于种植水生作物的耕地，包括灌溉的水旱轮作地；水浇地，指水田、菜地以外，有水源保证和灌溉设施，在一般年景能正常灌溉的耕地；旱地，指无灌溉设施，靠天然降水种植旱作物的耕地，包括没有灌溉设施，仅靠引洪淤灌的耕地。

②基本农田。基本农田是指按照一定时期人口和社会经济发展对农产品的需求，依据土地利用总体规划确定的不得占用的耕地。与之相对应的是一般农用地。

基本农田是耕地的一部分，而且主要是高产优质的那一部分耕地。一般来说，划入基本农田保护区的耕地都是基本农田。

农用地的范围要大于耕地，耕地大于基本农田。基本农田仅指受国家特别保护的耕地。

农用地经法定程序可以转为建设用地；而基本农田经依法确定后，任何单位和个人不得改变或占用，除非是国家能源、交通、水利、军事设施等重点建设项目选址确实无法避开基本农田保护区的，必须经国务院批准，才能占用。

③农用地转用。农用地转用是指将土地利用现状调查确定的农用地依据土地利用总体规划、土地利用年度计划以及国家规定的审批权限报批后转变为建设用地的行为。

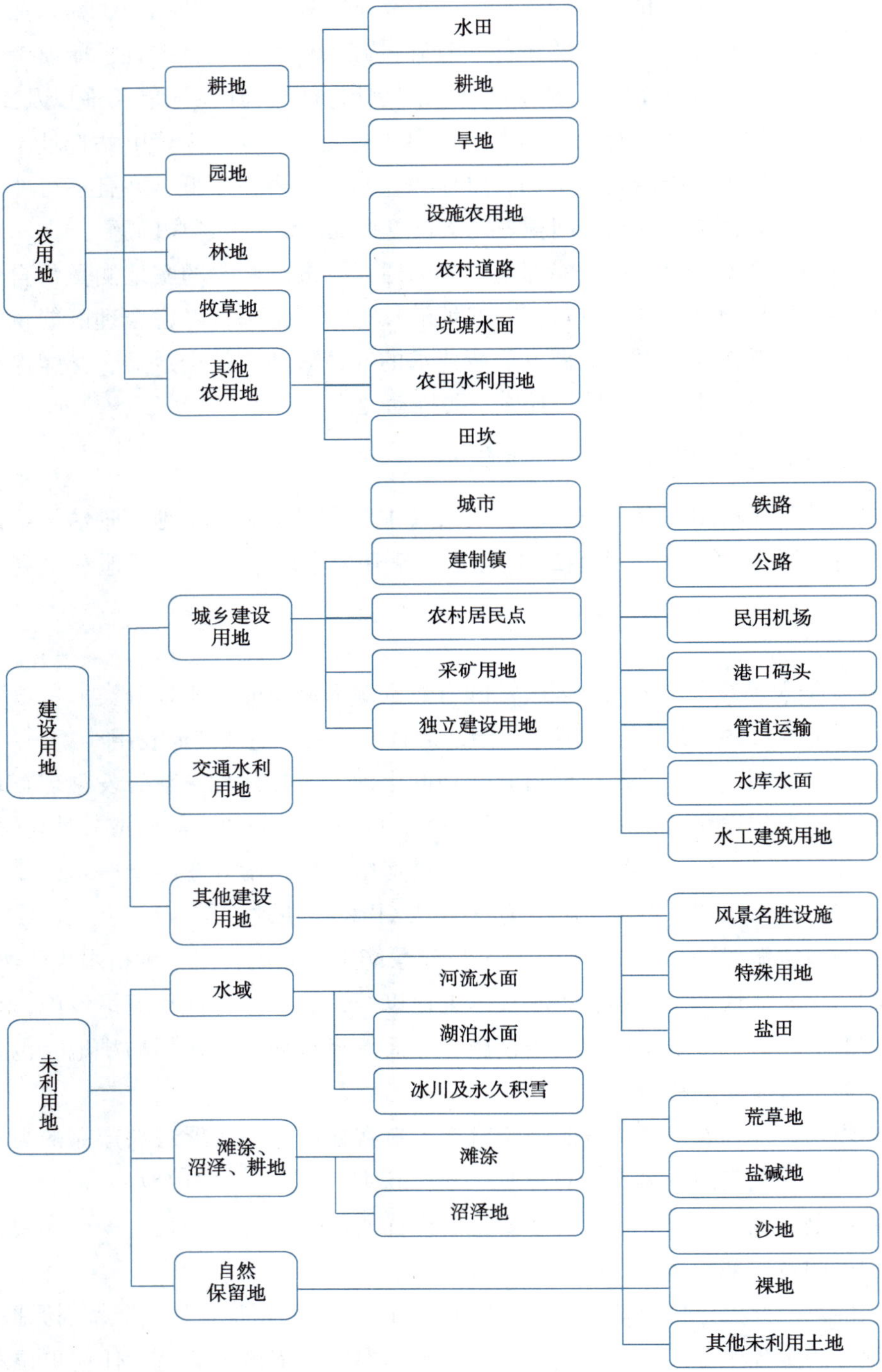

图 7-1　土地分类

（2）建设用地

建设用地是指建造建筑物、构筑物的土地，是城乡住宅和公共设施用地，工矿用地，能源、交通、水利、通信等基础设施用地，旅游用地，军事用地等。建设用地是付出一定投资（土地开发建设费用），通过工程手段，为各项建设提供土地，是利用土地的承载能力或建筑空间，不以取得生物产品为主要目的的用地。

（3）其他用地

未利用地是指农用地（直接用于农业生产的土地，包括耕地、林地、草地、农田交通、水利用地、养殖水面等）和建设用地（建造建筑物、构筑物的土地，包括城乡住宅和公共设施用地、工矿用地、交通水利设施用地、旅游用地、军事设施用地等）以外的土地，主要包括荒草地、盐碱地、沼泽地、沙地、裸土地、裸岩等。

2. 光伏电站站区用地

光伏电站站区用地由两部分组成，包括光伏方阵用地（含光伏面板、采用直埋电缆敷设方式的集电线路等用地）和配套设施用地（含变电站及运行管理中心、集电线路、场内外道路等用地，具体依据《光伏发电站工程项目用地控制指标》的分类），根据用地性质实行分类管理。

（1）光伏方阵用地

光伏方阵用地不得占用耕地，占用其他农业用地的，应根据实际情况合理控制、节约集约用地，尽量避免对生态和农业生产造成影响。光伏方阵用地涉及使用林地的，须采用林光互补模式，可使用年降水量 400 mm 以下区域的灌木林地以及其他区域覆盖度低于 50% 的灌木林地，不得采伐林木、割灌及破坏原有植被，不得将乔木林地、竹林地等采伐改造为灌木林地后架设光伏板；光伏支架最低点应高于灌木高度 1 m 以上，每列光伏板南北方向应合理设置净间距，具体由各地结合实地确定，并采取有效水土保持措施，确保灌木覆盖度等生长状态不低于林光互补前水平。光伏方阵按规定使用灌木林地的，施工期间应办理临时使用林地手续，运营期间与相关方签订协议，项目服务期满后应当恢复林地原状。光伏方阵用地涉及占用基本草原外草原的，地方林草主管部门应科学评估本地区草原资源与生态状况，合理确定项目的适建区域、建设模式与建设要求。鼓励采用“草光互补”模式。光伏方阵用地不得改变地表形态，以第三次全国国土调查及后续开展的年度国土变更调查成果为底版，依法依规进行管理。实行用地备案，不需按非农建设用地审批。

（2）配套设施用地

光伏发电项目配套设施用地，按建设用地进行管理，依法依规办理建设用地审批手续。其中，涉及占用耕地的，按规定落实占补平衡。符合光伏用地标准，位于方阵内部和四周，直接配套光伏方阵的道路，可按农村道路用地管理，涉及占用耕地的，按规定落实进出平衡。其他道路按建设用地管理。

光伏发电项目选址应遵守自然资源部、国家林业和草原局办公室、国家能源局综合司联合颁布《关于支持光伏发电产业发展规范用地管理有关工作的通知》（自然资办发〔2023〕12 号）的规定，同时符合国土空间规划和用途管制要求，鼓励使用未利用地和存量建设用地发展光伏发电项目，促进节约集约用地。鼓励利用城镇低效用地、村庄用地、废弃矿山等建设光伏发电项目，盘活利用存量土地资源。支持利用采煤沉陷区的非耕地区域、因沉陷确实无法复垦的耕地区域建设光伏发电项目。积极支持利用工业厂房、公共建筑、高速公路服务区等建设工商业分布式光伏。

光伏发电项目选址应当避让耕地、生态保护红线、历史文化保护线、特殊自然景观价值和文化标识区域、天然林地等，涉及自然保护地的，还应当符合自然保护地相关法规和政策要求；不得占用永久基本农田和Ⅰ级保护林地。不得在河道、湖泊、水库内建设光伏发电项目，在养殖池塘等养殖区、限养区及湖泊周边、水库库汊建设光伏发电项目的，应当经过科学论证，严格管控。图 7-2 所示为丘陵地面电站和农光互补光伏电站。

（a）丘陵地面电站

（b）农光互补光伏电站

图 7-2　光伏电站

3. 光伏电站用地勘测与审批

光伏电站的永久性占地（主要指变电站、运行管理中心、集电线路塔基等配套设施用地）必须按建设用地管理，并依法办理国有土地使用证。因此，光伏电站项目土地预审分为两条路线，一条为临时用地的预审；一条为建设用地的征用和相关手续的办理。无论哪条路线，都需要首先进行勘测定界。

所谓勘测定界，是根据土地利用需要，由各级国土部门组织，由资质单位承担的，进行实地界定土地使用范围、测定界址位置、调绘土地利用现状，计算用地面积而进行的技术服务性工作，为国土资源行政主管部门用地审批和地籍管理等提供科学、准确的基础资料，主要为勘测定界图、规划图等。

勘测定界工作，大体先通过用地单位委托申请，资质单位组织队伍和仪器，同相关方一起到现场作业，完成土地预审所需要的图件，提交国土局审核验收。

综上所述，土地为国有资源，开发光伏电站，必须了解相关的土地政策，前期必须落实清楚土地性质、土地规划、建设规划、土地权属、土地用途以及地上附属物等，否则，一旦项目实施后，出现土地问题，将造成巨大的损失。

4. 屋顶分布式光伏电站选址

屋顶分布式光伏电站跟地面电站选址有较大的差异。其主要和建筑物的高度、屋顶的可利用面积、屋顶的类型与承载力、屋顶的使用年限等因素相关。

（1）建筑物的高度

屋顶光伏电站所处的建筑物高度不宜过高。主要原因，其一，光伏组件单体面积大，越高风荷载越大；其二，楼层过高，施工难度大，二次搬运费用高；其三，由于光伏电站的日常维护需要进行检修、清洗、更换设备等工作，楼层过高相对运行维护费用高。基于以上三个原因，不建议在高层建筑上安装光伏项目。

(2) 屋顶的可利用面积

综合考虑光伏电站项目的投资规模效益、后期运维、收益分享模式等因素，光伏电站建设（容量）要具有一定的规模性，过小容量的光伏电站当前还不具备投资性（随着国家对分布式光伏电站的推广及融资业务的发展，屋顶、户用光伏电站越来越受到人们的关注）。所以，屋顶可利用面积直接决定了光伏电站项目的收益。

屋顶光伏电站可利用面积主要与屋顶的女儿墙高度、屋顶构筑物、设备等因素相关。像女儿墙过高，周边的广告牌、中央空调、太阳能热水器较多的屋顶相对可利用面积较少，不宜安装光伏电站。一般情况下，年份较久的屋顶，可利用面积的比例也越少。

(3) 屋顶的类型与承载力

常见屋顶类型为混凝土和彩钢瓦类型，对于不同类型屋顶的光伏电站的技术方案也不同。

由于采用不同的基础形式和安装方式，屋顶所承受的恒荷载和活荷载的计算方法也是不一样的。对于屋顶的恒荷载包括结构自重、附着在楼板上下表面的装饰构造层的质量等，由建筑、结构确定。屋顶的活荷载则包括人员、设备、可搬动的摆设等的质量，由建筑功能确定，或者由甲方指定。

另外，混凝土屋顶需要考虑原有的防水措施，彩钢瓦屋顶要考虑瓦型、朝向等因素，彩钢瓦的朝向最好以南北方向为主。

表 7-1 为不同屋顶类型结构的光伏电站特性。

表 7-1　不同屋顶类型结构的光伏电站特性

内容	屋顶类型	
	混凝土屋顶	彩钢瓦屋顶
基础形式	压块或整体框架式	卡件
组件倾斜	最佳倾斜角或略低	屋顶倾斜角
间距	按阴影遮挡计算	只留走线和检修通道
装机容量	安装容量小，满发小时数高	安装容量大，满发小时数低

(4) 屋顶的使用年限

混凝土屋顶的使用年限较长，一般情况下能保证光伏电站 25 年的运营期；而彩钢瓦的使用年限一般在 15 年左右。

(5) 接入方式和电压等级

接入方式分单点接入和多点接入；电压等级一般分为 380 V、10 kV 和 35 kV。对于不同接入方式、电压等级，电网公司的管理规定是不一样的，例如，电网公司接收接入申请受理到告知业主接入系统方案确认单的时间为：单点并网项目 20 个工作日、多点并网项目 30 个工作日。以 380 V 接入的项目，接收到电网公司的接入系统方案等同于接入电网意见函；以 35 kV、10 kV 接入的项目，则要分别获得接入系统方案确认单、接入电网意见函，根据接入电网意见函开展项目备案和工程设计等工作，并在接入系统工程施工前，要将接入系统工程设计相关资料提交客户服务中心，根据其答复意见开展工程建设等后续工作。

（6）建筑物的产权

光伏电站投资者的屋顶使用成本一般体现为两种方式：一种是以租用屋顶的方式，每年付给产权人一定的租金；一种是合同能源管理模式，给电量消费者一个较低的电费，如现有电费的 90%。其中，合同能源管理模式应用比较广泛。

使用者如果拥有建筑物的私有产权，则谈判相对简单；若使用者只是承租人，并不拥有产权，是未来光伏电量的消费者。这种情况，就需要跟产权人和消费者分别进行协商，谈判成本和收益分享计划就相对较复杂。

（7）建筑物的用途

屋顶的来源可能是多种可能：工业厂房、商业建筑、行政办公楼、医院、学校、居民住宅。不同用途的建筑建设光伏发电系统具有如下特点，见表 7-2。

表 7-2　不同用途建筑光伏电站特性

用途种类	优　点	缺　点
工业厂房	（1）面积大，可建设规模大； （2）用电负荷大、稳定，且用电负荷曲线与光伏出力特点相匹配，可实现自发自用为主； （3）用电价格高，项目预期收益高	部分业主积极性不高
商业建筑	（1）用电价格最高，项目预期收益高； （2）用电负荷稳定，且用电负荷曲线与光伏出力特点相匹配，可实现自发自用为主	单体建筑面积较少，大规模开发协调成本高
行政办公楼	（1）政府所有，容易协调； （2）用电负荷与光伏出力特点基本匹配，可实现自发自用为主	（1）单体面积较少； （2）用电价格低、负载低，项目预期收益较低
医院	（1）对光伏发电接受程度高，协调成本低； （2）用电负载大、稳定，且用电负荷曲线与光伏出力特点相匹配，可实现自发自用为主	部分屋顶装有太阳能热水器，单体可用面积有限
学校	（1）对光伏发电接受程度高，协调成本低； （2）单体面积较大	（1）用电负载曲线与光伏出力特点不匹配，自发自用率低； （2）用电价格低，项目预期收益较低
居民住宅	可利用面积最大	（1）热水器普及率较高，可选择小区不多； （2）项目涉及用户较多，协调成本高； （3）用电价格低，项目预期收益较低； （4）用电负载曲线与光伏出力特点不匹配，自发自用率低

从表 7-2 可见，现阶段工业厂房、集中连片的商业建筑或医院适合建设屋顶光伏发电系统。

（8）负载曲线

光伏电站的选址除了要考虑建筑物的可利用面积以外，还要考量负载曲线。负载曲线图的横坐标是时间，纵坐标一般是有功功率，因此通常的负载曲线是有功功率负载曲线。

对于光伏功率输出特性与负载曲线趋势一致的分布式电站效益相对较优。图 7-3 所示为某建筑用电负载曲线和光伏功率输出特性曲线的关系。从图中可以看出，光伏发电曲线与负载曲线啮合好，可有效缓解波峰用电压力。

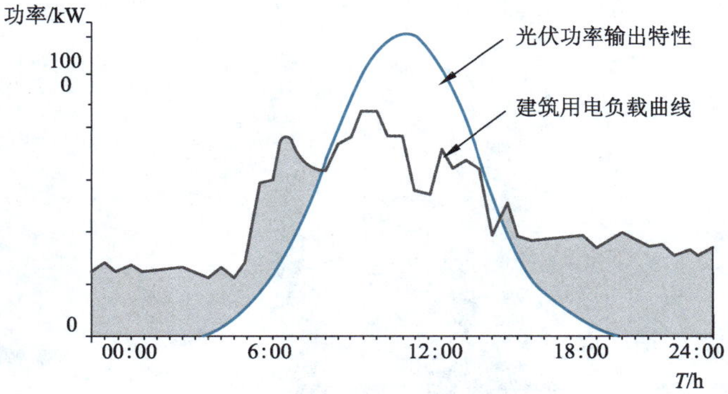

图 7-3　某建筑用电负载曲线与光伏功率输出特性曲线

屋顶光伏电站属于分布式光伏电站，对屋顶光伏电站尽量以自发自用为主，减少对电网电能的输送。因此，用户的用电负载曲线与光伏功率输出特性一致的站址选择效益相对较优。

(9) 户用电价

屋顶分布式光伏电站基本以自发自用为主，收益与负载用电价格密切相关，电价高的负载建设光伏发电系统方案较优。

7.1.2　地理地质与水文条件

地形起伏影响光伏电站的布局和土地使用效率，土壤类型影响电站基础建设和支架固定，地下水位和排水情况影响电站建设和长期运行安全，地震带和地质灾害易发区域对电站的稳定性和安全性构成威胁，地理位置和地形影响太阳辐射的接收，风速和风向影响电站的建设成本和发电量，这些因素均影响光伏电站的发电效率与收益。

1. 地理和地质情况因素

光伏电站选址的地理和地质情况因素包括：选址地形的朝向、坡度起伏程度、岩壁及沟壑等地表形态面积占可选址总面积的比例、地质灾害隐患、冬季冻土深度、一定深度地表的岩层结构以及土质的化学特性等。为保证选址的有效性，需对选址进行初步地质勘测。

①山体地面光伏发电站宜选择在地势平坦的地区或北高南低的坡度地区。坡屋面光伏发电站的建筑主要朝向宜为南或接近南向，宜避开周边障碍物对光伏组件的遮挡，如图 7-4 所示。

②地表形态、基本地质条件影响支架基础的施工方案，增加土建的施工难度和成本。例如，土层不厚、岩石较多的山体不宜安装光伏电站。选择光伏电站站址时，应避开危岩、泥石流、岩溶发育、滑坡的地段和发震断裂地带等地质灾害易发区。

③当光伏电站站址选择在采空区及其影响范围内时，应进行地质灾害危险性评估，综合评价地质灾害危险性的程度，提出建设站址适宜性的评价意见，并应采取相应的防范措

施；光伏电站宜建在地震烈度为 9 度及以下地区。在地震烈度为 9 度以上地区建站时，应进行地震安全性评价；光伏电站站址应避让重点保护的文化遗址，在站址地下深层压有文物、矿藏时，除应取得文物、矿藏有关部门同意的文件外，还应对站址在文物开挖后的安全性进行评估；另外，光伏电站选址不应设在有开采价值的露天矿藏或地下浅层矿区上。

（a）山体光伏电站　　（b）屋顶光伏电站

图 7-4　光伏阵列朝向

④选择光伏电站站址时，应避开空气经常受悬浮物严重污染的地区。

⑤光伏电站站址选择应利用非可耕地和劣地，不应破坏原有水系，做好植被保护，减少土石方开挖量，并应节约用地，减少房屋拆迁和人口迁移。

⑥条件合适时，可在风电场内建设光伏电站。

2. 水文条件

拟选址地的水文条件包括：短时最大降雨量、积水深度、洪水水位、排水条件等。上述因素直接影响光伏电站的支架系统、支架基础的设计以及电气设备安装高度。例如，积水深度高，则组件以及其他电气设备的安装高度就要高；洪水水位影响支架基础的安全；排水条件差，则导致基础金属支架长期浸水。光伏发电站站址防洪设计应按照《光伏发电站设计标准（2024 年版）》（GB 50797—2012）文件执行。

光伏发电站站址防洪设计应符合下列要求：

①光伏发电站的光伏方阵区按不同规划容量所对应的防洪标准应符合表 7-3 的规定。防排洪措施宜在首期工程中按规划额定容量统一规划，分期实施。光伏发电的升压站或开关站及辅助设施区的防洪标准应符合国家现行标准《35 kV~110 kV 变电站设计规范》（GB 50059）和《变电工程总布置设计规程》（DL/T 5056）的规定。

表 7-3　光伏方阵区的防洪标准

防洪等级	规划容量/MW	防洪标准（重现期）
Ⅰ	>500	≥50 年
Ⅱ	≤500	≥30 年

②位于海滨的光伏电站设置防洪堤（或防浪堤）时，其堤顶标高应依据表 7-3 中防洪标准（重现期）的要求，应按照重现期为 30 年波浪累计频率 1% 的浪爬高（是波浪沿斜面

爬升的垂直高度，也称为波浪爬坡高度）加上 0.5 m 的安全超高确定。

③位于江、河、湖旁的光伏电站设置防洪堤时，其堤顶标高应按表 7-3 中防洪标准（重现期）的要求，加 0.5 m 的安全超高确定；当受风、浪、潮影响较大时，应再加重现期为 30 年波列累计频率 1% 的浪爬高。

④在以内涝为主的地区建站并设置防洪堤时，其堤顶标高应按设计内涝水位加 0.5 m 的安全超高确定；位于西北干旱地区的光伏发电站，应采取应对站区内的融雪或短时暴雨的排洪措施。

⑤对位于山区且有洪水威胁区域的光伏发电站，应设防山洪和排山洪的措施。

⑥当光伏方阵区不设置防排洪设施时，光伏方阵区电气设备底标高和建筑物室内地坪标高应按表 7-3 中防洪标准或 30 年一遇最高内潜水位，加上 0.5 m 的安全超高确定；当两者有差异时，应选两者高值；当受风、浪、潮影响较大时，尚应再加重现期为 30 年波列累计频率 1% 的浪爬高。图 7-5 所示为位于江河旁边未建造防洪堤被洪水冲垮的光伏电站。

图 7-5　被冲垮光伏电站图

7.1.3　交通运输和电力输送条件

交通运输条件对光伏电站的影响主要体现在光伏组件等设备的运输成本、光伏电站建设进度、光伏电站运维效率和维护成本。电力输送条件对光伏电站的影响主要体现在电力并网难易、系统稳定性和运行效率。

1. 交通运输条件

在对光伏发电项目进行选址时，我们还需要考虑施工阶段大型施工设备的进出场地的交通运输条件。例如，光伏发电系统中的大型设备——大功率逆变器、升压变压器等。当大型设备无法运输，或现有道路无法满足运输要求，这时就需要修建临时道路。临时道路的设计和建设也需要考虑上述道路承载能力、宽度、坡度等因素，以确保施工期间材料和设备的运输顺畅，并分析此修路的费用是否决定项目整体投资经济性的可行性。

（1）道路承载能力

大型光伏组件、逆变器、变压器等设备质量较大，运输道路需要有足够的承载能力。例如，运输车辆可能是重型卡车，道路的路面结构应能承受其质量，避免出现路面塌陷等问题。对于山地光伏电站，上山道路的修筑要考虑到设备运输过程中的集中荷载，道路的地基处理和路面铺设要保证运输安全。

（2）道路宽度、转弯半径和限高

运输车辆的尺寸较大，道路宽度应满足车辆通行要求。特别是在电站内部道路和一些地形复杂区域。此外，运输过程中要注意道路沿途的限高设施，如桥梁、涵洞、架空线路等。在电站规划时，需要对周边道路网络进行详细勘察，确保从设备生产地到电站施工现场的整个运输路线上没有限高障碍，或者提前做好协调工作，对限高设施进行临时调整。

（3）道路坡度

在山地建设光伏电站时，交通运输条件更为复杂。可能需要修建盘山公路或者使用索道等特殊运输方式。盘山公路的坡度不宜过大，一般不超过 8%～10%，以保证车辆能够安全爬坡。对于一些特别陡峭的山地，索道运输可以作为一种有效的补充方式，将设备和材料吊运至施工现场。但索道的设计和安装需要专业的工程技术，并且要考虑到气象条件对索道运行的影响。

（4）其他

光伏电站建设可能会遇到各种气候条件，如雨季、冬季冰雪等，这些都会对交通运输产生影响。因此，在施工计划中需要充分考虑气候因素，提前做好道路维护和防滑措施，例如，在道路上撒布防滑砂、融雪剂等，或者调整施工进度，避开恶劣气候条件下的运输作业。

合理选择材料供应点和运输方式对于控制成本至关重要。在选址时，应尽量考虑靠近具备良好交通运输条件的区域，或者与供应商协商优化运输方案。

2. 电力输送条件

大规模地面光伏电站选址地点通常比较偏僻，因此必须考虑该光伏发电项目的电力输送条件：电力送出和厂用电线路。如项目选址离可以用来接入电力系统的变电站较远，则对项目投资经济性产生负面影响的因素有：输电线路造价高和输电线路沿线的电量损失。而接入电力系统电压等级与上述因素直接相关。因此，在选址工作期间，需要与当地电网公司（或供电公司）充分沟通，对列入选址备选地点周边可用于接入系统的变电站的容量、预留间隔和电压等级等进行详细了解，为将来进行项目的接入系统设计提供详细的输入条件。

光伏发电站发电母线电压应根据接入电网的要求和光伏发电站的额定容量，经技术经济比较后确定，并宜符合下列规定：

①小型光伏发电站宜采用 0.4 kV～10 kV 电压等级。

②中型光伏发电站宜采用 10 kV～35 kV 电压等级。

③大型光伏发电站宜采用 35 kV 或 66 kV 电压等级。

7.2　光伏电站项目开发

光伏电站项目开发一般由项目前期勘探、项目备案、项目设计与建设、项目验收与并网四个过程组成。

7.2.1 项目前期勘探

项目前期勘探主要是对拟建项目从建设地点、资料利用、生态环境、经济效益、社会影响等方面进行勘探和论证过程。

1. 勘探前准备

与项目所属业主或者土地所在地方沟通，通过宏观选址，准备勘查设备。了解场址地点、大概面积、土地类型和产权、建筑类型地貌特征、附近变电站等情况。通过大概面积，估算可以布置的光伏组件规模；通过土地类型和产权归属，估计征地难度和租赁费用；通过地貌特征，如平地、山地或水面、屋顶，估计施工难度；通过附近变电站，估计接入系统距离和费用。还需要深入了解当地光伏政策、允许建设的容量、是否有在建项目、已建成项目的收益等情况。

2. 现场勘探

观察场址地形地貌、考察现场地质条件、确定场区坐标。踏勘条件允许时，可利用无人机航拍，有效提高踏勘及评估质量和效率，勘查现场资源和情况与前期获得资料是否一致。

3. 踏勘后确认评估

(1) 确定场址地类

根据场地面积及拟接入变电站来确定场址地类。如果是土地一般到国土局、文物局和林业局等部门查询场址的土地类别及是否有文物、矿产或其他情况。如果是不能使用的类型或有压覆情况，盲目开展后续工作，会造成浪费。如果是屋顶要考虑城市规划和限高要求，将 GPS 坐标输入地图，观察场址宏观情况，同时测算场区面积。

(2) 确定接入的变电站

根据估算出来的光伏装机规模，设计送出电压等级；考察距场址最近变电站的电压等级、容量、是否预留间隔，收集该变电站的电气一次图，从而确定光伏接入容量。如果没有合适的接入点，可以在地市级电网公司批准下进行 T 接送出。

(3) 资源评估

对项目地形地貌或屋顶负责进行勘察，评估施工难度和成本。初步规划确定项目建设地点，需考虑光照资源丰富、土地性质适宜（如荒山荒地、未利用地等，尽量避免基本农田）、电网接入条件良好等因素，可以委托专业机构对项目所在地的太阳能资源进行评估，包括年日照小时数、辐射强度等数据，以确定项目的可行性和预期发电量，编制项目可研报告。

7.2.2 项目备案申请

根据能源局关于印发《光伏电站开发建设管理办法》的通知国能发新能规（〔2022〕104 号）规定，光伏电站项目实行备案管理。各省（区、市）可制定本省（区、市）光伏电站项目备案管理办法，明确备案机关及其权限等，并向社会公布。备案机关及其工作人员应当依法对项目进行备案，不得擅自增减审查条件，不得超出办理时限。备案机关及有关部门应当加强对光伏电站的事中事后监管。

1. 备案前准备材料

将备案材料提交至当地能源主管部门，一般为发改委或能源局。通常需要以下材料：

①项目可行性研究报告（大型集中）或项目申报报告，内容涵盖项目概述、建设地点及规模、太阳能资源评估、技术方案、投资估算、经济效益分析、环境影响评价、投资资金来源和业主情况等方面，全面分析项目的可行性。

②项目选址意见书，由规划部门出具，确定项目建设的具体位置符合规划要求。

③土地预审意见，自然资源部门对项目用地的审查意见，确保土地性质符合光伏电站建设要求，如果是屋顶电站一般出具房产产权证明和租赁信息。

④相关批复文件。如涉及以下相关部门的，如林业部门、水利部门、文物部门等的选址意见，环保部门的环境影响报告的批复，安监部门的安全预评价表等的批复材料。

⑤接入系统方案，由电网公司出具电网接入的意见书，明确光伏电站与电网的连接方式、接入点位置、容量等，保证项目建成后能够顺利接入电网。

⑥开发企业的相关材料，如企业营业执照副本及复印件，用于证明企业的合法经营身份。法人身份证明，包括身份证复印件等，明确项目的负责人。若由代理机构办理备案手续，需提供企业出具的委托书及代理人身份证明。企业资信证明，如银行开具的资信等级证明等，体现企业的资金实力和信用状况。

2. 光伏电站项目备案流程

根据各个地区的政策不同备案的方式而异，一般光伏电站项目为网上备案，部分地区需要现场申报和确认。

①网上申报：注册账号，访问当地政务服务网或相关投资项目在线审批监管平台，注册企业账号，并进行实名认证。

②填写信息及上传材料：登录账号后，按照系统提示填写项目的基本信息，如项目名称、建设地点、建设规模、建设内容、项目总投资额等，并上传前期准备的相关材料。提交纸质材料（若有要求）：有些地区可能除了网上申报外，还需要将纸质版的申请材料提交至当地能源主管部门或相关审批机构。材料应按照要求进行装订和整理，并确保与网上申报的信息一致。

③部门审核：当地能源主管部门或相关审批机构对申报材料进行初步审核，检查材料的完整性和合规性。如果材料不齐全或存在问题，会通知企业补充或修改材料。

④现场勘查（部分情况）：对于一些大型或重要的光伏电站项目，相关部门可能会组织人员进行现场勘查，核实项目的建设条件、用地情况等。

⑤专家评审（如有必要）：根据项目的具体情况，可能会组织专家对项目的可行性、技术方案等进行评审，企业需要根据专家的意见进行修改和完善。

⑥备案公示：审核通过的项目，会在相关网站或平台上进行公示，公示期一般为 5～10 个工作日。公示期间如无异议，即可进入备案环节。

⑦获取备案证明：公示期结束后，企业将获得项目的备案证明。备案证明是项目合法建设的重要依据，企业应妥善保存。

光伏电站项目备案的有效期通常为 2 年。在备案文件有效期内未开工建设项目的，一般应在备案文件有效期届满 30 日前向相关部门申请延期。项目在备案文件有效期内未开工建设也未申请延期的，或提出延期申请但未获批准的，备案文件通常会自动失效。

7.2.3 项目设计与实施

光伏电站项目设计与实施主要包括工程设计、设备采购招标、施工招标、项目施工、项目验收与并网等流程。

1. 工程设计

委托具备资质的设计单位进行光伏电站的工程设计，包括总体布局设计、电气系统设计、土建工程设计等。设计方案应符合国家和地方的相关标准和规范，确保项目的安全性和可靠性。

2. 设备采购招标

根据设计方案确定所需的光伏组件、逆变器、支架等主要设备的技术参数和规格要求。发布设备采购招标公告，邀请符合条件的供应商参与投标。通过评标程序确定中标供应商，并签订采购合同。

3. 施工招标

编制施工招标文件，明确工程范围、施工要求、工期、质量标准等内容。进行施工招标，选择具备相应资质和经验的施工单位。签订施工合同，明确双方的权利和义务。

4. 项目施工

取得开工许可证，对光伏项目进行建设施工。它包括场地平整、基础施工、设备安装、系统调试等阶段。

①场地平整：对项目建设场地进行平整，清除障碍物，确保场地符合施工要求。

②基础施工：根据设计方案进行光伏支架基础、逆变器室基础、升压站基础等土建工程施工。

③设备安装：安装光伏组件、逆变器、支架等设备，确保安装质量符合要求。进行电气设备的安装和调试，包括变压器、开关柜、电缆等。

④系统调试：光伏电站进行系统调试，包括电气系统调试、监控系统调试等，确保系统正常运行。

5. 项目验收与并网

①竣工验收：项目建设完成后，由建设单位组织光伏电站项目设计、施工、监理等单位进行竣工验收。验收内容包括光伏电站项目工程质量、设备性能、安全设施等方面。验收合格后，出具竣工验收报告。

②并网申请：向当地电网公司提交并网申请，提供项目竣工验收报告、电气设备试验报告等相关文件。

③并网调试：电网公司对光伏电站进行并网调试，包括电能质量测试、保护装置调试等。调试合格后，签订并网协议，正式并网发电，如图 7-6 所示。

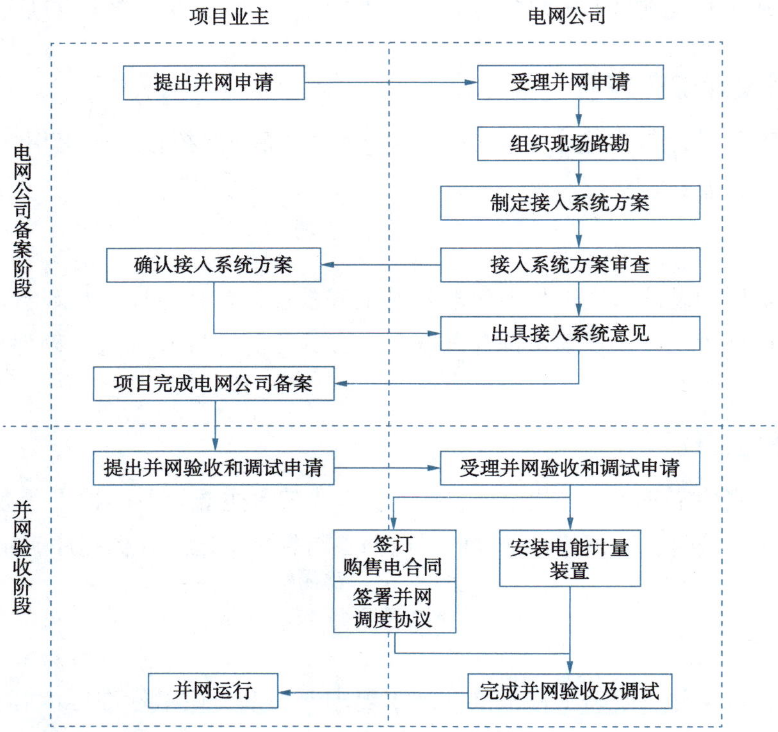

图 7-6　电网公司项目备案和验收流程图

注：各地区政策不同，略有差异。

拓展阅读　光伏在农业中的应用

农光互补：光伏发电与农业种植、养殖等相结合，在同一块土地上实现两种及以上生产方式的协同发展。例如，在农业生产用地上建设光伏电站，光伏板下方的空间仍然用于农业生产活动。在土地资源日益稀缺的情况下，这种模式可以使一块土地同时发挥两种功能。在一些耕地资源有限的地区，既可以进行农作物种植，又能够利用空间进行光伏发电，提高了土地的单位产出价值。

1. 农光互补的优势

(1) 土地资源高效利用

节省土地，提高土地利用率。以光伏农业大棚为例，光伏板安装在大棚顶部，不额外占用大量土地，而下方的大棚内空间依然可以正常种植蔬菜、花卉等作物，实现了土地的立体式开发利用。在光照充足的地区，大规模的农光互补电站能够为当地提供稳定的可再生能源，减少对传统化石能源的依赖。

（2）促进农业现代化

部分农光互补项目中的光伏设施可以为农业生产提供一些便利条件。例如，光伏板可以在一定程度上起到遮阴作用，对于喜阴作物的种植非常有利，像某些中药材的种植需要避免过强的光照直射，在农光互补模式下就能够很好地满足其生长需求。同时，一些与光伏设施配套的智能控制系统可以用于监控农业生产环境，实现精准农业。在一些生态脆弱地区，农光互补项目可以在不破坏原有生态环境的前提下进行开发建设，例如，在荒漠地区，通过农光互补模式种植耐旱作物并进行光伏发电，既能防止土地沙化进一步加剧，又能生产能源和农产品，实现生态、经济的双赢。

2. 农光互补类型

（1）光伏农业大棚

在大棚顶部安装光伏板，通常采用透光率合适的光伏材料，既能保证一定的光伏发电效率，又能使足够的光线透射到大棚内部满足农作物光合作用的需求。作物种植多样性：大棚内可以种植多种作物，如草莓、西红柿等果蔬类作物。对于一些对光照和温度要求较为特殊的作物，还可以通过调节光伏板的布局和遮光程度来优化生长环境。农光互补案例图如图 7-7 所示。

图 7-7　农光互补案例图

（2）林光互补

在经济林下安装光伏板，发展林下经济。例如，在一些速生林或者果树林下，利用树木间距安装光伏设施，林下空间可以进行家禽养殖或者种植耐阴的中药材、菌类等作物。这种模式既不会影响树木的正常生长，又能额外增加土地的产出效益。

思考与练习

1. 光伏电站建设的适用土地包括哪些？
2. 大型地面光伏电站的备案准备需要哪些材料？
3. 屋面地面光伏电站的备案准备需要哪些材料？
4. 光伏项目业主方和电网公司的备案与验收流程有什么？
5. 大型地面建设应从哪些方面考虑进行选址？
6. 农光互补的光伏电站的优缺点？

第8章 光伏发电系统设计

光伏发电系统设计根据是否与国家电网相连而分为离网光伏发电系统和并网光伏发电系统，两者有所差异。离网光伏发电系统和并网光伏发电系统的选定主要根据负载用电情况、气象资源、地理位置、可建设面积及资金等而定。两者在光资源分析、基础及支架、组件方位角与倾斜角、光伏阵列间距的设计基本类似，而装机容量、储能系统、控制器、逆变器等设计则有所不同。

学习目标

(1) 掌握离网路灯系统设计与计算。

(2) 掌握户用离网系统的设计与计算。

(3) 掌握小型户用并网系统的设计。

(4) 掌握 60 kW 光伏电站项目设计内容和计算。

(5) 熟悉大、中型光伏电站的系统组成及其设备选配设计。

(6) 掌握大、中型光伏电站的发电量计算。

(7) 掌握光伏电站项目的节能减排量的换算。

学习重点

(1) 小型离网户用光伏电站的设计内容和计算。

(2) 掌握 60 kW 光伏电站项目设计内容和计算。

(3) 了解大、中型光伏电站系统组成和主要设备选配设计。

(4) 掌握大、中型光伏电站发电量和节能减排量计算。

学习难点

(1) 大、中型光伏发电系统组成和主要设备选配设计。

(2) 大、中型光伏电站发电量和项目的节能减排量换算。

视频

离网光伏发电系统设计

视频

60 kW地面光伏电站系统设计

8.1 离网光伏发电系统设计

8.1.1 离网光伏路灯系统设计

离网光伏路灯系统因其稳定性、节能性、安全性、方便性、长寿命性、智能性等优点，在实际生活中被广泛应用于农村等偏远地区照明和城市道路节能改造。路灯利用光伏组件接收太阳光，并转换为电能通过控制器存储到蓄电池中，当夜晚来临时（或天空亮度不够时）控制器再控制蓄电池给光源供电，实现环境照明。离网光伏路灯系统由光伏组件、用电负载、控制器、蓄电池、支架系统及其各种配件组成，如图 8-1 所示。

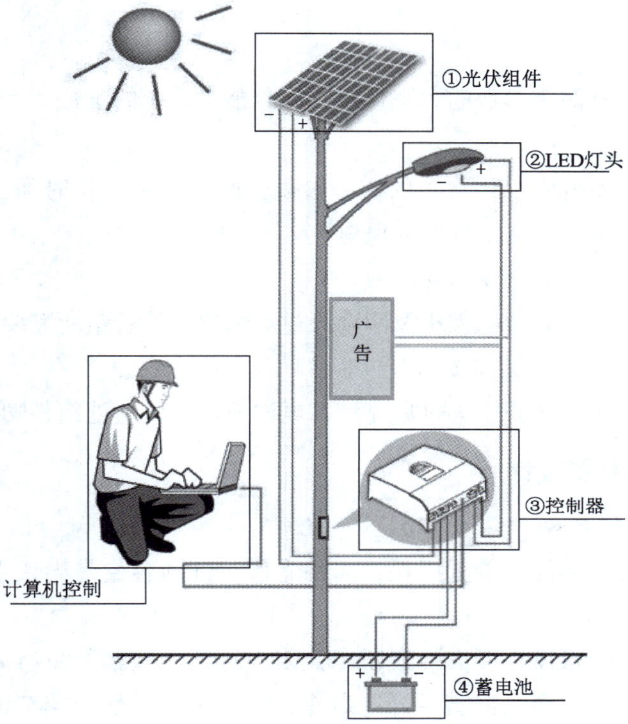

图 8-1　光伏路灯系统示意图

1. 离网路灯系统设计步骤及前期准备

在离网光伏路灯系统设计时，应当根据负载的要求和当地光伏资源及气象地理条件，依照能量守恒（包含各部分损耗）的原理，综合考虑各种因素和技术条件，合理设置组件容量，达到负载用电需求。设计步骤如图 8-2 所示。

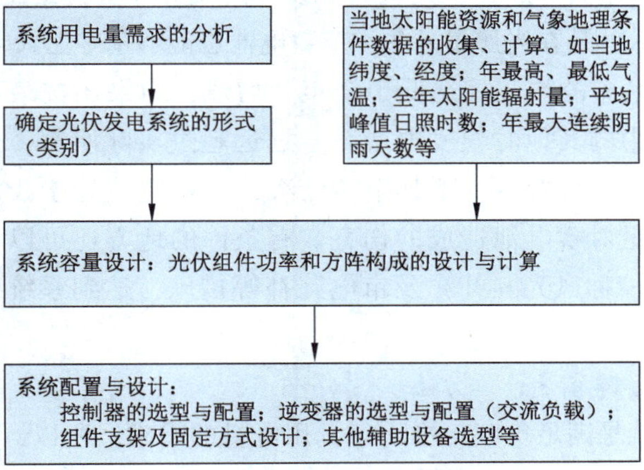

图 8-2　离网光伏发电系统容量设计步骤

前期用电量需要分析的和气象资源的收集主要如下：

（1）经度和纬度

通过地理位置可以了解并掌握当地的气象资源，比如月（年）平均太阳能辐照情况、平均气温、风力资源等，根据这些条件可以确定当地的太阳能标准峰值时数（h）和光伏组件的倾斜角与方位角。

（2）光源的参数

工作电压和功率。这两个参数的大小直接影响着整个系统的参数。

（3）工作时间（H）

这是决定光伏路灯系统中组件大小的核心参数，通过确定工作时间，可以初步计算负载每天的功耗和与之相应的光伏组件的充电电流。

（4）需要保持的连续阴雨天数（d）

这个参数决定了蓄电池容量的大小及阴雨天过后恢复电池容量所需要的光伏组件功率。

（5）两个连续阴雨天之间的间隔天数（D）

这是决定系统在一个连续阴雨天过后充满蓄电池所需要的电池组件功率。

2. 离网路灯系统容量设计

（1）设计原则

如果忽略光伏系统各部件的能量损耗，离网光伏组件的容量是光伏组件的全年发电量等于负载全年用电量。

实际工程设计中，容量设计考虑因素很多，因为每天光伏辐射量有高有低，因此设计离网光伏发电系统电池组件容量需满足光照最差、光伏辐射量最小季节的需要。如果只按平均值去设计，势必造成全年超过 1/3 时间的光照最差季节蓄电池的连续亏电。蓄电池长时间处于亏电或者不够用状态，使蓄电池的使用寿命和性能受到很大影响，整个系统的后续运行费用也将大幅度增加。

设计容量时也不能考虑为了给蓄电池尽可能快地充满电而将光伏组件设计得过大，这样在一年中的绝大部分时间里光伏电池的发电量会远远大于负载的用电量，造成光伏组件的浪费和系统整体成本过高。因此，光伏组件设计的最好办法就是使光伏组件能基本满足光照最差季节的需要，就是在光照最差的季节蓄电池也能够基本上天天充满电。

有些地区光照度最差的季节远远低于全年平均值，如果还按最差情况设计光伏组件的功率，那么在一年中的其他时候发电量就会远远超过实际所需，造成浪费。这时只能考虑适当加大蓄电池的设计容量，增加电能储存，使蓄电池处于浅放电状态，弥补光照最差季节发电量的不足对蓄电池造成的伤害。有条件的地方还可以考虑采取风力发电与光伏发电互相补充（简称风光互补）及市电互补等措施，达到系统整体综合成本效益的最佳。

（2）光伏组件及方阵容量计算方法

光伏组件的设计就是满足负载年平均每日用电量的需求。所以，设计和计算光伏组件大小的基本方法就是用负载平均每天所需要的用电量（单位：A・h 或 W・h）为基本数据，以当地光伏辐射资源参数，如峰值日照时数、年辐射总量等数据为参照，并结合一些相关因素数据或系数综合计算。

在设计和计算光伏组件或方阵时，一般有两种方法。一种方法是根据上述各种数据直接计算出光伏组件或方阵的功率，根据计算结果选配或定制相应功率的光伏组件，进而得到外形尺寸和安装尺寸等。这种方法一般适用于中小型光伏发电系统的设计。另一种方法是先选定尺寸符合要求的电池组件，根据该组件峰值功率、峰值工作电流和日发电量等数据，结合上述数据进行设计计算，在计算中确定电池组件的串、并联数及总功率。这种方法适用于中大型光伏发电系统的设计。光伏路灯是小型光伏发电系统，下面就以第一种方法为例，介绍光伏组件容量的设计计算公式和方法。

①以峰值日照时数为依据的简易计算方法：这是一个常用的简单计算公式，常用于小型独立光伏发电系统的快速设计与计算，也可以用于对其他计算方法的验算。其主要参照的光伏辐射参数是当地峰值日照时数。

$$\text{光伏组件功率 } P=\frac{\text{用电器功率}\times\text{用电时间}}{\text{当地有效峰值日照时数}}\times\text{损耗系数}$$

公式中，光伏组件功率 P、用电器功率的单位都是瓦（W）；用电时间和当地峰值日照时数的单位都是小时（h）。

设计实例：某地安装一套光伏庭院灯，使用两只 9 W/12 V 节能灯做光源，每日工作 4 h。已知当地的有效峰值日照时数是 4.46 h，求光伏电池总功率。

解：

$$P=\frac{18\times 4}{4.46}\times 2=32.28(\text{W})$$

②以年辐射总量为依据的计算方法：这是一个以年辐射总量为依据的计算公式，与上一个公式异曲同工。

$$P=\frac{K\times(\text{用电器功率}\times\text{用电时间})}{\text{当地年总辐射量}}$$

公式中，光伏组件功率的单位是瓦（W）、用电器工作电压单位是伏特（V）；用电器工作电流单位是安培（A）；用电时间单位是小时（h）；年辐射总量单位是千焦/平方厘米（kJ/cm^2）。公式中 K 为辐射量修正数，单位是千焦/平方厘米·小时（$\text{kJ/cm}^2\cdot\text{h}$），对于不同的运行情况，$K$ 可以适当调整，当光伏发电系统处于有人维护和一般使用状态时，K 取 230；当系统处于无人维护且要求可靠时，K 取 251；当系统处于无法维护、环境恶劣、要求非常可靠时，K 取 276。

对比两种计算公式的区别，还用上个设计实例的条件计算。

设计实例：某地安装一套光伏庭院灯，使用两只 9 W/12 V 节能灯做光源，每日工作 4 h。已知当地的全年辐射总量是 580 kJ/cm^2，求光伏电池总功率。

解：先计算用电器工作电流 = 18/12 = 1.5(A)

代入公式求光伏组件功率 P，则

$$P = \frac{18 \times 4}{580} \times 276 = 34.26(\mathrm{W})$$

③以斜面年辐射总量为依据的计算方法：常用于独立光伏发电系统的快速设计与计算，也可以用于对其他计算方法的验算。其主要参照的光伏辐射参数是当地年辐射总量和斜面修正系数。

首先根据各用电器的额定功率和每日平均工作的小时数，计算出总用电量：

$$负载总用电量(\mathrm{W \cdot h}) = \sum 用电器功率 \times 日平均工作时间$$

$$P = \frac{系数\,5\,618 \times 安全系数 \times 负载总用电量}{斜面修正系数 \times 水平面平均辐射量}$$

为方便计算，系数 5 618 是将充放电效率系数、电池组件衰减系数等因素，经过单位换算及简化处理后，得出的系数。安全系数是根据使用环境、有无备用电源、是否有人值守等因素确定。一般在 1.1~1.3 之间选取。水平面年平均辐射量的单位是 $\mathrm{kJ/(m^2 \cdot d)}$。

设计实例： 北京地区一套光伏庭院灯带有两个灯头，一个是 11 W/12 V 节能灯，每天工作 5 h，另一个是 3 W/12 V 的 LED 球泡灯，每天工作 12 h，试计算电池组件功率和蓄电池容量。

解： 通过参数表查得北京的斜面修正系数为 1.097 6，水平面年平均日辐射量为 15 261 $\mathrm{(kJ/m^2 \cdot d)}$，安全系数取 1.2。

$$负载总用电量(\mathrm{W \cdot h}) = 11 \times 5 + 3 \times 12 = 91(\mathrm{W \cdot h})$$

$$组件功率 = \frac{5\,618 \times 1.2 \times 91}{1.097\,6 \times 15\,261} = 36.6(\mathrm{W})$$

3. 倾斜角设计与光伏组件选配

(1) 光伏组件或方阵倾斜角设计

设计离网光伏发电系统时当然要掌握当地的光伏资源情况，分析时需要的基本数据如下：

①现场的地理位置，包括地点、纬度、经度、海拔等。

②安装地点的气象资料，包括逐月太阳总辐射量，直接辐射及散射量（或日照百分比），年平均气温，最长连续阴雨天，最大风速及冰雹、降雪等特殊气候情况。

这些资料从当地的气象部门查询，一般只有水平面上的太阳辐射量，要设法换算到倾斜面上的辐射量。射向光伏方阵的入射能量，包括直接辐射、散射辐射和地面反射量三部分。设水平面全天太阳总辐射量为 I_H，它由直接辐射量 I_{HO} 和水平面散射量 I_{HS} 组成。那么，射向与地平面成倾斜角 θ 设置的光伏组件倾斜面总太阳辐射量 I_t，由下式计算得到

$$I_t \approx I_{HO}[\cos\theta + \sin\theta \coth_0 \cos(\varphi - \phi)] + I_{HO}\frac{1 + \cos\theta}{2} + \rho I_H \frac{1 - \cos\theta}{2}$$

上式右边第一项是直射分量，第二项是散射分量，第三项是地面的反射分量。ρ 为地面反射率，不同的地表状态的反射率由表 8-1 可得。工程计算中，取 ρ 的平均值 0.2，有雪覆盖地面时 ρ 取 0.7。φ 为太阳方位角，ϕ 为电池板方位角。

表 8-1　地面反射率

地表状态	地面反射率	地表状态	地面反射率
沙漠	24～28	湿砂地	9
干裸地	10～20	干草地	15～25
湿裸地	8～10	湿草地	14～26
干黑土	14	新雪	81
湿黑土	8	残雪	46～70
干砂地	18	冰面	69

从水平面上的太阳辐射量计算光伏方阵倾斜面所接收到的太阳辐射量，工作量较大。如若采用计算机辅助设计软件，应预先进行方阵倾斜角度的优化设计，要求全年总辐射量尽可能大，而在冬天和夏天辐射量的差异尽可能小，两者统筹兼顾。这一点对高纬度地区尤为重要。这是因为高纬度地区冬季和夏季水平面太阳辐射量差异非常大。

只有权衡考虑，选择最佳倾角，光伏方阵面上的冬夏季辐射量之差就会减小，蓄电池容量设计可以减少，系统造价降低，设计较为合理。一般来讲，固定倾角光伏方阵面上的辐射量要比水平面辐射量高 5%～15%，辐射分量越大、纬度越高，倾斜面比水平面增加的辐射量越大。

在小型离网光伏发电系统的设计中，对于固定设置方阵的倾角和方位角的确定，处于北半球的中国，方位角应正南设置。但是，由于某种限制不能正南，只要在正南±20°之内，方阵输出功率不会降低多少。非正南设置时，功率输出大致按照一个余弦函数减少。至于方阵倾角，一般都采用按当地纬度的整数固定设置。如果考虑为了冬季能多发电，方阵倾角可适当比当地纬度加大一些，一般在 5°～15°之内。

对于离网光伏发电系统，倾斜角宜使光伏方阵的最低辐射量月份倾斜面上受到较大的辐射量。表 8-2 所示为最近几年浙江杭州辐射量最差 1 月不同倾斜角的平均辐射量（平均日照时数 h）。当倾斜角为 47°时，倾斜面可获得最大峰值日照时数。

表 8-2　杭州 1 月不同倾斜角辐射量

倾斜角/(°)	10°	20°	30°	40°	45°	46°	47°	48°
平均日照时数/h	2.40	2.59	2.72	2.79	2.80	2.81	2.81	2.81
倾斜角/(°)	49°	50°	51°	52°	53°	54°	55°	
平均日照时数/h	2.80	2.80	2.80	2.80	2.79	2.79	2.78	

(2) 光伏组件选型与配置

①光伏组件选型原则

光伏组件应根据类型、峰值功率、转换效率、温度系数、组件尺寸、质量、功率辐照度特性等技术条件进行选择。光伏组件依据太阳辐射量、气候特性、场地面积等因素，经技术经济比较确定。光伏辐射量较高、辐射分量较大的场地宜采用晶体硅光伏组件或聚光光伏组件。光伏辐射量较低、散射分量较大、环境温度较高的地区宜采用薄膜光伏组件。

②光伏组件容量及串并联分析

在进行光伏组件的设计与计算时，还要考虑季节变化对系统发电量的影响。因为在设计和计算得出组件容量时，一般都是以当地光伏辐射资源的参数如峰值日照时数、年辐射总量等数据为参照数据，这些数据都是全年平均数据，参照这些数据计算出的结果，在春、夏、秋季一般都没有问题，冬季可能就会有点欠缺。因此，在有条件时或设计比较重要的光伏发电系统时，最好以当地全年每个月的光伏辐射资源参数分别计算各个月的发电量，其中的最大值就是一年中所需要的光伏组件的数量。例如，某地计算出冬季需要的光伏组件数量是 8 块，但在夏季可能只要 5 块，为了保证该系统全年的正常运行，要按照冬季的数量确定系统的容量。

计算光伏组件的基本方法是用负载平均每天所消耗的电量（A·h）除以选定的光伏组件在一天中的平均发电量（A·h），就算出了整个系统需要并联的光伏组件数。但是实际计算时，还要考虑到各种因素影响，如蓄电池的充电效率系数、组件损耗系数、逆变器效率系数等，综合考虑以上因素，得出计算公式如下：

$$\text{光伏组件并联数} = \frac{\text{负载日平均用电量(A·h)}}{\text{组件日平均发电量(A·h)} \times \text{充电效率系数} \times \text{组件损耗系数} \times \text{逆变器效率系数}}$$

具体公式中，组件日平均发电量=组件峰值工作电流（A）×峰值日照时数（h）；负载日平均用电量=工作电流（A）×工作时数（h）。

再将系统的工作电压除以光伏组件的峰值工作电压，就可以算出光伏组件的串联数量。这些光伏组件串联后就可以产生系统负载所需要的工作电压或蓄电池组充电电压。具体公式如下：

$$\text{光伏组件串联数} = \frac{\text{系统工作电压(V)} \times \text{系数 } 1.43}{\text{组件峰值工作电压(V)}}$$

系数 1.43 是光伏组件峰值工作电压与系统工作电压的比值。例如，为工作电压 12 V 的系统供电或充电的光伏组件的峰值电压是 17~17.5 V；为工作电压 24 V 的系统供电或充电的峰值电压为 34~34.5 V 等。因此，为方便计算，用系统工作电压乘以 1.43 就是该组件或整个方阵的峰值电压近似值。

计算举例：某地建设一个移动通信基站的光伏供电系统，该系统采用直流负载，负载工作电压 48 V，用电量为每天 150 A·h，该地区最低的光照辐射是 1 月，其倾斜面峰值日照时数是 3.5 h，选定 125 W 光伏组件，其主要参数：峰值功率 125 W、峰值工作电压 34.2 V、峰值工作电流 3.65 A，计算光伏组件使用数量及光伏电池方阵的组合设计。

解：根据上述条件，并确定组件损耗系数为 0.9，充电效率系数也为 0.9。因该系统是直流系统，所以不考虑逆变器的转换效率系数。

$$\text{光伏组件并联数} = \frac{150}{(3.65 \times 3.5) \times 0.9 \times 0.9} = 14.49 \approx 15$$

$$\text{光伏组件串联数} = \frac{48 \times 1.43}{34.2} = 2$$

根据以上计算数据，采用就高不就低的原则，确定电池组件并联数是 15 路，串联数是 2 块。也就是说，每 2 块电池组件串联连接，15 串电池组件再并联连接，共需要 125 W 电池组件 30 块构成光伏方阵，连接示意图如图 8-3 所示。

该光伏方阵总功率 = 15×2×125 = 3 750（W）。

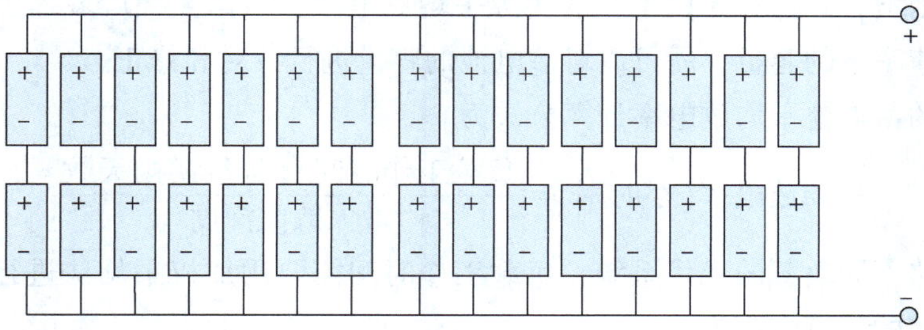

图 8-3　光伏电池方阵串并联示意图

4. 蓄电池选型与配置

当前，蓄电池选型与锂电池的寿命及电池的总充电功率有关，跟放电方式和周边温度都有关，应用中浅放浅充对电池更有利。

（1）基本容量设计方法

蓄电池容量是指其蓄电的能力，通常用该蓄电池放电至终了电压所放出的电量大小来度量。确定离网光伏系统蓄电池容量最佳值，必须综合考虑光伏方阵发电量、负荷容量及直交变换装置（逆变器）的效率等。储能电池的容量应按下式计算求出。

$$C_c = \frac{D \times F \times P_0}{U \times K_a}$$

式中　C_c——储能电池容量，kW · h；

D——最长无日照期间用电时数，h；

F——储能电池放电效率的修正系数（通常为 1.05）；

P_0——平均负荷容量，kW；

U——储能电池的放电深度（0.5~0.8）；

K_a——包括逆变器等交流回路的损耗率。

（2）蓄电池串并联设计

离网系统在外工作时，除了考虑储能放电深度、系统损耗等因素的影响外，实际蓄电池设计还要考虑蓄电池放电率和环境温度对容量的影响。

①放电率对蓄电池容量的影响。

放电率也就是放电时间和放电电流与蓄电池容量的比率，一般用 C 来表示。锂电池的放电倍率一般在 0.2C~3C 之间，即以电池额定容量的 0.2 倍至 3 倍进行放电。

大电流放电时，放电时间短，蓄电池容量会比标称容量缩水；小电流放电，放电时间长，实际放电容量会比标称容量增加。例如，容量 100 A · h 的蓄电池用 2 A 的电流放电能放 50 h，但要用 50 A 电流放电就肯定放不了 2 h，实际容量就不够 100 A · h。蓄电池的容量随着放电率的改变而改变，这样就会对容量设计产生影响。当系统负载放电电流大时，蓄电池的实际容量会比设计容量小，会造成系统供电量不足；而系统负载工作电流小时，蓄电池的实际容量就会比设计容量大，会造成系统成本的无谓增加。特别是在离网光伏系统中应用的蓄电池，放电率一般都较慢，差不多都在 24 小时率以上，而生产厂家提供的蓄电池标称容量是 10 小时率以下的容量。因此，在设计时要考虑到光伏系统中蓄电池放电率对容量的影响因素，并计算光伏系统的实际平均放电率，根据生产厂家提供的该型号蓄电池在不同放电速率下的容量，就可以对蓄电池的容量进行校对和修正。

光伏系统的蓄电池平均放电率计算公式为

$$\text{平均放电率(小时率)} = \frac{\text{负载工作时间} \times \text{连续阴雨天数}}{\text{最大放电深度}}$$

对于有多路不同负载的光伏系统，负载工作时间需要用加权平均法进行计算，加权平均负载工作时间的计算方法为

$$\text{负载工作时间} = \frac{\sum(\text{负载功率} \times \text{负载工作时间})}{\sum \text{负载功率}}$$

根据上面两个公式就可以计算出离网光伏系统的实际平均放电率，根据蓄电池生产厂商提供的该型号蓄电池在不同放电速率下的蓄电池容量，就可以对蓄电池的容量进行修正。

②温度对蓄电池容量的影响。

环境温度对锂电池容量的影响。温度升高，锂电池容量增加，锂电池在充放电过程中，正负极材料会发生化学反应，产生电子和离子。当温度升高时，这些反应的速率会加快，从而使得锂电池的容量增加。具体来说，锂电池在高温环境下，正极材料中的锂离子更容易脱嵌，负极材料中的锂离子更容易嵌入，因此，锂电池的容量会相应增加。温度降低，锂电池容量下降。这是因为低温环境下，锂电池中正负极材料的化学反应速率减慢，锂离子的脱嵌和嵌入过程受阻，导致锂电池的容量降低。

在恒定电流下，蓄电池的容量会随着蓄电池温度的变化而变化，当蓄电池的温度下降时，蓄电池的容量会下降，温度低于零度以下时，蓄电池容量会急剧下降。温度升高时，蓄电池容量略有升高。蓄电池的标称容量一般都是在环境温度 25 ℃时标定的，随着温度的降低，在正常放电电流工作下，0 ℃时的正常容量下降到标称容量的 90%～95%，当最低气温过低时，还要对蓄电池采取相应的保温措施，如地埋或者放置室内，如果不能用，考虑蓄电池的使用环境温度对其容量的影响。图 8-4 所示为某锂电池不同电流和温度下的放电曲线。

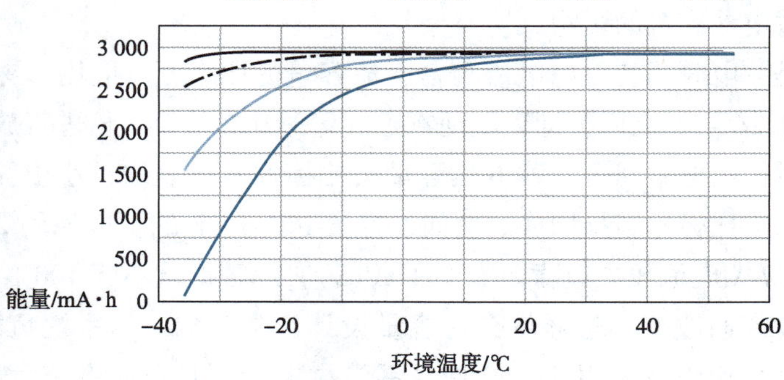

图 8-4　某锂电池不同电流和温度下的放电曲线

所以，室外工作时，实际蓄电池容量应在设计容量基础上再次修正，公式如下所示：

$$实际蓄电池容量 = \frac{负载日平均用电量(A \cdot h) \times 连续阴雨天数 \times 放电率修正系数}{最大放电深度 \times 低温修正系数}$$

③串并联设计计算

确定所需的实际蓄电池容量后，就要进行蓄电池组的串并联设计。下面介绍蓄电池组串并联组合的计算方法。

蓄电池都有标称电压和标称容量。例如，铅酸蓄电池的标称电压为 2.0 V，镉镍电池、镍氢电池标称电为 1.2 V，三元锂离子电池标称电压为 3.7 V，磷酸铁锂标称电压是 3.2 V。电池的实际电压是根据电池的实际容量发生变化的。例如，常见的 18 650、26 650、14 500 等规格型号的三元锂离子电池，电池充满电时电压大概会是 4.2 V，锂离子电池放完电，电压大概会是 3.0 V。锂离子电池放电 3.7 V 左右的放电时间是最长的，几乎占到了 3/4 的时间，所以才会标 3.7 V。

因此，设计电池组以最常用的磷酸铁锂电池的标称电压和标称容量，为 3.2 V 和 5 000 mA · h、6 500 mA · h 等。为了达到系统的工作电压，需要把蓄电池串联起来给系统和负载供电，需要串联的蓄电池个数就是系统的工作电压除以所选蓄电池的标称电压。需要并联的蓄电池数就是蓄电池组的总容量除以所选定蓄电池单体的标称容量。蓄电池单体的标称容量可以有多种选择，例如，计算出来的蓄电池容量为 600 A · h，那么可以选择 1 个 600 A · h 的单体蓄电池，也可以选择 2 个 300 A · h 的蓄电池并联，还可以选择 3 个 200 A · h 或 6 个 100 A · h 的蓄电池并联。从理论上讲，这些选择都没有问题，但是在实际应用当中，要尽量选择大容量的蓄电池以减少并联的数目。这样做的目的是尽量减少蓄电池之间的不平衡所造成的影响。并联的组数越多，发生蓄电池不平衡的可能性就越大。一般要求并联的蓄电池数量不得超过 4 组。蓄电池串、并联数的计算公式为

$$蓄电池串联数 = \frac{系统工作电压}{蓄电池标称电压}$$

$$蓄电池并联数 = \frac{蓄电池总容量}{蓄电池标称容量}$$

计算举例： 某地建设一个带照明的移动通信基站光伏供电系统，该系统采用直流负载，负载工作电压 48 V，该系统有两套设备负载，一套设备工作电流为 1.5 A，每天工作 24 h；另一套设备工作电流 4.5 A，每天工作 12 h。该地区的最低气温是 −20 ℃，最大连续阴雨天数为 6 天，选用深循环型蓄电池，计算蓄电池组的容量和串并联数量及连接方式。

根据上述条件，并确定最大放电深度系数为 0.8，低温修正系数为 0.7。

解： 为求得放电率修正系数，先计算该系统的平均放电率。

$$加权平均负载工作时间 = \frac{(1.5 \times 24) + (4.5 \times 12)}{1.5 + 4.5} = 15(h)$$

$$平均放电率 = 6 \times \frac{15}{0.8} = 112.5 \text{ 小时率}$$

112.5 小时率属于慢放电率，在此可以根据蓄电池生产厂商提供的资料查出的该型号蓄电池在 120 h 放电速率下的蓄电池容量进行修正。也可以按照经验进行估算，120 h 放电率

下的蓄电池容量会比标称容量增加15%左右，在此确定放电率修正系数为0.85。代入公式计算，先计算负载日平均用电量为

$$负载日平均用电量 = (1.5 \times 24) + (4.5 \times 12) = 90(\mathrm{A \cdot h})$$

$$蓄电池容量 = \frac{90 \times 6 \times 0.85}{0.8 \times 0.7} = 819.64(\mathrm{A \cdot h})$$

根据计算结果核查常用锂蓄电池的参数资料，可选择3.2 V/305 A · h或51 V/200 A · h蓄电池（远东电池），这里以3.2 V/305 A · h计算。

蓄电池串联数=48/3.2=15；

蓄电池并联数=819.64/305=2.68≈3；

蓄电池组总块数= 15×3=45。

根据以上计算结果，共需要48 V/200 A · h蓄电池45块构成蓄电池组，其中15个电池串联，然后3组并联，如图8-5所示。

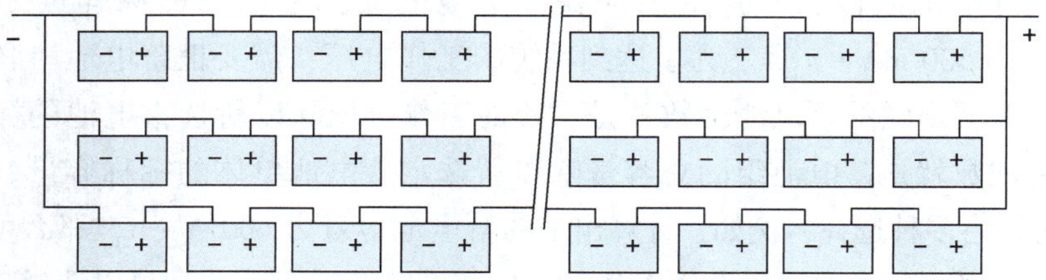

图8-5　光伏电池方阵串并联示意图

5. 光伏控制器选配

光伏控制器（简称控制器）设计要素主要考虑系统工作电压、额定输入电流、环境温度、防护等级、控制系统因素。

（1）系统工作电压

系统工作电压，也即额定工作电压，是指光伏发电系统中的蓄电池或蓄电池组的工作电压。这个电压要根据直流负载的工作电压或交流逆变器的配置选型确定，一般为12 V、24 V，中、大功率控制器也有48 V、110 V、200 V等，一般系统都会选用24 V、48 V。

（2）额定输入电流

控制器的额定输入电流取决于光伏组件或方阵的输出电流，选型时控制器的额定输入电流应等于或大于光伏组件或方阵的输出电流。

设计实例：某离网路灯系统负载工作电压为24 V，本设计光伏组件功率为80 W，峰值电压34.2 V，请选配控制器的工作电压和输入电流。

解：本设计负载工作电压为24 V，所以光伏发电系统蓄电池的工作电压也为24 V，控制器的工作电压也应为24 V。组件最大输出电流为80/34.2=2.3(A)，因此选大于3 A的光伏路灯专用控制器完全能满足要求。

除上述主要技术数据要满足设计要求以外，使用环境温度、海拔、防护等级和外形尺寸等参数以及生产厂家和品牌也是控制器配置选型时要考虑的因素。

8.1.2 家用离网光伏发电系统设计

为解决高原、海岛、牧区、边防哨所等边远无电地区的用电需要，采用离网光伏发电系统是最方便快捷的方式之一，下面以一个偏远地区户用电站为例，介绍家用离网系统的设计。主要工作包括家用离网光伏系统容量设计、光伏组件与方阵设计、蓄电池容量选配、光伏控制器选择以及离网逆变器选型。

以某家用离网光伏设计为例，该地区最低的光照辐射是 1 月，倾斜面峰值日照时数为 4.0，智能能源管理器（逆变器+控制器）工作效率为 0.98，其他线路损失率 0.015；蓄电池自放电损耗 2.5%，蓄电池放电效率的修正系数取 1.05，蓄电池的放电深度取 0.85，连续阴雨天数取 5，最低温度-5 ℃。请完成该户用离网系统的设计。

1. 家用离网光伏系统容量设计

通过统计该户的家用用电负载统计见表 8-3。

表 8-3 家用用电负载统计

负载电器名称	规格型号	耗电功率/W	数量	每日工作时间/h	日耗电量/W·h	等级
照明	节能灯	15	8	4	480	重要
电冰箱	150 L	90	1	24	2 160	重要
水泵		400	1	1	400	重要
计算机	液晶显示	250	1	6	1 500	一般
洗衣机		550	1	1	550	一般
微波炉		1 000	1	0.3	300	一般
空调	1.5P	1 200	1	3	3 600	一般
卫星天线		50	1	6	300	一般
彩色电视		200	1	6	1 200	一般
总计		3 755			10 490	

（1）负载总用电计算

通过负载统计计算，项目整体日耗电量 10 490 W·h，负载全部耗电功率为 3 755 W。其中重要等级负载日耗电量为 3 040 W·h，其他负载日耗电量为 7 450 W·h。

（2）光伏系统容量设计

根据基本设计原则：组件对蓄电池的充电功率×峰值日照时间×损耗系数要大于等于负载日总耗电量。可得出组件容量的计算公式：（组件峰值功率/1.43）×峰值日照时间×损耗系数=负载日总耗电量。

$$P_{\mathrm{p}}=1.43\times\frac{负载日总耗电量}{峰值日照时间\times损耗系数(K)}$$

由于系数 $K=K_1\times K_2\times K_3\times K_4\times K_5\times K_6$，$K_1$ 为库仑系数，即蓄电池的自损失；K_2 为逆变器的转换效率；K_3 为灰尘系数；K_4 为温度补偿系数；K_5 为组件损失；K_6 为其他损失，一般损耗系数在 0.85~0.92 之间。

$$P_p = 1.43 \times \frac{10\ 490}{4 \times 0.9} = 4\ 166(\text{W})$$

通过光伏系统容量计算，项目光伏发电容量预计在 4 166 W 左右，才能满足该用户 10 490 W · h 的用电量需求。

(3) 蓄电池容量设计

根据当地最大连续阴雨天数为 5 天，则项目连续耗电量：10. 49×5＝52. 45 (kW · h)。从整体的设计的电池的容量偏大，在离网系统阴天计算时，优先考虑照明、水泵电池、冰箱等重要负载的基本生活需求，按照 1. 0 系数计算，阴天时候适当减少其他负载用电时长，按 0. 6 计算。

$$P_0 \text{平均负载容量} = (3.040 \times 1 + 7.450 \times 0.6) = 7.51(\text{kW} \cdot \text{h})$$

根据独立光伏电站配置的储能系统容量应根据当地日照条件、连续阴雨天数、负载的电能需要和所配储能电池的技术特性来确定，储能电池的容量应按下式计算：

$$C_c = \frac{D \times F \times P_0}{U \times K_a}$$

$$C_c = 5 \times 7.51 \times 1.05/0.85 \times 0.98 \times 0.985 \times 0.975 = 49.34(\text{kW} \cdot \text{h})$$

同时应考虑阴雨天发电系统也可以进行日常的 5%～20% 的发电量补充，按照储能电池容量乘以 90% 的折算，即 49. 34 × 0. 9 = 44. 41(kW · h)。

2. 光伏组件选配

通过计算该项目的光伏系统容量设计为 4 166 W，可以选择市场上主流的光伏组件以降低项目整体造价，选择时根据类型、峰值功率、转换效率、温度系数、尺寸等技术条件等进行判定。经技术比较后最终确定选用某 N 型单晶硅光伏组件，具体参数见表 8-4。

表 8-4　630 单玻光伏组件参数表

电池类型	N 型单晶硅电池片	最大功率	630 Wp
组件尺寸	2 382 mm×1 134 mm×35 mm	最佳工作电压	41. 23 V
接线盒	IP68	最佳工作电流	15. 28 A
输出导线	4. 0 mm^2	开路电压	49. 27 V
前置玻璃	3. 2 mm	短路电流	16. 29 A
组件效率	23. 32%	工作温度	-40～+70 ℃
最大系统电压	1 000 V/1 500 V DC (IEC)	最大额定熔丝电流	30 A
质量	28. 2 kg	电压温度系数	-0. 25%/℃

根据计算光伏组件容量 4 166 W，需要组件数量 N＝4 166/630＝6. 61≈7 块。

3. 能源管理器选配

能源管理器集成逆变器和光伏智能控制等多功能于一体设备。项目选用华为 SUN2000-5K-MAPU-ZH 型号的智能能源管理器，它专业用于并、离等多个场景能源管理的解决方案、系统或设备。其具体参数见表 8-5。

表 8-5　SUN2000-5K-MAPU-ZH 参数

技术参数表	
最大效率	98%
中国效率	97%
输入（光伏）	
最大推荐组件功率	9 000 Wp
最大输入电压	1 100 V
MPPT 电压运行范围 2	160~1 000 V
启动电压	160 V
额定输入电压	600 V
每路 MPPT 最大输入电流	16 A
最大短路电疏	22 A
MPPT 路数	2
每路 MPPT 输入路数	1
输入（储能）	
适配储能系统	LUNA2000-5/10/15-50/LUNA2000-7/14/21-S1
工作电压范围	600~980 V
最大工作电流	20 A
最大充电功率	12 000 W
最大放电功率	5 500 W
输出（并网）	
适配电网	三相
额定输出功率	5 000 W
最大输出视在功率	5 000 V · A
额定输出电压	220 V AC/380 V AC
输出电压损率	50 Hz/60 Hz
最大输出电流	8. 3 A
最大总谐波失真	s3%
输出（离网）	
适配离网盒子	SmartGuard-63A-T0（三相）
额定输出功率	5 000 W
额定输出电压	AC 220 V/380 V
110% 离网过载	长期
150% 离网过载	5 min（三相）/5 min（单相）
常规参数	
工作温度	-25~+60 ℃
工作相对湿度	0%~100% RH
最高工作海拔	4 000 m
却方式	自然散热
噪声	29 dB
通信	RS-485；WLAN-FE 智能通信棒（可选）
质量（含安装件）	21 kg
尺寸（含安装件）	490 mm×460 mm×130 mm
防护等级	P66

4. 离网系统蓄电池选配设计

华为的 LUNA2000 系列的磷酸铁锂储能单元与项目选用的智能能源管理器高度匹配设计，可以减少设备的不兼容性。具体参数见表 8-6。

表 8-6　华为 LUNA2000 磷酸铁锂储能单元参数

产品型号	LUNA2000-10-S0	LUNA2000-15-S0
功率模块	LUNA2000-5kW-C0	
电池模块	LUNA2000-5-E0	
电池模块数量	2	3
电池可用电量	10 kW · h	15 kW · h
最大输出功率	5 kW	5 kW
峰值输出功率	7 kW，10 s	7 kW，10 s
工作电压（单相系统）	350~560 V	
工作电压范围（三相系统）600~980 V		

上面通过计算可知：项目日耗电量 10 490 W · h，负载全部耗电功率为 3 755 W，根据储能单元参数表可知储能单元最大输出功率为 5 kW>3. 755 kW（负载全部耗电功率）满足设计需求。

项目储能容量设计值为 44. 47 kW · h，如果采用 LUNA2000-10-S0 型号需要 5 个，也可以用 LUNA2000-15-S0 型号只需 3 个，根据储能单元的设计串并联见表 8-7。

表 8-7　储能单元串并联

电池类型	可用放电容量	并联数	串联数
LUNA2000-10-S0	10 kW · h	5	1
LUNA2000-15-S0	15 kW · h	3	1

通过比较，本项目优选后者，采用 3 个储能模块并联连接，并通过开关控制可依次单独使用，如图 8-6 所示。

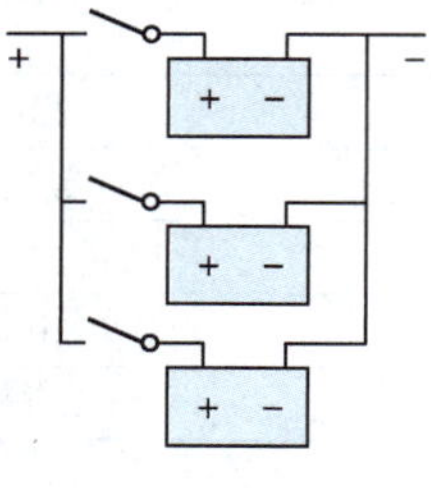

图 8-6　储能电池串并联连接图

5. 光伏方阵设计

(1) 倾斜角设计

搜集当地的月（年）平均太阳能辐照情况、平均气温、风力资源等，根据这些条件可以确定当地的太阳能标准峰值时数（h）和光伏组件的倾斜角与方位角。

(2) 串并联核算

根据华为能源管理器 MPPT 跟踪电压 160~1 000 V，最大输入电流为 18 A，项目光伏组件的串并联计算见表 8-8。

表 8-8　光伏组件串并联计算

串联数	并联数	逆变器数量	总安装容量
7	1	1	4. 41 kW

如表 8-8 所示，最终确定组件串联数=7，组件并联数=1。

确定串并联数后，可得到如下结论：

华为能源管理器最大直流输入功率为 9 000 W，设计阵列实际最大输出功率为 4.41 kW，满足参数要求；逆变器最小 MPPT 电压为 160 V，逆变器最大 MPPT 电压为 1 000 V，阵列最大输入开路电压为 344.89 V，在 MPPT 跟踪器范围内；组件最大承受电压为 1 500 V，远大于阵列的最大开路电压；能源管理器最大输入电流为 18 A，组件开路电流 16.29 A，均满足参数要求。

8.2 并网光伏发电系统设计

8.2.1 5 kW 户用光伏发电系统设计

1. 项目任务

某住户利用自家屋顶建设分布式用户侧并网光伏电站，该项目工程位于湖南省某市内，北纬 27.83°，东经 113.15°，海拔 201.33 m，气象信息数据见表 8-9。

表 8-9 某市气象信息数据

月份及年平均	水平面上的平均日辐射/（$kW\cdot h/m^2$）	风速/（m/s）	大气压力/kPa	月平均温度/℃
一月	2.01	2.56	98.56	6.36
二月	2	2.72	98.34	8.1
三月	2.35	2.82	98.98	11.38
四月	3.18	2.74	98.48	17.01
五月	3.87	2.54	98.11	21.4
六月	4.3	2.44	97.68	24.67
七月	5.37	2.42	97.57	26.77
八月	4.62	2.39	97.7	25.94
九月	3.86	2.46	98.3	23.02
十月	3.1	2.65	98.96	18.69
十一月	2.85	2.55	98.35	13.63
十二月	2.49	2.44	98.64	8.5
年平均	3.33	2.56	98.64	17.12

建筑坐北朝南，建筑长 17.55 m、宽 9 m、高 8.1 m。屋面为双坡屋面，屋面南北向倾斜角度约为 30°，周围无高大树木遮挡，考虑光伏发电效果和建筑遮阳需要，只在别墅南向阳台上安装光伏组件，如图 8-7 所示。

2. 光伏系统设计

(1) 阵列倾角设计

由于建筑南北朝向，阵列的倾角采用与建筑一致，阵列方位为 0°。

考虑到美观性，项目为光伏建筑一体化设计，要求光伏组件紧贴阳台的屋面安装，项目采用阵列倾角考虑排水，阵列倾角采用 3% 的坡度。

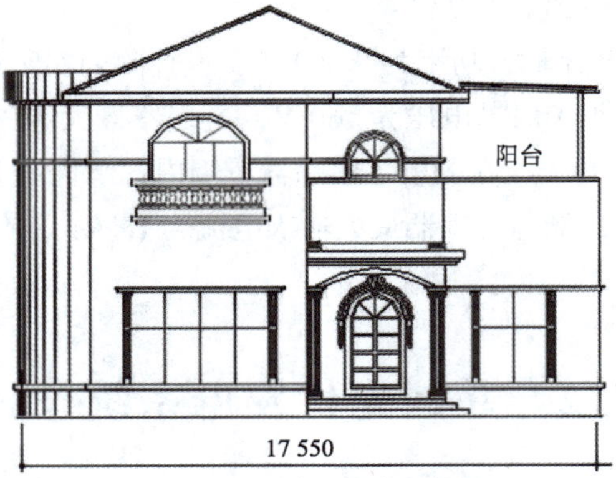

图 8-7　建筑示意图

(2) 组件选择与方阵布置

①组件选择。根据场地需求和主流产品，组件选用某公司生产的 620N-72 双玻光伏组件，具体参数见表 8-10。

表 8-10　620N-72 双玻光伏组件参数

电池类型	N 型单晶硅电池片	最大功率	620 Wp
组件尺寸	2 382 mm×1 134 mm×30 mm	最佳工作电压	40.74 V
接线盒	IP68	最佳工作电流	15.22 A
输出导线	4.0 mm^2	开路电压	48.08 V
前置玻璃	2.0 mm	短路电流	16.08 A
组件效率	23.0%	工作温度	-40～+70 ℃
最大系统电压	1 500 V DC（IEC）	最大额定熔丝电流	35 A
质量	32.4 kg	电压温度系数	-0.25%/℃

②方阵布置。因为建筑屋顶面积有限，根据屋面面积布置组件的方阵，共用组件 8 块，总装机容量 4.96 kW，组件布置方式示意图如图 8-8 所示，组件布置参数见表 8-11。

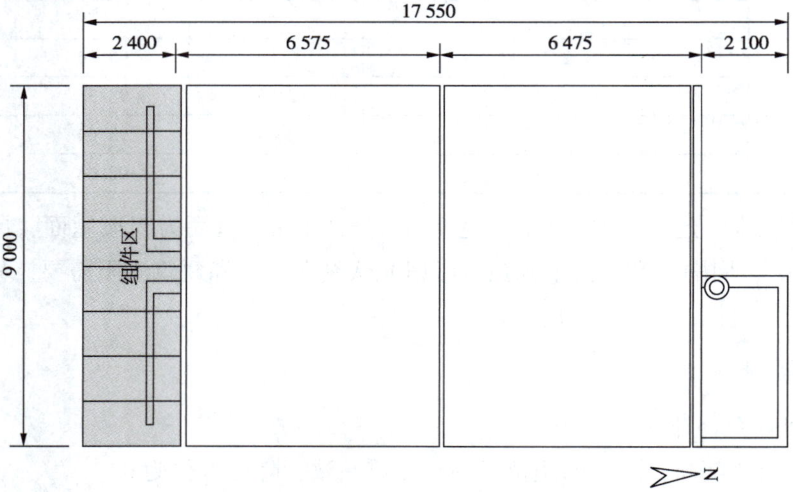

图 8-8　组件布置方式示意图

表 8-11　组件布置参数

项　　目	屋顶区域	项　　目	屋顶区域
组件布置方式	竖置	每排间距（D_1）	0.02 m
横向（H_1）组件布置	8 块	每列间距（D_2）	0.02 m
竖向（H_2）组件布置	1 块	组件数	8 块

③基础支架设计（见图 8-9）。考虑结整体构稳定性，项目采用钢架结构，在阳台设立 4 根钢柱，柱子采用 304 不锈钢的方钢 80 mm×80 mm×2 mm，顶部与钢梁连接，主次梁采用 60 mm×40 mm×2 mm 不锈钢方钢，主次龙骨满焊连接。钢架与阳台地面、屋檐通过膨胀螺栓连接。

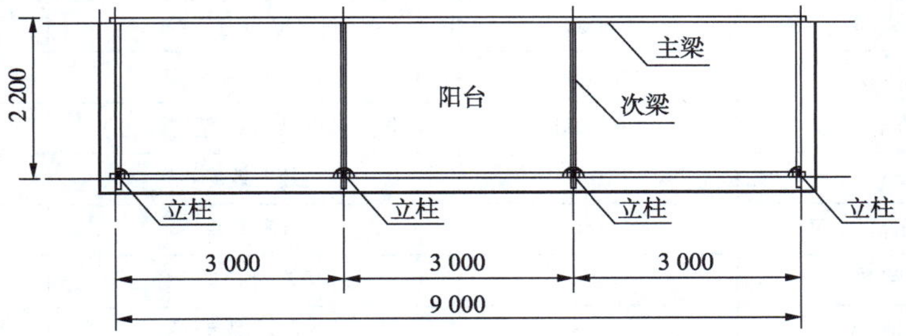

图 8-9　钢结构设计图

支架采用 M 专用型材，它通常具有独特的 M 型截面形状，可以提供更好的稳定性和承载能力，能够有效分散光伏组件的质量，确保在各种环境条件下的稳固安装。侧面开孔和底部翻边的设计，不仅方便线缆的铺设和管理，还增加了支架的强度和刚度，同时也有利于排水和通风，精密贴合的内疏外导结构，能够有效防止雨水渗透，保护光伏组件和支架系统不受水的侵蚀，延长使用寿命，如图 8-10 所示。

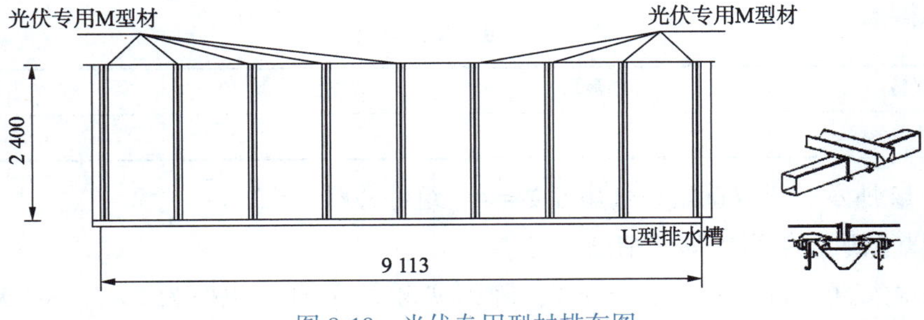

图 8-10　光伏专用型材排布图

（3）逆变器选型

①逆变器选型考虑因素。

a. 组件工作温度：组件的工作温度影响组件的电性能参数，为使设计更加缜密，计算过程中运用组件夏季或冬季工作温度下的电性能参数，根据计算所得，组件夏季工作温度为 60 ℃，组件冬季工作温度为−5 ℃。

b. 组件全年最大输出功率：组件的额定峰值功率为实验室环境下得到的，为更合理地选择逆变器，需得到实际应用过程中组件全年最大输出功率 620 W。

c. 用户计划安装容量：根据此区域的面积、选择组件的状况、阵列的跟踪方式可计算区域内最大的安装容量，最终根据实际情况确定计划安装的容量 4.96 kW。

逆变器设计是根据组件参数和装机容量，并确定组件的串联数与并联数。

②逆变器选配。

根据项目计划安装功率，项目选用华为 SUN2000-5KTL-L1 型逆变器，具体参数见表 8-12。它以紧凑的结构设计和较高的功率转换能力，启动电压低，从而给用户带来更多、更快的投资回报。

表 8-12　SUN2000-5KTL-L1 型逆变器参数

最大允许接入组串功率/W	5 000	额定输出电流/A	22.7/21.7/20.8
最大直流输入/V	600	额定输出电压/V	220/230/240
工作电压范围/V	80～600	输出电压频率/Hz	50/60
MPPT 工作电压范围/V	90～600	电流总谐波（@额定输出）	<3%
启动电压/V	100	最大效率	98.4%
满载 MPPT 电压范围/V	550	欧洲效率	97.8%
MPPT 跟踪路数	2	环境温度范围/℃	-25～+60
最大输入电流/A	12.5	相对湿度	0%～100%
最大输入短路电流/A	18	质量/kg	12
最大视在功率/V·A	5 500	尺寸（宽×高×厚）/mm	365×365×156
最大输出电流/A	25		

③设计结论。

根据逆变器最大输入电流为 18 A，项目串并联计算见表 8-13，共用 SUN2000-5KTL-L1 型号逆变器 1 台。

表 8-13　组件串并联计算

串联数	并联数	逆变器数量	总安装容量
4	2	1	4.96 kW

如表 8-12 所示，最终确定组件串联数=4，组件并联数=2。

确定串并数后，可得到如下结论：

逆变器最大直流输入功率为 5 kW，阵列实际最大输出功率为 2×2.48 kW，逆变器 MPPT 跟踪电压为 90～600 V，阵列最大开路电压为 192.32 V，在 MPPT 跟踪器范围内；组件最大承受电压为 1 500 V，远大于阵列的最大开路电压，满足设计要求。

(4) 电缆的设计

线缆设计主要是根据载流量及线缆损耗允许值选择合适的线缆，以下为相关公式及线缆选择原则。

公式　$\text{Loss} = (I_{(f)} \times (\rho \times L) / N_s \times U_{mp}) / N_s \times U_{mp}$

原则 1　$I_{(f)} < I$

原则 2　$\text{Loss} < \text{LossT}$

根据设计要求得到线缆参数见表 8-14。

表 8-14　线缆参数

项　　目	直流、交流侧
阵列输出线缆	YJV 0.3/0.5 kV 1×4 mm^2
逆变器输出线缆	YJV 0.3/0.5 kV 2×6 mm^2

(5) 交流侧设计

交流配电单元参数见表 8-15。

表 8-15　交流配电单元参数

交流配电单元的项目	参数	交流配电单元的项目	参数
额定交流输入输出功率	5 kW	监控单元	有
最大输入输出总电流	30 A	电流电压表	有
防护等级	IP20		

(6) 防雷设计

将组串式逆变器就近布置建筑物内部，光伏组串直接接入逆变器，省去防雷汇流箱及直流防雷配电单元。此方案适用于小容量的组串式逆变器，满足室内工作，逆变器位置与光伏阵列位置应小于 10 m。逆变器的输入侧需有防雷器。

屋顶光伏阵列及支架与屋顶的防雷网连接，接地电阻 $R \leqslant 4\ \Omega$，满足屏蔽接地和工作接地的要求；在中性点直接接地的系统中，要重复接地，$R \leqslant 10\ \Omega$。

水平接地体宜采用扁钢或者圆钢。圆钢的直径不应该小于 10 mm，扁钢截面不应小于 100 mm^2，角钢厚度不宜小于 4 mm，钢管厚度不小于 3~5 mm。人工接地体在土壤中的埋设深度不应小于 0.5 m，需要热镀锌防腐处理，在焊接的地方也要进行防腐防蚀处理。根据实际情况安装电涌保护器。

(7) 接入方案设计

系统由 2 个组串组成（每串 4 块光伏组件串联），并入 1 台 5 kW 的逆变器，经过交流配电箱，接入 220 V 的国家电网，如图 8-11 所示。

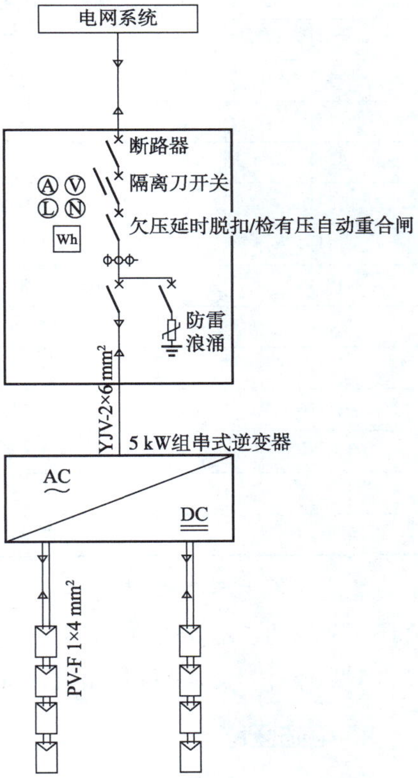

图 8-11　接入方案系统图

3. 设备及材料清单列表

光伏电站设备及材料清单见表 8-16。

表 8-16　光伏电站设备及材料清单

设备及材料名称		型号	数量	单位
发电设备	光伏组件	单晶硅 620N-72	8	块
	组件支架	定制	1	套
	逆变器	SUN2000-5KTL-L1	1	台
	交流配电箱	定制	1	台
电缆	电缆（阵列输出）	YJV 0.3/0.5 kV 1×4	18	m
	电缆（逆变器输出）	YJV 0.3/0.5 kV 2×6	10	m

8.2.2　60 kW 地面光伏电站系统设计

1. 项目任务

湖南省某村拟利用村中空置荒地建设一个 60 kW 的分布式光伏并网电站，该项目工程位于湖南株洲市内，北纬 27.5°，东经 113.15°，海拔 201.33 m，该地区气象信息数据见表 8-17。

表 8-17　株洲市气象信息数据

月份及年平均	水平面上的平均日辐射/（kW·h/m^2）	风速/（m/s）	大气压力/kPa	月平均温度/℃
一月	2.12	2.56	98.56	6.36
二月	2.24	2.72	98.34	8.1
三月	2.58	2.82	98.98	11.38
四月	3.32	2.74	98.48	17.01
五月	3.95	2.54	98.11	21.4
六月	4.11	2.44	97.68	24.67
七月	4.88	2.42	97.57	26.77
八月	4.46	2.39	97.7	25.94
九月	3.77	2.46	98.3	23.02
十月	3.01	2.65	98.96	18.69
十一月	2.67	2.55	98.35	13.63
十二月	2.35	2.44	98.64	8.5
年平均	3.23	2.56	98.64	17.12

基地面积为 500 m^2 左右，呈不规则形状。基地呈南低北高的阶梯状布置。场地的西南角有一个长约 5 m、宽约 3 m、高约 3 m 的废弃房。内接 380 V 公共电网。南侧有一条 4 m 宽的小路经过，交通便利。电站现状勘测平面图如图 8-12 所示。

2. 电站区位分析

（1）项目交通区位

项目地址位于湖南省株洲辖区内，其地理位置优越，交通便利，太阳能资源较为丰富，水文条件合适，无特殊地质灾害，具备良好的光伏电站建设条件，项目地址卫星图如图 8-13 所示。

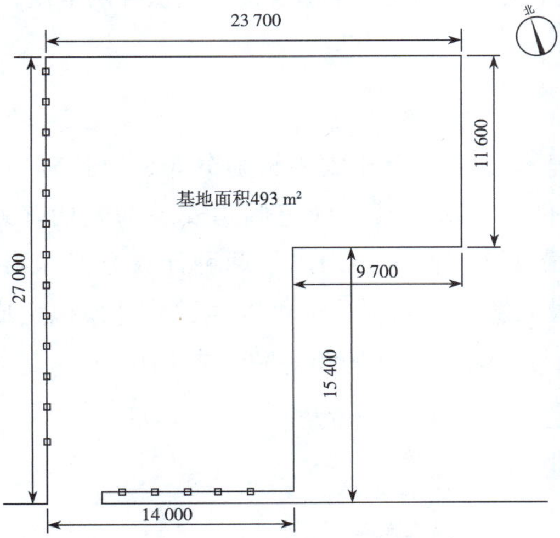

图 8-12　电站现状勘测平面图

图 8-13　项目地址卫星图片

本工程项目建设所选地址为湖南省株洲市，具备以下建设条件：

①项目建设空旷平坦。

②良好的气候条件，较丰富的光照资源，保证较稳定的发电量。

③靠近电网，并网方便，利于减少相关输变电改建工程的综合投资。

④主干电网的线径具有足够的承载能力，在基本不改造的情况下有能力输送光伏电站的电力。

⑤便利的交通、运输条件和生活条件。

⑥良好的示范条件，让公众认识光伏发电技术，具有一定的社会影响力。

(2) 气候资源

项目所在地位于湖南省株洲市，其地域范围为东经 111°53′~114°15′，北纬 27°51′~28°41′。东邻江西省萍乡市，西接湖南省湘潭市，南接湖南省衡阳市、郴州两市，北抵湖南省长沙市。

株洲属亚热带季风性湿润气候。气候特征是：气候温和，降水充沛，雨热同期，四季分明。株洲市区年平均气温 17.1 ℃，各县 16.8~17.3 ℃，市区年均降水量 1 361.6 mm，各县年均降水量 1 358.6~1 552.5 mm。长沙夏冬季长，春秋季短，夏季 118~127 天，冬季 117~122 天，春季 61~64 天，秋季 59~69 天。春季温度变化大，夏初雨水多，伏秋高温久，冬季严寒少。

株洲市全年平均日照小时数 1 200 h 左右，其中 7、8 月日照小时数在 279 h，各月平均日照小时数 97 h，年平均日照小时为 3.23 h，具体辐射量见表 8-16。

(3) 地址情况

根据分析可知，拟建地址较为平坦，地质结构简单，根据《建筑抗震设计标准》(GB/T 50011—2010)，项目拟建场址建筑场地类型为Ⅰ类；抗震设防烈度为 6 度。环境优良，选址周围无较大面积障碍遮挡，无阴影影响，从而使整个光伏发电项目发电量得以保证。拟选场址地理位置优越，东南侧有一个废弃的房子，有利于光伏项目 380 V 侧并网的接入，为本次光伏系统提供了稳定的后备电源，因此该拟建场地非常适合建设光伏并网电站。

3. 系统设计方案

(1) 阵列倾角和方位角设计

阵列倾角的最佳选择取决于诸多因素，如地理位置、全年太阳辐射分布、直接辐射与散射辐射比例、负载供电要求和特定的场地条件等。对于某一固定倾角安装的光伏阵列，其倾斜面所接受的太阳总辐射量与倾角有关。最佳阵列倾角共列出了两种计算方法：第一种为全年接受辐射量最大原则；第二种为全年最大发电量原则。也可以通过软件模拟生成，最佳倾角的确定采用 PV system 软件进行辅助设计，具体情况如图 8-14、表 8-18 所示。

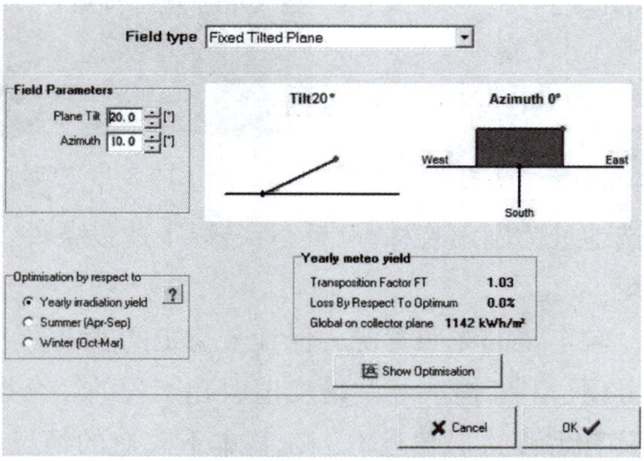

图 8-14 PV system 设计过程

表 8-18 PV system 核算表

倾角	辐射损失	平面的辐射量
18°	0.0%	1 141 kW·h/m²
19°	0.0%	1 141 kW·h/m²
20°	0.0%	1 142 kW·h/m²
21°	0.0%	1 142 kW·h/m²

由表 8-17 可知，当倾角为 20°与 21°时，单位面积的发电量最大，从增加有效面积的考量，以 20°为最佳倾角设计。

方位角选择：该建设场地为北朝偏西，光伏电站方位角为北偏西 10°。

根据上述计算及综合考虑，地面区域阵列设计最佳倾角为 20°，阵列方位为北偏西 10°，采用倾角固定式。阵列安装区域辐射量见表 8-19。

表 8-19 阵列安装区域辐射量

月份	阵列倾斜面上的日辐射量/（kW·h/m²）	
	地面区域 1	地面区域 2
一月	2.294 4	2.284 3
二月	2.180 2	2.175
三月	2.452 3	2.451 4

续上表

月份	阵列倾斜面上的日辐射量/（kW · h/m²）	
	地面区域 1	地面区域 2
四月	3.175	3.180 6
五月	3.751 9	3.764 2
六月	4.094 5	4.111 6
七月	5.112 7	5.134 7
八月	4.568 9	4.580 2
九月	4.001 9	4.002 3
十月	3.395 2	3.386 7
十一月	3.393 1	3.372 5
十二月	3.055 8	3.033 4

(2) 组件与逆变器选配

①组件选择。根据甲方要求，采购市场价格相对技术成熟的单晶硅组件，最终选用国内一线品牌某公司生产的 630 Wp 单晶硅组件，具体参数见表 8-20。

表 8-20　630 Wp 单玻光伏组件参数

电池类型	N 型单晶硅电池片	最大功率	630 Wp
组件尺寸	2 382 mm×1 134 mm×35 mm	最佳工作电压	41.23 V
接线盒	IP68	最佳工作电流	15.28 A
输出导线	4.0 mm²	开路电压	49.27 V
前置玻璃	3.2 mm	短路电流	16.29 A
组件效率	23.32%	工作温度	-40～+70 ℃
最大系统电压	1 000 V/1 500 V DC（IEC）	最大额定熔丝电流	30 A
质量	28.2 kg	电压温度系数	-0.25%/℃

②逆变器选配。逆变器选配原则如下：

原则 1　逆变器最大直流输入功率> $P_{ymax} \times N_s \times N_p$；

原则 2　逆变器最小 MPPT 电压< $U_{mp(T)} \times N_s$；

原则 3　逆变器最大直流开路电压> $U_{oc(T)} \times N_s$；

原则 4　组件系统最大电压> $U_{oc(T)} \times N_s$。

式中，N_s——每台逆变器接入组件串联数；

N_p——每台逆变器接入组件并联数；

T——组件的工作温度；

P_{ymax}——组件全年最大输出功率；

$U_{mp(T)}$——任意温度及辐照度时组件最大功率时电压，主要应用为夏季组件工作温度；

$U_{oc(T)}$——任意温度及辐照度时组件开路电压，主要应用为冬季组件工作温度。

项目选用固德威 GW60K-MT 型逆变器，具体参数见表 8-21。它以紧凑的结构设计和较高的功率转换能力，可持续提供最高 10% 的交流输出过载能力，从而给用户带来更多、更快的投资回报。

表 8-21　GW60K-MT 型逆变器参数

最大允许接入组串功率/kW	80	输出电压频率/Hz	50
最大直流输入/V	1 000	最大交流电流/A	96
MPPT 工作电压范围/V	200～850	功率因素	-1（超前-8 滞后）
启动电压/V	200	电流总谐波（@额定输出）	<3%
满载 MPPT 电压范围/V	520～850	最大效率	98.0%
额定输入电压/V	600	欧洲效率	98.5%
最大输入电流/A	30/30/20/20	环境温度范围/℃	-30～+60
最大短路电流/A	37.5/37.5/37.5/37.5	相对湿度	0%～100%
MPPT 路数	6	工作海拔/m	≤4 000
额定交流功率/kW	60	质量/kg	64
最大交流功率/kW	66	尺寸（宽×高×厚）/mm	586×788×264
额定输出电压/V	380.3L/PE	防护等级	IP65

（3）方阵设计

用户计划安装容量：根据此区域的面积、选择组件的状况、阵列的方式可计算区域内最大的安装容量，根据实际情况最终确定计划安装的容量 60 kW。

①方阵串并联设计。

组件串联后，U_{mp} 应在逆变器 MPPT 范围内，需大于最小逆变器 MPPT 工作电压：

$$\frac{U_{mpptmin}}{U_{pm}\times[1+(t'-25)\times K_v']}\leqslant N\leqslant\frac{U_{dcmax}}{U_{oc}\times[1+(t-25)\times K_v]}$$

上式中的参数含义见表 8-22。

表 8-22　公式参数

参数	含　义	参数	含　义
K_v	光伏组件的开路电压温度系数	U_{dcmax}	逆变器和光伏组件允许的最大系统电压，取两者小值
K_v'	光伏组件的工作电压温度系数		
N	光伏组件的串联数据	$U_{mpptmin}$	逆变器 MMPT 电压最小值
t	昼夜环境下光伏组件的极限低温	U_{oc}	光伏组件的开路电压
t'	工作状态下光伏组件的电池极限高温	U_{pm}	光伏组件的最佳工作电压

代入参数，经过计算可知：$200/37.62\leqslant N\leqslant 850/44.32$

$$6\leqslant N\leqslant 19$$

代入参数，经过计算可知：$N\leqslant 1\,000/52.96\approx N\leqslant 18$

最终：$6\leqslant N\leqslant 18$

根据表 8-23 所示，优先选用大组串，最终确定组件串联数=16，组件并联数=6 为最佳。

表 8-23　组件串并联计算列表

串联数/块	并联数/串	逆变器数量/台	总安装容量/kW	计划安装容量/kW
18	5	1	56.7	60
16	6	1	60.48	60
14	7	1	61.74	60
12	8	1	60.48	60

确定串并联数后，可得到如下结论：

逆变器最大直流输入功率为 80 kW，阵列实际最大输出功率为 60 kW；逆变器 MPPT 电压为 200~800 V，阵列输入电压为 684 V；逆变器最大直流开路电压为 1 000 V，阵列最大开路电压为 848.6 V；逆变器、组件系统最大电压为 1 000 V，满足设计要求。

②方阵间距设计。

为了防止间距不适造成前后形成阴影遮挡影响发电效率，合适的光伏组件间距是关键，所以，必须计算方阵的间距，注意南北向前后方阵间要留出合理的间距，前后间距为：冬至日（一年当中物体在太阳下阴影长度最长的一天）上午 9:00到下午3:00，组件之间南北方向无阴影遮挡。计算光伏组件方阵两排之间间距 D，如图 8-15 所示。

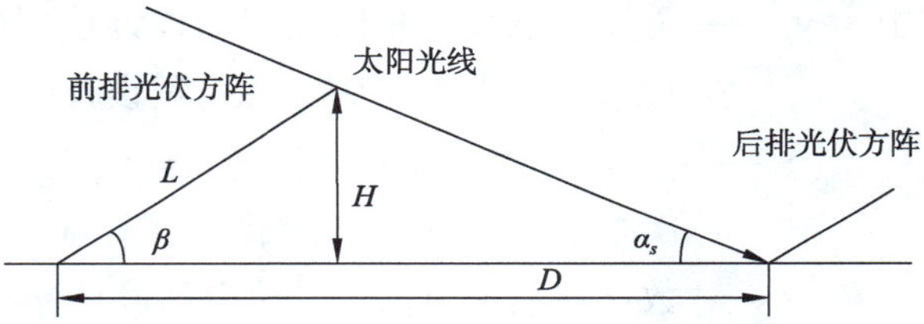

图 8-15　阵列阴影示意图

光伏组件方阵两排之间间距 D 计算公式如下：

$$D = L\cos\beta + L\sin\beta\frac{0.707\tan\phi + 0.4338}{0.707 - 0.4338\tan\phi}$$

式中，L 为阵列倾斜面长度；D 为两阵列之间间距；β 为阵列倾角 20°，ϕ 为当地纬度。此设计选址纬度为 27.5°，前排方阵组件最高点与后排方阵组件最低点的高度差 H=1.64 m。通过公式计算可知光伏方阵前后间距 D≈7.22 m，考虑地势北高南低，前后排的高差减去 0.2 m。

通过软件模拟单模块布置、阴影、间距，计算根据运用上述公式计算及综合考虑单模块布置、阴影、间距，见表 8-24，组件布置方式如图 8-16 所示。

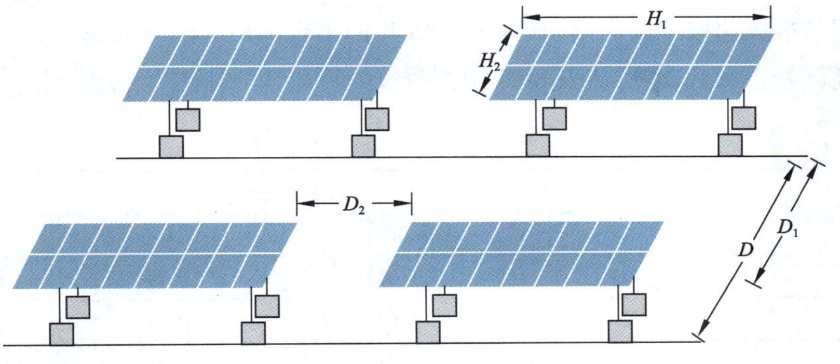

图 8-16　组件布置方式示意图

表 8-24　组件布置参数

项　　目	地面区域	项　　目	地面区域
组件布置方式	竖置	每排间距（D_1）	2. 24 m
横向（H_1）组件布置	16 块	每列间距（D_2）	0. 6 m
竖向（H_2）组件布置	2 块	阵列数	6

③方阵基础、支架设计。

支架设计参考标准为：《建筑结构荷载规范》(GB 50009)；《钢结构设计标准》(GB 50017)；角钢、槽钢符合《热轧型钢》(GB/T 706)；《钢结构工程施工质量验收标准》(GB 50205)；预埋件应符合《紧固件机械性能　螺栓、螺钉和螺柱》(GB/T 3098. 1) 的要求。

方阵设计按照承载能力极限设计结构构件时，应采用荷载效应的基本组合或者偶然组合。荷载效应组合设计值按照下式验算：

$$\gamma_o S \leqslant R$$

式中　γ_o——重要性系数，光伏支架的设计使用年限宜为 25 年，安全等级为三级，重要性系数不小于 0. 95；在抗震设计中，不考虑重要性系数；

S——荷载效应组合的设计值（$S=\gamma_G S_{GK}+\gamma_W\phi_W S_{WK}+\gamma_S\phi_S S_{SK}+\gamma_M\phi_M S_{MK}+\gamma_T\phi_T S_{TK}$，依次是永久荷载、风荷载、雪荷载、施工检修荷载、温度荷载乘以相应的系数；系数 γ 取值见光伏电站设计标准)；

R——结构构件承载力的设计值。

地面光伏电站结构荷载主要考虑有组件自重、风荷载、雪荷载、其他荷载等。经查《建筑结构荷载规范》(GB 50009)，项目地区 50 年一遇标准，基本风压 W_0= 0. 35 kN/m^2，基本雪压 S_0= 0. 45 kN/m^2（一般按 25 年取值），设计抗震设防烈度为 6 度。

a. 风荷载分析。

光伏组件的风荷载计算公式：　$W=C_w\times P\times A_w$

式中，W 为风荷载，N；C_w 为风力系数；P 为设计用风速压力，N/m^2；A_w 为受力面积。

设计用风速压力 p 计算公式：

$$p=p_0\times\mu_h\times\mu_e\times\mu_s$$

式中，p_0 为基准风压，N/m^2；μ_h 为风压高度修正系数；μ_e 为环境修正系数；μ_s 为体修正系数。

设计用基准风速取地面高度 10 m 处，25 年内出现的最大瞬时风速。

风压高度修正系数 μ_h 可从表 8-25 中查找。

表 8-25　风压高度修正系数 μ_h

距离地面高度/m	地面粗糙类别			
	A	B	C	D
5	1. 17	1. 00	0. 74	0. 62
10	1. 38	1. 00	0. 74	0. 62
15	1. 52	1. 14	0. 74	0. 62
20	1. 63	1. 25	0. 84	0. 62

续上表

距离地面高度/m	地面粗糙类别			
	A	B	C	D
30	1. 80	1. 42	1. 00	0. 62
40	1. 92	1. 56	1. 13	0. 73
50	2. 03	1. 67	1. 25	0. 84

环境修正系数 μ_e：对风无遮挡的空旷地带 1. 15；对风有少量遮挡的为 0. 9；对风有较大遮挡的为 0. 7。

体型修正系数 μ_s。根据《钢结构设计标准》（GB 50017），中间跨和变跨檩条的计算体型系数为 1. 3。

光伏组件的风力系数可参照表 8-26 所示的数据。

根据上述范围，为安全可靠，基准风压值一般可选为 0. 35 kN/m^2，也可将此值代入风荷载计算公式，项目正压系数为 0. 87，负压系数为 1. 187，进行方阵支撑结构的材料选择。

b. 雪荷载分析。

光伏组件除了风载荷，有积雪地区还要考虑雪载荷。雪载荷计算公式如下：

$$S_K = \mu_r S_0$$

式中，S_k 为雪载荷标准值；μ_r 为（屋面）积雪分布系数；S_0 为基本雪压。

表 8-26　光伏组件风力系数

<table>
<tr><th rowspan="2">安装形态</th><th colspan="3">风力系数 C_w</th><th rowspan="2">备　注</th></tr>
<tr><th>顺　风</th><th colspan="2">逆　风</th></tr>
<tr><td rowspan="5">地面安装型（单独）</td><td>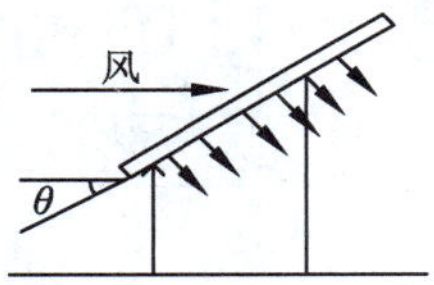</td><td colspan="2">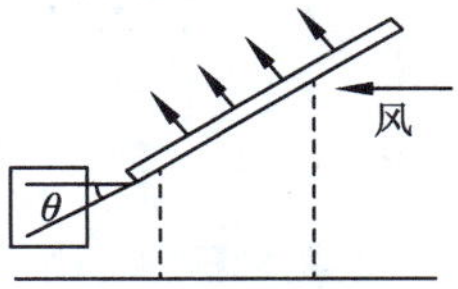</td><td rowspan="5">支架为数个的场合，周围端部的风力系数取左边值，中央部的风力系数取左边值的一半为宜。在左边没有标注的 θ 角度 C_w 由如下公式计算：
（正压）$0.65 + 0.009\theta$
（负压）$0.65 + 0.009\theta$
其中，$15° \leq \theta \leq 45°$</td></tr>
<tr><td>C_w 正压</td><td>θ/(°)</td><td>C_w 负压</td></tr>
<tr><td>0. 79</td><td>15</td><td>0. 94</td></tr>
<tr><td>0. 87</td><td>30</td><td>1. 18</td></tr>
<tr><td>1. 06</td><td>45</td><td>1. 43</td></tr>
<tr><td rowspan="5">屋顶安装型</td><td colspan="3">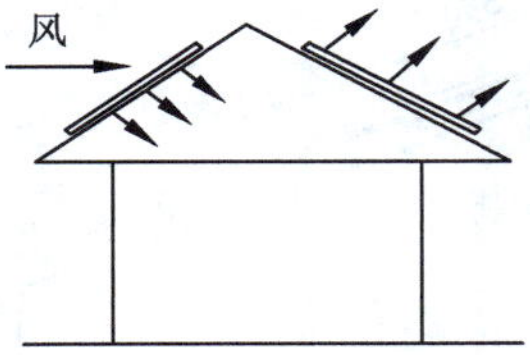</td><td>屋顶脊梁处有突出部分的场合，左边负压值的一半也可。在左边没有标注的 θ 角度 C_w 由如下公式计算：
（正压）$0.95 + 0.017\theta$
（负压）$-0.10 + 0.077\theta - 0.0026\theta$
其中，$12° \leq \theta \leq 27°$</td></tr>
<tr><td>C_w 正压</td><td>θ/(°)</td><td>C_w 负压</td><td></td></tr>
<tr><td>0. 75</td><td>12</td><td>0. 45</td><td></td></tr>
<tr><td>0. 61</td><td>20</td><td>0. 40</td><td></td></tr>
<tr><td>0. 49</td><td>27</td><td>0. 08</td><td></td></tr>
</table>

本项目光伏电站地处湖南省株洲市，按照长沙地区的荷载指标，取 50 年一遇标准，基本雪压为 0.45 kN/m²，考虑项目安装角度为小于 30°，所以项目的雪载荷为

$$S_K = \mu_r S_0 = 0.9 \times 0.45\ \text{kN/m}^2 = 0.405\ \text{kN/m}^2$$

上述风载荷、雪载荷的计算，通过荷载组合值。按正常使用极限状态设计结构构件时，采用荷载效应的标准组合，荷载效应组合的设计值应按下式验算；

$$S \leqslant C$$

式中，C 为结构或结构构件达到正常使用要求所规定的变形限值，应按相关建筑结构设计标准的规定采用。

根据材料力学的弯曲变形公式，计算出连接部件的最优截面，确定选择的材料及结构方式；项目选用 41 号角钢和槽钢为支撑结构，壁厚不少于 2.5 mm。

c. 基础支架设计。

根据当地气候条件，在节点设计中通过预留一定的间隙，消除由各种构件和饰面材料热胀冷缩引起的作用效应。

支架防锈处理，一般采用如下措施；当构件的材料厚度小于 5 mm 以下，镀层厚度不得小于 55 μm；当构件的材料厚度大于 5 mm 以上，镀层厚度大于 86 μm，钢结构的防腐年限达到 25 年以上。基础预埋件图如图 8-17 所示。支架设计图如图 8-18 所示。

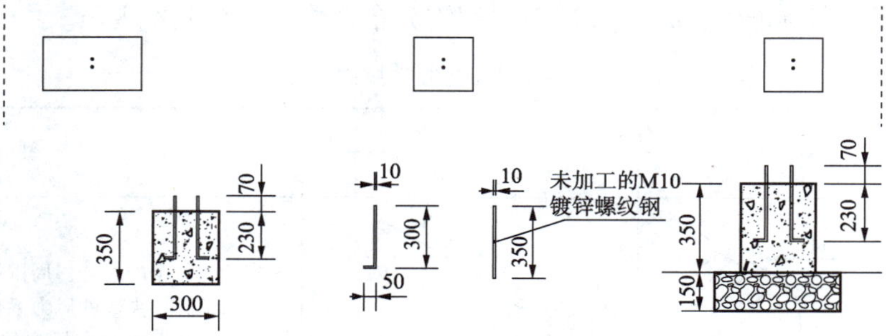

图 8-17　基础预埋件图

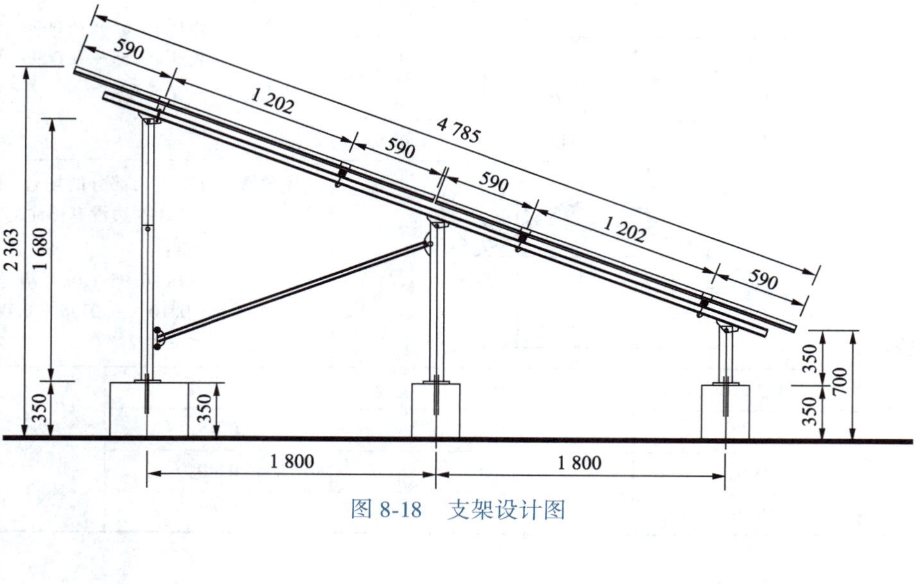

图 8-18　支架设计图

d. 标准方阵单元设计。

标准方阵单元设计如图 8-19、图 8-20、图 8-21、图 8-22 所示，包括基础布置图、横竖龙骨布置图、组件布置图、组件正负极接线图。

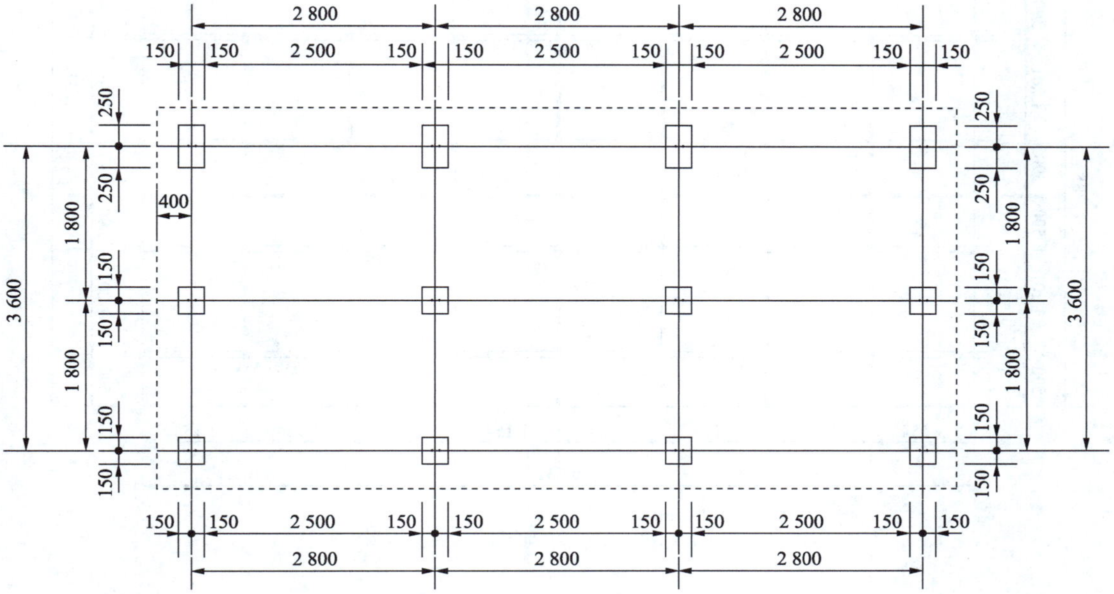

图 8-19　标准方阵单元基础布置图

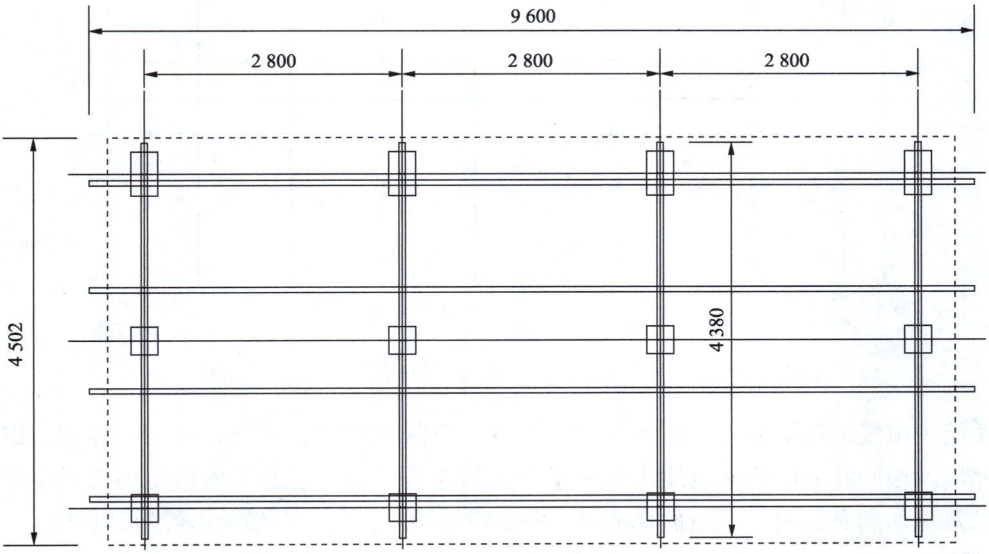

图 8-20　标准方阵横竖龙骨布置图

本项目共用 630 W 光伏组件 216 块，由 6 个标准方阵组成，每个标准方阵由 18 块组件竖排排布，阵列横向间距为 1 m，前后排间距为 2 m，项目总装机容量 60. 48 kW，总平面组件布置如图 8-23 所示。

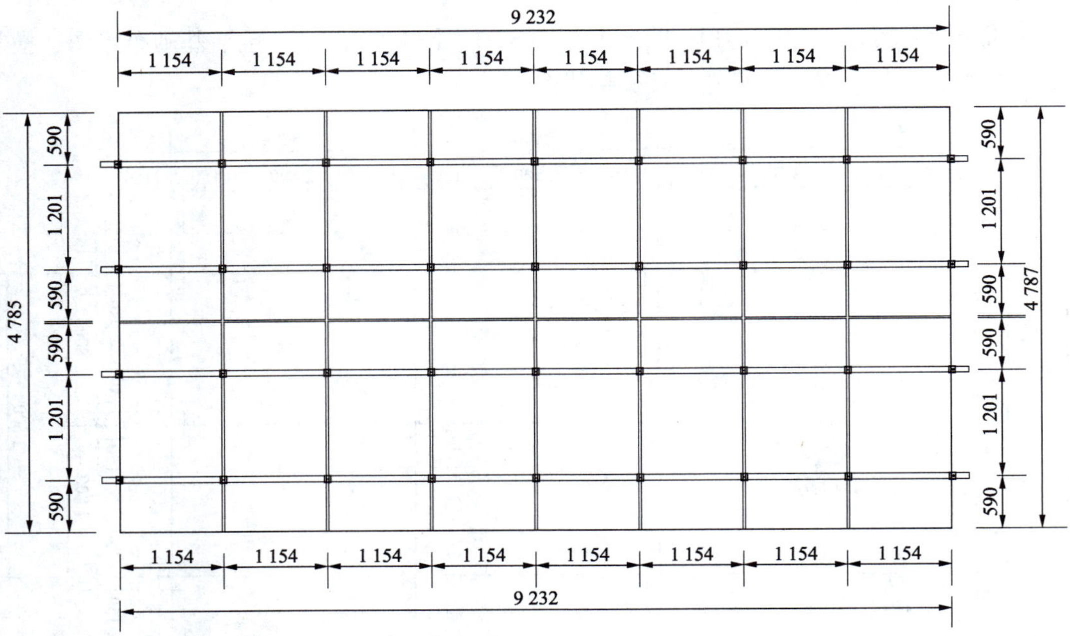

图 8-21　标准方阵组件布置图

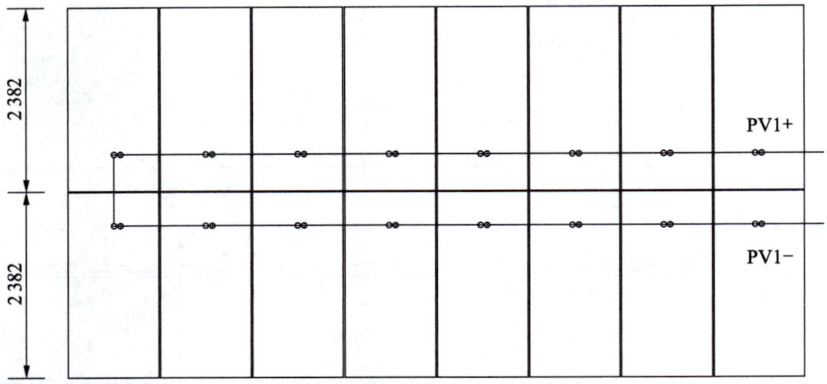

图 8-22　标准方阵正负极接线图

（4）电缆设计

系统中电缆的选取需要考虑电缆的绝缘性、热阻燃性能、防潮、抗辐射性能。组件串联电路以及串间并联的直流电缆占据一半以上的电缆量，经过逆变器后使用交流电缆。光伏电站常见的问题是出现电缆护套破碎、电缆绝缘层破损等，会增大电缆短路风险。

①直流电缆计算。

按电缆长期允许载流量：$I_{PC} \geqslant I_{cal}$

式中，I_{PC} 为电缆允许载流量；I_{cal} 为回路长期工作计算电流。

按回路允许电压降的公式：

$$S_{cac} = P \cdot 2L \cdot I_{ca} / \Delta U_p$$

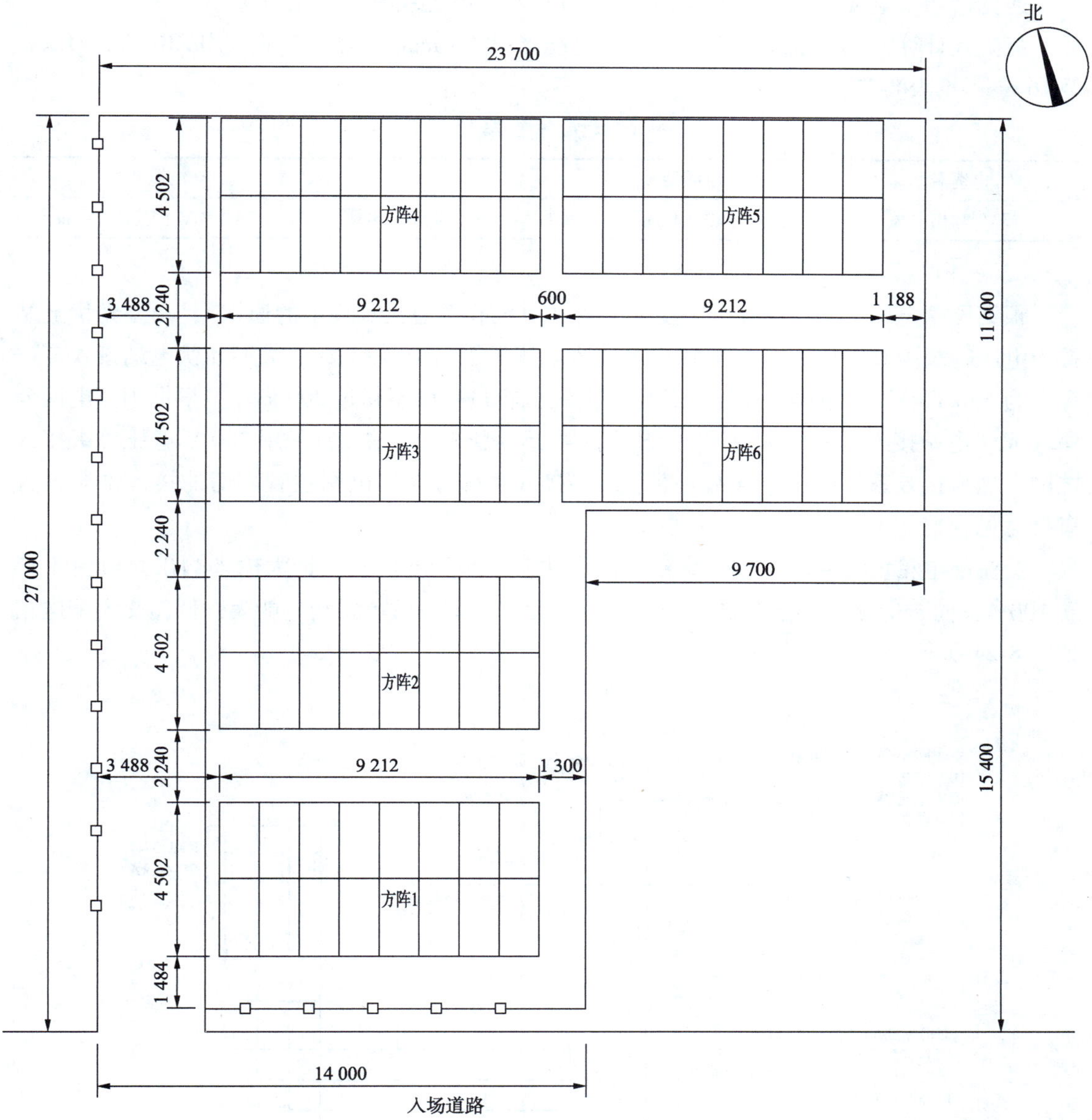

图 8-23 总平面组件布置图

式中，S_{cac} 为电缆计算截面，mm^2；P 为电阻系数，铜导体 $P = 0.018\,4\ \Omega \cdot mm^2/m$，铝导体 $P = 0.031\,5\ \Omega \cdot mm^2/m$；$L$ 为电缆长度，m；I_{ca} 为计算电流；ΔU_p 为回路允许电压降。

$$I_{cal} = I_{oc} \times (1 + (f - 25) \times K) = 8.73 + 35 \times 8.73 \times 0.026\,8\%/℃ = 8.82\ A$$

电缆采用光伏专用电缆 PV1-F4 mm^2，其截面电流为：20 A ≥ I。

②交流电缆计算。

$$I = P/(U \times \sqrt{3} \times \cos\varphi)$$

式中，P 为功率（W）；U 为电压（380 V）；$\cos\varphi$ 为功率因素（0.98）；I 为相线电流（A）。

$$60\,000\ W/(380\ V \times 1.732 \times 0.98) \approx 93\ A$$

逆变器输出电缆为：YJV 0.6/1 kV 3×16 mm^2，该电缆最小电流为 93 A。

经公式计算，直流电缆采用光伏专用电缆 PV1-F4 mm^2，交流电缆采用 ZRC-YJV-1 kV-3×16 mm^2 见表 8-27。

表 8-27　电缆参数

电缆名称	电缆型号	电缆名称	电缆型号
阵列输出电缆	PV1-F4 mm^2	逆变器输出电缆	ZRC-YJV-1 kV-3×16 mm^2

(5) 并网接入系统设计

根据国家电网公司《关于印发分布式电源并网相关意见和规范的通知》，小型光伏电站接入电压等级为 0.4 kV；中型光伏电站接入电压等级为 10~35 kV；大型光伏电站接入电压等级为 66 kV 及以上电网。小型光伏电站的装机容量一般不超过 200 kWp。根据国家电网公司《光伏电站接入电网技术规定》，该项目属于小型光伏电站，宜采用 380 V 电压等级接入电网。项目接入系统以审查意见为准，最终接入系统方案以电网主管部门的接入系统报告审批意见为准。

交流配电箱设计要求额定交流输入输出功率不小于 60 kW，最大输入输出总电流不小于 100 A，防护等级不小于 IP20，内含监控单元、防雷失效单元和电能表，低压交流配电箱如图 8-24 所示。

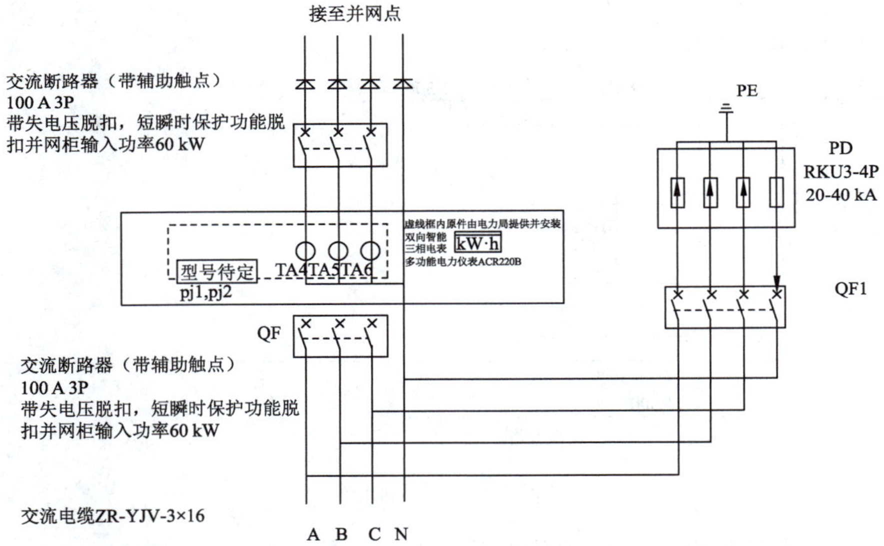

图 8-24　低压交流配电箱电气原理图

本系统由 16 块光伏组件串联形成 1 个组串，共 6 个组串并联接入 1 个 60 kW 的并网逆变器，经过低压交流柜后就近并入 380 V 母线，光伏发电系统电气图如图 8-25 所示。

(6) 防雷设计

①防雷系统要求。

接地系统的要求：所有接地都要连接在一个接地体上，接地电阻满足其中的最小值，不允许设备串联后再接到接地干线上；光伏电站对接地电阻值的要求较严格，因此要实测数据，建议采用复合接地体，接地机的根数以满足实测接地电阻为准。

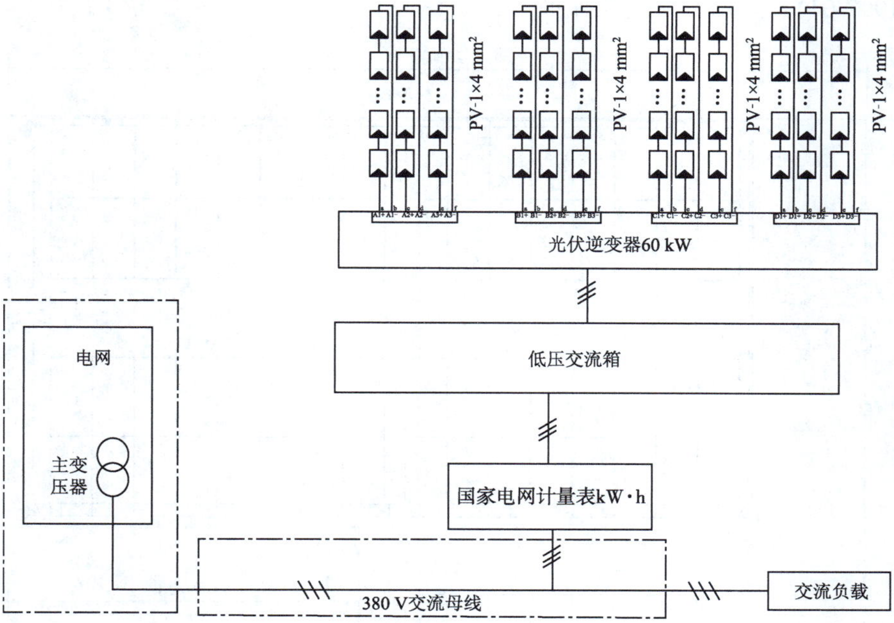

图 8-25　光伏发电系统电气图

光伏电站接地接零的要求：电气设备的接地电阻 $R\leqslant 4\ \Omega$，满足屏蔽接地和工作接地的要求；在中性点直接接地的系统中，要重复接地，$R\leqslant 10\ \Omega$；防雷接地应该独立设置，要求 $R\leqslant 30\ \Omega$，且和主接地装置在地下的距离保持在 3 m 以上。保护接地：光伏组件机架、控制器、逆变器、配电屏外壳、蓄电池支架、电缆外皮、穿线金属管道的外皮。

引下线采用扁钢，扁钢的截面不应小于 100 mm^2，如图 8-26、图 8-27 所示。

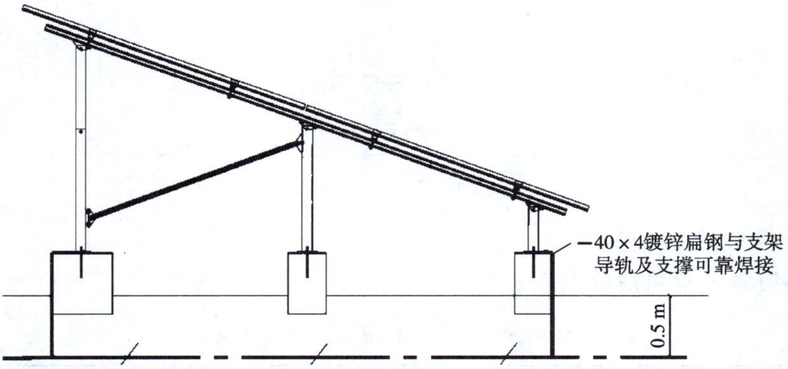

图 8-26　支架防雷连接图

接地装置：人工垂直接地体宜采用角钢、钢管或者圆钢。水平接地体宜采用扁钢或者圆钢。人工接地体在土壤中的埋设深度不应小于 0. 5 m，需要热镀锌防腐处理，在焊接的地方也要进行防腐防蚀处理。

②感应雷的防护。

交流侧的防雷：在交流配电柜内部也安装有交流避雷模块，避免因交流侧的过电压损坏系统内的设备。低压防雷主要防止低压设备受到过压干扰（过压类别Ⅲ依据 DIN VDE

0110-1：1997-04)；采用 C 级过压保护器。

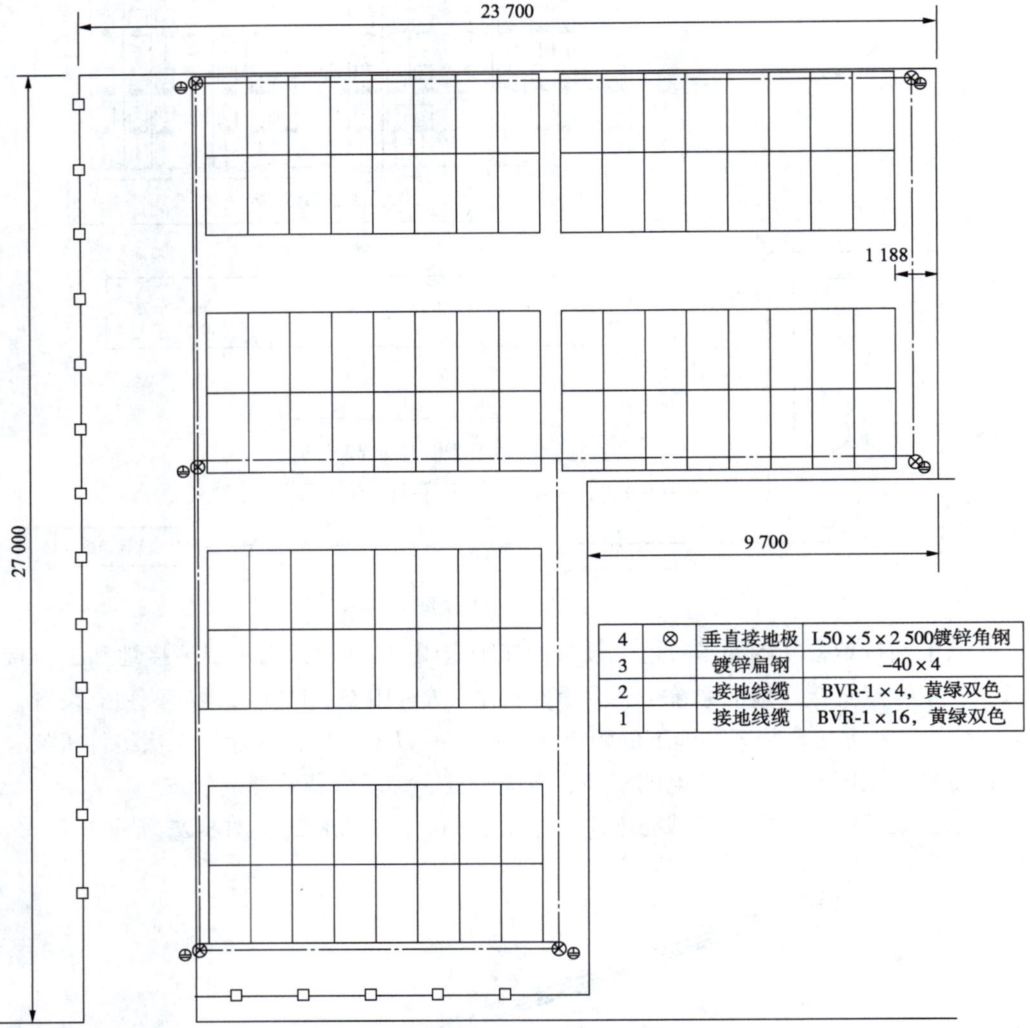

图 8-27　总体防雷布局图

(7) 设备及材料清单列表

光伏电站设备及材料清单见表 8-28。

表 8-28　光伏电站设备及材料清单

设备及材料名称		型号	数量	单位
发电设备	光伏组件	630N-72	216	块
	组件支架（含基础）	定制	6	套
	逆变器	GW60K-MT	1	台
	低压交流控制柜	定制	1	台
	并网柜	定制	1	台
电缆	电缆（阵列输出）	PV1-F4 mm^2	200	m
	电缆（逆变器输出）	ZRC-YJV-1 kV-3×16 mm^2	50	m

8.2.3 10 MW 大型地面光伏电站系统设计

1. 项目任务

某公司承建一个规模为 10 MW 大型并网光伏电站，该工程位于甘肃××市内，北纬 38.83°，东经 97.73°，海拔 3 246.28 m。该市气象信息数据见表 8-29，根据相关资料设计一个集中式光伏电站。

表 8-29 ××市气象信息数据

月份及年平均	水平面上的平均日辐射/(kW·h/m^2)	风速/(m/s)	大气压力/kPa	月平均温度/℃
一月	2.9	6.16	71.77	-11.2
二月	3.84	5.87	71.68	-8.56
三月	4.81	5.86	71.74	-3.87
四月	5.89	5.62	71.92	2.43
五月	6.33	5.27	72	7.86
六月	6.2	4.97	71.91	12.71
七月	5.92	4.72	71.92	15.17
八月	5.54	4.98	72.07	14
九月	4.95	5.09	72.28	8.77
十月	4.24	5.47	72.36	1.87
十一月	3.06	6.22	72.23	-4.17
十二月	2.48	6.53	72.02	-8.9
年平均	4.68	5.56	71.99	2.18

光伏电站项目所在地位于甘肃省××市，属温带大陆季风性气候。年平均气温 2.18 ℃，大气压力 71.99 kPa，风速年平均风 5.56 m/s，年平均水平面峰值日照时数 4.68 h，具体辐射值见表 8-28。拟建地址较为平坦，地质结构简单，环境优良。

3 km 内有 35 kV 变电站备用间隔，周边 1 km 有市电供应，因此拟建场地非常适合建设光伏并网电站的并网要求。

总之，光伏电站项目地址地理位置优越、交通便利，水文条件合适，无特殊地质灾害，具备良好的光伏电站建设条件。

2. 电站系统设计

(1) 阵列倾角和方位角设计

①阵列倾角设计。

确定阵列地到各月倾斜面上的平均辐射量 H_t，若倾角固定需对倾角优化，得到最佳的阵列倾角 β_{best}。

各月倾斜面上的平均辐射量 H_t（相关计算与用户侧并网发电系统一致，在此不再重复）。根据当地气象局提供的太阳辐射量数据，按前面的公式计算不同倾斜面的太阳辐射量，具体数据见表 8-30。

表 8-30　不同倾斜面各月的太阳辐射量　　（单位：kW·h/m²）

倾角β	30°	34°	36°	38°	40°	42°	44°	46°	50°
1月	136.5	140.5	142.3	144	145.6	147	148.3	148.4	151.4
2月	146.7	148.8	151.1	152.3	153.4	154.3	155.1	155.7	156.5
3月	193.1	194.7	195.3	195.8	196.1	196.2	196.1	196	195.1
4月	180.4	180.2	178.9	178.4	178.9	178.9	178.2	177.4	176.4
5月	247.8	245.6	244.3	242.7	240.9	239	236.9	234.5	228.3
6月	241.6	238.5	236.7	234.7	232.5	230.1	227.5	224.8	218.7
7月	230.7	228.1	226.5	224.7	222.7	220.5	218.1	215.5	208.8
8月	226.2	225.2	224.5	223.5	222.3	220.9	218.3	217.5	213.3
9月	196.3	197.6	198	198.2	198.2	198.1	197.7	197.2	195.5
10月	181.9	185.5	187.1	188.4	188.6	190.6	191.4	192	192.6
11月	142.3	146.6	148.5	150.3	151.9	153.4	154.7	155.9	157.8
12月	127.4	131.7	133.7	135.5	137.2	138.8	140.3	141.6	143.8
全年	2 251.3	2 264.7	2 268.4	2 270	2 270	2 268	2 263	2 257	2 239

由表 8-29 可知，当地倾角 38°为最佳，再结合当地其他光伏电站建设经验，有效提高单位面积的容量，项目安装最终确定倾角选用 36°。

②方位角设计。

一般来说光伏方阵正南向时，可以获得较大辐射值，项目采用倾角固定式，综合考虑阵列最佳倾角为 36°，阵列方位为 0°。阵列安装区域辐射量见表 8-31。

表 8-31　阵列安装区域辐射量

月份	水平面上的日辐射量/(kW·h/m²)	阵列倾斜面上的日辐射量/(kW·h/m²)
一月	2.9	5.832 1
二月	3.84	6.239 7
三月	4.81	6.212 3
四月	5.89	6.085 7
五月	6.33	5.749 9
六月	6.2	5.362 3
七月	5.92	5.235 8
八月	5.54	5.374 7
九月	4.95	5.641 6
十月	4.24	6.063
十一月	3.06	5.714 9
十二月	2.48	5.221 1

（2）组件选择

目前，单晶硅光伏组件是主流产品，有异质结组件、TOP 组件技术等。对比组件的性能，具有电池转换效率高的优点，商业化电池的转换效率在 23% 以上，其稳定性好，同等容量光伏组件所占面积小。项目考虑造价因素，选用某公司生产的 630N-72 型号组件，具体参数见表 8-32。

表 8-32　630N-72 单玻光伏组件参数

电池类型	N 型单晶硅电池片	最大功率	630 Wp
组件尺寸	2 382 mm×1 134 mm×35 mm	最佳工作电压	41. 23 V
接线盒	IP68	最佳工作电流	15. 28 A
输出导线	4. 0 mm^2	开路电压	49. 27 V
前置玻璃	3. 2 mm	短路电流	16. 29 A
组件效率	23. 32%	工作温度	-40～+70 ℃
最大系统电压	1 000 V/1 500 V DC（IEC）	最大额定熔丝电流	30 A
质量	28. 2 kg	电压温度系数	-0. 25%/℃

(3) 逆变器选型要求

逆变器选型主要是根据组件参数，并确定组件的串联数及并联数（相关计算公式与用户侧并网发电系统一致，在此不再重复）。逆变器选型的参数要求如下：

①工作温度，该项目夏季工作温度为 60 ℃，冬季工作温度为-20 ℃。

②根据组件电性能参数，组件透风状况、光伏阵列跟踪模式、大气温度、相对湿度、大气压、云量等参数可计算出全年组件最大输出功率。

③功率比允许值：阵列实际最大输出功率接近逆变器最大直流功率，可以提高逆变器的利用率，但逆变器满载运行时转化效率会有一定的损失，此处通过设置功率比允许值来平衡逆变器效率与利用率之间的关系。

④用户计划安装容量：根据此区域的面积、选择组件的状况、阵列的跟踪方式可计算区域内最大的安装容量。根据实际情况确定计划安装的容量为 10 MW。

(4) 逆变器选配

该项目选用某公司生产的 SG500KTL 型逆变器，该逆变器的主要参数见表 8-33。

表 8-33　SG500KTL 型逆变器参数

直流侧参数		交流侧参数	
最大直流功率/kW	560	额定功率/kW	500
最大直流电压/V	900	最大交流输出功率/kV · A	550
满载 MPPT 电压范围/V	450～820	最大交流输出电流/A	1 176
启动电压/V	470	额定电网电压/V	270
最大输入电流/A	1 200	允许电网电压/V	210～310
最大接入路数	16	总电流波形畸变率	<3%
MPPT 路数	1	功率因数	≥0. 99（额定功率）
		输出频率/Hz	50
其他			
最大效率	0. 987	宽度	2 200
欧洲效率	0. 985	高度/mm	2 180
防护等级	IP20	深度/mm	850
隔离	—	质量/kg	2 000

(5) 设计结论

项目总装机容量 10 MW，共用 SG500KTL 型号逆变器 20 台。根据逆变器的技术参数，组件串并联计算见表 8-34。

表 8-34 组件串并联计算列表

串联数/块	单逆变器并联数/串	逆变器数量/台	总安装容量/MW	计划安装容量/MW
16	50	20	10. 08	10
16	49	20	9. 88	10
16	51	20	10. 28	10
14	57	19	9. 55	10
14	58	20	10. 23	10

3. 方阵设计

(1) 串并联设计（见 60 kW 电站设计）

组件串联后，U_{mp} 应在逆变器 MPPT 范围内，需大于最小逆变器 MPPT 工作电压：

$$\frac{U_{mpptmin}}{U_{pm}\times[1+(t'-25)\times K_v']}\leqslant N\leqslant\frac{U_{dcmax}}{U_{oc}\times[1+(t-25)\times K_v]}$$

$$450/37.64\leqslant N\leqslant 900/54.81$$

$$13\leqslant N\leqslant 16$$

最终确定组件串联数=16，组件并联数=50。

可得到如下结论：①逆变器最大直流输入功率为 560 kW，阵列实际最大输出功率为 504 kW，符合逆变器选择要求。②阵列输入电压为 659.68 V，逆变器最小 MPPT 电压为 450 V，逆变器最大直流开路电压为 900 V，符合逆变器要求。③组件系统最大电压为 1 100 V，阵列最大开路电压为 788.32 V，满足逆变器要求。

(2) 间距计算（见 60 kW 电站设计）

通过公式和模拟计算（见 60 kW 用户侧并网发电系统一致，在此不再重复），组件布置方式示意图如图 8-28 所示。

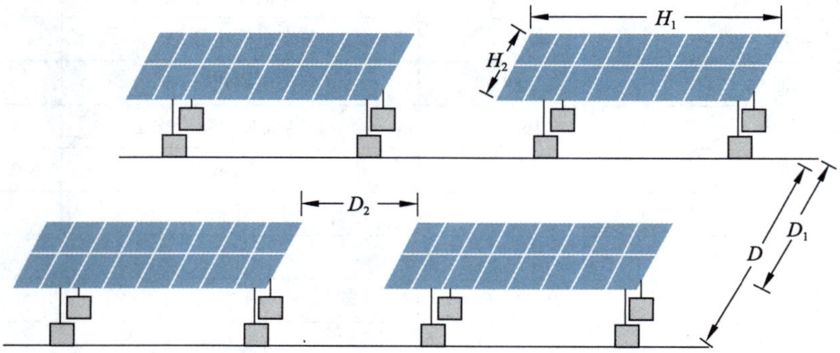

图 8-28 组件布置方式示意图

根据公式计算及综合考虑单模块布置及阴影、间距，组件布置方式横置；横向（H_1）组件布置 8 块；竖向（H_2）组件布置 2 块；每排间距（D_1）7.3 m；每列间距（D_2）0.6 m。

（3）方阵基础、支架设计

方阵设计的荷载计算见 8.2.2 节，这里不再赘述。设计要考虑当地的极端天气情况对方阵基础和支架设计的影响。项目前、后支架基础采用 500 mm×500 mm×850 mm 的混凝土基础，基础埋深度为 500 mm 左右，如图 8-29 所示。

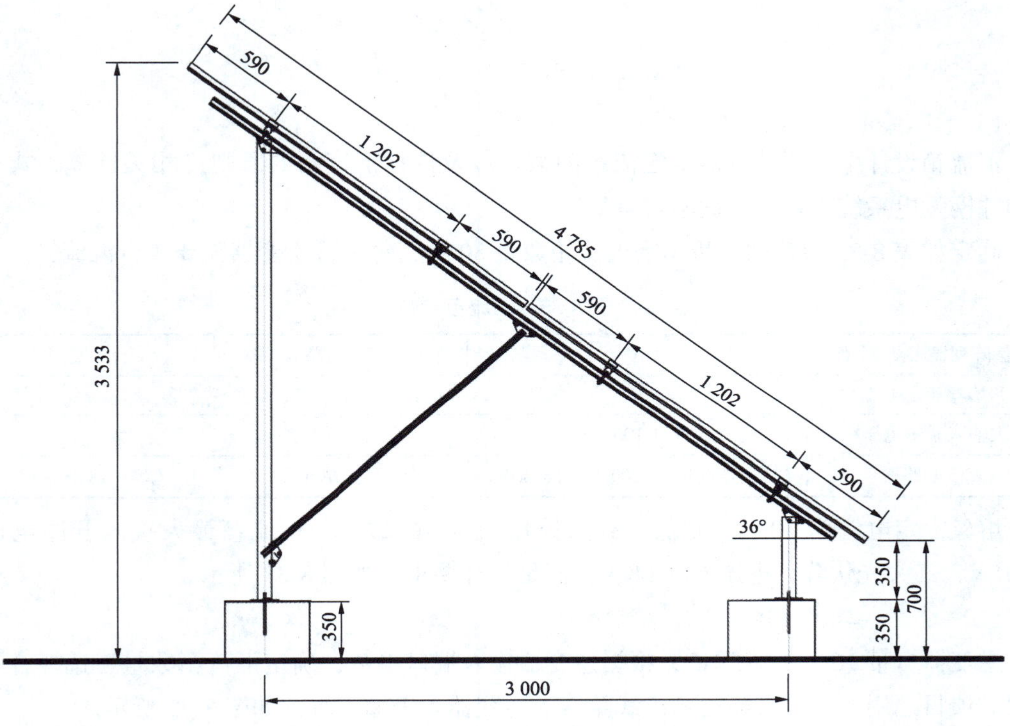

图 8-29　方阵断面示意图

（4）方阵标准单元设计

方阵标准单元设计同 8.2.2 节，此处不再赘述。

（5）1 MW 平面组件布置图

10 MW 的电站可以分为 10 个 1.008 MW 左右的光伏子电站进行设计，项目以 1#地块为例，其组件排布、逆变器、箱变位置如图 8-30 所示。在场地设计时，逆变器和箱变的位置最好在基地中心位置，这样可以减少电缆的长度和输送距离，提高系统整体效率，如图 8-30 所示。

4. 直流传输方案

根据工程实际情况确定如下传输方案：阵列—汇流箱—逆变器。组串接入防雷汇流箱作为一级汇流，逆变器内有接入端口二次汇流。

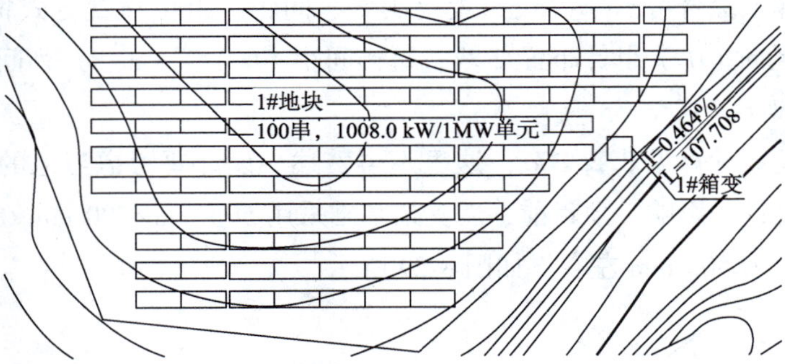

图 8-30　1 MW 组件、箱变布置平面

(1) 汇流箱设计（一次汇流）

汇流箱设计中主要计算需求汇流箱的数量以及选择汇流箱的原则（相关计算公式与用户侧并网发电系统一致，在此不再重复）。

确定如表 8-35 参数的项目总需汇流箱数量 80 台，每一台逆变器需要 4 台汇流箱。

表 8-35　汇流箱参数

光伏阵列输入路数/路	16	汇流箱输出路数/路	1
每路熔丝额定电流/A	20	防雷器	有
最大输入系统电压/V	1 100	防雷失效检测	无
直流断路器	GM5R-250 PV/4 200 A DC 1 000 V	监控单元	RS-485

熔丝额定电流为 20 A，光伏阵列短路电流为 16. 29 A，汇流箱最大接入开路电压为 1 000 V，最大光伏阵列电压 659. 68 V，满足设计要求，如图 8-31 所示。

(2) 逆变器二次汇流

逆变器自带 16 个接入端口，根据逆变器输入端口参数，确定汇流箱数量、选择合适的方案。项目选用 4 个汇流箱的输出线路接入逆变器 4 个输入端，如图 8-32 所示。

逆变器允许最大输入直流功率为 560 kW，光伏阵列最大输出直流功率为 504 kW，满足要求。直流单元最大输入总电流为 1 176 A，光伏阵列最大输出总电流为 814. 5 A，满足设计要求，见表 8-36。直流侧接线图如图 8-33 所示。

表 8-36　逆变直流侧参数

接入直流路数/路	16	输出直流路数/路	1
输入直流功率/kW	560	直流电压表	有
最大输入输出总电流/A	1 176 A	防雷器	有
绝缘强度/V	2 500	防雷失效检测	有
最大接入开路电压/V	1 000	监控单元	有
直流断路器	GM5R-250 PV/4 200 A DC 1 000 V		

5. 电缆设计

电缆设计主要是根据载流量及电缆损耗允许值选择合适的电缆（相关计算在此不再重复，参见电缆估算第 6 章）。

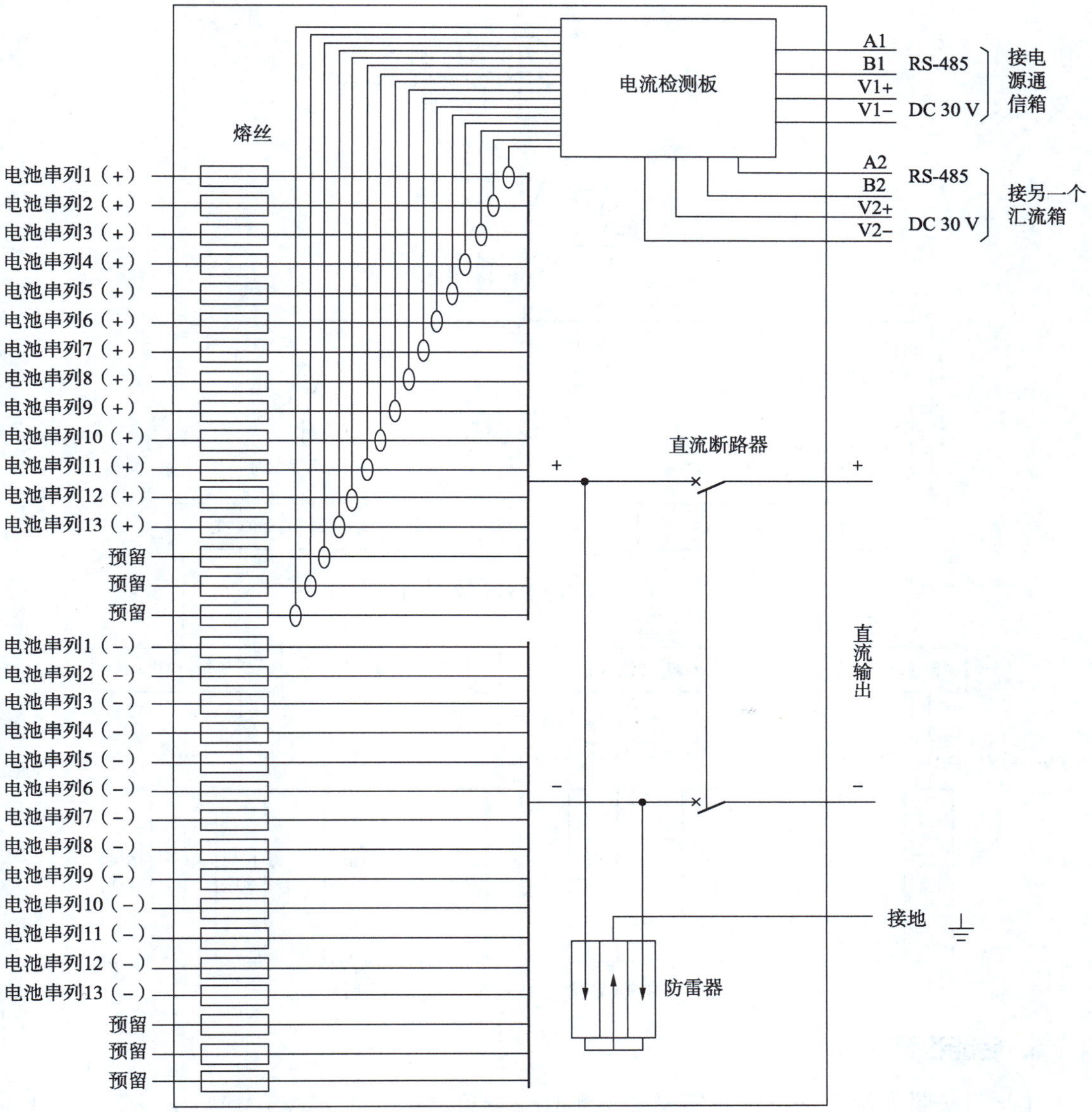

图 8-31　一次汇流内部连线图

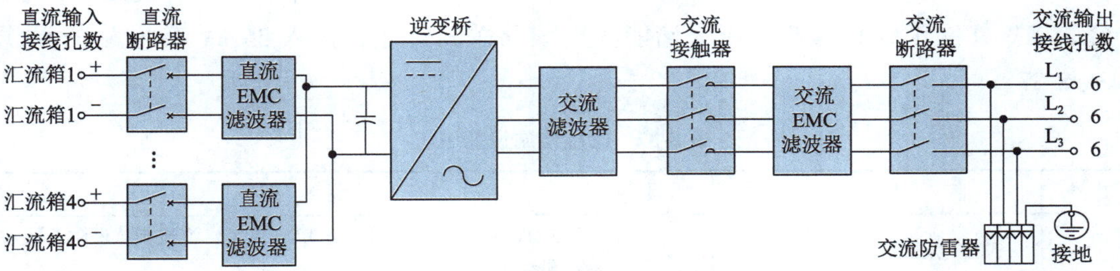

图 8-32　逆变器自带二次汇流连线图

根据设计要求得到如下电缆规格：阵列输出的电缆规格为 YJV 系列 YJV 0. 6/1 kV-1×4 mm^2；汇流箱输出的电缆规格为 YJV 系列 ZR-YJV22-0. 6/1 kV-2×95 mm^2；直流配电单元输出采用铜排连接。

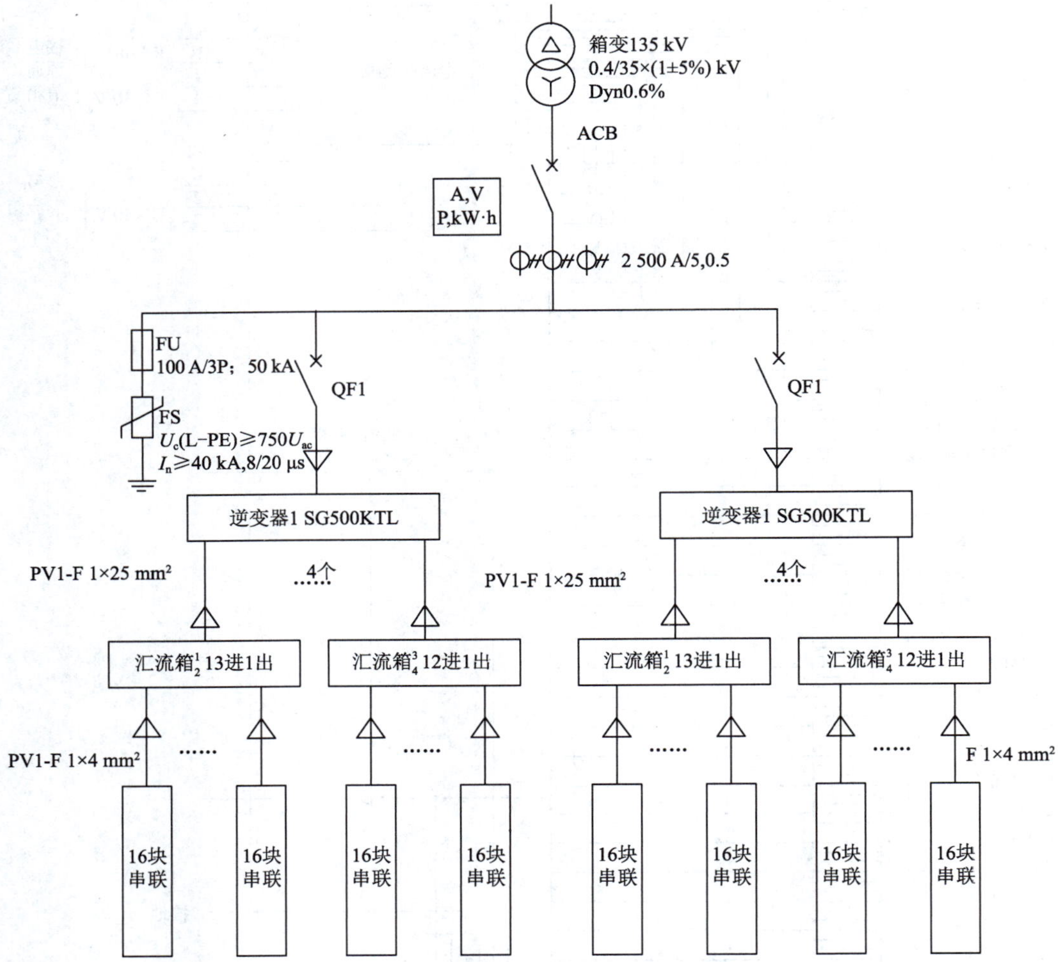

图 8-33　1 MW 光伏发电系统直流侧接线图

6. 储能设计

本项目按照光伏电站设计总容量25%配比，配置储能 2.5 MW/5 MW·h，项目设计由2台2.5 MW·h储能电池集装箱，2台35 kV/0.4 kV 5 000 kV·A 箱逆变一体舱组成，增加1台35 kV并网汇线计量柜，作为储能集电线路关口计量，接入35 kV变电站的母线，见表8-37。

表 8-37　储能电站设备配置

序号	名　称	单位	数量	说　明
1	储能电池集装箱	套	2	2.5 MW·h，314 A·h，含 BMS 系统、汇流柜、消防系统和液冷机组
2	PCS 逆变升压一体机	套	2	变压器：35 kV/0.4 kV，2 500 kV·A 箱逆变一体舱组成
3	能量管理器	套	1	—
4	并网设备	台	1	KYN61-40.5
5	自动化屏	面	1	电能质量监测、防孤岛保护、逆功率保护、服务器等

根据储能系统充/放电倍率 0.5P 的要求，集装箱电池系统采用 314 A·h 的磷酸铁锂电芯进行系统设计，具有技术先进、可靠安全、长寿命的特征。BMS 采用三级架构系统，每个电池组均装有 BMS，对电池的充放电进行在线管理。BMS 与 PCS 通过 CAN 通信相连，根据负荷情况适时投入充电/放电工作状态，从而达到消除峰谷设计的目的。

同时，电池系统内部集成主流消防系统、动态监测系统和低压配电系统，实现多方联动控制。储能电池集装箱已在工厂预装好，运输方便，安装简单，储能集装箱间距满足防火间距要求。2.5 MW 储能系统总布置图如图 8-34 所示。

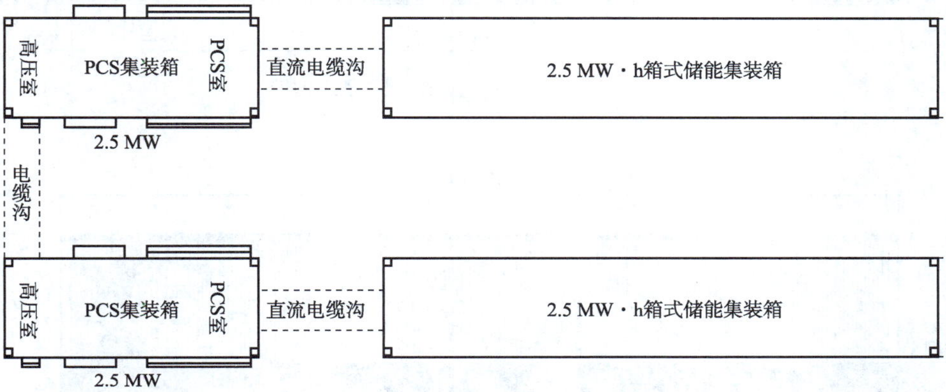

图 8-34　2.5 MW 储能系统总布置图

PCS 逆变升压变舱：采用集中式设计，其中包含储能变流器、升压变、高压室等。一体舱内配置 4 台变流器；一体舱配置 1 台 2 500 kV·A 的变压器。变流模块交流端并联接入变压器低压侧，再通过升压变压器升压 35 kV，然后接入站内的开关柜。

PSC 逆变升压变舱平面及电气图如图 8-35 所示。储能集装箱平面布置和立面图如图 8-36 所示。

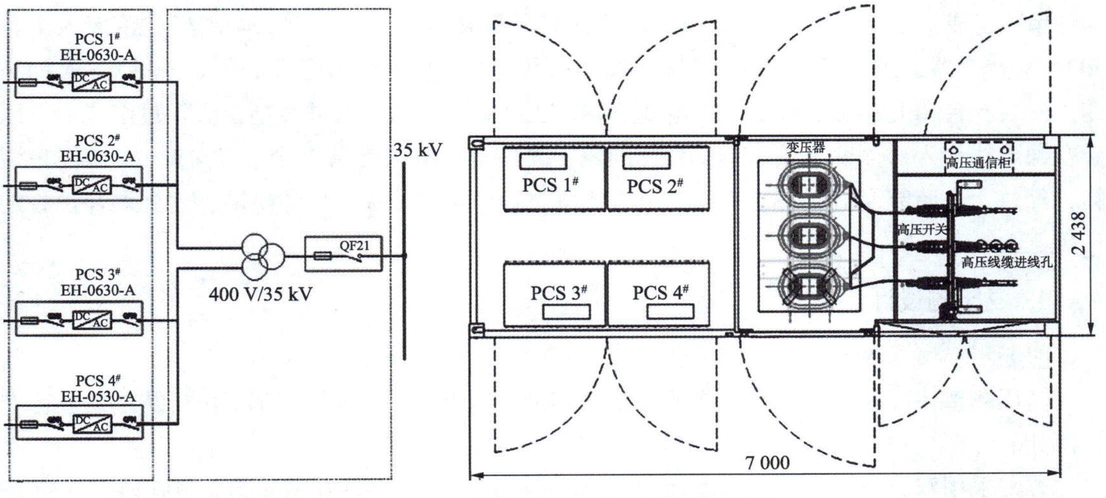

图 8-35　PSC 逆变升压变舱平面及电气图

7. 接入方案

该项目为集中式并网光伏电站，主要由光伏阵列、逆变功率调节控制装置及电网接入系统（升压变压器、交流断路器、计量设备）等组成，除这些设备电站配置还有光伏方阵直流防雷汇流箱，交、直流配电系统，检测、计量、数据采集及传输，交直流电缆等硬件设备。10 MW 集中并网光伏发电系统结构示意图，如图 8-37 所示。

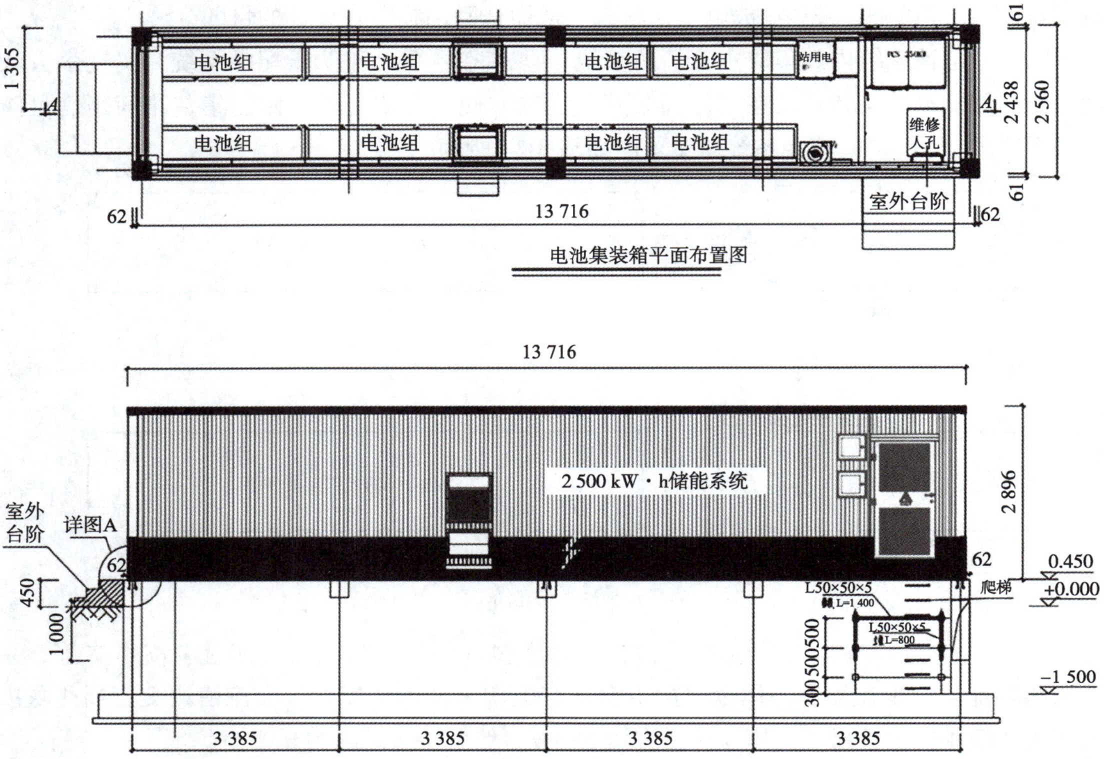

图 8-36　储能集装箱平面布置和立面图

本项目采用分块发电，集中并网模式。项目由 10 个光伏子电站组成，系统由 16 块光伏组件串联组成 1 个支架发电单元，13/12 个组串并联接入 1 台汇流箱，4 台汇流箱接入 1 台 500 kW 逆变器，经过逆变后输出三相 400 V 交流电，2 台逆变器汇入 1 台 1 000 kV · A 的箱变，然后 5 台箱变连接后以 2 条集电线路接入 35 kV 开关站光伏进线柜，再经过汇流后，以架空裸导线接入对侧变电站 35 kV 备用间隔。光伏电站整体配备 2 个 2. 5 MW · h 储能集装箱，经过 2 个储能变流设备，并入 1 个进线测量柜最终接入 35 kV 的电网，起到调峰填谷的作用。

8. 高压侧设计

（1） 整体方案描述

高压侧整体配置方案可选一次升压到 35 kV 电压等级，然后根据以下配置方案进行选择设计。

方案采用双分裂变压器，每 2 台 500 kW 集中式逆变器并联接入 1 台 1 000 kV · A 变压器，每 5 台变压器连接后接入 1 台 35 kV 进线柜，整个光伏系统共设置逆变器 20 台，变压器 10 台，35 kV 进线柜 2 台，并网柜 1 台，隔离柜 1 台，PT 柜 1 台，SVG 控制柜 1 台，SVG 出线柜 1 台，站用变柜 1 台，站用变柜出线柜 1 台。接入电网电压等级为 35 kV，并网柜至并网点采用架空裸导线连接，接至对侧 35 kV 变电站间隔。

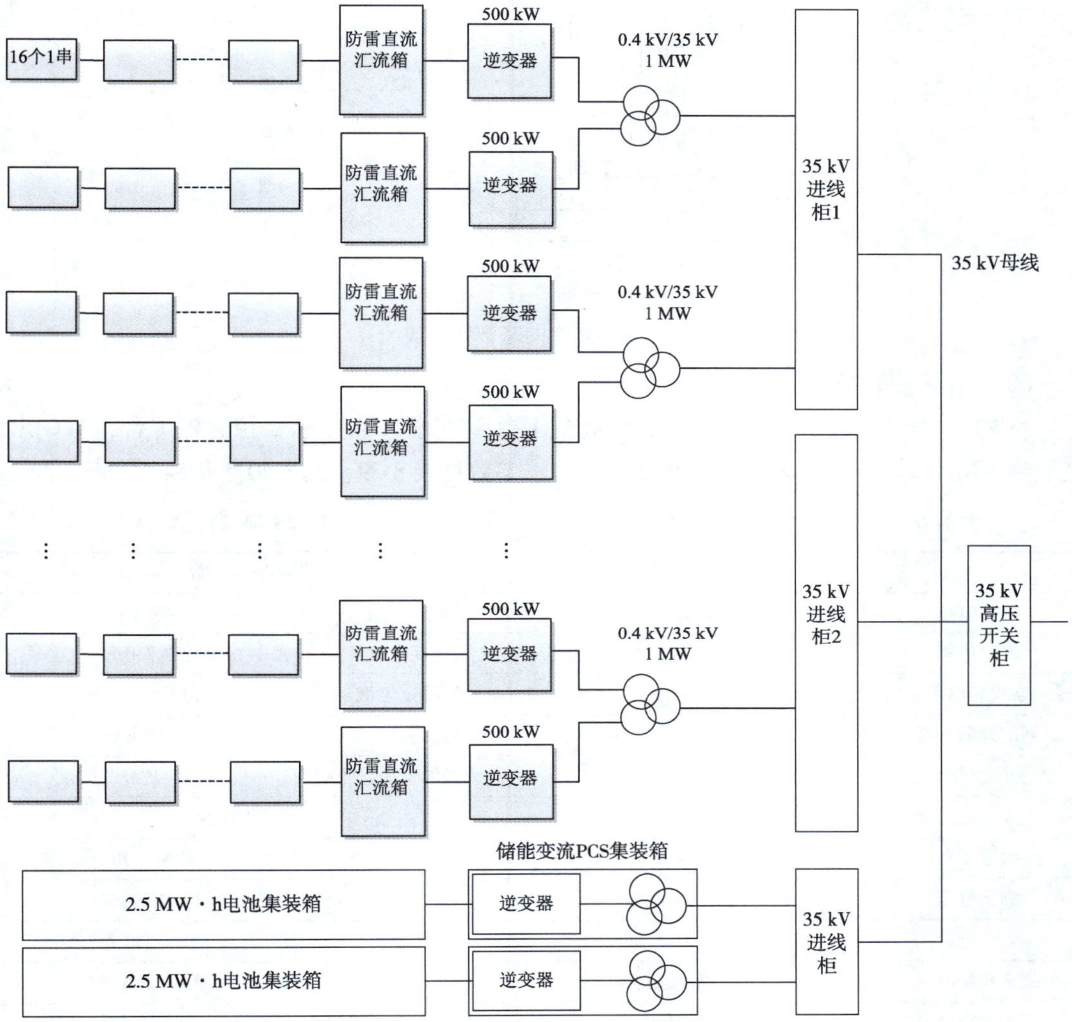

图 8-37　10 MW 光伏发电系统结构图

(2) 变压器设计

根据设计要求，共需如表 8-38 所示参数的变压器共 10 台，箱变的基础和接线图如图 8-38 所示。

表 8-38　变压器参数

类型	油浸式变压器	类型	油浸式变压器
变压器绕组形式	双分裂变压器	阻抗电压	6%
额定频率	50 Hz	调压方式	无载调压
额定容量	1 MV · A	调压范围	35×(1+5%)
额定电压	38. 5/0. 4 kV	中性点接地方式	中性点不接地系统
一两次额定电流	1 443. 1/16. 5 A	连接组标号	Yyn0
空载额定变比	38. 5×(1±5%)/0. 38 kV		

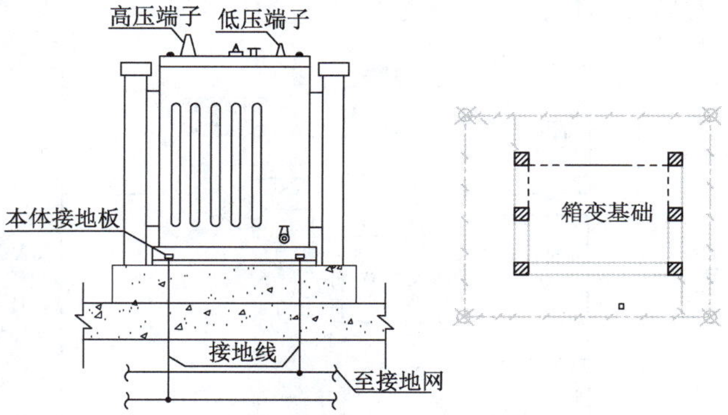

图 8-38　箱变的基础和接线图

(3) 高压开关柜设计

35 kV 进线柜 2 台，并网柜 1 台，隔离柜 1 台，PT 柜 1 台，SVG 控制柜 1 台，SVG 出线柜 1 台，站用变柜 1 台，站用变柜出线柜 1 台，参数见表 8-39、表 8-40、表 8-41、表 8-42。

表 8-39　35 kV 光伏进线柜参数

进线柜体参数	
额定电压	40. 5 kV
额定电流	630 A
动稳定电流	50 kA（峰值）
额定开断电流	25 kA
外壳及隔室防护等级	IP4X
真空断路器	
参考型号	ZN85-40. 5
额定电压	40. 5 kV
额定电流	630 A
额定开断电流	25 kA（有效值）
额定关合电流	50 kA（峰值）
额定热稳定电流（4S）	25 kA（有效值）
额定动稳定电流	50 kA（峰值）
电流互感器	
额定电压	40. 5 kV
额定电流比	120/1 A（抽头 50/5 A）
准确级及二次负荷	0. 2/0. 2S /5P20 /5P20
接地刀开关	
额定电压	40. 5 kV
额定开断电流	25 kA
避雷器 YH5WZ-51/134	
零序互感器 50/5 A	
综合保护装置	

表 8-40　35 kV 并网柜参数

并网柜体参数	
额定电压	40. 5 kV
额定电流	1 250 A
动稳定电流	50 kA（峰值）
额定开断电流	25 kA
外壳及隔室防护等级	IP4X
真空断路器	
参考型号	ZN85-40. 5
额定电压	40. 5 kV
额定电流	1 250 A
额定开断电流	25 kA（有效值）
额定关合电流	50 kA（峰值）
额定热稳定电流（4S）	5 kA（有效值）
额定动稳定电流	50 kA（峰值）
电流互感器	
额定电压	40. 5 kV
额定电流比	300/1 A（抽头 200/5 A）
准确级及二次负荷	0. 5S /0. 2S /5P20 /5P20
接地刀开关	
额定电压	40. 5 kV
额定开断电流	25 kA
避雷器	
零序互感器	
综合保护装置（当有母线保护功能可省去）	

表 8-41　PT 柜参数

PT 柜体参数	
额定电压	40.5 kV
额定电流	1 250 A
动稳定电流	50 kA（峰值）
额定开断电流	25 kA
外壳及隔室防护等级	IP4X
真空断路器	
参考型号	ZN85-40.5
额定电压	40.5 kV
额定电流	1 250 A
额定开断电流	20 kA（有效值）
额定关合电流	50 kA（峰值）
额定热稳定电流（4S）	25 kA（有效值）
额定动稳定电流	50 kA（峰值）
电压互感器	
额定电压	40.5 kV
电压比	(35/3∧0.5)/(0.1/3∧0.5)/(0.1/3∧0.5)/(0.1/3 kV)
准确级	0.2/3P/3P
二次负载	30V·A/50V·A/50V·A
接地刀开关	
额定电压	40.5 kV
短路电流	25 kA
避雷器	
消谐装置	
熔断器	
零序互感器	

表 8-42　无功补偿柜参数

无功补偿柜体参数	
额定电压	40.5 kV
额定电流	1 250 A
动稳定电流	50 kA（峰值）
额定开断电流	25 kA
外壳及隔室防护等级	IP4X
真空断路器	
参考型号	ZN85-40.5
额定电压	40.5 kV
额定电流	1 250 A
额定开断电流	25 kA（有效值）
额定关合电流	50 kA（峰值）
额定热稳定电流（4S）	25 kA（有效值）
额定动稳定电流	50 kA（峰值）
电流互感器	
额定电压	40.5 kV
额定电流比	300/5 A（抽头 50/5 A）
准确级及二次负载	0.5S /5P20 /5P20
接地刀开关	
额定电压	40.5 kV
短路电流	25 kA
避雷器	

其他柜体参数省略。

(4) 系统接入电网设计

本系统由 10 个 1.008 MW 左右的光伏单元组成，总装机 10.08 MW，光伏并网发电系统接入 35 kV/50 Hz 的中压交流电网，每套 35 kV 中压交流电网接入方案描述如下：

①重要单元的选择。

35 kV/0.4 kV 就地升压变压器/ 升压变压器保护：35 kV/0.4 kV 配电变压器的保护配置采用负载开关加高遮断容量后备式限流熔断器组合的保护配置，既可提供额定负载电流，可断开一定的故障电流，并具备开合空载变压器的性能，能有效保护配电变压器。

系统中采用的负载开关，通常为具有接通、隔断和接地功能的三工位负荷开关。变压器馈线间隔还增加高遮断容量后备式限流熔断器来提供保护。这是一种简单、可靠而又经济的配电方式。

②高遮断容量后备式限流熔断器的选择。

由于光伏并网发电系统的造价昂贵，在发生线路故障时，要求线路切断时间短，以保护设备。

熔断器的特性要求具有精确的时间—电流特性（可提供精确的始熔曲线和熔断曲线）；有良好的抗老化能力；达到熔断值时能够快速熔断；要有良好的切断故障电流能力，可有效切断故障电流。

根据以上特性，可以把该熔断器作为线路保护，和并网逆变器以及整个光伏并网系统的保护使用，并通过选择合适的熔丝曲线和配合，实现上级熔断器与下级熔断器及熔断器与变电站保护之间的配合。

对于 35 kV 线路保护，《3 kV～110 kV 电网继电保护装置运行整定规程》（DL/T 584）要求：除极少数有稳定问题的线路外，线路保护动作时间以保护电力设备的安全和满足规程要求的选择性为主要依据，不必要求速动保护快速切除故障。

通过选用性能优良的熔断器，能够大大提高线路在故障时的反应速度，降低事故跳闸率，更好地保护整个光伏并网发电系统。

③中压防雷保护单元。

该中压防雷保护单元选用复合式过电压保护器，可有效限制大气过电压及各种真空断路器引起的操作过电压，对相间和相对地的过电压均能起到可靠的限制作用。

该复合式过电压保护器不但能保护截流过电压、多次重燃过电压及三相同时开断过电压，而且能保护雷电过电压。

过电压保护器采用硅橡胶复合外套整体模压一次成型，外形美观，引出线采用硅橡胶高压电缆，除四个线鼻子为裸导体外，其他部分被绝缘体封闭，故用户在安装时，无须考虑它的相间距离和对地距离。该产品可直接安装在高压开关柜的底盘或互感器室内。安装时，只需将标有接地符号单元的电缆接地外，其余分别接 A、B、C 三相即可。

设置自控接入装置对消除谐振过电压也具有一定作用。当谐振过电压幅值高至危害电气设备时，该防雷模块接入电网，电容器增大主回路电容，有利于破坏谐振条件，电阻阻尼振荡，有利于降低谐振过电压幅值。所以，可以在高次谐波含量较高的电网中工作，适应的电网运行环境更广。

另外，该防雷单元可增设自动控制设备，如放电记录器，清晰掌控工作动作状况。可以配置自动脱离装置，当设备过电压或处于故障时，脱离电网，确保正常运行。

④中压电能计量表。

中压电能计量表是真正反映整个光伏并网发电系统发电量的计量装置，其准确度和稳定性十分重要。采用性能优良的高精度电能计量表至关重要。

为保证发电数据的安全，建议在高压计量回路同时装一块机械式计量表，作为 IC 式电能表的备用或参考。

该电表不仅要有优越的测量技术，还要有非常高的抗干扰能力和可靠性。同时，该电表还可以提供灵活的功能：显示电表数据、显示费率、显示损耗（ZV）、状态信息、警报、参数等。此外，显示的内容、功能和参数可通过光电通信应用维护软件来修改。通过光电通信口，还可以处理报警信号，读取电表数据和参数。

9. 监控装置

系统采用高性能工业控制 PC 作为系统的监控主机，可以每天 24 h 不间断对所有的并网逆变器进行运行数据的监测，视频系统图如图 8-39 所示。

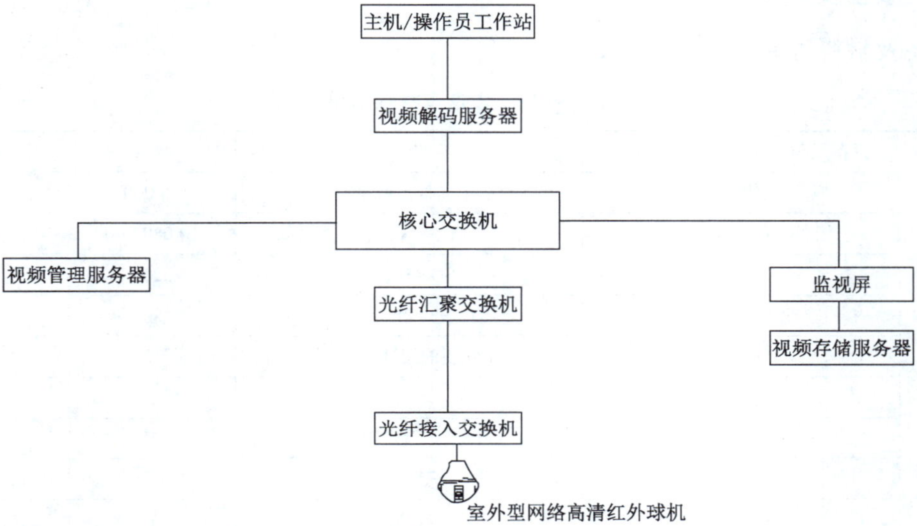

图 8-39　视频系统图

光伏并网系统的监测软件为大型光伏并网系统专用网络版监测软件 SPS-PVNET。该软件可连续记录运行数据和故障数据：

①要求提供多机通信软件，采用 RS-485 或 Ethernet（以太网）远程通信方式，实时采集电站设备运行状态及工作参数并上传到监控主机。

②要求监控主机至少可以显示下列信息：可实时显示电站的当前发电总功率、日总发电量、累计总发电量、累计 CO_2 总减排量以及每天发电功率曲线图。

10. 环境监测装置

在光伏电站内配置 1 套环境监测仪，实时监测日照强度、风速、风向、温度等参数。该装置由风速传感器、风向传感器、日照辐射表、测温探头、控制盒及支架组成。可测量环境温度、风速、风向和辐射强度等参量，其通信接口可接入并网监控装置的监测系统，实时记录环境数据。

11. 系统防雷接地装置

为了保证本项目工程光伏并网发电系统安全可靠，防止因雷击、浪涌等外在因素导致系统器件的损坏等情况发生，系统的防雷接地装置必不可少。

①地线是避雷、防雷的关键，在进行配电室基础建设和光伏方阵基础建设的同时，选择电厂附近土层较厚、潮湿的地点，挖 1.8 m 深的地线坑，采用−50×50×4 热镀锌扁钢，添加降阻剂并引出地线，引出线采用 35 mm^2 铜芯电缆，接地电阻应小于 4 Ω。

②直流侧防雷措施：电池支架应保证良好的接地，光伏阵列连接电缆接入光伏阵列防雷汇流箱，汇流箱内含高压防雷器保护装置，电池阵列汇流后再接入直流防雷配电柜，经过多级防雷装置可有效地避免雷击导致设备的损坏。

③交流侧防雷措施：每台逆变器的交流输出经交流防雷柜（内含防雷保护装置）接入电网，可有效地避免雷击和电网浪涌导致设备的损坏，所有的机柜要有良好的接地。

12. 设备及材料清单列表

设备及材料清单见表8-43。

表 8-43　设备及材料清单

设备及材料名称		型号	数量	单位
发电设备	光伏组件	单晶硅 630 Wp	16 000	块
	组件支架（含基础）	定制	10 080 000	W
	集中式逆变器	SG500KTL	20	台
	直流汇流箱	13 进 1 出 定制	80	台
	变压器	双分裂油浸式变压器	10	台
	进线柜	定制	2	台
	并网柜	定制	1	台
	隔离柜	定制	1	台
	站用变柜	定制	1	台
	站用变柜出线柜	定制	1	台
	PT 柜	定制	1	台
	无功补偿柜	定制	1	台
	监控系统	定制	1	套
	直流、UPS 系统	定制	1	套
	通信系统	定制	1	套
	电量计费、调度网络接入	定制	1	套
	无功补偿装置	定制	1	套
	线路保护	定制	1	套
	频率电压控制保护	定制	1	套
	故障录波	定制	1	套
电缆	电缆（阵列输出）	YJV 0.6/1 kV 1×4	—	m
	电缆（汇流箱输出）	YJV 0.6/1 kV 2×25	—	m
	电缆（逆变器输出）	YJV 0.6/1 kV 3×500	—	m
	电缆（变压器输出）	ZRC-YJV22-26/35 kV-95 或 150 mm^2	—	m

13. 项目发电量核算

(1) 光伏发电系统能量损耗

在光伏发电系统中能量损耗主要在光伏阵列、直流电缆、MPPT、逆变器交流电缆、变压器等部件上，如图 8-40 所示。

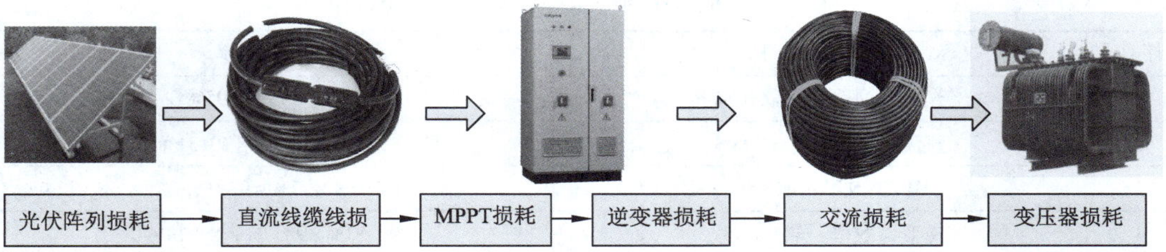

图 8-40　光伏系统损耗

①光伏阵列损耗。

光伏阵列损耗包括失谐损耗、倾角损耗、遮蔽损耗、温度损耗等。

失谐损耗：因为光伏组件电流具有恒流性，组件串联后“就小不就大”，即“木桶效应”，所以必须选择电流一致性的组件串联，选择电压一致性的串组再并联。

倾角损耗：其倾斜角一般在 10°～90°的范围计算而得，计算的输入数据不准，或计算方式不精确，均易导致受光效率下降。同时还可能受到积尘、积雪等因素的影响。

遮蔽损耗：大型光伏电站内的光伏阵列因限于地形、建筑等可能导致部分组件被遮挡。在较长的电池组串中，如果某个电池被完全遮蔽，就没有了电压，但因其在组串内，还必须承载电流，本身有内阻，所以反而变成了负载，产生局部损耗和发热。通常消除遮蔽损耗的方法是将一定长度的电池用旁路二极管分成几部分，跨接在被遮蔽区的组件二极管将该部分旁路导通，这样可使电池串电压和电流按比例损失，不会损失更多的功率。

温度损耗：光伏组件的温度特性是温度越高，电压越低。一般工作温度比参考温度每上升 1 ℃，光伏电池的电压就降低 0. 5%。

②直流电缆线损。

直流侧电流较大，损耗不可避免。减少这种损耗的方法是增大电缆的截面积（减小电缆电阻）和增加组串电池的数量（升高直流电压）。

③MPPT 损耗。

MPPT 最大功率跟踪，存在一个寻找最大功率的过程，再完美的算法也不可能达到100%的最优。

④逆变器损耗。

目前，国内并网逆变器的效率一般为 92%～99%之间，项目取逆变器的转化效率98. 7%。

⑤交流电缆损耗。

与直流电缆损耗一样，解决方式也一样。

⑥变压器损耗。

普通变压器的效率一般为 96%。电站规模越大，其效率影响越大。

所以，提升整体电站的效率，是注重每个环节的损耗。除上述损耗外，还有光伏组件的表面清洁度，以及所选用的无功补偿的效率等。一般全站效率范围在 70%～90%。表 8-44 所示为 10 MW 光伏系统综合效率分析。

表 8-44　10 MW 项目光伏系统综合效率分析

序号	损　耗	综合效率
1	光伏阵列效率：取 95%	100%×95%=95%
2	直流电缆效率：取 98%	92. 15%×98%=90. 31%
3	MPPT 效率：取 97%	95%×97%=92. 15%
4	逆变器效率：取 98. 7%	90. 31%×98. 7%=89. 14%
5	交流电缆效率：取 99%	89. 14%×99%=88. 25%
6	升压变压器效率：取 97%	88. 25%×97%=85. 60%
7	其他损失：取 95%	85. 60%×95%=81. 32%

（2）系统的无故障率

光伏系统实际发电量不仅要考虑系统效率，还要考虑系统的无故障率。

系统无故障率是项目发生故障时对整个项目发电量的影响因子。它是个小于 1 的值，一般在 0. 9 以上，越接近 1，说明系统的可靠性越高。项目选用甘肃省同等规模的电站为参照，无故障率取 94%。

（3）系统实际发电量

系统实际发电量=理论发电量×系统效率×系统无故障率

系统发电量的计算通常有辐射量计算、安装容量计算两种方式。

根据光伏电站设计规范，上网电量一般可按下式计算。

$$E_p=H_A \times \frac{P_{AZ}}{E_s} \times K$$

式中　E_p——上网发电量（kW·h）；

H_A——单位面积太阳能年辐照总量（kW·h/m²，峰值日照时数）；

E_s——标准条件下的辐照度（常数=1 kW·h/m²）；

P_{AZ}——组件安装容量（kWp）；

K——综合效率系数。

E_p= 5. 2 × 365 × 10 080 000 kW/1 × 81. 32% × 94% = 1 462. 453 2 万 kW·h

本项目工程按 25 年运营期考虑，按照行业标准，系统前 10 年功率输出衰减不超过 10%，25 年功率输出衰减不超过 20%。年发电量按 25 年的平均年发电量考虑为 1 336. 75 万 kW·h，项目总发电量为 33 418. 71 万 kW·h。10 MW 项目光伏系统发电量见表 8-45。

表 8-45　10 MW 项目光伏系统发电量

年份	预测发电量（万 kW·h）	年衰减率%	备　注
第 1 年	1 462. 453 2	2	首年衰减按照 2%
第 2 年	1 433. 204 1	0. 55	衰减按照 0. 55%
第 3 年	1 425. 160 6	0. 55	
第 4 年	1 417. 117 2	0. 55	
第 5 年	1 409. 073 7	0. 55	
第 6 年	1 401. 030 2	0. 55	

续上表

年份	预测发电量（万 kW · h）	年衰减率%	备　　注
第 7 年	1 392. 986 7	0. 55	
第 8 年	1 384. 943 2	0. 55	
第 9 年	1 376. 899 7	0. 55	
第 10 年	1 368. 856 2	0. 55	
第 11 年	1 360. 812 7	0. 55	
第 12 年	1 352. 769 2	0. 55	
第 13 年	1 344. 725 7	0. 55	
第 14 年	1 336. 682 2	0. 55	
第 15 年	1 328. 638 7	0. 55	
第 16 年	1 320. 595	0. 55	
第 17 年	1 312. 551 7	0. 55	
第 18 年	1 304. 508 3	0. 55	
第 19 年	1 296. 464 8	0. 55	
第 20 年	1 288. 421 3	0. 55	
第 21 年	1280. 3778	0. 55	
第 22 年	1 272. 334 3	0. 55	
第 23 年	1 264. 290 8	0. 55	
第 24 年	1 256. 247 8	0. 55	
第 25 年	1 248. 203 8	0. 55	
总发电量	33 639. 348 9 万 kW · h		
年平均发电量	1 345. 574 0 万 kW · h		

（4）节能减排效益

光伏发电既不消耗化石燃料，又不释放污染物、废物，也几乎不产生温室气体破坏大气环境，没有废渣的堆放、废水处理等问题，有利于保护周围环境。与火力发电等传统能源相比，有建设周期短、运行维护简便、系统模块化结构、容量规模可大可小等优点。

依据 2021 年颁布的《全国煤电机组改造升级实施方案》，2025 年全国火电平均供电煤耗降至 300 克标准煤/千瓦时以下；按特定要求新建的煤电机组，除特定需求外，原则上采用超临界、供电煤耗低于 270 克标准煤/千瓦时的机组。

按照目前火电厂 1 度电换算成原煤数量 0. 294 千克标准煤计算。项目装机容量 10. 08 MW，预估总发电量约为 33 418. 71 万 kW · h，年均发电量为 1 336. 75 万 kW · h。与相同发电量的火电厂相比，相当于每年节约标煤 3 970. 1 t，按照相关资料 1 kg 标准煤燃烧会产生一定量的废气，其中包括二氧化碳（CO_2）的排放量约为 2. 62 kg，二氧化硫（SO_2）的排放量约为 0. 008 5 kg，氮氧化物的排放量约为 0. 007 4 kg 计算（参考值）。可相应每年减少二氧化碳 33. 75 t 排放，减少二氧化硫 33. 75 t 排放，减少氮氧化合物 29. 38 t 排放。因此有明显的节能减排效益，在减少废气排放方面发挥了积极作用。光伏电站节能减排量见表 8-46。

表 8-46　光伏电站节能减排量

项目装机容量	10.08	MW
系统年均发电量	1 336.75	万 kW·h
年节约标煤	3 970.1	t
每年减少 CO_2 排放量	10 401.79	t
每年减少 SO_2 排放量	33.75	t
每年减少氮氧化合物排放量	29.38	t

拓展阅读　风光储一体——绿色能源与生态治理的典范

在全球积极应对气候变化、加速能源转型的大背景下，可再生能源的开发与利用成为关键。2022 年 2 月，国家发展和改革委员会、国家能源局发布《以沙漠、戈壁、荒漠地区为重点的大型风电光伏基地规划布局方案》，明确到 2030 年，我国将规划建设风光基地总装机规模约 4.55 亿千瓦。这一宏伟规划，为我国能源结构调整与可持续发展指明了方向。

我国西北地区，作为国家重要能源和战略资源基地，拥有得天独厚的可再生能源资源。这里的风能资源与太阳能资源极为丰富，堪称我国之最。广袤的沙漠、戈壁与荒漠，为大规模开发风电与光伏提供了广阔空间。建设大型风光基地，不仅能充分利用当地丰富的能源资源，还可通过“西电东输”工程，将清洁电能源源不断地输送至东部电力匮乏省份，有效缓解能源分布不均的问题，实现资源的优化配置。同时，大规模风光基地建设还能显著提升土地综合利用效率，在荒地上建立起绿色能源产业，变废为宝，推动区域经济发展与生态保护协同共进。

全国首个风光互补一体化运行试点示范项目——宁夏华电灵武风光互补一体化试点示范项目，尤为引人注目。该项目一期 195 MW 项目已实现全容量并网发电，项目坐落于宁夏回族自治区灵武市白土岗乡和马家滩镇，巧妙利用宁东风电场的空闲土地资源，仅此一项，就节约了宝贵的土地资源 2 800 亩，为土地集约利用树立了典范。从投资规模来看，项目总投资达 8.19 亿元，显示出其在能源领域的重要地位与巨大潜力。图 8-41 所示为风光互补基地现场图。

图 8-41　风光互补基地现场图

在装机容量方面，一期的 195 MW 光伏项目与 603 MW 风电项目并肩而立，实现了风光同场、一体化控制。这一创新模式，宛如为能源生产装上了双引擎，让风能与太阳能优势互补。步入项目现场，只见在原有风电场内的闲置土地上，195 MW 的光伏组件有序排列，密密麻麻的光伏板如黑色的海浪般向远方铺展，在阳光照耀下熠熠生辉，尽情捕捉每一缕阳光，将太阳能高效转化为电能。

为解决光伏与风能发电的间歇性、不稳定性问题，项目配套建设了 19.5 MW/39 MW · h 的储能设施。这一储能设施宛如一个巨型“充电宝”，在用电低谷时，将多余的电力储存起来；而在用电高峰时，又迅速“释放能量”，把储存的电能输送到电网中，精准起到“削峰填谷”的作用。如此一来，不仅有效解决了光伏、风电发电的消纳难题，还极大提高了能源利用效率，保障了电网的稳定性，让风光发电更加可靠、持续。项目对升压站进行了改造，并新建线路。工作人员对原风电场升压站进行扩建改造，精心新建 11 回 35 kV 集电线路接入原风电场升压站。这一系列举措，确保了光伏和风电所发电力能够顺利“全额上网”，实现了风光一体化集成运行。经过改造，升压站及外送线路利用率大幅提高，变电设备可用率显著提升，电网送出通道得到更充分利用，能源传输更加高效顺畅。

从环保效益来看，该项目堪称绿色发展的楷模。项目投产后，每年可提供光伏电能 3.53 亿 kW·h，这些清洁电能相当于节约标准煤约 11.5 万 t，减少二氧化碳排放量约 29.8 万 t。与传统的化石能源发电相比，项目从源头上杜绝了二氧化硫、氮氧化物、烟尘等大气污染物的产生，为降低大气污染程度、改善当地及周边地区空气质量。这不仅有助于缓解全球气候变暖的压力，还为保护生态平衡和生物多样性贡献了力量，为人们创造了更加健康、宜居的生活环境。

宁夏华电灵武风光互补一体化试点示范项目，凭借其在技术创新、资源利用、环境保护等多方面的卓越表现，为我国新能源发展提供了宝贵经验。该项目意义还在于将新能源发展与生态治理相结合，项目利用宁夏宁东风电场空闲土地资源和已有送出消纳资源，充分挖掘该区域风光季节互补、昼夜互补的优良特性，195 MW 光伏项目与 603 MW 风电项目“同场址、同送出”集约化运行，同步实现了存量“焕新”和增量“换乘”。展望未来，随着更多类似项目的建设与推广，我国的能源结构将不断优化，向着绿色、低碳、可持续的方向大步迈进，为全球应对气候变化贡献中国力量。

思考与练习

1. 结合自己家乡情况，某农户屋顶为混凝土平屋顶，长为 15 m，宽 12 m，周围没有遮挡，请思考屋顶电站可以采用建设形式，并帮助完成屋顶光伏电站设计图纸的绘制。

2. 某工厂要建设一个 1 MW 工商业分布式屋顶电站，其屋面为彩钢瓦屋面，结合屋面形式，作为系统设计师，请完成屋顶的荷载计算，并设计屋顶光伏组件的连接形式，并画出构造详图。

3. 结合自己学校的足球场地的地形图，采用 10 kV 的并网方案，拟设计一个完成地面光伏电站项目，绘制主要布置图纸，并列出采用主要设备的名称、数量、参数表。

4. 根据当前光伏产业政策，结合家乡的实际情况，有 300 亩南向坡地，坡度 3%，编制出一个光伏电站项目的可行性研究报告。

参 考 文 献

[1] 中华人民共和国住房和城乡建设部. 交流电气装置的接地设计规范：GB/T 50065—2011［S］. 北京：中国标准出版社，2011.

[2] 张莹. 工厂供配电技术［M］. 4版. 北京：电子工业出版社，2015.

[3] 刘屏周. 工业与民用供配电设计手册［M］. 4版. 北京：中国电力出版社，2016.

[4] 唐志平. 供配电技术［M］. 4版. 北京：电子工业出版社，2019.

[5] 黄威，夏新民. 电力电缆选型与敷设［M］. 北京：化学工业出版社，2017.

[6] 史传卿. 电力电缆［M］. 北京：中国电力出版社，2006.

[7] 于景丰，赵锋. 电力电缆实用技术［M］. 北京：中国水利水电出版社，2003.

[8] 夏显威，彭月，张娜，等. 荒漠地区光伏电站电缆选型研究［J］. 太阳能，2023（11）：12-17.

[9] 游志远，冯垛生. 太阳能发电装置防雷保护［M］. 北京：中国电力出版社，2014.

[10] 梁江东，程文锋. 现代工程防雷技术［M］. 北京：中国电力出版社，2016.

[11] 芮静康. 建筑防雷与电气安全技术［M］. 北京：中国建筑工业出版社，2003.

[12] 国家能源局. 电气装置安装工程电缆线路施工及验收规范：DL/T 5891—2024［S］. 北京：中国电力出版社，2024.

[13] 中华人民共和国住房和城乡建设部. 建筑物防雷设计规范：GB 50057—2010［S］. 北京：中国计划出版社，2010.

[14] 中华人民共和国住房和城乡建设部. 电气装置安装工程 接地装置施工及验收规范：GB 50169—2016［S］. 北京：中国计划出版社，2016.